Klaus Bergdolt

Faszination Pistenraupen

Ferngesteuerte Kettenfahrzeuge für den Winter

Faszination Pistenraupen

Ferngesteuerte Kettenfahrzeuge für den Winter

Klaus Bergdolt

Verlag für Technik und Handwerk neue Medien GmbH
Baden-Baden

vth-Fachbuch
Best.-Nr.: 310 2231

Redaktion: Oliver Bothmann
Lektorat: Alfred Klüß

Bibliografische Information der Deutschen Nationalbibliothek
Die Deutsche Nationalbibliothek verzeichnet diese Publikation in der Deutschen Nationalbibliografie; detaillierte bibliografische Daten sind im Internet über http://dnb.d-nb.de abrufbar.

ISBN 978-3-88180-446-2

Postfach 22 74, 76492 Baden-Baden

Printed in Germany
Druck: Griebsch & Rochol Druck GmbH, Hamm

Inhaltsverzeichnis

Vorwort

Was sind denn spezielle Kettenfahrzeuge für den Winter? Kann ich mit meinem Tamiya-Panzer nicht auch im Schnee unterwegs sein? Na, klar doch! Es gibt aber auch Fahrzeuge, die ganz besonders für die Tücken und Anforderungen der kalten Jahreszeit konstruiert sind. Speziell um die soll es in diesem Buch gehen. Anfangs nannte man diese Fahrzeug-

typen „Über-Schnee-Fahrzeuge". Denn während sich Radfahrzeuge nur bis zu einer relativ geringen Schneehöhe durch die Materie wühlen können, bewegen sich „Über-Schneegeräte" auf der Oberfläche fort. Die ersten Fahrzeuge dieser Art entstanden als Mittel zum Zweck in den entlegenen Weiten von Nordamerika und Kanada. Da dort keine Straßen existieren die man im Winter räumen könnte, ist das die beste Jahreszeit um über den Schnee in die Wildnis vorzudringen.

Zurück zur Gegenwart, denn auf gleiche Weise sind heute die Pistenraupen und viele Versorgungsfahrzeuge unterwegs. Es fragt sich jetzt, welche Bedeutung diese besondere Fortbewegungsart für den Funktionsmodellbau hat?

In der Phase, als 2008 das Buch „Ferngesteuerte Pistenraupen" die überschaubare Szene überraschte, war diese Modellbausparte noch etwas für Exoten. Hier und da sah man ein altes Graupner- oder Kyosho-Modell, das mehr oder weniger modifiziert, meistens eine optische Runderneuerung erhalten hatte. Nebenbei gab es ein paar Eigenbauer, die man aber an einer Hand abzählen konnte. Die meisten Funktionsmodellbauer aus der Trucker-Szene verkrochen sich im Winter lieber in ihre Werkstätten. Vor allem kam damals niemand auf die Idee, draußen auch so richtig mit dem Modell zu arbeiten. Vielleicht lag der Dornrößchenschlaf an der mangelnden Präsenz der Originalfahrzeuge? Ihre Einsatzzeit ist fast ausschließlich in die Dunkelheit verbannt und zudem nur unter erschwerten Bedingungen zu beobachten. Denn erst wenn die müden „Brettlfans" den Weg nach Hause antreten, verlassen die Kettenmonster in der Nacht ihre versteckten Remisen und machen sich an die Arbeit, die oft sogar weit in den nächsten Tag reicht. Besser beim Einsatz sind dagegen die Versorgungsfahrzeuge von abgelegenen Hütten und Höfen zu beobachten. Diese stehen meistens den ganzen Tag unter freiem Himmel, vielleicht im besten Fotolicht und lassen so leicht umfangreiche Modellbaustudien zu.

Die Jahre vergingen seitdem rasant und inzwischen gehören die exklusiven Fahrzeuge auf den großen Modellbaumessen langsam zum Standard. Die Entwicklung vollzieht sich aktuell Schritt um Schritt und so bieten die zivilen Wintermodelle eine hervorragende Alternative für Kettenfahrzeugfans, denen ein Militärmodell zu exzessiv erscheint.

Dieses Buch beinhaltet eine langjährige und vielleicht einzigartige Erfahrungssammlung aus der harten Praxis. Ein Modellbetrieb von großen 1:8-Raupen ist im tief verschneiten Hochgebirge grundsätzlich eine Herausforderung und war in dieser Form bislang noch etwas völlig Unbekanntes. Deswegen sind zwischen den folgenden Kapiteln immer wieder so genannte „Geschichten aus dem Leben“ eingefügt. Das sind keine fiktiven Märchen, sondern wahre Begebenheiten, die durch Spannung und Begeisterung den fachlichen Text auflockern. Die nächsten über 300 Seiten zeigen Ihnen zum al-

lergrößten Teil ausgiebigst erprobte, aber auch gedankliche Modellbaumöglichkeiten auf, die Sie natürlich auf andere Funktionsmodelle gut übertragen können. Ich möchte aber klarstellen, dass die vorgestellten Fahrzeuge mit einer Profiwerkzeug-Ausrüstung an Funktion und Präzision ohne weiteres noch zu toppen wären! Meine verwendeten Arbeitsmittel bleiben dabei nämlich fast immer im Bereich des Hobbybastlers. Bei der Anfertigung aller Einzel- und Sonderteile meiner Pistenraupen, war keine eigene Fräse und erst seit Sommer 2011 eine kleine Drehbank beteiligt. Was meine gemütliche Werkstatt dafür zugegeben etwas speziell macht, sind etliche Groß- und Kleinwerkzeuge für eine professionelle Dünnblechbearbeitung. Ich möchte Ihnen helfen sich den Traum zu erfüllen, mit dem eigenen Kettenfahrzeug durch nächtliche Winterlandschaften zu wandern. Eine Ausfahrt bei Vollmond und minus 15 Grad über unberührte und glitzernde Schneeflächen ist ein unvergessliches Erlebnis! Solche Stunden sind unbezahlbarer Lohn für viele Wochen und Monate fast nie enden wollendem Werkstattgetüftel. Aber eines muss Ihnen klar sein: Egal für was für ein Fahrzeug Sie sich entscheiden. Hat Sie der winterliche Kettenfahrzeugvirus erst einmal infiziert, werden Sie ihn nicht mehr so schnell los!

Über den Autor

Klaus Bergdolt – Jahrgang 1969, geboren in Nördlingen – gehört seit vielen Jahren zu den bekanntesten Pistenraupen-Modellbauern und Fachautoren. Nach der Realschule absolvierte er eine Ausbildung zum Gas- und Wasserinstallateur, seine „Gesellenwanderschaft“ brachte ihn zu mehreren süddeutschen Betrieben. Daher war es wohl kein Zufall, dass er sich 1990 in Burgberg im Allgäu niederließ. 1994 erwarb er den Meistertitel im Klempnerhandwerk.

Ein neues Lebenskapitel begann 1996 mit dem Kauf und Umbau eines alten Bauernhauses im Oberstdorfer Ortsteil Schöllang, wo er eine kleine, aber feine Blechschmiede und zwei Kinderzimmer für seine junge Familie einrichtete.

In dieser urgemütlichen Werkstatt entstehen seine Pistenraupenmodelle, die bis in das kleinste Detail dem Original nachgebaut sind. Von Vorteil ist natürlich, dass die großen Vorbilder bequem zugänglich, quasi vor der Haustür stehen. Das südliche Allgäu mit den angrenzenden österreichischen Bergen bietet mit fast sechs Monaten Winter die perfekte Umgebung für sein Hobby. Hier kann Klaus Bergdolt seine Modelle richtig testen und er fährt sie grundsätzlich immer bis an das Limit aus.

Durch seine bislang 31 ausführlichen Fachartikel in der einschlägigen Modellbaupresse, ist er auch außerhalb der Pistenraupen-Modellbauszene kein Unbekannter. Er versteht es, in kurzweiligen Geschichten, den Aufbau und die Funktion seiner oft komplexen Mechaniken dem Leser nahezubringen und zeigt auf, dass auch mit einfachen Mitteln absolut praxistaugliche Resultate erzielt werden können. Neben seinen eigenen Veröffentlichungen, wurde über seine Modelle in diversen Fernsehsendungen und in der Tagespresse berichtet, wie zum Beispiel über einen Vergleichswettkampf im

Pistenpräparieren mit einer echten Pistenraupe. Er versteht es auch, seine Modelle in das richtige Bild zu rücken. Davon zeugen unzählige beindruckende Fotos und Kurzfilme, wozu die Bergkulisse der Allgäuer Alpen den passenden Hintergrund liefert. Oft muss man mehrmals hinschauen um zu erkennen, dass es sich auf dem Video oder Foto tatsächlich um ein Modell handelt. Sein 2008 erschienenes Fachbuch „Ferngesteuerte Pistenraupen" brachte den bis dahin kaum bekannten Pistenraupen-Modellbau einer größeren Gruppe von Modellbauern nahe, von denen sich viele, basierend auf den geschilderten Erfahrungen und Anleitungen, an den Bau eines eigenen Modells wagten. In den vergangenen fünf Jahren hat sich sehr viel in diesem Bereich weiter entwickelt, wofür in vieler Hinsicht Klaus Bergdolt den Anstoß gegeben hat.

Dr. Albert Türtscher

Geschichten aus dem Leben

In diesem Buch verstecken sich zwischen den Technikseiten fünf spannende „Geschichten aus dem Leben". Das sind wahre und für mich sehr prägende Erlebnisse aus vielen Jahren Praxisbetrieb mit meinen Kettenfahrzeugen.

Warum unbedingt eine Pistenraupe?

Früher, oder später taucht irgendwann die Frage auf: „Warum muss es eigentlich eine Pistenraupe sein?" Diese Frage holt mich immer wieder ein und sie wurde mir auch schon in vielen Zeitungs-, Radio- und Fernsehberichten gestellt. Ohne groß nachzudenken war eine spontane Antwort schnell gefunden und ich suchte den Grund immer in der Kindheit. Bei Begegnungen während der ersten Skifahrversuche. Oder auch noch viel später, wenn in meiner Jugendzeit die Raupen oftmals noch tagsüber im Skigebiet unterwegs waren. Ich sprach immer von prägenden Erlebnissen und redete mir ein, dass diese Ereignisse wohl der Auslöser für die heutige Hobbybegeisterung sein müssten. Wenn ich aber länger und genauer darüber nachdenke, ist das wirklich so? Klare Antwort: „Nein!" Die großen Originalraupen faszinieren mich zugegeben schon sehr, aber von tiefer Leidenschaft ist mein Interesse meilenweit entfernt. Ebenso verhält es sich mit den Erinnerungen der Kindheit. Klar, war da manches Schockerlebnis, wenn ich noch relativ unsicher auf den Skiern stand und mir bei der letzten Talabfahrt ein parallel versetzter Konvoi von sechs Raupen frontal entgegenkam. Was heute undenkbar ist, war damals eben selbstverständlich. Denn wer knapp nach Liftschluss immer noch auf den Pisten war, musste mit solchen Begegnungen leben. Was ist es dann, was mich in heutiger Zeit so sehr in dieses Hobby treibt? Diesmal mache ich mir die Antwort nicht so einfach, aber da ich die Sache jetzt schon so viele Jahre betreibe, denke ich sie doch zu finden.

Den Anfang machten in meiner Kindheit sicherlich die selbst konstruierten Radfahrzeuge aus „Märklin-Metall". Das Zauberwort hieß damals „Spezialteile". Mit diesen Sonderteilen, die hauptsächlich diverse Zahnräder und Ritzel beinhalteten, wurde so mach heißes Gefährt auf die Räder gestellt. Da mir vor 35 Jahren noch keine Funkfernsteuerung zur Verfügung stand, wurden die Fahrzeuge grundsätzlich per fünf Meter langer Kabelstrippe gesteuert. Die dazugehö-

rige Stromquelle bildete ein viel zu schwacher Gleichstromtrafo und die Polwender baute ich mir anhand einer Vorlage aus einem „Kosmos-Elektrik-Experimentierkasten" ganz einfach selber. Mit diesem bescheidenen Equipment war ich über viele Jahre mehr als zufrieden. Die Fahrzeuge wurden trotz einfachster Mittel immer raffinierter und selbst vor einer perfekt funktionsfähigen Dreigangschaltung schreckte ich nicht zurück. Der Haken an schnellen Radfahrzeugen war aber ganz deutlich der knappe Radius der Kabelfernsteuerung. Irgendwann hatte ich das „Achterfahren" auf der Straße vor den Haus leid und ich suchte mein Glück im „Gelände". Heute würde man „trialen" dazu sagen, aber davon waren meine Autos aus der Distanz betrachtet noch weit entfernt. Es blieb beim anspruchsvollen Gelände, welches das elterliche Grundstück in unterschiedlichster Form parat hielt. Es geht eben nichts über ein „Haus am Hang".

Mit zwei Kegelrad- und Kardansätzen gelang mir irgendwann sogar ein Allradantrieb. Aber da ich mangels eines Vorbilds, von einer Einzelradaufhängung nicht den blassesten Schimmer hatte, war das Ende der Geländegängigkeit doch schnell erreicht. Man müsste ein Raupenfahrzeug haben, aber wo her? Da lief mir plötzlich ein Satz „Fischertechnik"-Ketten über den Weg und es dauerte nicht mehr lange, bis das erste Fahrzeug daraus entstand. Meine Erinnerungen daran sind blass, aber es war ganz sicher keine Pistenraupe! Es war vielmehr irgendetwas „gelbes", also wohl eine Planierraupe alias Caterpillar. Nebenbei bemerkt war es trotzdem der Grundstein für meine bis heute andauernde Raupenleidenschaft. Mit den lediglich 30 mm breiten Fischertechnikketten zeigten sich leider schon beim ersten Schnee deutliche Defizite bei der Bodenhaftung. Die anschließende Lösung waren meine ersten selbst hergestellten Kettenstege. Ein blanker Streifen Aluminium, mit den Maßen 60/6 mm bekam an beiden Enden eine 10 mm lange Quetschung per Schraubstock. Dadurch wurde aus dem reinen Flachmaterial zumindest stückweise ein Hochkantprofil, dass per Sanitärsilikon auf den Kettenplatten verklebt wurde. Die Spurführung übernahm ein geschlossenes Holzprofil mit insgesamt vier innenliegenden Umlenkrädern pro Seite. Die Unterseite der Kette schliff dabei über die blanken Holzleisten und erzeugte grauenhafte Reibung, die mit banaler Handcreme aber weitgehendst neutralisiert wurde. Völlig unbewusst hatte ich mit dieser Konstruktion ein leistungsfähiges Fahrwerk geschaffen, dass in den anschließenden Jahren immer wieder von verschiedenen Antrieben bewegt wurde. Die Palette reichte hier vom zweimotorigen Doppelantrieb, bis zum kuppelbaren Lenkgetriebe. Dazwischen gab es sogar ein Zwillingsgetriebe mit zwei schaltbaren Gängen. Als Anbaugeräte konstruierte ich auch damals schon ein Räumschild, dass über einen Spindelantrieb verstellt werden konnte. Die für die harte Praxis entwickelten Fahrzeuge waren natürlich weit von einem störungsfreien Betrieb entfernt, aber es machte unheimlich Spaß damit an die Traktionsgrenzen zu gehen. Ein kleines Problem stellte auch die mangelnde Verwindungssteifigkeit der geschraubten Märklinkonstruktionen dar. Und so kam es immer wieder vor, dass sich Schrauben lockerten und ab und zu etwas verloren ging. Also war das der Auslöser für meine heutige Leidenschaft?

Ja und nein. Ich erarbeitete mir in dieser Zeit zwar einen gigantischen Erfahrungsschatz, was Einsätze im hochwinterlichen Outdoor-Gelände betrifft. Allerdings flaute nach den zuletzt beschriebenen Geräten die Begeisterung für die Materie über rund 15 Jahre zu 100 % ab. In dieser Zeit gab es einfach wichtigeres zu erledigen. Also muss es noch einen anderen Grund geben, warum mich die Sache heute nicht mehr los lässt!

Die „Märklinphase"endete ziemlich genau als ich 16 war. Danach bestimmte die Liebe zum Hochgebirge meine Freizeit. Anspruchsvolle Sommer-, wie auch Wintertouren bestimmten gut 20 Jahre

meiner „Sturm- und Drangzeit". In diese Phase fielen zahlreiche beeindruckende Naturerlebnisse, die vor allem im Winter auf einsamen Skitouren sehr prägende Erinnerungen hinterlassen haben. Wer das tief verschneite Hochgebirge abseits von präparierten Pisten schon einmal erlebt hat, weiß von was ich spreche. Allen anderen ist das eh schwer zu erklären, denn „normales" Pisteln ist allermeistens weit von solchen Stimmungen entfernt. Am Morgen die erste Spur durch einen lichten, tiefverschneiten Bergwald zu ziehen... Wenn der Schnee vor Kälte knirscht und die Berge auf der anderen Talseite schon in der Sonne blinken... Oder oben am Grat zu stehen und als erster in ein jungfräuliches Nordkar einzufahren. Das alles sind unvergessliche Erlebnisse, die einem ein Leben lang nicht aus dem Kopf gehen. Und jetzt kommt die Crux der Geschichte!
Ich hatte in meiner Jugend wohl sicherlich ein beachtliches Modellbau-Knowhow erarbeitet und mir danach ziemlich gegensätzlich die einsame Natur zum Freund gemacht. Was liegt da näher, als irgendwann beide Hobbys miteinander zu verbinden? Ich baue meine Raupen grundsätzlich nicht als Vitrinenmodelle. Damit würde ich niemals glücklich werden. Ich baue sie mir als Mittel zum Zweck! Und warum? Weil mir eine feine Pulverschneeausfahrt mindestens gleichbedeutend zu spannenden Stunden in der Werkstatt ist. Ich schätze die Verbindung der Sache so ungemein! Ob die Ausfahrt dabei bei Vollmond und minus 15 Grad geschieht, oder bei blauem Himmel vor beeindruckender Bergkulisse ist im Prinzip das Gleiche. Beides geschieht draußen in der Natur und beides ist gleichsam faszinierend. Und am allerliebsten habe ich es dabei einsam und abseits vom Trubel – so wie vor 20 Jahren eben. Denn da suchte ich mir auch schon lieber die unbekannten Gipfel.

1. Modellbetrieb von schnee-tauglichen Kettenfahrzeugen

Wenn Sie beim Skifahren einer Pistenraupe begegnet sind und Sie hinterher voller Begeisterung ein Funktionsmodell planen, muss ich Sie erst einmal ernüchtern. Es ist bei weitem nicht so einfach wie es aussieht, so eine Raupe als Modell zu betreiben. Dieses Kapitel soll Ihnen helfen die Besonderheiten zu begreifen, die einen brauchbaren Modellbetrieb solcher Fahrzeuge ermöglichen.

„Modellbauerlatein"

Es gibt grundlegende Dinge, die über Erfolg oder Misserfolg Ihres Projekts entscheiden. Jeder Modellbauer, egal aus welcher Sparte, versucht mit seinem maßstäblich verkleinerten Flugzeug, Schiff, oder Radfahrzeug in der „Großen Welt" zurecht zu kommen. So gibt es in der Fliegerei, auf dem Wasser oder im Gelände im-

Die Hänge hinter dem Dorf bieten ein ausgezeichnetes Testgelände.

mer gewisse Grenzwerte, die mit einem Modell zu meistern sind. An dieser Stelle kommt gerne das „Modellbauerlatein" ins Spiel. Schnell verbreiten sich Geschichten vom überschallfliegenden Flugzeug, vom hochseetauglichen Segelschiff, bis zum Lichtgeschwindigkeits-schnellen Straßenrenner. Auch die Baumaschinenabteilung wird mit Superlativen genauso wenig sparen wie die Anhänger der Militärmodelle.

Meine vorgestellten Fahrzeuge sind ausnahmslos keine „unantastbaren Vitrinenmodelle". In der Prioritätenliste steht ganz weit oben immer zuerst die Funktion und anschließend erst die Optik. Die Kombination von beidem ist mir allerdings auch schon gelungen. Wenn ich von Funktion schreibe, dann wurde diese auch wirklich hundertprozentig ausgetestet. Echter Schnee ist für mich zum Glück noch kein Fremdwort. So bieten mir die Hänge hinter dem Dorf, wenn es sein muss täglich, ein ausgezeichnetes Testgelände für alle Bauteile. Ich bin bestrebt, Ihnen mit diesem Buch reinen Wein einzuschenken und Sie ehrlich, fachlich aber trotzdem menschlich, auf den Selbstbau einer Schneeraupe vorzubereiten.

Kompromisse und Einsatzmöglichkeiten

Zurück zu den Einsatzmöglichkeiten. Das oberste Hauptproblem ist unser Spielelement Schnee. „Weiß ist nicht gleich Weiß" und so gibt es eine Unmenge an unterschiedlichen Schneearten, bei verschiedenen Lufttemperaturen und Luftfeuchtigkeiten. Wenn Sie sich damit noch nicht beschäftigt haben, werden Sie im Lauf Ihrer Pistenraupen-Modellbauerkarriere zwangsläufig damit Bekanntschaft machen. Der entscheidende Tipp dazu: Lassen Sie sich niemals von Ausfahrten anderer beeindrucken, wenn Sie nicht selber dabei waren, oder ein ungeschnittenes Video davon gesehen haben. Denn wie gesagt, Schnee ist nicht gleich Schnee und selbst perfekt jungfräulicher Pulverschnee, kann seine Eigenschaften innerhalb von zwei Stunden um 100 % ändern!

Ein ganz großer Unterschied zur LKW- und Baumaschinenbranche ist die leidige Tatsache, dass Sie echten Outdoor-Spieluntergrund nicht selbst gestalten können. Ganz schlimm ist es, wenn es überhaupt nicht schneit! Um einen Hydraulikmodellbagger zu testen genügt

Solche Erlebnisse sind unbezahlbarer Lohn für unendliche Stunden Werkstattarbeit

Ein Fun-Modell erfreut auch die Kinder

ein Schubkarren voll Erdreich. Hübsch gesiebt und aufbereitet, wird er auf zwei Quadratmetern Ihrer neuen Wühlmaus alles bieten was sie braucht. Wenn Sie aber den ganzen Sommer an einem Schneefahrzeug basteln, kann es ganz schön nerven, wenn es im November 20 Tage aus dem Nebel heraus regnet und selbst nach Weihnachten immer noch nicht schneit. Dann hilft nur noch, dass Sie für Ihr Modell alternativen Spieluntergrund organisieren. Mehr dazu gleich auf Seite 25.

Um die jetzt immer noch im Raum stehende Frage nach der uneingeschränkten Einsatzmöglichkeit von Modellpistenraupen auf den Punkt zu bringen, lautet die halbherzige Antwort – Jein!

Es bleiben einfach immer Kompromisse übrig, wenn Sie meinen zu jeder Tageszeit einen Ausritt unternehmen zu müssen. Entweder passen Sie Ihr Fahrzeug den Schneeverhältnissen an, oder umgekehrt. Beides unter einen Hut zu bringen ist mir noch nicht gelungen. Ob Sie sich für die eine oder andere Variante entscheiden, es wird unendlich spannend und Sie werden einen riesigen Spaß mit Ihrem Modell haben.

Das Fun-Modell, Funktion pur

Wenn es Ihnen nur darum geht, irgend ein Raupenfahrzeug zu bauen das immer und überall funktioniert, kann ich Ihnen auch eine Möglichkeit aufzeigen. So ein Modell überzeugt dann zwar nicht mehr mit einer grazilen Optik, aber es eignet sich im Gegensatz zu den anspruchsvollen Scale-Modellen auch für Kinder. Die Einsatzmöglichkeit wird bei „Pappschnee" erst dann unterbrochen, wenn das Modell mit der weißen Masse fast vollständig verschmolzen ist. Die Bodenfreiheit ist früher oder später irgendwann komplett verklebt und die Ketten drehen ohne Vortrieb zu leisten ins Leere. Eine manuelle Befreiung vom Schnee bringt zwar erst mal kalte Finger, verlängert aber die Spielzeit ganz erheblich. Ein solches Fahrzeug ist relativ schnell realisiert und ist bei entsprechender Konstruktion fast „unkaputtbar". Ein weiterer wichtiger Vorteil von einem Modell „aus dem Bauch heraus" ist auch der, dass Sie sich nie mit Maßen und Originaldetails herumschlagen müssen. Eine grobe Längenvorgabe und die pure Funktion bestimmen den Bastelspaß und führen nach drei bis vier Wochenenden schnell für Fahrfreude im Schnee. Wenn es um ein Exklusivmodell für den Nachwuchs geht, ist dieser Fahrzeugtyp der bei weitem vorteilhaftere. Detailfunktionen lassen sich dann in Schlechtwetterphasen ganz gemütlich zusätzlich verwirklichen, bis die Jugend vielleicht irgendwann restlos zufrieden ist.

Das „Scale-Modell"

Betrachten wir jetzt die maßstäblich übernommene Verkleinerung des Originalvorbilds, das „Scale-Modell". Gleich vorne weg: Ein absoluter Graus und deshalb nicht zu empfehlen sind Ausfahrten bei positiven Lufttemperaturen in unbefestigtem, ganz frischem „Pappschnee". Durch die relativ große Breite der Laufräder und des Antriebsrades, ist hier das Hauptproblem der sich verklebende Nassschnee in und um die Kette. Leider sind diese Zustände bei den ersten (und letzten) Schneefällen fast Standard und im restlichen Winter vor allem tagsüber anzutreffen. Gerade unter 800 Meter Ortshöhe ist es bei Tageslicht nicht leicht, brauchbare Verhältnisse zu finden. Allein der so genannte Hochwinter von Ende Dezember bis Mitte Februar bietet am Vormittag, oder in absoluten Schattenlagen oft sehr gute Möglichkeiten. Wenn Sie sich für so ein Modell entscheiden, heißt es sorgfältig abzuwiegen ob eine Ausfahrt möglich ist, ohne größere Schäden an Ihrem Heiligtum anzurichten. Spontane Aktionen treten in den Hintergrund, der Reiz des Bastelns beherrscht hier die Materie. Im Vordergrund stehen die komplexen Herausforderungen von unendlichen Details und schwierigen Mechanikanforderungen. Die Präsentation im Vorgarten ist Nebensache und unwichtig. Außer Sie geben sich ganz einfach damit zufrieden, auf eingewalzten Pisten vom großen Vorbild zu fahren. Hier können Sie ohne Sorgen um ihre Ketten, bedenkenlos zu jeder Tageszeit unterwegs sein. Das größere Übel ist hier allerdings das Risiko einer Kollision mit einem der vielen Pistennarren. Haben Sie eine schwach befahrene Talabfahrt, oder eine Langlaufloipe in Reichweite, brauchen Sie sich über Einsatzmöglichkeiten Ihrer Neuschöpfung keine Gedanken zu machen. Wenn Sie aber lieber Ihre Ruhe haben wollen, brauchen Sie nur darauf zu warten bis die Sonne hinter dem Horizont verschwunden ist. Denn jetzt kommen die großen Stunden Ihres Fahrzeugs. In den kalten Nachtstunden findet sich fast überall guter, trockener Pulverschnee. Vorausgesetzt Sie haben genügend Licht am Fahrzeug, ist es purer Modellbaugenuss seine Kreation einen Abend lang über unverspurte weiße Flächen zu steuern.

„Erst wenn das Modell und die Landschaft miteinander verschmelzen, bin ich zufrieden"

Zeit der Akklimatisation

Ob Fun- oder Scalemodell, eines ist bei beiden Fahrzeugtypen unabwendbar. Sie brauchen für negative Schneetemperaturen eine gewisse Zeit der Akklimatisation! Das Fun-Modell verzeiht es Ihnen noch eher, wenn Sie es aus der warmen Stube direkt in den Schnee setzen. Die filigranen Kristalle werden jetzt unabwendbar an warmen Metallteilen antauen und über kurz oder lang wieder gefrieren. Nun haben Sie nicht mehr Schnee im Laufwerk und in den Geräteträgern sondern Eis, und das kann je nach Modelltyp unschöne Folgen haben. Des Weiteren sorgt jede Anhaftung von Schnee für eine reduzierte Bodenfreiheit und eine unerwünschte Gewichtszunahme. Machen Sie es also richtig, nehmen Sie sich die Zeit das Modell abkühlen zu lassen. Das heißt im Klartext, wenn Sie vor haben am Abend eine Runde zu drehen, dann stellen Sie Ihr Modell schon am Nachmittag oder spätestens bis 18.00 Uhr an einen trockenen, schattigen und schneefreien Platz im Freien. Das Ergebnis wird Sie bei der Ausfahrt verblüffen, denn alles bleibt fast vollkommen schneefrei, leichtgängig und ganz kleine Reste können Sie hinterher mit dem Mund oder mit ein paar Druckluftstößen wegpusten. Hat es um die 0 Grad, oder gar leicht possitive Schneetemperaturen, ist die Akklimatisation zwar unerlässlich, eine Schneeanhaftung bleibt dann aber trotzdem unvermeidbar. Bei sonnigen Frühjahrsausfahrten, bei denen die Temperaturen in deutliche Plusgrade umkippen, können Sie alles Gesagte vergessen und das Modell einfach in den Schnee stellen!

Unendlich wichtig bei dieser eiskalten Thematik, ist allerdings die Lösung der Geräteträgerantriebe und die Stromversorgung, auf die ich aber auf den Seiten 136-210 beziehungsweise 257 noch ausführlich hinweise.

Alternativer Spieluntergrund

Was bis zum Jahr 2008 noch undenkbar war, ist heute als selbstverständlich zu betrachten: Modellpistenraupen auf einer Messe, oder einer Vereinsveranstaltung. Hierfür gibt es zwei hervorragende Möglichkeiten:

- Wer das nötige Kleingeld, oder einen zahlungskräftigen Sponsor im Rücken hat, kann auf Kunstschnee aus der Filmindustrie zurückgreifen. Das auf der Basis von LD-PE-Kunststoff, in einem Spezial-Schredderverfahren hergestellte Material, hat eine tol-

Beim traditionellen Oberstdorfer „Stadelfest“ ist die stark geneigte Parcours-Fläche mit 4.500 Liter allerbestem Sägemehl belegt

le Haptik und animiert die Messebesucher grundsätzlich zu einem Griff in den „Schnee". Für den Funktionsmodellbauer betrachtet, sind die physischen Eigenschaften dagegen nur zweite Wahl. Durch die geringe Materialdichte ist ein echtes aufbauendes Arbeiten nur bedingt möglich und ein sauberes Präparierbild ist leider schon gar nicht umzusetzen. Das Zeug ist für einen Messestand in der gesamten Performance zwar unschlagbar, wirklich empfehlenswert ist es allerdings für den „Hausgebrauch" auf keinen Fall. Mehr zum Thema Messe, finden Sie auch auf den Seiten 65-67.
- Prinzipiell völlig abstrakt ist dagegen der Raupeneinsatz auf mindestens einem Kubikmeter Sägemehl. Gefunden, angekarrt und zu einer Berglandschaft geformt, ist dieser Alternativuntergrund in Fachkreisen schon lange als das „Nonplusultra" zu bewerten. Da wo sich die Räder von den allerbesten Trial-Modellen im lockeren Sägemehl eingraben, fährt Ihr Kettenfahrzeug lässig vorbei und zieht seine deutlich sichtbare Spur. Planier- und Fräswerkzeuge können dabei exzellent vorgeführt werden, wie ein Windeneinsatz an steilsten Bergflanken. Um das Sägemehl bis ins Extreme formstabil zu halten, kann mit mehr oder weniger Wasserzugabe der Feuchtegehalt beliebig eingestellt werden.

Um ein Modell vernünftig vorzuführen und um einigermaßen sinnvoll arbeiten zu können, empfehlen sich für eine Parcours-Fläche folgende Minimalgrößen:

- Für ein 1:12-Fahrzeug: 4,0 m Länge auf 1,10 m Breite. Benötigt rund 250 Liter Auflagematerial.
- Für ein 1:8-Fahrzeug: 6,0 m Länge auf 3,0 m. Benötigt rund 900 Liter Auflagematerial.
- Grundsätzliche Materialauflage niemals unter 50 mm!

Am besten sind natürlich komplette Massivaufschüttungen mit 10 bis15 Kubikmeter Material. Alternativ sind Parcours-Flächen mit Unterkonstruktion zu bewerten. Hier darf die Steigung für Sägemehlbeläge ab 50 mm Stärke, durchaus 35 bis 70 % betragen. Im labilen Kunststoffschnee muss bei bezahlbaren Materialauflagen bis 50 mm, ab 20 % Steigung zwingend ein griffiger Untergrund eingebaut werden!

Fahrzeugauswahl

Ich stoße immer wieder auf die Frage, was wohl der beste Maßstab für den Einstieg in dieses Hobby ist? Da aber jeder Modellbauer unterschiedliche Ansprüche und Möglichkeiten hat, gibt es als Antwort kein Pauschalrezept.

- Arbeiten Sie im Rahmen Ihrer Möglichkeiten! Überschätzen Sie nicht Ihre Zeit und Fähigkeiten. Das schafft nur frustrierenden Bastelstress, vernichtet Geld, Material und Partnerschaften.
- Planen Sie am Anfang nicht zu kompliziert! Ein Projekt das nach überschaubarem Aufwand einsatzfähig ist, motiviert Sie bei jeder Ausfahrt das Modell auch wirklich fertigzustellen. Das erste Chassis sollte zumindest im ersten Winter unbedingt einmal im Schnee gefahren sein! Das hält die Motivation aufrecht, den Rest über den Sommer eventuell sogar fertigzubauen.
- Suchen Sie sich am besten zuerst ein einfaches Versorgungsfahrzeug aus! Ein Modell das ohne konkretes Vorbild gebaut wird, ist viel, viel einfacher umzusetzen als ein Scale-Modell. Wenn Sie ein brauchbares Einsteigermodell suchen, dann bietet sich hierzu der relativ preisgünstige neue Kyosho-Blizzard, in Kombination mit den Raupenketten von Pistenking an. Diese Verbindung führt schnell zum gewünschten Ziel und schafft die Grundlage für weitere Ausbaustufen.

- Wenn Sie dagegen auf Ganz-Metall-Qualität setzen, müssen Sie sich alternativlos das 1:12-Chassis von Pistenking zulegen. In Kombination mit dem hauseigenen Spitzgussfahrerhaus, oder den bewährten Tiefziehbausätzen von AT-Modellbau, entsteht eine erstklassige Basis für alle weiteren An- und Aufbauten.
- Sind sie aber ein echter Modellbauprofi und haben durch dieses Buch den letzten Motivationsschub erhalten, sollten Sie nicht mehr lange zögern ihren Traum auch umzusetzen. Da es für exklusive Winterfahrzeuge kaum Fertigteile zu kaufen gibt, müssen Sie eine Menge Bauzeit einplanen. Haben Sie das Rentenalter noch nicht erreicht und Sie gehen einer regulären Arbeit nach, dann bleibt Ihnen nur abends und am Wochenende Zeit, sich Ihrem Hobby zu widmen. In diesem Fall sollten Sie schon im Frühsommer mit dem Fahrgestell und den Ketten beginnen. Wenn Sie in Arbeitsstunden rechnen wollen, sollten Sie hierfür je nach Ausführung, mindestens die Zahl 100 ansetzen. Fällt dann irgendwann der erste Schnee, können Sie damit schon zeitig Testfahrten unternehmen. Sie schaffen sich somit ein wichtiges Zeitfenster zur Anfertigung der Anbaugeräte. Die lassen sich nämlich fast ausschließlich nur unter Realbedingungen richtig ausprobieren und diese Phase ist je nach Wohnortlage leider oft sehr kurz. Jetzt heißt es dranbleiben und möglichst alles fertigstellen was sich bewegt und dreht. Zur Schneeschmelze hin und den ganzen Sommer über, können Sie dann alle weiteren Ausstattungsdetails anfertigen. Vorausgesetzt Sie behalten die gleiche Arbeitsstundenfrequenz wie in der kalten Jahreszeit bei. Ansonsten werden Sie erst zum Ende des folgenden Winters langsam ein Ende der Bastelei sehen!

Die vorgestellten Fahrzeuge

Das ganze Buch ist nach Baugruppen orientiert aufgebaut. Das heißt, dass nicht Fahrzeug um Fahrzeug erklärt wird, sondern alle wichtigen Bauabschnitte in themenbezogenen Kapiteln besprochen werden. Des Weiteren tauchen zwischendurch immer wieder weitgehendst komplette Artikel aus der TRUCKmodell auf. Hierbei erscheint zwar manches gesagte doppelt, aber dafür kommen viele Technikprobleme sehr deutlich rüber. Um Ihnen einen besseren Überblick zu geben, von was für Fahrzeugen gerade die Rede ist, stelle ich auf dieser Seite zuerst alle in diesem Buch auftauchenden Modelle vor:

Der alte Graupner – Pistenbully im Maßstab 1:12

Das ehemalige Begierdeobjekt aller zukünftigen Pistenraupen-Modellbauer wird leider schon lange nicht mehr hergestellt. Wer Zeit und Muße hat, findet bei den Internet-Auktionshäusern immer wieder „Dachbodenfunde“ von dem damals qualitativ hochwertigen Bausatz. Leider ist das Modell aber schon furchtbar alt und bis dato sind 30 Jahre an den vielen Kunststoffteilen nicht spurlos vorbei gegangen. So haben sich gerade am Chassis einige Risse gebildet, die fast die komplette Serie durchziehen. Völlig intakte Fahrzeuge sind inzwischen leider die große Seltenheit geworden und werden für erschreckende „Mondpreise“ gehandelt!

Das Graupner-Modell, fast so, wie es 1982 aus der Schachtel kam

Spiel und Spaß garantiert die Urform des „Möchtegern-Pistenbully", der einmal ein PB 200D werden wollte

Der RATRAC-Hydromaster

Der Kässbohrer-Pistenbully PB 240D

Der Snow Rabbit 2 von Favero

Der Dickie Snow King

Der aktuelle Kyosho Blizzard SR

Man sollte sich vor so einem Kauf immer bewusst machen, dass die chemische Kunststoffalterung selbst vor unbespielten „Schachtelmodellen“ nicht Halt macht! Alle anderen Angebote verlangen mehr oder weniger aufwändige Sanierungsmaßnahmen, die oftmals fortgeschrittene Bastelkunst erfordern.

Das Eigenbau Fun-Modell Pistenbully 200 D im Maßstab 1:12
Das nicht ganz originalgetreue Modell läuft meistens unter dem Arbeitstitel „Möchtegern-Pistenbully“. Eine etwas abstrakte Laufwerkskonstruktion, seine Schlicht- und Handlichkeit, machen ihn aber zu einem einzigartigen, hochfunktionellen Jugendspielzeug, dass an Robustheit in diesem Maßstab nicht zu überbieten ist.

Der Eigenbau des RATRAC-Hydromaster im Maßstab 1:8
Ein dankbarer Schweizer Oldie, der durch sehr gute Funktion und Zuverlässigkeit jede Ausfahrt zum garantierten Erlebnis macht. Das 13 Kilogramm schwere Fahrzeug ist relativ unkompliziert zu transportieren und bringt es deswegen pro Saison allermeistens auf über 30 Einsätze.

Der Eigenbau des Pistenbully 240 DW im Maßstab 1:8
Ein exklusives Großmodell, dass in Funktion und Details dem großen Vorbild in keinster Weise nachsteht. Oft ist auch nur vom 240er-Kässbohrer die Rede, wobei natürlich klar sein sollte, dass Kässbohrer grundsätzlich viele verschiedene Pistenraupentypen baut und in Deutschland die Marke Synonym für einen „Pistenbully“ steht. Das Laupheimer Geländefahrzeug-Unternehmen ist parallel zu Prinoth-Leitner weltweiter Marktführer für modernste Pisten- und Loipenpräparierfahrzeuge.

Der kleine Snow Rabbit 2 von Favero im Maßstab 1:8
Meine absolute Lieblingsraupe! Das uralte italienische Kleingerät ist das krasse Gegenteil zu dem gigantischen 240er-Kässbohrer. Das kompakte Eigenbaumodell ist für den Kenner ein „Rundum-Leckerbissen“, denn eine perfekte Optik und ein hochfunktionelles Innenleben, verleihen dem Fahrzeug den Status der Superlative.

Das Spielzeugmodell Dickie Snow King im Maßstab 1:16
Ein nettes Einsteigergerät, dass in der Ready-to-run-Version nur sehr eingeschränkten Spielspaß versprach und bei mir lange im Dornröschenschlaf verstaubte. Der Dickie bietet aber ein prima Fahrerhaus für 1:16-Eigenbauten und auch das Chassis wurde nach diversen Umbauten endlich zum vollwertigen Raupenmodell.

Der aktuell käufliche Blizzard-SR von Kyosho im Maßstab 1:12...
...wird natürlich erwähnt werden. Ein Modell, dass in der Einsteigerklasse hervorragendes Potential für Verbesserungen und Eigenanbauten bietet.

Das käufliche Toppmodell PB 600 im Maßstab 1:12 der Firma Pistenking...
...darf selbstverständlich nicht fehlen. Lange erwartet und seit 2012 endlich komplett lieferbar, wird das Ganzmetallchassis mit Spritzgussfahrerhaus zwischendurch immer wieder zur Sprache kommen.

PB 400 im Maßstab 1:12
Noch nicht ganz fertig, aber trotzdem schon lange betriebsbereit ist der PB 400 im Maßstab 1:12 von meinem Sohn. Das Fahrerhaus kommt aus dem Hause AT-Modellbau, das Chassis von Pistenking und die Anbaugeräte leiht er sich von mir aus.

Der Kässbohrer-Pistenbully PB 600 von Pistenking (Bild: Fa. Pistenking)

Der Pistenbully PB 400 von meinem Sohn

Der Original Kässbohrer-Pistenbully PB 200DW

Der Original Kässbohrer-Pistenbully PB 60

PB 200DW im Maßstab 1:8

In aktuellem Bau befindet sich als Drillings-Gemeinschaftsprojekt ein PB 200DW im Maßstab 1:8. Ein völlig neues Fahrwerk, in Kombination mit zwei leistungsfähigen Brushless-Antrieben, revolutioniert seit dem Winter 2011 die Chassis- und Antriebsfrage in diesem Maßstab.

Ebenfalls noch als Baustelle präsentiert sich ein **PB 60 in 1:8**, dessen Einzelteile mein Sohn ab und zu auf der Werkbank parkt. Das Fahrzeug wird ein sehr überschaubarer und empfehlenswerter Eigenbau auf Basis des Snow-Rabbit-Fahrwerks.

Insgesamt elf verschiedene Raupen, die kaum unterschiedlicher sein könnten. Aber genau diesem Umstand verdanke ich mein großes Erfahrungspotential in der Materie. Denn erst durch das Austesten von verschiedenen Modellen und

Maßstäben bin ich in der glücklichen Lage, ein sachliches Urteil über die Fahrzeugtypen zu bilden.

Die Maßstabsfrage

Modellpistenraupen haben, wie eingangs schon beschrieben, eingeschränkte Fahreigenschaften, auf die der gewünschte Maßstab erheblich Einfluss hat! Leider spielt der vorhandene Fuhrpark bei der Entscheidungsfindung oft die erste Geige. Wenn Sie aber einen Neuanfang oder einfach nur pure Funktion planen, sind Sie in dieser wichtigen Frage unabhängiger.

Für Eigenbauten ist es meistens am sinnvollsten, den Maßstab nach unerlässlichen Bauteilen festzulegen. Das heißt, Sie suchen sich zuerst diejenigen Teile, die Sie unmöglich selbst kleiner herstellen, oder in einer anderen Größe auftreiben können. Was nützt Ihnen das schönste Getriebe, wenn es wegen fünf Millimetern nicht in das Chassis passt! Es ist auch durchaus denkbar und erlaubt, die Grundwanne ein klein bisschen breiter zu bauen. Größe bedeutet zum einen viel Platz, zum anderen aber meistens viel Gewicht. Außerdem verlangt robuste 1:8-Mechanik nach einer soliden Metallausführung, für die es natürlich andere Werkzeuge braucht wie für ein Kunststoffmodell. Dafür sind solche Maximodelle wahre Funktionswunder, wenn es darum geht Schneeflächen wirklich realistisch zu bearbeiten. Was Sie dabei aber nicht ignorieren sollten ist die Tatsache, dass ein großer 1:8-Pistenpräparierer kein Kinderspielzeug mehr ist und kaum noch spontan zum Einsatz kommen kann. Der Transport verlangt selbst mit demontierten Anbaugeräten ein gut durchdachtes Logistiksystem und natürlich eine PKW-wintertaugliche Anfahrtsmöglichkeit Ihrer Spielwiesen. Noch schlimmer verhalten sich naturgemäß Modelle die in 1:6, oder gar noch größer gebaut sind. Bis so ein Brummer da ist wo er sein soll, bedarf es einer ordentlichen Transportlösung. Zudem sollte man sich gut überlegen, dass sämtliche Messe-Parcours maximal bis zum Maßstab 1:8 ausgelegt sind und mit größeren Modellen hier unmöglich sinnvoll gearbeitet werden kann!

Ein aufwändiges 1:43-Fahrzeug wird dagegen den wahren Meister der Miniaturmechanik herausfordern. Damit wird sich der spätere Einsatz allerdings auf die Schreibtischoberfläche beschränken. Um Ihnen die Entscheidung leichter zu machen, habe ich die Vor- und Nachteile dem Maßstab entsprechend gegenübergestellt. Alles was größenmäßig dazwischen, oder sogar noch darüber oder darunter liegt, ergibt naturgemäß eine Schnittmenge, beziehungsweise ein Extrem der Eigenschaften.

Ganz groß trifft ganz klein

Maßstab 1:16	
Vorteile	**Nachteile**
Kunststoffbauweise mit geringem Gewicht bringt gute Fahreigenschaften in unverdichtetem, kalten Pulverschnee	Realistische Schneebearbeitung ist kaum möglich. Massive Schwierigkeiten bei Nassschnee und grobkörnigen Eisbrocken durch geringe Bodenfreiheit
Stromsparender Antrieb ist möglich	Das Kraftangebot ist sehr mäßig, geringes Platzangebot für sonstige Mechanik
Einsatz von Standardgetriebemotoren	Bei „Streckenfahrten" mit hohem Verschleiß und lästigen Reparaturen verbunden
Vorbildlose Modelle sind auf Grund der geringen Größe schnell gebaut	Maßstabsgetreue Detaillösungen sind oft filigran und verbiegen sich leicht
Großes Angebot an Zubehörteilen	Fertigteile haben ihren Preis, Eigenbau ist bei sehr kleinen Teilen oft schwer umzusetzen
Als Kinderspielzeug zu bauen	Großer Wartungsaufwand

Maßstab 1:8	
Vorteile	**Nachteile**
Mit über einem Meter Gesamtlänge ein Garant für „Rudelbildung" im Skigebiet	Sehr schwer zu transportieren, unter zehn Kilogramm nicht zu bauen
Auf verdichteten Oberflächen bis zu 100 % Neigung absolut unschlagbar	Fahreigenschaften im unverdichtetem Steilgelände grenzwertig bei 35 %
Durch die große Masse kann mit guten Anbaugeräten realistisch auf Tennisfeld großen Schneeflächen gearbeitet werden	Starke Antriebe mit hohem Strombedarf, oder Edelplanetengetriebe mit sehr hohen Anschaffungskosten werden benötigt
Viel Platz für Zusatzeinbauten	Lange Bauzeit durch mangelnde Fertigteile
In Metallbauweise robust zu konstruieren	Schwierige Bearbeitung, Fachkenntnisse und Spezialwerkzeug erforderlich
Als Scale-Modell in allen Bereichen fast 1:1 umsetzbar	Aufwändige Planbeschaffung und Studium von Mechaniklösungen

Die Planbeschaffung

Bei diesem Thema scheiden sich oft die Geister, wenn es darum geht ein neues Projekt in die Tat umzusetzen. Während sich die einen damit zufrieden geben, einfach nur ein schönes Funktionsmodell auf die Ketten zu stellen, gibt es die anderen, die von Maßstabstreue und Details nicht genug kriegen können. Aber sogar erstere benötigen irgendeine Vorlage, wenn es darum geht ein paar brauchbare Längen zu übernehmen. So bieten sich folgende Möglichkeiten:

1. Sie haben ein so genanntes fotographisches Gedächtnis. Das heißt, Ihnen ist im Skiurlaub ein Pistenpräparierer begegnet, den Sie nun frei aus dem Gedächtnis heraus auf das Papier bringen. Wer ein simples Grafikprogramm auf seinem PC zur Verfügung hat, tut sich mit

dem „auf's Papier bringen" wesentlich leichter. Schnell sind die Räder zu groß, das Fahrerhaus zu klein, oder der Auspuff unpassend geraten. Mit wenigen Mausklicks kann mit dieser Methode solange verkleinert, vergrößert, gezerrt und gezogen werden, bis die Zeichnung sich mit dem deckt, was noch im Kopf vorhanden ist.

Dieses Verfahren ist für ein Fun-Modell absolut ausreichend und wer noch einen Draht zum Maßstab hat, hält sich wenigstes ein bisschen an die Originallängen und Breiten, die unter Punkt 3 zu finden sind.

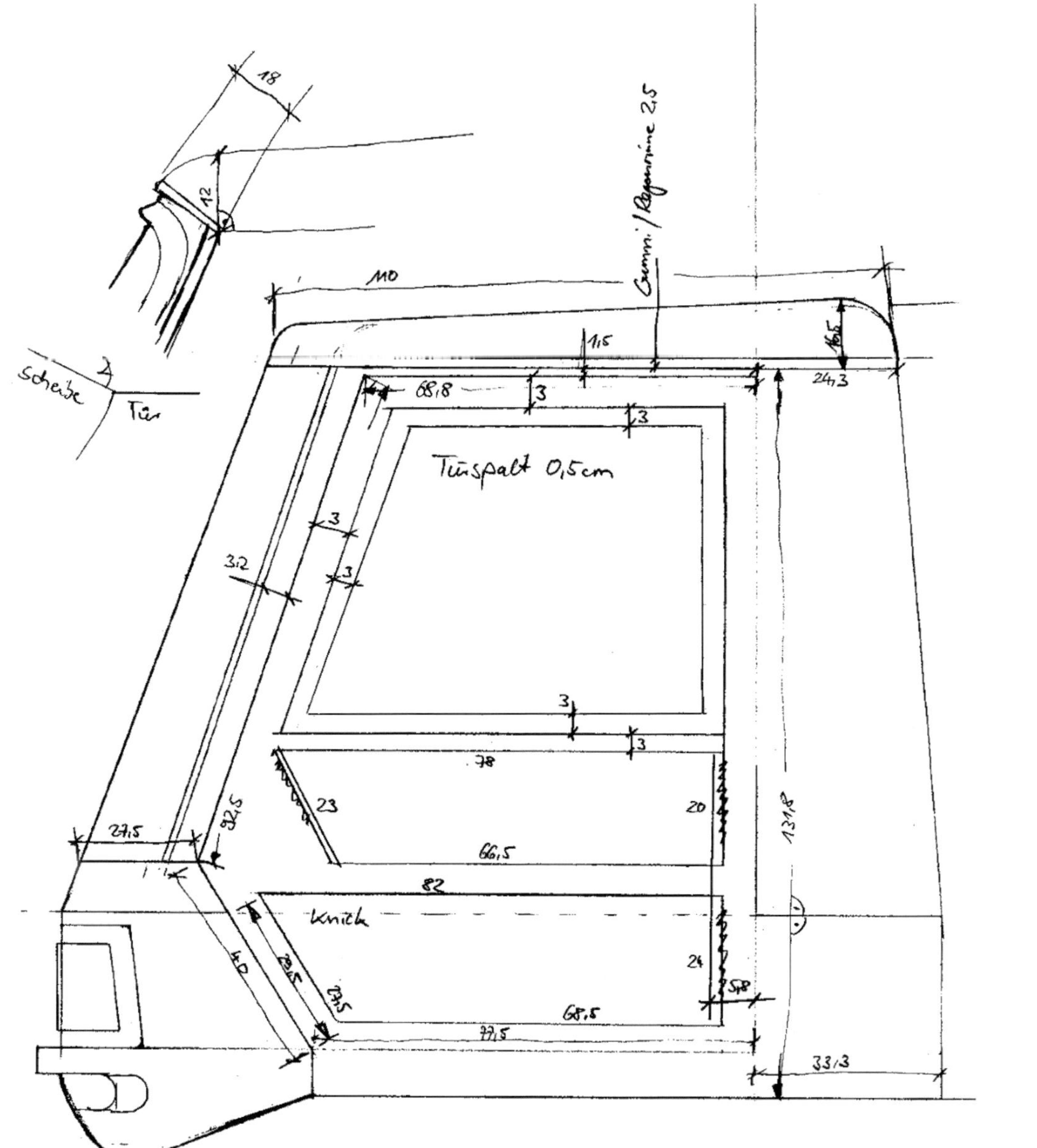

Meistens hilft nur eine eigene Zeichnung für eine perfekte Vorlage (Zeichnung: Ralf Steiger)

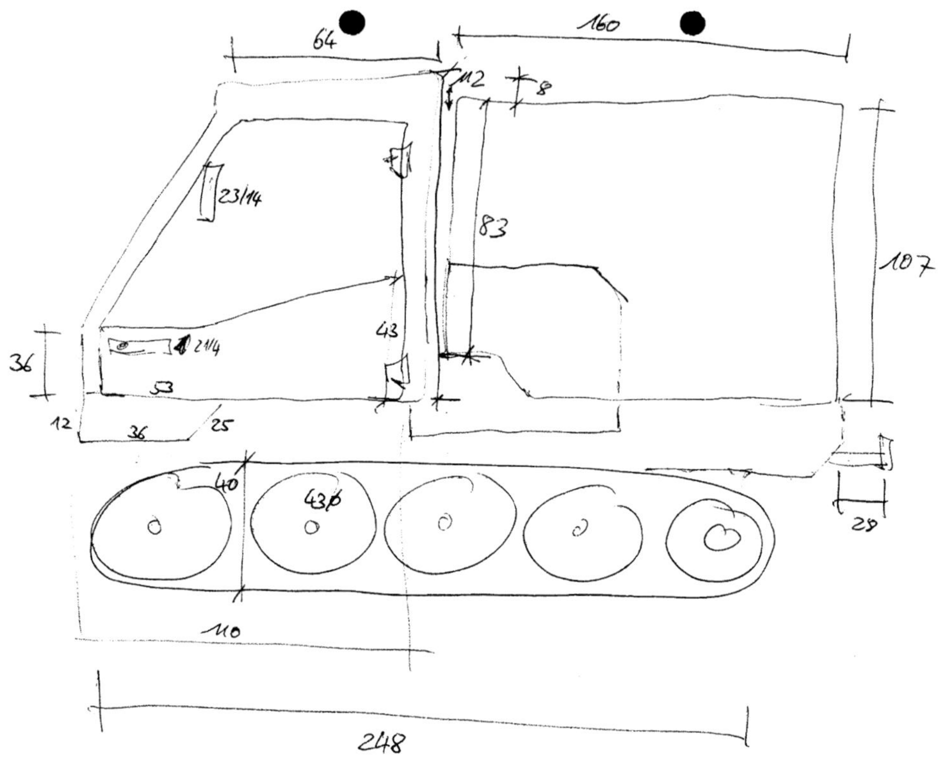

Das Ergebnis einer Planaufnahme „im Feld": Seitenansicht vom Snow Rabbit 2

2. Sie haben im erwähnten Skiurlaub im entscheidenden Moment Ihre Kamera zur Hand und erwischen Ihr Traumobjekt vielleicht sogar im besten Licht. Das erleichtert hinterher die unter Punkt 1 beschriebene Arbeit ganz erheblich. Außerdem werden Ihnen diese Bilder Ihrem Modell das eine oder andere Detail bescheren, dass Sie rein aus dem Gedächtnis heraus bestimmt vergessen hätten.

3. Sie kaufen sich ein Siku-, oder ROS-Modell im Maßstab 1:43 und leiten davon die Maße ab. Hier finden sich viele hübsche Originalfahrzeuge, mit Schild, Fräse und sogar mit Winde. Ein sehr brauchbares Verfahren für Modellbauer ohne Draht zum Gebirge.

4. Sie recherchieren im Internet nach „Pistenraupen" und landen unter der Adresse www.snow-groomer.com einen Volltreffer. Hier finden sich unzählige Ansichten von originalen Pistenraupen aller Hersteller! Leider gehen die Details bei den relativ kleinen Bildern oft verloren, so dass Sie diese Positionen mit Punkt 7 noch selbst klären müssten. Daneben gibt es einen Unterpunkt, der sich mit Funktions- und Standmodellbau befasst. Sehr wertvoll sind auch die vielen Links zu allen Firmen, die irgendetwas mit Pistenraupen zu tun haben, (oder hatten).

5. Sie Suchen Ihr Glück bei den Modellbauplänen vom vth Verlag für Technik und Handwerk, neue Medien GmbH und finden dort demnächst einen Plan des hier im Buch beschriebenen Snow Rabbit 2.

6. Sie machen es sich ganz einfach und suchen sich im Internet unter den Herstellerseiten eine Dreiseitenansicht der aktuellen Modelle. Wer in der Lage ist, ein paar nette Worte zu schreiben und „Bitte" zu sagen, kann diese Pläne auch per E-Mail oder Telefon direkt anfordern.

7. Wenn es grundsätzlich um Oldies geht, sowie auch echte Hardliner, suchen Sie sich natürlich ein Originalfahrzeug zum Selbstausmessen. Dieses Verfahren bietet sich vor allem in den Mittelgebirgen an, denn jeder noch so kleine Lift hat heute eine Pistenraupe. Gerade bei kleinen Skigebieten sind noch viele Oldies im Einsatz, die es lohnt als Modell zu verewigen! Außerdem stehen bei solchen Kleinbetrieben die Fahrzeuge gerne im Freien, so dass Ihrer Planaufnahme selten etwas im Wege steht. In großen Liftgebieten ist es da bei weitem schwieriger an brauchbares Bildmaterial zu kommen. Entweder stehen die Heiligtümer tagsüber in großen Garagen im Bauch der Talstationen, oder noch schlimmer, der Unterstand befindet sich in den Berg-/Mittelstationen. Schneearme Winter, oder vor allem das Frühjahr erhöhen hier die Chancen ganz erheblich! Denn oft reicht der Schnee nur spärlich, oder gar nicht mehr zur Remise und so parken die Ungetüme zwangsweise unter freien Himmel.

Wenn Sie Ihr Wunschobjekt dann endlich ausgemacht haben, kann ich Ihnen einen letzten, aber sehr wirkungsvollen Tipp zur Planaufnahme geben: Sie müssen mindestens zwei Besuche mit Ihrem zukünftigen Modell einkalkulieren. Beim ersten Treffen mit dem Original sollte gutes Fotolicht herrschen und keine störenden Objekte das schneefreie (!) Fahrzeug überlappen. Machen Sie zuerst von allen Ansichten Gesamtaufnahmen, am besten doppelt und dreifach. Sie sollten möglichst immer frontal fotografieren, so sind die Bilder hinterher relativ brauchbar um Längen abzunehmen und zu vergleichen. Von schrägen Ansichten können Sie dagegen unmöglich ein verwendbares Maß ableiten, zu groß ist die Verzerrung durch die Fotographie.

Wenn Sie in diesem Moment Zeit und Lust haben, können Sie auch schon alle weiteren Details festhalten. Ein Blitzgerät ist hierfür unerlässlich, denn nicht jeden Winkel erhellt der hoffentlich nicht vorhandene Sonnenschein. Warum keinen Sonnenschein? Weil ein zu hartes Licht auf glatten Lackflächen und vor allem auf Glasscheiben unbrauchbare Lichtreflexe auf Ihren Bildern verursachen würde. Gerade der Kabineninnenraum ist hierbei kaum vernünftig zu erwischen. Hier sind nette Worte an das Bedienungspersonal viel wirksamer, um später eine detailgetreue Innenausstattung nach guten Bildern ausarbeiten zu können.

Spätestens in der zweiten Phase dieser Planaufnahme sollten Sie sowieso Kontakt zu den Maschinisten suchen, denn jetzt heißt es Maßnehmen am Objekt. Nicht jeder Liftbetreiber ist nämlich erbaut, wenn Sie auf seiner Pistenraupe umherspringen und keiner weiß was Sie da eigentlich tun! Mit Meterstab, Bleistift und ein paar großen Ausdrucken oder A4-Abzügen vom ersten Treffen, sind Sie jetzt bestens darauf vorbereitet. Sie können nun entscheidende Maße vom Fahrzeug abnehmen und direkt in Ihre Bilder eintragen! Das umständliche Skizzieren bei der Feldaufnahme entfällt somit und Sie haben genug Zeit, um Maß für Maß zu übertragen. Wenn Sie gute Frontalansichten haben, ist es auch nicht schlimm, wenn Sie dieses Treiben nur auf entscheidende Längen beschränken. Mit errechneten Umrechnungsfaktoren lässt sich ein Fehlmaß leicht und ausreichend genau ersetzen.

Zuhause ergänzt und reingezeichnet sind solche Fotos ein fast perfekter Planersatz. Das Ganze muss jetzt nur noch auf den gewünschten Maßstab skaliert werden, dann können Sie nahtlos zum letzten Abschnitt des virtuellen PC-Modellbaus übergehen. Das Einpassen der Funktionseinbauten in die Pläne steht nun an!

PC-Modellbau, Schwerpunktlage

Der letzte Abschnitt der Planungsphase ist letztendlich der entscheidenste. Wenn ich ein neues Scale-Modell plane, sitze ich dabei oft tagelang vor dem PC und überlege mir die Mechanikeinbauten. Mit einem ausgedruckten 1:1-Modellplan geht das natürlich auch, aber wenn es um bewegliche Teile geht, vereinfacht ein Grafikprogramm die Arbeit beachtlich. Akkus, Servos, Elektronik und Getriebemotoren, alles lässt sich so lange umherschieben bis jedes Teil irgendwann seinen Platz gefunden hat.

Alle meine Modelle arbeiten ausnahmslos ohne Funktionshydraulik. Zum einen schreckt mich dabei der immer noch stolze Preis ab, zum anderen bin ich skeptisch ob die dünnen Ölschläuche auch noch bei minus 15 Grad ihre Funktion erfüllen. Echte Beweise stehen hier leider immer noch aus und Details zu dieser Problematik können Sie im Anhang auf Seite 302 nachlesen. Außerdem wäre mir ein Einbau von käuflichen Hydraulik-Fertigteilen, ohne überheblich zu klingen, viel zu einfältig. Denn gerade die Entwicklungs- und Konstruktionsphase eines komplexen Funktionsmodells ist so unendlich spannend, dass ich nur ungern darauf verzichten möchte. Zum Glück bieten die meisten Kettenfahrzeuge ausreichend Raum um „altdeutsche“ Mechanik unterzubringen. Bei 1:12-Modellen ist das zwar nicht mehr ganz so einfach, aber immer noch prima möglich. Dazu später, wenn es um Front- und Heckgeräteträger geht, mehr.

In dieser Zeit entscheidet sich die spätere Schwerpunktlage des ganzen Fahrzeugs! So fährt manch alter Graupner besser rückwärts einen steilen Hang hinauf. Hier stimmen die Gewichtsverhältnisse nicht, die durch Akkus, Antriebsmotoren und vor allem durch lediglich teilausgehobene Nachlaufgeräte negativ beeinflusst werden. Optimal liegt der Schwerpunkt zwischen dem zweiten und dritten Laufrad (je nach Stellung der Fräse), was in dieser Planungsphase zugegeben nicht ganz leicht zu berechnen ist. Hier die unkompliziertesten Tipps zu dieser Materie:

- Unter und im Fahrerhaus kann gar nicht genug Masse verbaut sein.
- Während der Bauzeit immer wieder die Fahrzeugwanne auf einen dreieckigen Holzklotz stellen und nachprüfen.
- Nicht das Gewicht des Räumschildes überschätzen, der Frontträger, der A-Bock und das Schild bringen zwar unheimlich Masse nach vorne, aber die Fräse tut am Heck irgendwann das gleiche.
- Ganz entscheidend ist grundsätzlich die Lage des Zentralakkus und die Position der Hauptantriebe.

2. Fahrzeuggrundaufbau

Hier müssen Sie sich erstmals entscheiden, ob es perfekt vorbildgetreu zugehen soll, oder ob Sie lieber den Weg des geringsten Widerstandes gehen wollen? Mir sind Modellbauer bekannt, welche die erstere Möglichkeit umgesetzt haben. Aber das geht weit über Sinn und Zweck hinaus und ist funktionell nicht notwendig. Der Hobbybastler wird höchst wahrscheinlich auf die rationale Bauart mit einer Grundwanne zurückgreifen. Wer meint, dass die aktuellen Originalfahrzeuge ähnlich aufgebaut sind, der irrt sich gewaltig. Hier bildet lediglich ein verwindungssteifer Grundrahmen ein offenes Fundament für alle weiteren An- und Aufbauten. Dieser schmale Rechteckrahmen erweitert sich durch den Laufwerksträger zu einem zweiten, größeren Rahmen, der alle Lauf- und Antriebsräder aufnimmt. Weitere Verstrebungen und Stützen im Front- und Heckbereich, machen den zentralen Grundrahmen für die Geräteträger, die Ladefläche und Kabinenaufhängung tauglich. Des Weiteren sind natürlich der Hauptdieselantrieb, die Hydraulikpumpen und alle weiteren Zusatzaggregate auf dieser Basis montiert. Das was der Betrachter als geschlossene Wanne wahrnimmt, sind alles nur gestückelte und leicht lösbare Blechverkleidungen über kleinflächige Bereiche.

So kompliziert muss es beim kleinen Modell nicht sein! In Anlehnung an viele Raupen-Oldies und den Panzermodellbau tut es als tragendes Element ein U-Profil. Vorn und hinten verschlossen, ergibt sich daraus eine fast wasserdichte Wanne. Auf dieser einfachen Basis lässt es sich wunderbar auf- und anbauen. So müssen Sie sich nicht ständig Sorgen machen, dass es Ihnen zu irgendwelchen Ritzen und Löchern den Schnee hereindrückt. Als Werkstoff für diese Wanne, eignet sich für schwere Eigenbaufahrzeuge zwei Millimeter dickes Aluminiumblech. Für leichtere Brüder tut es die 0,7- bis 1,0-mm-Version natürlich auch. Mit Winkeln aus dem gleichen Material verschraubt, lässt sich die daraus gewonnene Stabilität nur von der Originalkonstruktion überbieten. An- und Aufbauten können Sie dann leicht mit angeflanschten Messingprofilen verstärken. Somit haben Sie gleichfalls die Grundvoraussetzung für anschließende Weichlötverbindungen geschaffen.

Einen wichtigen Trick möchte ich Ihnen aber unbedingt noch mit auf den Weg geben: Je mehr Bodenfreiheit Sie unter das Modell bekommen, desto besser wird hinterher die Geländetauglichkeit sein! Zu diesem Zweck habe ich bislang bei jedem Modell die Originalmaße deutlich missachtet und den Wannenboden grundsätzlich 15 bis 20 mm höher gelegt! Damit die Ladeflächenhöhe hinterher wieder passt, reduziert das zwar erheblich Raum für die technischen Einbauten, wirkt aber Wunder wenn es draußen durch unverdichteten Tiefschnee gehen soll.

Gesamtübersicht über alle Einbauten

Um Ihnen einen besseren Gesamtüberblick über die Begriffe und Einbauten von vier verschiedenen Modellen zu geben, betrachtet man das Ganze am besten auf einem Bild. Jede Detailbezeichnung wird auf den kommenden Seiten ausführlichst erklärt und ich hoffe, dass am Ende dieses Buchs kaum noch Fragen offen bleiben.

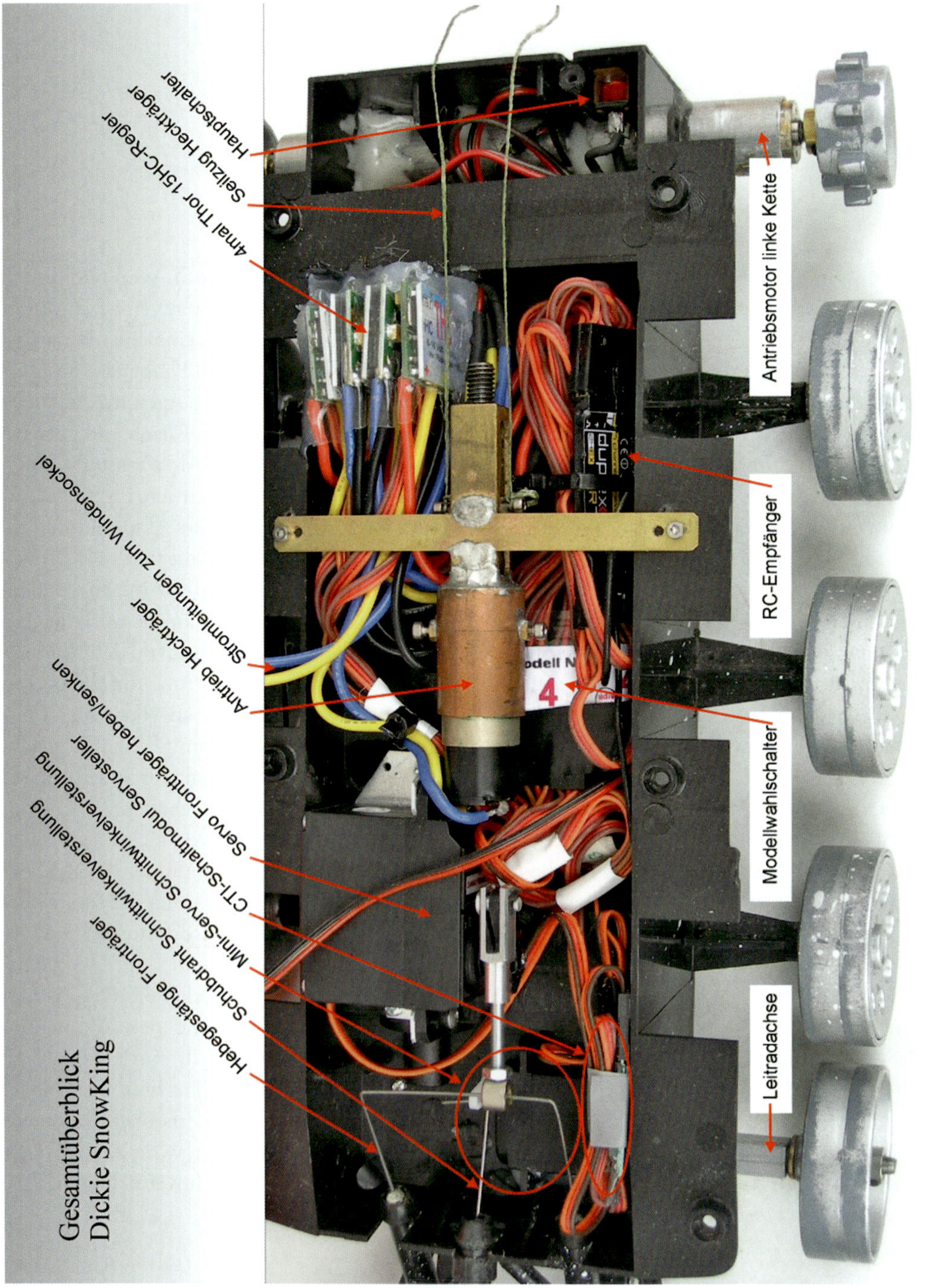

Gesamtüberblick
Dickie SnowKing

Gesamtüberblick PB200 "Möchtegern-Pistenbully"

Gesamtüberblick RATRAC-Hydromaster

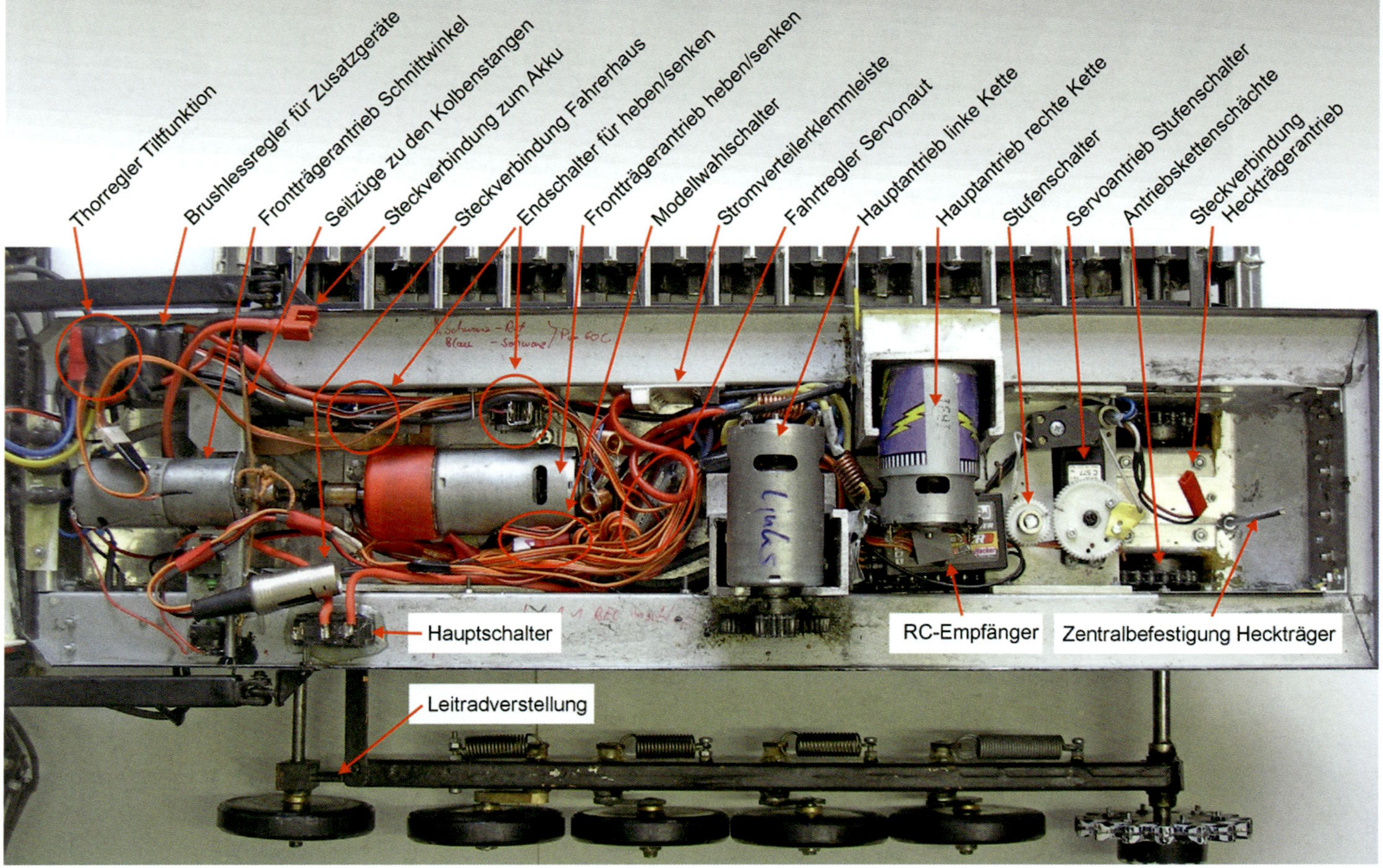

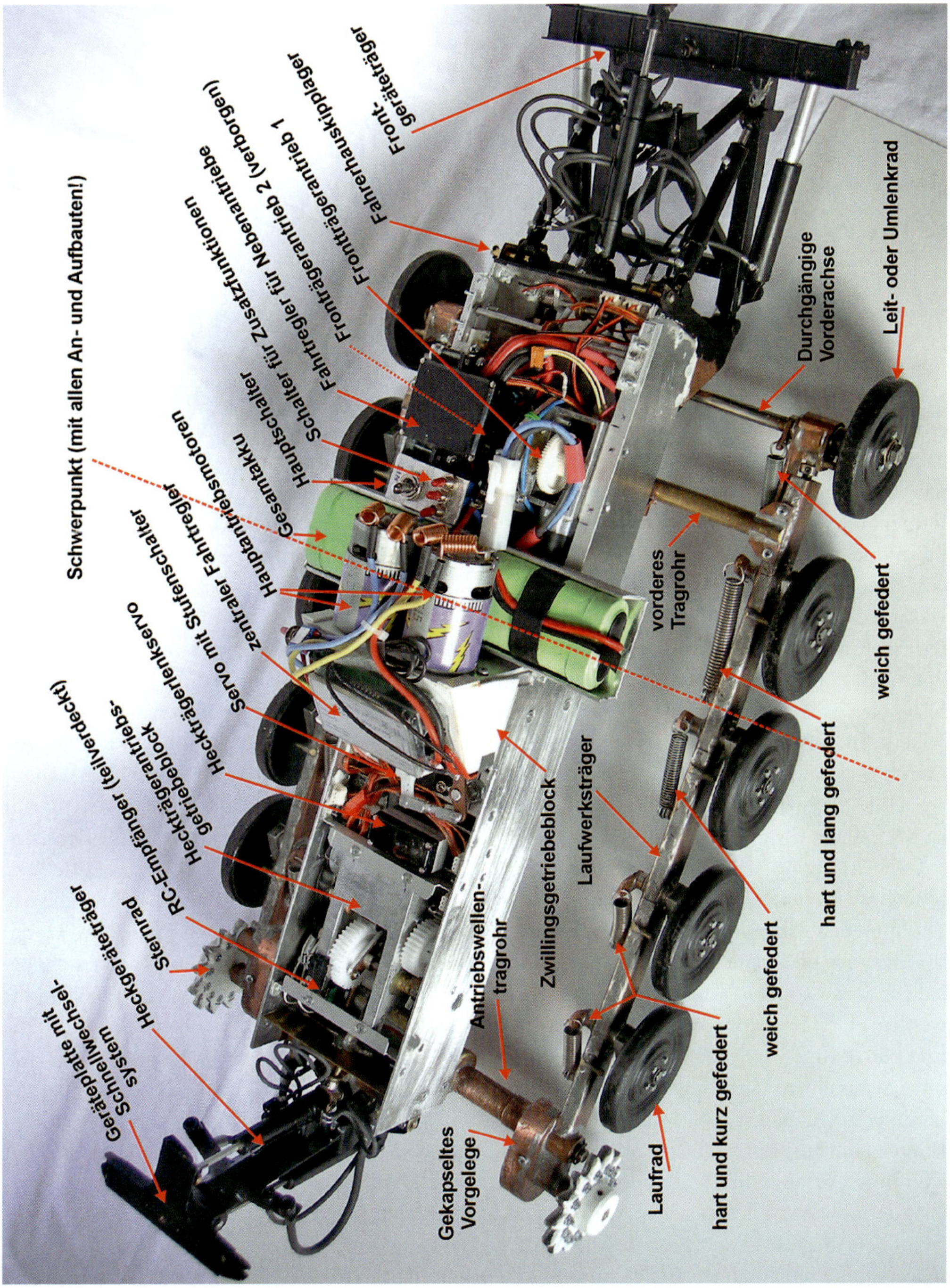
Front-geräteträger
Fahrerhauskipplager
Frontträgerantrieb 1
Fahrtregler für Nebenantriebe
Frontträgerantrieb 2 (verborgen)
Schalter für Zusatzfunktionen
Hauptschalter
Gesamtakku
Schwerpunkt (mit allen An- und Aufbauten!)
Hauptantriebsmotoren
zentraler Fahrtregler
Servo mit Stufenschalter
Heckträgergelenkservo
Heckträgergetriebeblock
Heckträgerantriebs-getriebeblock
RC-Empfänger (teilverdeckt)
Sternrad
Heckgeräteträger
Geräteplatte mit Schnellwechsel-system
Gekapseltes Vorgelege
Antriebswellen-tragrohr
Zwillingsgetriebeblock
Laufwerksträger
Laufrad
hart und kurz gefedert
weich gefedert
hart und lang gefedert
weich gefedert
vorderes Tragrohr
Durchgängige Vorderachse
Leit- oder Umlenkrad

3. Ketten – allgemeine Grundprinzipien

Ein „Überschneefahrzeug" unterscheidet sich von einer kettenbetriebenen Baumaschine ganz erheblich! Während es für den Nutzfahrzeugbastler inzwischen fast jede Reifengröße zu kaufen gibt, wird der Markt für Kettenfahrzeuge immer noch recht schwach bedient. Der Militärmodellbauer kann hier zwar fast schon auf eine Vielfalt an Angeboten zurückgreifen, aber was nützt Ihnen eine Panzerkette für Ihr Winterprojekt? Die Firma Veroma (Vertrieb auch über Conrad) bietet für diesen Bauabschnitt seit vielen Jahren eine 66 mm breite Universalkette an. Die relativ feingliedrige Bauart hat jedoch überhaupt nichts mit einer Schneekette am Hut, denn die Mittelzapfen-Spurführung ist bei keinem Original zu finden.

Wer Ersatz für seinen alten Graupner-Bully sucht, wird bei der Firma Pistenking fündig. Die aktuellen Allterain-Ketten passen wunderbar und auch die zweite Blizzard-SR-Generation kann mit der soliden Kunststoffkette bestückt werden. Die Kettenstege, Laufwerksführung und Bänder sind bei den Fertigmodellen grundsätzlich aus einem Guss in gespritzter Bauweise hergestellt. Der Kunststoff ist relativ weich und läuft geschmeidig um das Leit- und Antriebsrad. Zumindest so lange, bis die Temperaturen nicht all zu sehr in den Keller rutschen. Minus 5 Grad ist oft eine magische Grenze, ab der die meisten Kunststoffketten anfangen steifer zu werden.

Grundprinzip

Das Grundprinzip einer Schneekette sind mehr oder weniger breite Gummibänder, auf denen die mannigfaltig profilierten Querstege, zwischen einer Gegenplatte mit mehreren Schrauben montiert sind. Die Laufräder bewegen sich in den so genannten Spurbügeln, die auf der Steginnenseite angebracht sind.

Jeder Hersteller hat hier in den jeweiligen Epochen sein Markenprofil und dessen Anordnung favorisiert. Vor 40 Jahren war ein Kettensteg noch recht primitiv aufgebaut. Ein starkes Stahlblech wurde einfach zum U-Profil gekantet. Symmetrisch oder mit ungleichen Schenkeln war erst einmal dahingestellt, - fertig war der Kettensteg. So eine Form ist für den Modellbau leicht zu kopieren. Die Firma Alfer bietet für diesen Zweck im Baumarkt brauchbares Material zu erschwinglichen Preisen an. Leider ist das Profil gleichschenklig und auch nicht gerade sehr hoch. Es eignet sich aber passabel für 1:16 bis 1:10-Fahrzeuge, obwohl dadurch die Teilung der Kette relativ grob gerät.

Wenn das Wort Teilung schon einmal gefallen ist, stellt sich die Frage, ob diese für ein Scale-Modell überhaupt maßstäblich umsetzbar ist? Das Problem liegt hierbei in der Verfügbarkeit der Stegbreiten, in Kombination mit genügend Stabilität, der Befestigungsmöglichkeit auf den Kettenbändern und einer vernünftigen

Funktion. Die Grenze des modellbautechnisch Sinnvollen liegt dabei sicherlich bei minimal 4 bis 7 Millimeter Stegbreite im Bereich des Antriebseingriffs. Natürlich ginge es auch schmäler, was die Haltbarkeit aber deutlich mindert. Je geringer die Teilung ist, desto größer wird auch die Anfälligkeit gegen ein Verstopfen und Vereisen der Kette. Wer keinen unverdichteten Tiefschnee befahren möchte, kann diese Tatsache aber ignorieren.

Glücklicherweise hat sich eine Teilung mit ungefähr 14,6 mm über Jahrzehnte gehalten. So hat der alte Graupner von 1982 den gleichen Stegabstand wie der aktuelle Kyosho-Blizzard und alle Pistenking-Produkte. Auch die Veroma-Ketten orientieren sich an diesem vernünftigen Maß. Leider unterscheidet sich die Spurführung, wie oben erwähnt, zwischen Veroma und Kyosho/Pistenking erheblich, so dass Sie natürlich auf einen Graupner-Bully keine Veroma-Kette aufziehen können.

Es stellt sich die Frage nach der Steglänge? Die großen Originale bieten dabei recht unterschiedliche Möglichkeiten als Antwort an. Dabei kommt es auf ein gesundes Verhältnis zwischen Fahrzeugbreite und Chassislänge an. Mehr als ein Quadrat sollte dabei niemals herauskommen! Grundsätzlich eher weniger, sonst wirken auf die Kettenbänder und -Stege bei engen Wendemanövern zu große Scherkräfte und Sie bringen das Fahrzeug nur sehr beschwerlich um die Kurven. Andersherum reagiert ein Modell mit schmalen Stegen unheimlich direkt auf jede Richtungsänderung, was unschön aussieht und den Geradeauslauf erschwert. Eine grobe Richtlinie kann als Antwort die Aufteilung in Fünftel sein. Ein Fünftel Wannenbreite, vier Fünftel Kettenbreite. Die Laufräder werden dabei aber nicht in der Mitte der Ketten positioniert, sondern etwas zum Grundrahmen hin verschoben. Zusammengefasst kann gesagt werden:

Die sehr breiten Ketten des PB 200DW

- Kleines Fahrzeug – schmale Stege auf drei bis vier Bändern (Originalmaß ca. 700 bis 900 mm)
- Großes Fahrzeug – breite Stege auf fünf Bändern (Originalmaß ca. maximal 2.000 mm)

Schmal und funktionell sind die Ketten des Snow Rabbits 3 gehalten

Relativ anfällig waren die Kunststoffstege des Snow Rabbits 2

Warum nicht mal ein etwas ausgefallenes Lego-Modell bauen?

Anordnung

Wenn Sie irgendwann ein passendes Profil gefunden haben, kann es mit der definitiven Planung endlich losgehen. Ich stelle das Kapitel „Ketten" nicht umsonst an den Anfang dieses Buches, da ich jedes neue Modell traditionell mit der Anfertigung der Raupenketten beginne. Zudem ist es für die meisten Bastler die größte Hürde für ein eigenes Modell. Bevor das Bohren und Schrauben aber losgeht, müssen Sie sich noch um eine sinnvolle Anordnung der Stege bemühen. Die großen Vorbilder bieten hier mehrere Möglichkeiten die Stege auf den „Gummis" zu montieren. Die einfachste Art ist das System von drei gleichbreiten Bändern. Eines innerhalb der Laufrollen, zwei außerhalb. Alle Stege haben das gleiche Maß und werden auf allen drei Bändern befestigt. Eine simple Abweichung davon wären vier gleichbreite Bänder. Diese Montageart vergrößert den Abstand der Lauf- und Antriebsräder zur Grundwanne aber ganz erheblich. Somit wird das Fahrzeug eindeutig schneetauglich und hebt sich vom umgebauten Kettenschlepper deutlich ab. Die nächste Variation besteht darin,

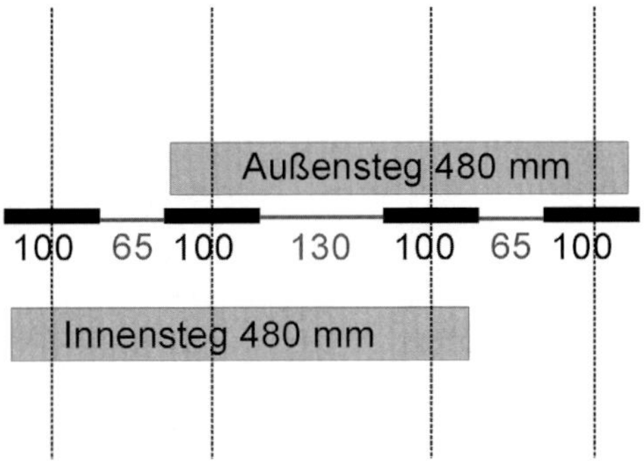

Originalmaße der Kette vom Snow Rabbit 2

die Stege versetzt anzuordnen. Das heißt ein schmaler Steg greift immer nur in drei Bänder. Abwechselnd nach innen und außen. Wenn Sie es geschickt anstellen, kommen Sie bei dieser Methode immer mit den gleichen Stegmaßen aus, indem Sie den Steg einfach nur um 180 Grad drehen.

Die Krönung des Ganzen sind fünf unterschiedlich breite Kettenbänder mit zweierlei Steglängen, die nur bei jedem zweiten Steg in das letzte Außen- und Innenband greifen. Eine Variation dazu ist, auf die äußeren zwei Bänder

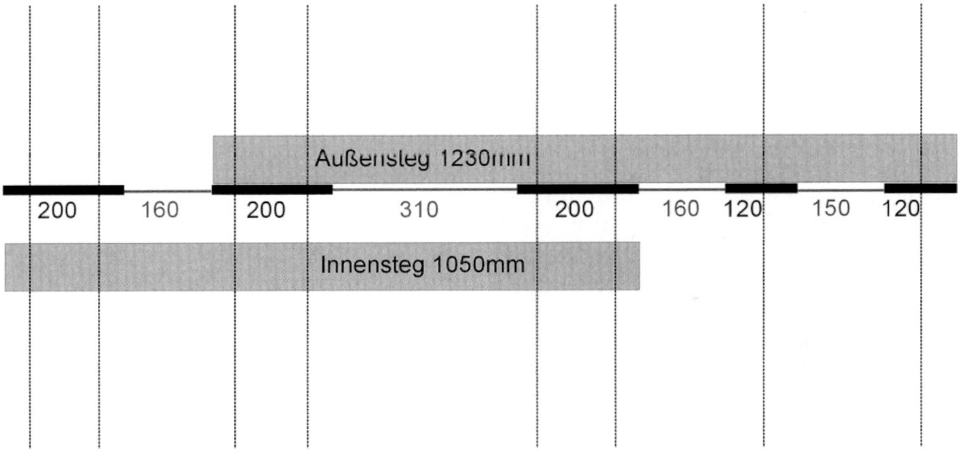

Originalmaße RATRAC-Hydomaster-Kette

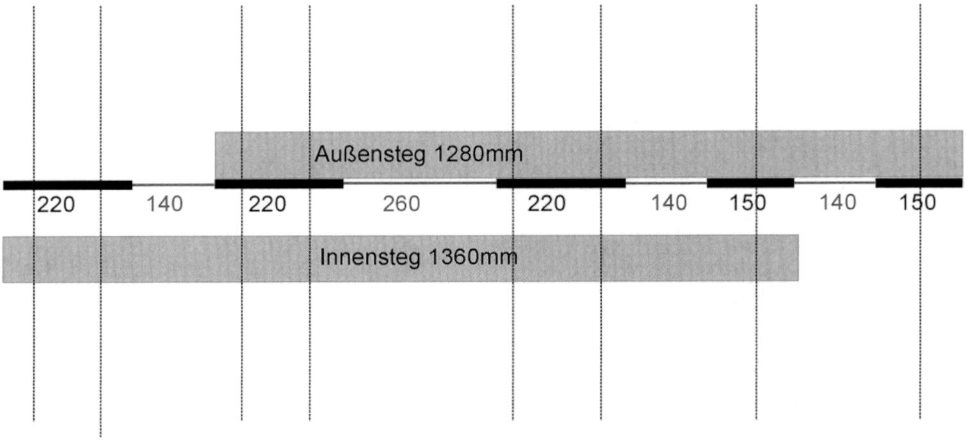

Originalmaße PB 240D-Kette

nur jeden zweiten Steg zu führen, die mittleren zwei breiten Bänder um das Laufwerk werden doppelt belegt, das innere Band dann wieder einfach. Die Bilder und Skizzen verdeutlichen das Ganze und geben eine gute Vorlage.

Mit Harz ausgegossene Kupferdraht-Spurbügel kommen dem Original sehr nahe

Möglichkeiten von Kettenstegen

Ich beschreibe Ihnen jetzt nacheinander verschiedene Möglichkeiten von Kettenstegen. Die Schwierigkeit dieser Teile liegt eigentlich nicht im Finden eines geeigneten Profils. Das Hauptproblem ist eher die Kombination von Steg, dessen Befestigung auf den Bändern und die dauerhaft stabile Verbindung der Spurbügel!

Kettenstege aus Aluminium

Die einfachste Art eine funktionelle Kette zu bauen. Das Aluprofil mit den Maßen 7,5/7,5/(7,5) mm, bei 1 mm Wandstärke, findet sich in jedem guten Baumarkt von der Firma Alfer. In Stangen mit zwei Metern gekauft, lässt sich der Preis ein wenig drücken. Sie schlagen aber trotzdem immer noch ein großes Loch in die Bastelkasse. Problemlos abzulängen und mit den nötigen Bohrungen versehen, lassen sich die Profile schnell und sauber verarbeiten. Die Spurbügel aus Alu Winkelprofil sollten verschraubt oder vernietet werden. Auf ein reines Verkleben würde ich wegen der auftretenden Biegebelastung des Steges verzichten. Am besten wäre beides, da sich bei einem einzigen Befestigungspunkt der Bügel gerne verdreht.

Wenn als Antriebsrad ein GFK-Kettenrad von Veroma verwendet wird, kann auf einen Verschleißschutz im Eingriffsbereich getrost verzichtet werden. Bei einem Stahlantriebsrad bietet sich die Möglichkeit, ein kleines U-Profil aus Stahl oder Messing mit den Spurbügeln aufzuschrauben. Der angenehme Nebeneffekt dieser Fleißaufgabe ist die Möglichkeit, hübsche klei-

◀ Eine originaler Kettensteg im Schnittprofil

ne Spurbügel aus Cu-Draht auf die Innenseite aufzulöten. Mit diesem 7,5-mm-Profil läst durch diese Methode bei relativ geringem Zeitaufwand eine ansehnliche Kette einigermaßen maßstäblich und trotzdem mit geringem Gewicht herstellen. Die Nachteile sind der hohe Preis und das Phänomen „Schnee im U-Profil". In das Profil wird bei der Ausfahrt unvermeidbar Schnee eingepresst. Das verschlechtert die Fahreigenschaften deutlich und erhöht zusätzlich das Fahrzeuggewicht.

Kettenstege aus Stahl

Gleich vorneweg: Wenn Sie nicht irgendwo die Möglichkeit haben für zwei Stunden eine alte Abkantbank zu benutzen, sollten Sie sich diese Art Stege aus dem Kopf schlagen. Wenn Sie aber ganz nett Ihren Haus- und Hofspengler fragen, wird Sie dieser bestimmt nicht verjagen. Ohne massives Großwerkzeug ist es kaum möglich ein selbst gekantetes Stahlprofil vernünftig umzusetzen, das jetzt sogar unsymmetrisch gestaltet werden könnte. Mit der Befestigung auf den Bändern und der Spurbügel sollte es keine Probleme geben. Keinesfalls darf bei dieser Variante am Antriebsrad gespart werden. Was mit einem Aluminiumkettenrad passierte, können Sie auf dem Bild auf Seite 72 gut erkennen und muss nicht weiter kommentiert werden.

Mit Stahlstegen bietet sich auch die exklusive Möglichkeit der unverklebbaren Kettenführung. Gerade für Kinder, die akustische Warnsignale von schneeverklebten und vereisten Antriebsrädern gerne ignorieren, ist diese Bauart unübertroffen. Die schmalen Zähne des Antriebs greifen bei dieser nicht vorbildgetreuen Methode, durch das Kettenband bis in den Steg ein. Bei entsprechender Kettenspannung bräuchte es fast keine Laufräder zwischen Leit- und Antriebsrad, so sicher wird die Kette geführt. Das die Laufräder aber trotzdem unverzichtbar sind und noch andere Aufgaben haben als nur die Kette zu führen, sollte jedem klar sein. Auf den Seiten 68 bis 86 wird hier noch ausführlich darüber berichtet. Die Narrensicherheit mit der Nichtvereisung wird aber wirklich nur mit einem maximal zwei Millimeter dicken Antriebsrad erreicht! Alles was stärker ist hat den gleichen Effekt wie ein Kettenrad, das zwischen den Bändern in Spurbügeln läuft.

Der Nachteil dieser Konstruktion, bedingt durch die breiten Kettenstege, ist ein recht holpriges Fahrverhalten auf hartem Untergrund. Im Tiefschnee, egal welcher Art, werden Sie davon aber nichts mehr merken. Wenn die Stege einigermaßen gleichmäßig gekantet und auf den Bändern montiert wurden, läuft die Kette ruhig wie ein Uhrwerk. Ein weiter Minuspunkt ist das doch recht erhebliche Gewicht der ganzen Summe aus Grundgewicht der Stege, plus die Masse des verklebten Schnees in ersteren. In

Die Innenseite einer primitiven Stahlkette mit U-Profilen ▼

der Ebene lässt es sich damit zwar recht gut spielen, aber im Steilhang wird das Modell kaum zu finden sein.

Der größte Vorteil von Stahlstegen ist die unübertroffene Robustheit eines so ausgerüsteten Modells. Vereiste Pistenpassagen, oder sogar schneefreie Stellen können den Profilen nichts anhaben. Eine sauber gearbeitete Stahlkette mit der Durchstichversion ist nahezu unzerstörbar!

Kettenstege aus Polystyrol

Wenn Sie ein ultraleichtes, Steilhang- und Pulverschnee-taugliches Modell haben wollen, dann überlegen Sie sich doch, ob Sie die Ketten nicht aus Kunststoff anfertigen wollen? Ein Laufwerk, mitsamt Rädern, Bändern und Kettenstegen, bringt in der 1:8-Version ein nicht zu verachtendes Gewicht auf die Waage. Auf eingewalzten Pisten vom großen Vorbild, oder in der Ebene ist diese Tatsache lediglich ein Stromverbrauchsproblem. Im jungfräulichen Steilhang ist dagegen unbedingt ein Leichtgewicht von Nöten. Leider ist die Belastung im Bereich des Antriebsrads schon enorm und außerdem ist Polystyrol relativ schnell von der Alterung betroffen. Deswegen ist so eine Kette natürlich nicht als unzerstörbar zu bewerten und somit keinesfalls etwas für Kinder! Polystyrol ist in unterschiedlichen Stärken von 1 bis 5 mm Plattenstärke problemlos zu bekommen. Der Anschaffungspreis bleibt dabei in moderaten Grenzen und das leicht zu verarbeitende Material lässt auch ein Basteln in der Küche zu. Die Platten werden mit einem scharfen Messer von der einen Seite angeritzt und anschließend über eine Kante gebrochen. Für eine winkeltreue Verklebung sollte der Schnitt aber unbedingt mit zwei bis drei schabenden Messerzügen abgezogen werden. Sonst kann es leicht passieren, dass die Verbindung krumm, schief und vor allem instabil wird!

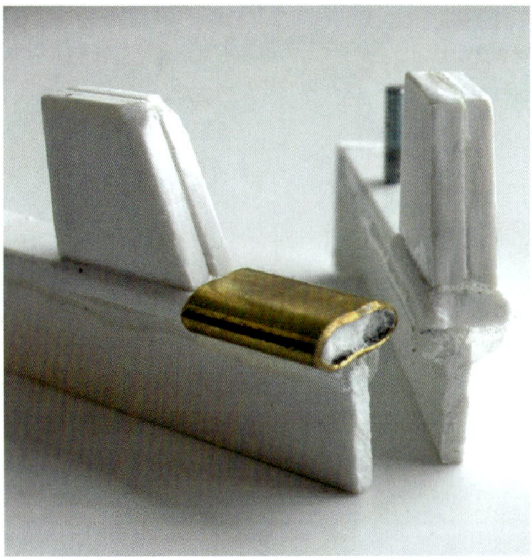

Schnitt durch einen Kunststoffsteg aus Polystyrol

Besitzer einer Fräse kennen dieses Problem schon lange nicht mehr, dafür kann diese Spezies aber nicht mehr am Esstisch arbeiten. Es stellt sich dabei auch die Frage, ob ein relativ banales Zuschneiden von geraden Streifen diese aufwändige und unendlich viel Späne produzierende Arbeitsweise, rechtfertig?

Zurück zur Küchenarbeit. Als erstes müssen Sie sich für ein Profil entscheiden, denn ein glatter Streifen würde der Belastung nie standhalten. Da das U-Profil inzwischen bekannte Nachteile aufweist, eignet sich Kunststoff dagegen hervorragend für ein zweiteiliges T-Profil. Bevor Sie allerdings die Streifen für die Basis von der 2-mm-Platte säbeln, sollten Sie die Löcher für die Bandbefestigung auf der ganzen Fläche noch anzeichnen. Das können Sie bei Metallstegen natürlich auch so machen, denn dieser Arbeitsschritt erspart Ihnen später die im Endeffekt ungenaue Bohrlochmarkierung jeden einzelnen Steges.

Polystyrol hat leider einen gewaltigen Haken, es ist vergleichsweise butterweich. Da aber gerade im Bereich des Sternradeingriffs ein unerwünschter Abrieb fatale Folgen hätte, braucht es hier unbedingt einen Verschleißschutz! Ein auf zwei Millimeter plattgedrückter Messingrohrabschnitt 6/5 mm wirkt hier Wunder und sorgt nebenbei für eine perfekte Maßhaltigkeit der Stege. Das gewissenhaft entgratete Stückchen Rohr wird mehr oder weniger leichtgängig über die Stegbasis geschoben, bevor diese jetzt mit den Bändern verschraubt wird.

Nun geht es nach bekanntem Muster an das zweite Teil des Profils, das im Bereich der Schrauben und der Messingverstärkung kleine Ausklinkungen erhält. Die Verklebung auf der Stegbasis ist eine sehr einfältige Arbeit. Denn Polystyrol kleben heißt eigentlich verschweißen und für eine innige Verbindung ist ein leichter Anpressdruck sehr rat- aber mühsam!

Der vorletzte Akt ist das Anbringen der Spurbügel. Da ein rechtwinkliges Aufkleben von 3-mm-Material ein schwieriges Unterfangen ist, tun Sie sich mit 2×2-mm-Abschnitten wesentlich einfacher. Die „nass in nass“ angebrachten Abschnitte können so ganz leicht per Augenmaß winkeltreu ausgerichtet werden, ohne dabei einen Stabilitätsverlust zu erleiden.

Ganz zum Schluss können Sie die langen Kehlnähte auf der Stegoberseite noch mit Heißkleber versehen. Diese optisch negative Prozedur ist leicht und schnell umzusetzen. Durch das Verschließen aller Aussparungen für die Schrauben bringt diese Maßnahme noch einmal erheblich Stabilität ohne dabei die Flexibilität des Steges zu beeinflussen.

Primitive Variante

Eine zweite Möglichkeit von Kunststoffstegen ist das simple Aufkleben von doppelten Flachprofilen. Das 1,5-mm-Material erhält dabei auf der Oberseite einen etwas schmäleren Streifen als Verstärkung. Die Spurbügel sind eigentlich nur Spurzapfen und sind einfachst aufgeklebt. Die Konstruktion ist natürlich sehr primitiv und stark vereisungsgefährdet. Für ein keines Fun-Modell, dass ohne großen Aufwand gefertigt werden soll, ist diese Variante aber durchaus empfehlenswert.

Fazit zu den Kunststoffstegen

Kunststoffstege eignen sich hervorragend für leichte 1:16- bis 1:10-Fahrzeuge. Sie sind ohne Spezialwerkzeuge preisgünstig, einfach, aber leider sehr zeitintensiv herzustellen. Die Erfahrung hat auch gezeigt, dass ein 13 Kilogramm schweres 1:8-Gerät, die Kettenstege sehr an die Belastungsgrenze bringt. Deswegen sollten maximal acht Kilogramm Gesamtgewicht die gesunde Obergrenze bleiben. Alles was darüber hinaus an Masse am Fahrzeug hängt, erzeugt bei einer Ausfahrt immer ein ungutes Gefühl, wenn es „holterdiepolter“ über Schneehügel, Unebenheiten, oder einfach nur steil berauf

Nicht vorbildgetreue Mittelzapfenspurführung bei dieser Primitivvariante

geht. Im Pappschnee hat ein schweres Fahrzeug mit Kunststoffstegen sowieso nichts verloren. Zu groß ist das Risiko, dass Sie dabei in nur zwei Minuten die wochenlange Arbeit zerstören.

Kettenstege aus Aluspezialprofil

Der absolute Topstar unter meinen möglichen Stegvarianten ist ein eigens entwickeltes Spezialprofil, aus je nach Anforderung 0,6- bis 1,0-mm-Alublech, kombiniert mit 0,5 mm starkem Weißblech und Spurbügeln aus 1 bis 2 mm dickem Kupferdraht. Leider braucht es dafür eine sehr gute Abkantbank, die das Biegen der komplexen Profilkombination überhaupt möglich macht. Wer sich diese Arbeit nicht selber zutraut, oder einfach keine Möglichkeit hat, kann sich den Bausatz von Kettenkraxler-Modellbau zulegen. Das Bohren der Stege und das Verschrauben auf den Bändern ist nichts anderes, als wenn Sie Standard-Aluminiumprofile

Die Spezialprofile liegen zur weiteren Bearbeitung bereit

Nackte Aluminiumstege ohne Stahlverstärkung für den Sternradeingriff

Übersicht auf die Möglichkeiten für die Spurführung

Die Spurführung mit 2-mm-Kupferdrahtbügeln hat sich bestens bewährt

verwenden würden. Der große Vorteil der Stege ist das sehr geringe Gewicht, in Kombination mit einer guten Stabilität gegenüber Eis und groben Unebenheiten auf der Spielwiese. Der Bausatz beinhaltet lediglich vorgebogene Spurbügel aus 2-mm-Kupferdraht, die jeder noch selbst auf das gewünschte Maß zuschleifen muss. Von der Rückseite her auf die Weißblechverstärkung aufgelötet, lassen sie ein Ablaufen der Kette absolut unmöglich werden.

Der allergrößte Joker dieser Ausführung sind aber die optionalen Eiskrallen. Eine 14 mm lange M2-Edelstahlschraube greift hierbei von der Rückseite durch Gegenplatte, Kettenband und – Steg, bis sie zwei Millimeter über der Oberkante des Steges endet. Die auf der Stegkehlseite verklebten Schrauben sorgen auf harten und sogar vereisten Pisten für unübertroffene Fahreigenschaften. Die winzigen Schraubenspitzen krallen sich wie kleine Steigeisen in

Mein Markierungsverfahren für perfekt gleichmäßige Lochabstände in den Stegen

Zum Stegebohren ist eine einfache Auflagematrize aus Holz unerlässlich

M2-Gewindeschneiden per Akkuschrauber im Schraubstock. Ein Tropfen Spiritus wirkt hierbei Wunder!

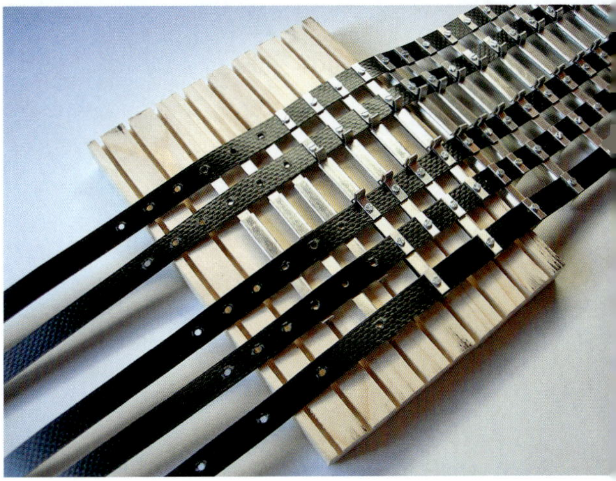

Meine Montagehilfe zum Montieren der Stege auf den Bändern

Nachtäglicher Schrägschnitt am Stegende

Vergleich der Kyosho-Standardketten (links) mit den Premium-Kunststoffketten von Pistenking (rechts)

glasharte Oberflächen und bringen sogar noch in 35 Grad steilen Extrempistenhängen kraftvollen und vor allem sicheren Vortrieb.

Kettenbänder

Dieser Punkt war lange ein echtes Problem, denn weder Conrad noch ortsansässige Fachbetriebe konnten hier eine befriedigende Lösung anbieten. Durch das Internet und den Versandhandel ist das mittlerweile alles viel einfacher geworden und trotzdem halten sich bis heute sehr unterschiedliche Meinungen zum Thema. Vom Rollladengurt, bis zu aufgeschnittenen alten Feuerwehrschläuchen ist mir schon einiges begegnet. Und während die einen immer noch zu 100 % auf Gummiband setzen, ist mir inzwischen synthetisches Material bei weitem lieber. Der Knackpunkt liegt in den äußerst anspruchsvollen Materialeigenschaften, die für Kettenbänder zutreffen sollten. Sie brauchen für Ihre Bänder so etwas wie die „Eierlegende Wollmilchsau", ein Material das sehr viele Ansprüche unter einen Hut bringt. Konkret betrachtet müssen sie folgende Aufgaben zuverlässig beherrschen:

- Sie müssen sehr flexibel sein
- Sie dürfen sich dabei nicht mehr als 5 % (bei 40 N Zugkraft pro 20 mm Bandbreite) dehnen
- Sie sollten nicht zu dick sein
- Sie müssen reißstabil sein
- Sie müssen auch bei minus 15 Grad funktionieren
- Sie sollten leicht sein
- Sie sollten gleichmäßig schwarz sein
- Sie sollten sich vernünftig bearbeiten lassen

Acht Punkte die es in sich haben!

Ich habe für Sie vier ausgiebigst ausgetestete Materialvorschläge:

Sämtliche Kettenbänder loche ich per Stanze

Möglichkeit Nummer 1 =
Sarnafil/Sika TG 66; 1,5 mm stark

Ein synthetisches Material, dass in der Flachdachabdichtung verwendet wird. Der in der Schweiz hergestellte Edelwerkstoff ist nur vom Großhändler und selbstverständlich nicht in Kleinmengen zu bekommen. Sie müssen sich einen Unternehmer suchen, der mit diesem Zeug schon einmal gearbeitet hat. Die angefallenen Reste sind für Ihre Zwecke bestimmt immer noch groß genug. Wenn die Firma dazu auch noch Blech verarbeitet, können Sie sich die Streifen auf der Schlagschere präzise zuschneiden lassen. Durch die in das Material eingearbeiteten Mikroglasfasern, sind die Bänder unheimlich reißstabil, dehnen sich kaum messbar, sind sehr leicht und bleiben auch bei extremer Kälte einigermaßen elastisch. Die ganze Kette braucht dann zwar ein paar Umdrehungen bis sie, ohne dabei Schaden zu nehmen, weiß was sie tun soll. Der Fahrer merkt dabei lediglich ein unrundes Klangbild von den Lastwechseln der Antriebsmotoren. Sind die Bänder nach 20 Meter Fahrstrecke weichgedreht, läuft alles reibungslos und absolut störungsfrei.

Der Werkstoff war lange mein Spitzenreiter, hätte er nicht den leidigen Nachteil, der zweifarbigen Oberflächen. Die eine ist perfekt mattschwarz, die andere dagegen cremebeige oder „fenstergrau". Da sich der Kunststoff leider nur sehr widerwillig mit Farbe versehen lässt, bleibt ein klitzekleiner Wehmutstropfen für die uneingeschränkte Funktionalität. Mit 60er-Korn auf dem Bandschleifer gut aufgeraut und mit Tamiya-Lexanfarbe besprüht, ist das Ergebnis aber doch sehr brauchbar. Trotzdem sind langfristig beim rauen Fahrbetrieb Kratzer nicht zu vermeiden und hinterlassen dann natürlich kleine weiße, oder graue Flecken. Ein sehr positiver Aspekt, ist dagegen das leichte Lochen der Bänder. Mit einer Stanze lässt sich diese monotone Arbeit schnell, präzise und vor allem sauber erledigen.

Möglichkeit Nummer 2 =
Vollgummibänder, gewebeverstärkt,
3,0 mm stark

Ein prima Material, wenn Sie ein mittelgroßes 1:8-Fahrzeug planen. Für kleine Modelle ist das etwas dicke Material fast ein wenig überdimensioniert. Die Flexibilität ist selbst bei extremster Kälte hervorragend. Dafür dehnt es sich trotz Gewebeeinlage erheblich, was aber in der Gewichtsklasse bis zu 15 kg nicht weiter stört. Die einzig negativen Eigenschaften sind das deftige Gewicht. Der zweite Punkt ist das Alterungsverhalten gegenüber UV-Licht. Wer wirklich viel und oft bei Tageslicht im Schnee unterwegs ist, wird nach ungefähr sechs Jahren eine deutliche Versprödung im Gummi feststellen. Deswegen ist es ratsam, das Modell niemals den Sommer über am Fenster zu lagern, oder gar in die pralle Sonne zu stellen! Gelegenheitsfahrer, die den Raupeneinsatz pro Saison auf fünf Schneeausfahrten und eine Messe beschränken, haben an dem Material aber trotzdem 15 Jahre lang Freude.

Möglichkeit Nummer 3 =
Vollgummibänder ohne Gewebe,
0,8 mm stark

Die primitivste Art, sich ein hübsches Kettenfahrzeug zu bauen. Das Rohmaterial habe ich unter anderem beim Fensterbauer entdeckt. Dort wird es als winddichtes Anschlussmaterial zwischen Fensterstock und Mauerwerk verwendet. Der Werkstoff ist auf beiden Seiten mit einer schwachen Kreuzprägung versehen, die aber beim Einsatz als Kettenbänder nicht weiter stört. Da das Material sehr dünn und ohne Gewebeeinlage ist, eignet es sich nur bedingt für den knallharten Outdoor-Einsatz. Ein Polystyrolsteg lässt sich dagegen wunderbar mit Sekundenkleber darauf befestigen und somit ist im Handumdrehen eine exklusive Ersatzkette für den 1:16-Snow King entstanden.

Möglichkeit Nummer 4 =
schwarze LKW(PVC)-Plane
mit 680 bis 900 g/m²

Auf diesen Werkstoff machte mich im Herbst 2008 Andreas Rieger aufmerksam und seitdem ist die Bänderfrage in meinen Augen für immer geklärt. Alle weiteren Ketten, die ich danach für Freunde und mich konstruierte, wurden mit diesem Material ausgeführt. Die Planen erfüllen ohne Einschränkung alle sieben Anforderungen und sind zweifelsfrei mein absoluter Favorit zum Thema Kettenbau.

Beachtenswert ist die Laufrichtung der Zuschnitte! Dabei ist an einer Ecke zu prüfen, ob sich das Gewebe bei einer Zugprüfung steckt, oder formstabil bleibt. Hat man die korrekte Richtung gefunden, können pro 25 mm breitem Band, locker 200 N Zugkraft übertragen werden! Die Frage nach der Materialstärke ist schnell beantwortet. Die 680-g/m²-Qualität verwende ich nur noch für 1:16er-Modelle. Denn zu sehr läuft man in Gefahr, dass sich bei geringsten Maßabweichungen, die doch sehr dünnen Bänder verziehen und Aufwellen. Für alles ab dem Maßstab 1:12 verwende ich die 900-g/m²-Ware und das ist selbst für 1:6-Brummer noch geeignet.

Die Oberflächen sind dabei homogen schwarz, wobei eine Seite eher in Glanz gehalten und die Rückseite mit einer schwachen Kreuzprägung versehen ist. Perfektionisten können die Glanzseite mit 400er-Schleifpapier neutralisieren und erreichen damit ein perfektes Gummiabbild.

Gegenplatten

Bevor Sie Ihre Stege auf den Bändern montieren, sollten Sie sich gut überlegen was Sie dafür verwenden! Gleich vorneweg: Am wichtigsten ist die so genannte Gegenplatte, welche die Kraft des Befestigungselements gleichmäßig auf das Band überträgt. Das ist für das Modell betrachtet zwar nicht immer notwenig, aber ich rate trotzdem dringend vor der Verwendung von puren Unterlegscheiben, oder Linsenkopfschrauben ab. Warum?

Weil in jeglicher Eigenbaumodellkette unter dem Strich so viel Arbeit steckt, dass es auf den Verzicht der Gegenplatten niemals ankommen sollte. Es wird Sie hinterher jämmerlich ärgern, weil der Kette und natürlich auch dem ganzen Modell, etwas ganz entscheidendes fehlt! Ich verwende für die Platten gerne 5 mm breite Streifen aus 0,5 mm Uginox, über 1,0 mm graues Hart-PVC, bis zu 1,0 mm starkem Aluminium. Das Bohren geschieht per Einlegematrize und Anschlag sehr flott, so dass selbst Dreilochplatten in überschaubarer Zeit hergerichtet sind.

Als Verbindung zum Steg gibt es folgende Möglichkeiten:

- Metrische-Schrauben zum Beispiel M2/5 mm nach DIN 912 mit Innensechskant
- Blechschrauben zum Beispiel 2,2/4,5 mm nach DIN 7981 mit Kreuzschlitzkopf
- Blindnieten zum Beispiel 2,4/6 mm nach DIN 7337 von GESIPA

Bei allen Varianten muss jeder selbst entscheiden, wo er in puncto Kette Prioritäten setzen möchte. Was dem einen die pure Funktion bedeutet, das investiert der andere lieber in M1,6-Modellsechskantschrauben. Genauso verhält es sich mit der Gegenverbindung im Steg. Hier ist vom puren 1,5-mm-Bohrloch für die Blechschraube, bis zum M1,6er-Innengewinde im Steg alles möglich! Die Anzahl der Schrauben pro Band ist natürlich ebenfalls Geschmacksache. Als sinnvolles Minimalmaß für zwei Schrauben, sollte das Band aber nicht schmäler als 15 mm sein. Bei Gegenplatten die nur mit einer Schraube fixiert werden, empfiehlt es sich als Verdrehschutz zusätzlich mit Sekundenkleber zu arbeiten.

Alle metrischen Schrauben müssen gesichert sein! Bei meinem eigenen Alu-Stegprofil arbeite ich seit 2009 mit Innengewinden, plus einer zusätzlichen Sicherung mit grau eingefärbten Epoxydharz in der Stegkehle. Dieses Verfahren spart viel Montagezeit, schaut prima aus und hat sich bestens bewährt. Durch den Harztropfen sind die Schraubenstummel in der Stegkehle sehr homogen verschlossen und lassen sich trotzdem wieder lösen. Alternativ dazu ver-

Mit einer einfachen Bohrlehre lassen sich die Gegenplatten schnell und präzise vorbereiten

wendete ich bei meiner neuesten Kette für den PB 200DW, PETEC-Schraubensicherung. Für einen sicheren Halt muss der Steg und vor allem die Innengewinde hundertprozentig ölfrei sein. Das erfordert ein gewissenhaftes Reinigen, dass im Eifer der ersten Kette gerne vergessen wird!

Von Blindnieten in Gummibändern ist abzuraten! Bis der Nietdorn abreißt, entsteht eine undefinierbare Kraft, die den Steg auf dem Band verpresst. Dadurch verändert sich gerne das Teilungsmaß und die Kette wird später eventuell hakelig um das Sternrad laufen! Mit PVC-Bändern können Blindnieten aber problemlos verwendet werden und führen schnell zum Ziel.

Bandverbindung

Da meine vorgestellten Kettenbänder ja kein Endlosband sind, brauchen Sie am Stoß beider Enden irgendeine Nahtstelle. Hier stellt sich primär die Frage, ob Sie diese Verbindung wie beim Originalfahrzeug zum Aufziehen der kom-

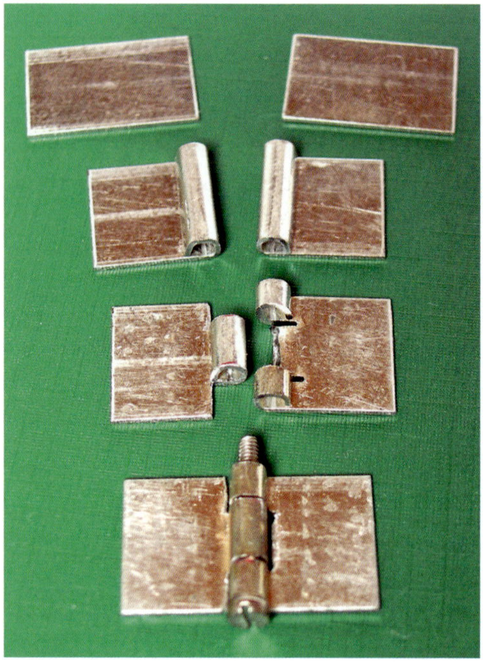

Scharnieranfertigung aus 0,6 mm dünnem Weißblech

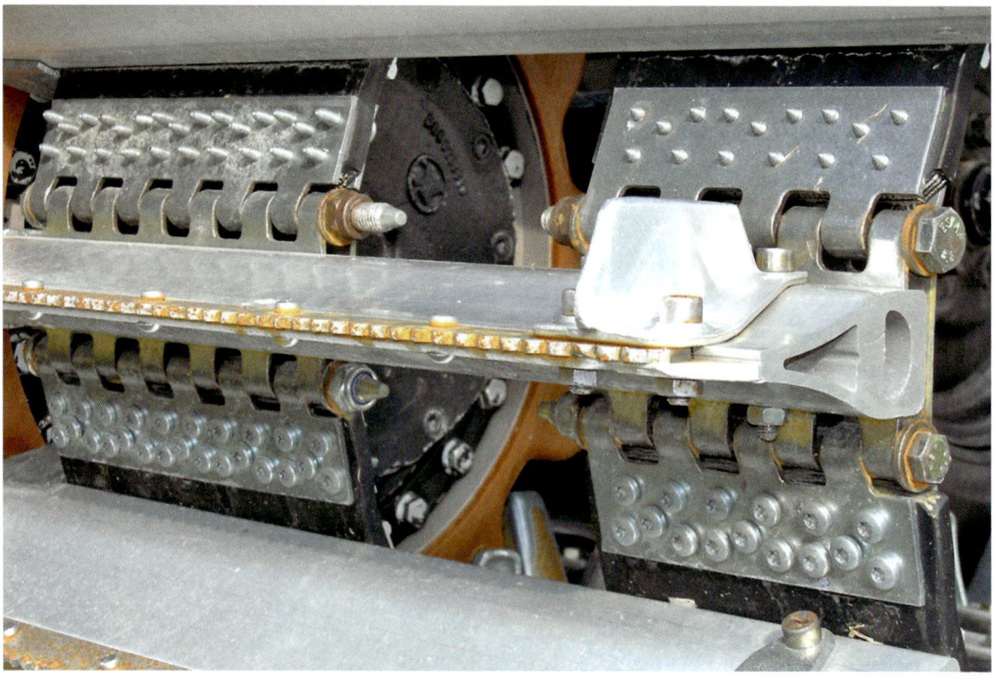

Detailansicht einer originalen Kombikette mit Scharnierverbindung

Bandverbindung mit einfacher Überlappung

Originale Bandverbindung durch einfache Überlappung

pletten Kette benutzen wollen, oder einfach nur zum Schließen der Kette zum Ring? Nach deren Verbindung verwende ich nämlich ein anders Verfahren, um die geschlossenen Bänder auf das Laufwerk zu bringen.

Verbindung mit Schatullenscharnieren

Anfangs benutzte ich als Kettenschlösser gerne „Schatullenscharniere" aus dem Baumark. Mit 15 und 25 mm Breite passen die Maße perfekt zum Maßstab 1:8. Es muss dabei nur die Fläche für die Schraubenaufnahme verlängert werden. Da es sich bei den Gelenken um Erzeugnisse aus Messingblech handelt, geschieht dieses Verlängern am Besten durch ein weich aufgelötetes Zusatzblech.

Kettenschlösser aus Blechzuschnitt

Wer seine Kette, wie bei einem Panzermodell, durch das Lösen von Scharnierstiften aufziehen will, wird um eine Eigenanfertigung der Kettenschlösser aus Blech nicht drumherum kommen. Diese Bauart verspricht danach ein 100 % realistisches, aber leider auch sehr mühsames Kettenaufziehen.

Um die Raupe vom Laufwerk zu nehmen, müssen dann zwischen den Bändern winzig kleine Bolzen entfernt werden. Die Sicherung derselben kann mit Splinten, Ringen oder gekonterten Muttern geschehen und garantiert fast 100 % Detailtreue zum Original. Ob dieses Gefummel sinnvoll ist oder nicht, überlasse ich jedem selbst. Empfehlenswert ist es bis zum Maßstab 1:6 absolut nicht!

Kettenverbindung mit einfacher Überlappung

Das ist natürlich die einfachste Art die Kette zum Ring zu schließen. Ich kann diese Bauart für den Modellbetrieb grundsätzlich aber nur für Bänder aus LKW-Plane, oder für die schmäleren Außenbänder empfehlen. Durch die Überlappung würden sonst die gedoppelten Bandstreifen, im Radius von Leit- und Antriebsrad unschöne Unwuchten erzeugen. Der 3-mm-Vollgummistreifen verhält sich in dieser Detailfrage nämlich grenzwertig. Er sorgt durch die Materialverdoppelung, gerade bei einem nur teilgefederten Laufwerk, für ein unnötiges Fahrzeughoppeln. Dreiste Bastler können den Gummi mit hochwertigem Sekundenkleber perfekt und dauerhaft zum Ring verschweißen. Eine unlösbare Verbindung hat aber grundsätzlich den Nachteil, dass ein eventueller Austausch von defekten Kettenstegen nur noch recht ungünstig in senkrechter Position ausgeführt werden muss.

Kettenstegzubehör: Seitenstabilisatoren und Spikes

Nach dem Erledigen der Pflicht, kommt jetzt die Kür in Sachen Kettenstege. Leider führt das seitliche Abschrägen der Kettenstege zu sehr schlechten Schrägfahreigenschaften des Fahrzeugs. Was im Originalen wegen der hohen Punktbelastung unerlässlich scheint, ist für das Modell betrachtet ein kapitaler Funktionsverlust! Die Stegoberkante wird durch das Brechen der Ecken zwar nicht zum Radius, aber trotzdem verliert die Raupe in der Schrägfahrt dramatisch an Halt. Ungeübten ist zu raten, so ein Modell niemals im präparierten Steilhang zu wenden, sondern grundsätzlich nur im flach geneigten Gelände. Ohne besondere Maßnah-

Originales Kettenstegzubehör: Hartmetallspikes, Eiskrallen und Alu-Seitenstabis

Hartgelöteter und mit M1,2 verschraubter Seitenstabilisator aus Aluminium

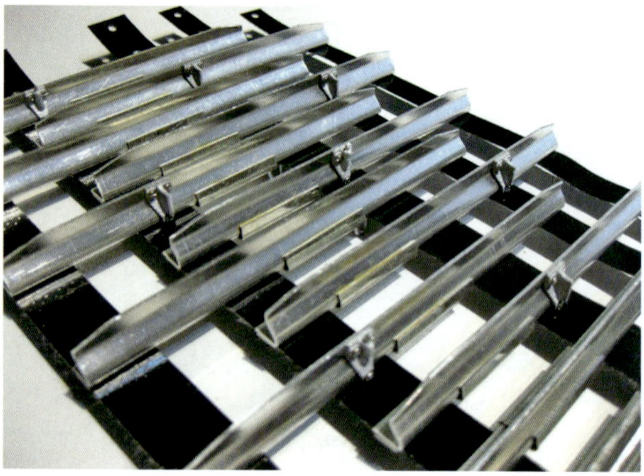

„Gedruckte“ Seitenstabis und Spikes an einer 1:12er Modellkette (Bild: Adrian Humbel)

men wird ein Modell ohne Spikes zum Schlitten, der unkontrollierbar in der Falllinie in das Tal saust! Als Abhilfe bieten sich folgende Möglichkeiten an:

- Sie verzichten auf jegliches Abschrägen der Kettenstege.
- Wer sich gar nicht davon abhalten lässt, dem biete ich als Kompromiss den Verzicht auf die innenliegenden Schrägen. Das befriedigt die Optik und die Raupen erhalten sich wenigstens eine scharfkantige Ecke, um sich auf hartem Untergrund abzustützen.
- Sie basteln sich Seitenstabilisatoren, die zusätzlich am Steg montiert werden. Das können puristische Winkelprofilabschnitte sein. Oder an das Original angelehnte T-Profile. Beides ist erheblicher Aufwand, der maximal stegbündig montiert, allerdings nur im lockeren Tiefschnee Funktion macht.
- Für eisharte Oberflächen helfen nur überstehende, kleine Zapfen. Die so genannten Spikes sollten mindestens 2 mm überstehen und sind bei meinen Kettenkonstruktionen mit einer 14 mm langen Edelstahlschraube dargestellt.
- Mit viel Muße und Geduld lassen sich natürlich auch fast vorbildgetreue Konstruktionen nachbilden. Adrian Humbel (CH) hat hier im Maßstab 1:12 Pionierarbeit geleistet, in dem er die Seitenstabis und Eiskrallen per CAD konstruierte und mit *Rapid Prototyping* „drucken" ließ. Wer jetzt gleich von „Industriemodellbau" spricht, den darf ich ernüchtern, dass jede Eiskralle, (oder Seitenstabilisator) mit drei „M-1,1-Schrübli" am Kettensteg montiert ist!

Die Seitenstabilität wird dadurch auf glasharten Kunstschneepisten deutlich verbessert. Bedingt durch die reale, oft grobkristalline Schneestruktur ergibt sich allerdings trotzdem keine hundertprozentige Garantie, dass das Fahrzeug immer in der Spur bleibt.

Kettenspannung

Das ist ein heikles Thema, denn jedes Fahrwerk und jede Bauart ist verschieden zu bewerten. Es gibt zu dieser Thematik kein Patentrezept! Es ist vielmehr eine komplexe Kombination aus dem Werkstoff der Lauf- und Leiträder, den Abmessungen von Letzteren, der Kettenspannvorrichtung, einer eventuellen Überlastsicherung und natürlich dem Kettenband selbst.

Der entscheidende Punkt ist die in die Spurbügel eingefahrene Schneemasse und deren Abtransport, beziehungsweise Rotation um die Leit- und Sternräder. Dazu muss unbedingt ein kleiner Luftspalt bleiben, für dessen Entstehung es unterschiedliche Möglichkeiten gibt:

- Die Lauf-/Leiträder sind sehr schmal, alles ist völlig starr und die Kette ist sehr locker aufgelegt. „Sehr locker" definiere ich, dass die Kette in Laufwerksmitte um ungefähr 50 % des Raddurchmessers angehoben werden kann.
- Das Kettenband verträgt 2 bis 5 % Dehnung.
- Für die Leitradachse kompensiert eine Federkonstruktion den Längenausgleich.
- Der Leitradwerkstoff kann sich verformen und walkt über eingefahrenes Material.

Vier Möglichkeiten, die selbstverständlich auch miteinander kombiniert werden können!

Alternativketten für das Blizzard-Laufwerk

Wenn Sie sich beim aktuellen Blizzard mehr Traktion wünschen, bieten sich ein Upgrade mit den Allterainketten von Pistenking an. Diese bieten bei weitem mehr Grip und die Stege sind deutlich robuster gehalten. Wem das nicht reicht, muss selbst aktiv werden und sich eine Alukette bauen. Leider ist das Blizzard-Chassis wie auch alle seine Vorgänger nicht maßstabsgetreu, da es viel zu breit ist. Da die Gesamt-

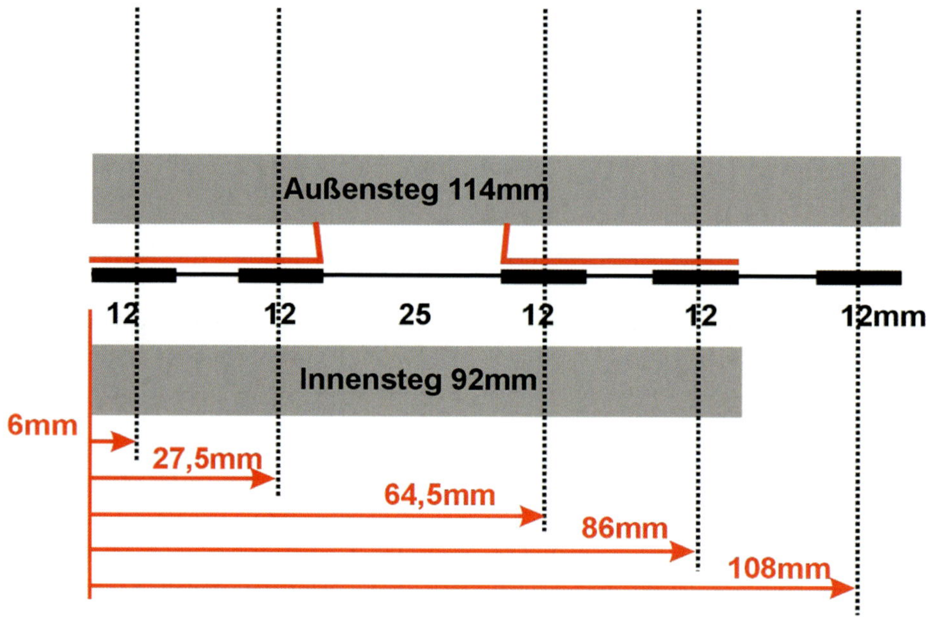

Kettenplan für einen PB 600 in 1:12 auf Graupner-/Blizzard-Basis (Entwurf: Ralf Steiger)

fahrzeugbreite aber nicht ins Unendliche gehen darf, muss zwingend an der Kettenbreite gespart werden. Die abgebildete Skizze ist somit ein Kompromiss aus einem Einsteigermodell und den Originalmaßen eines PB 600.

Sommergeländeketten

Es gibt in meinen Augen zwar nichts schöneres, als über unberührte Pulverschneeflächen die erste Spur zu ziehen, aber irgendwann schmilzt der beste Schnee zu einem durchwachsenen weißgrünen Fleckerlteppich. Parallel dazu stehen an den Skiliften die Revisionen an und dafür braucht es manchmal auch ein Transportfahrzeug. In den seltensten Fällen sind zu den Liftstützen vernünftige Wege angelegt und um die sensiblen Bergwiesen nicht mit schweren Radfahrzeugen zu schädigen, bieten sich hierfür die Fahrzeuge der Pistenpräparierung an. Da aber zu dieser Jahreszeit in den Tal- und Südlagen der Schneeteppich meistens schon erhebliche Löcher hat, können die breiten, grob-griffigen Aluketten der Pistenbullys schlecht eingesetzt werden. Und genau für diese Situation sind sie gemacht. Die Sommer-, auf Neudeutsch Allterainkette genannte schmale Ausführung für ein ansonsten winterliches Kettenfahrzeug.

Eines vorneweg: Wer meint, er baut sich ein Pistenbullymodell und kann es wie eine Planierraupe, oder wie einen Panzer durch übelstes Gelände scheuchen, den muss ich ernüchtern! Ein Pistenbully-Laufwerk ist primär für Schnee und ausgeaperte Wiesenflächen gedacht. Allzu grobe Matschepampe, oder gar grob-steinigen Untergrund mögen auch die „Großen" nicht. Die offene Spurbügelkonstruktion mitsamt den Gummirädern ist eben sehr anfällig gegenüber großen Fremdkörpern. Nicht umsonst unterscheiden sich Ganzmetall-Panzerlaufwerke nicht nur in der Farbe! Aber trotzdem ist so eine Sommerkette eine schöne Bereicherung für ein Modell. Zudem sich der Aufwand in Grenzen hält und der Aktionsradius dadurch erheblich erweitert

Sommerketten im harten Einsatz

Originale Sommerkette auf einem alten PB 200D

Überblick auf die Einzelteile

Spurführung mit Blechstreifen und Kupferdrahtbügeln

Die Kupferdrahtbügel-Spurführung ist hundertprozentig ablaufsicher und materialschonend zu den Laufrädern

wird. Am Anfang aller Basteleien steht immer die Frage nach den Werkstoffmöglichkeiten:

- Was ist geeignet?
- Woher beschaffen?
- Wie verarbeiten?

Drei entscheidende Fragen deren Beantwortung oft über Erfolg, oder Bastelfrust entscheidet. Beginnen wir zuerst mit den Bändern einer Sommerkette. Hier unterscheidet man prinzipiell in eine Glieder-, oder eine Bandkette. Gliederketten bestehen aus einer X-Anzahl von Einzelsegmenten, die durch Bolzenverbindungen zum endlosen Ring verkettet werden. So ein hübsch-funktionelles Einzelglied ist für einen Bastler keine leichte Aufgabe und so möchte ich hier lieber den zweiten Typ vorstellen: Die Bandkette. Dafür eignet sich prinzipiell alles was farblich ansprechend und ausreichend flexibel ist. Aber Vorsicht! Wir erinnern – dass es eine Allterainkette werden soll. Und da zählen Schneeflächen natürlich auch dazu. Im Dachdeckerbereich gibt es unzählige x-verschiedene Folien, die auf den ersten Blick zwar schön und brauchbar aussehen, bei genauerer Betrachtung aber für unsere Zwecke leider völlig ungeeignet sind. Von einer unpassenden Farbe mal ganz abgesehen, sind viele Folien ohne Gewebeverstärkung auf dem Markt. Würde man aus solchen Folien Raupenbänder schneiden, gäbe das Dehnungswerte bis zu 50 %! Andere Folien bieten dagegen beste Dehnungsstabilität, werden aber ab einer Temperatur von 0 Grad sehr steif. Ein indischer Seiltrick in Ehren, aber für unsere Kunst leider absoluter Nonsens. Die mit Polyester weichgestellten PVC-Bänder (Zum Beispiel Fabrikat „Wolfin IB") werden zäh und lassen sich dann nur noch sehr unwillig um die Sternräder biegen. Meinerseits erprobtes Material bietet die Firma Sika an. Unter dem Namen „Sarnafil" findet sich die „TG 66-1,5". Ein nahezu perfektes, eigentlich unzerstörbares Material, wäre da nicht die zweifarbige Oberfläche. Auf der einen Seite Mattschwarz, aber auf der anderen Cremebeige. Das Lackieren mit schwarzer Lexanfarbe ist zwar nach brachialem Aufrauen möglich, bleibt für Perfektionisten aber trotzdem immer eine kleine „Krücke".

Wer im Dschungel der Dachdecker-Kunststoffbahnen ein geeignetes Fabrikat entdeckt – Hut ab! Viel einfacher geht die Suche allerdings bei einem Planenhersteller. Abdeckungen, Zelte, Schwimmbadbau, Sonnensegel und vieles mehr sind oftmals aus 600 bis 900 g/m2 schweren PVC-Bahnen hergestellt. Ein hervorragendes Material für unsere Zwecke, dass in Farbvielfalt, Funktion und Optik kaum zu toppen ist. Leider wurde ich auf dieses Material erst lange nach der Fertigstellung dieser Sommerkette aufmerksam. Mein damaliger Favorit war noch das echte Gummiband. Bei dieser Wahl sollte eine Gewebeverstärkung obligatorisch sein, lediglich die Materialstärke bietet noch Spielraum für eigene Entscheidungen. Die hier vorgestellte Kette ist für ein bis zu 20 kg schweres 1:8-Modell gedacht, so dass die verminderte Optik des 3 mm starken Bandes, zugunsten der besseren Dehnungsstabilität ging.

Mit der geklärten Werkstofffrage in der Hand, geht es nun an die Aufteilung der Kettenstege. Wer die Sommerkette primär als erste Kette baut, ist jetzt natürlich noch offen für alle Maße. Wer sich dagegen an einem gegebenen Sternrad orientieren muss, sollte die Teilwerte auch penibelst einhalten. 14,65 mm heißt der langjährige Standardwert aller alten Graupner/Kyosho und auch neuzeitlicher Veroma-Ketten. Ein Wert, der 98 % perfekt zum 1:8er-Maßstab passt und bei kleineren Maßstäben prinzipiell nicht unterschritten werden sollte. Das Risiko der Verstopfung und Verschmutzung, sowie die Mach- und Haltbarkeit der Kettenstege, wird bei abnehmenden Größen ein echtes Problem. Wer dagegen 100 % scale und gerne mit M1,1 laboriert – bitte – jedem seine Leidenschaft. Ich bevorzuge lieber die „echte" Funktionalität und verwende diesen Teilwert auch für 1:12er-Modelle.

Kettenmaße

Der entscheidende Trick sämtlicher Modell-Kettenherstellung, liegt im Anzeichnen der Befestigungslöcher auf den Bändern. Wenn hier mehrere Löcher aus der Reihe tanzen, wird es die Kette jämmerlich verziehen, von einer miesen Optik mal ganz abgesehen. Nichts gegen Bohrschablonen und automatisierte Technik, aber warum so kompliziert? Ich verwende immer so genannte „Kettenmaße". Diese Werte haben nichts mit dem eigentlichen Produkt zu tun, es ist nur das Aneinanderreihen des fixen Teilwerts „x". So zeichne ich nicht Loch für Loch um 14,65 mm versetzt an, sondern beziehe jedes Maß auf den Bandanfang durch die ständige Aussummierung des Teilwerts. Das zweite Loch liegt somit bei 14,65 + 14,65 = 29,3 mm, das dritte bei 14,65 + 14,65 + 14,65 = 43,95 mm und so weiter. Dieses System zeichne ich am Rand des ungeteilten Bänderzuschnitts auf. Strich für Strich, in diesem Fall 74 kleine Anrisse. Danach wird diese einseitige Teilungsmarkierung per Anschlagwinkel auf die Breite aller benötigen Bänder verlängert. Dadurch entseht ein sehr homogenes und vor allem hochgradig genaues Teilungsprozedere. Erst jetzt wird die Fläche in die einzelnen Streifen zerteilt. Ob per Cuttermesser, oder Profi-Schlagschere ist dabei zweitrangig. Denn das Wichtigste, die präzise Teilung, haben jetzt alle Bänder schon 100 % vorgegeben. Einzig allein ein Verdrehen einzelner Bänder um 180 Grad, könnte Unruhe in die Stegteilung bringen. Wer aber seinen Anfang oder das Ende mit Klebeband, oder ähnlichem markiert, wird sicher auch dieses letzte Störfeuer in den Griff bekommen.

Stellt sich nur noch die Frage, wie kommen die Löcher ins Band? Wer eine schwarz-staubige Sauerei nicht scheut, kann für die Gummizuschnitte die Bohrmaschine benutzen. Freunde der Ästhetik bevorzugen allerdings besser eine Stanze, oder ein 2,5-mm-Locheisen. Der Kraftaufwand ist zwar nicht zu unterschätzen, aber das Unterarmtraining ist es allemal Wert, dass die Löcher keine hässlichen Fransen bekommen. Kommen wir zur Auswahl der Stege. Während eine echte Winterkette für glasharte Kunstschneepisten nicht dicht genug mit Hartmetallspikes und sägezahnähnlichen Profilen besetzt sein kann, ist das für den Wieseneinsatz schlecht zu empfehlen. Und da das Fahrzeug ja auch mal auf Asphaltflächen unterwegs sein könnte, ist eine Gummioberfläche sehr von Vorteil. Dazu schnitt ich von einer 6 mm dicken Gummimatte schmale Streifen ab und klebte sie mit dem Geweberücken in ein passgenaues Weißblech-U-Profil. Letzteres hat natürlich die gleiche Breite wie die Stegbasis der Winterkette. Nur in der Länge unterscheidet sich der Sommersteg sehr deutlich. Denn je größer die Kettenauflagefläche ist, desto schlechter wird sich das Fahrzeug hinterher in die Kurve zwingen lassen. In diesem Fall sind 72 mm wohl das Höchste der Gefühle, denn selbst dieses Maß erlaubt noch einen prima Schneebetrieb im Frühjahrsfirn.

Befestigung

Bleibt noch die Klärung, wie befestige ich die Stege auf den Gummibändern? Ganz einfach-, per M2-Schrauben natürlich, die vor dem Einkleben des Gummis in das U-Profil eingelassen sind. Rationell veranlagte Modellbauer können hierfür auch 2,4-mm-Blindnieten verwenden, die von der Bandinnenseite her in das Stegprofil greifen. Hierbei besteht allerdings die Gefahr, dass es einem munter seine Teilungswerte verhaut. Je kräftiger ein Gummi zusammengepresst wird, desto mehr wird sich auch der Teilwert verändern! Aber ob Niet-, oder Schraubverbindung, auf eines sollte man trotzdem niemals verzichten: Die Gegenplatten!

Selbstverständlich sind große Unterlegscheiben für diese Aufgabe ebenfalls geeignet. Aber irgendwann kommt ganz, ganz sicher der Moment, wo es einen der Optik wegen, furchtbar um diesen Minimalismus reuen wird. Deswegen gleich mein Rat an dieser Stelle: Nehmen sie sich die Zeit und investieren sie in diese kleinen Plättchen. Bei meiner am Original orientierten Kettenkonstruktion kam diese Frage gar nicht auf, denn die Gegenplatte nimmt auch die Hälfte des Spurbügels auf. Das ist nämlich die letzte Disziplin im Eigenbau jeder Raupenkette. Da auch ich mich sehr gerne von der grauen Macht der Rationalität verführen lasse, probierte ich hierfür mal ganz normale Weißblechstreifen aus. 4 mm breit und banal zum Dreieck gekantet, wird der kleine Bügel auf der Stegbasis und auf der Gegenplatte verlötet. Das geht so gesehen ruckzuck, aber leider sind die scharfen Blechkanten für die Laufräder nicht das gelbe vom Ei. Ein sichtbarer Abrieb und ein erhöhter Laufwiderstand ist das Ergebnis dieser Sparmethode. Viel besser und mein langjähriger Favorit für dieses Detail, sind Spurbügel aus 2 mm dickem Kupferdraht. Damit hier später alles in Reih und Glied steht, sind solche Drahtbügel natürlich bei weitem aufwändiger anzufertigen. Aber in der Funktion sowie in der Optik ein gewaltiger Unterschied und ein Gewinn für´s Auge.

Aus dem Leben – Mit sechs Raupen auf Messe

Seitdem ich in Friedrichshafen im November 2008, Modellpistenraupen im Maßstab 1:8 zum allerersten Mal auf einer großen Messe vertreten habe, wächst die Fangemeinde ständig an. Damals war zwar alles noch viel, viel kleiner und wir fuhren noch auf Sägemehl, aber es bildete sich ein entscheidendes Fundament für alle folgenden Messeauftritte. Sachlich betrachtet ist die Bewegung noch gefühlte Lichtjahre von der mittlerweile schon völlig überlaufenen 1:16-Trucker-Szene entfernt, aber es werden von Veranstaltung zu Veranstaltung immer mehr Teilnehmer und Gastfahrer. Die „Faszination Modellbau 2012" in Karlsruhe stellte bis dato den absoluten Rekord an dagewesenen Raupen auf. Denn am Messesamstag waren nicht weniger als 20 Fahrzeuge gemeinsam auf dem Parcours. Vom voll funktionsfähigen 1:43-Winzling, bis hin zum großen PB 240DW in 1:8, der mit Sommerketten und Lademulde ausgerüstet war. Dazwischen mischten sich drei edle 1:16-Hightech-Dickies, viele, viele wunderschöne 1:12-Solofahrzeuge, eine vollautomatische

„Das waren noch Zeiten..."
In Friedrichshafen sah man im Jahr 2008 erstmals Modellpistenraupen auf einer Messe

Der Messesamstag bescherte 2012 dem Karlsruher Parcours genau 20 Fahrzeuge in verschiedenen Maßstäben

1:12-Windenmaschine, vier Schneeschleudern und zwei weitere 1:8-Maschinen. Ich selbst hatte am Freitagmorgen immerhin sechs Fahrzeuge aus dem Auto geladen, aber eines davon gehörte meinem Sohn Peter, der es auch steuerte. Mit dabei war natürlich meine funktionsfähige Schneekanone, über 20 große künstliche Fichtenbäume, einige zehn Meter Modell-Absperrzaun und selbstverständlich diverse Kleinigkeiten wie Schilder und Pistenstangen. Nicht vergessend, dass für die sechs Fahrzeuge drei Fernsteuerungen, zwei Ladegeräte, das Netzgerät und etliche Päckchen Akkus zusätzlich ihren Platz beanspruchten. Frische Klamotten, Reiseproviant und die Zahnbürsten quetschten wir in die letzen Hohlräume, so dass der Laderaum eines Opel-Zafiras bis unter das Dach prall gefüllt war. Ich leugne nicht, dass sich die Tage vor dieser Einpackorgie nach Stress anhören. Und ich höre auch schon die Frage: „Wozu dieser Aufwand?" Darauf gibt es eine einfach Antwort: Wer einmal ernsthaft vom Messevirus infiziert ist, kann sich nur ganz schwer davon losreißen. Wer meint, eine Messe wäre groß und unüberschaubar, den muss ich ernüchtern. Wenn ich Friedrichshafen und Karlsruhe (jetzt Sinsheim) betrachte, dann trifft man auf beiden Veranstaltungen fast immer die gleichen Leute und die selben Vereine. Man kennt sich, man achtet und respektiert sich. Zumindest dann, wenn man die Sache schon seit Jahren betreibt und echte Hardcore-Modelle für den harten Einsatz im Fuhrpark hat. Ein Fahrzeug, dass drei oder vier Tage eine Vorstellung nach der anderen absolviert, kommt am Sonntagabend schnell auf über 20 Stunden Gesamt-Einsatzzeit. Und das ohne einen Service auf der heimischen Werkbank! Wem dabei nur eine Kleinigkeit den Dienst

Eine der Hauptattraktionen war sicherlich Adrian Humbels „Windenteststrecke" in Bildmitte

versagt, hat Glück gehabt. Aber nicht selten schlägt das Pech gnadenlos zu und es steigt irgendwo eine übelriechende Rauchwolke auf, die das Modell völlig lahm legt. Wer sich anschließend Ersatzmaterial organisiert und eine Reparatur in der „Box", oder gar auf dem Parcours zutraut, hat starke Nerven beziehungsweise viel Werkzeug dabei. Manchmal ist der Schaden aber irreparabel tief im Modell verborgen und ab dann hat man genügend Zeit sich den Rest der Hallen gemütlich anzuschauen. Bislang sind meine Fahrzeuge auch beim achten Messeeinsatz vor solchen Brachialausfällen verschont geblieben. Das freut mich natürlich sehr und es macht auch ein bisschen stolz. Ich leugne allerdings nicht, dass auch mir schon diverse Kleinigkeiten so manchen Nerv geraubt haben. Ich denke da nur an den Messefreitag von Friedrichshafen 2010. Da verabschiedete sich beim PB 240DW eine völlig verschlissene Gewindespindel nach der ersten Vorstellung. Zum Glück hatte ich Ersatz dabei und konnte das wichtige Bauteil am nächsten Morgen auf dem Parcours ersetzen. Mit solchen Jokern in der Hinterhand kann man jede Messe so richtig genießen. Es ist immer ein Bad in der Menge und es ist der Lohn für unendlich einsame Stunden in der Werkstatt. Und es macht einfach Spaß, gemeinsam mit Freunden die Aufgaben auf dem Parcours zu erledigen. Deswegen kann ich nur jeden ermuntern, sich dieser Bewegung anzuschließen und mit seinem Fahrzeug die Parcoursfläche zu bereichern. Ob dabei ein schlichtes Fun-, oder ein hochwertiges Scale-Modell zum Einsatz kommt, ist gar nicht so wichtig. Bei mir ist jeder willkommen. In meinen Augen zählt mehr der grundsätzliche Mut, sich dem „Abenteuer Messe" mit all seinen Facetten zu stellen.

4. Laufwerk

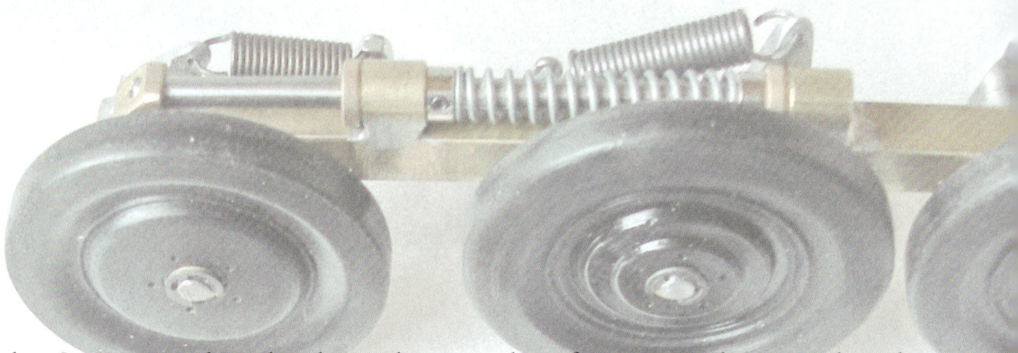

Jetzt haben Sie Ketten und Bänder, aber noch keine Laufräder dazu. Wenn Sie bei diesem Punkt angekommen sind, muss entschieden werden, ob Sie ein Fun- oder ein Scale-Fahrzeug bauen wollen! Ohne Federung wird Ihr Baufortschritt munter weitergehen, denn komplexe Schwingenlager für zehn Radachsen wollen erst einmal angefertigt sein. Es kommt auch wieder einmal ganz darauf an, was Sie von Ihrem Fahrzeug erwarten? Im unverdichteten Pulverschnee ist ein starres Laufwerk gerade noch zu akzeptieren. Dagegen ist auf harten Kunstschneepisten eine gute Federung unerlässlich! Das Chassis holpert sonst über jeden Schneehügel und

Die rote Linie verdeutlicht das Einfederverhalten der Laufräder

erzeugt ein unruhiges Fahrtbild. Wenn Sie aber nur ein hübsches Modell für den Nachwuchs bauen wollen, tut es starres Laufwerk allemal. Sind später alle weiteren Auf- und Anbauten fertig und gut gelungen, können Sie immer noch ein edles Federwerk nachrüsten.

Dabei ist es unheimlich wichtig, dass vor allem in der Fahrzeugmitte im Bereich des Schwerpunkts, maximaler Druck aufgebaut werden kann. Die Laufräder dürfen hier nicht zu früh nachgeben, was der Kette ungewollten Schlupf bescheren würde! Die allergrößte Schwierigkeit stellt aber ein gefedertes Leitrad dar. Praxiserprobte Verfahren werden zwar später noch genauer beschrieben, aber um es vorneweg zu nehmen: Wenn Sie auf diesen Luxus verzichten, sind die restlichen Schwingenlager kein großes Problem und Sie haben einen akzeptablen Kompromiss gefunden.

Laufräder und Leitrad

Die Füße Ihres Modells sind die Laufräder. Über sie wird das gesamte Fahrzeuggewicht an die Ketten weitergeleitet und der Reibwert zwischen Fahrzeug und Untergrund erzeugt. Bei der Beschaffung dieser Räder taucht schon wieder ein Problem auf. Alle Felgen und Reifen, die es für RC- Auto- und Truck-Modelle zu kaufen gibt, sind alle miteinander zu breit. Der alte Graupner/Kyosho-Pistenbully behalf sich mit einigermaßen schmalen Autorädern, verließ aber damit genauso die Originalmaße wie der aktuelle Snow King von Dickie/Tamiya. Das Laufrollenregal im Baumarkt bietet hier teilweise interessante Rollen mit ungefähr 50 mm Außendurchmesser, aber leider sind nur die wenigsten schmal gehalten.

Eine echte Goldgrube für maßstabsgerechte Laufräder sind ausgediente Drucker. Viele Altgeräte bieten hierfür tolles Bastelmaterial. Unter anderem sind für die Papierzufuhr drei wunderschöne, gummibelegte Laufrollen zu finden. Diese Rädchen mit einer 8-mm-Bohrung

Ein originales Laufrad des PB 240D

kommen den Laufrädern der aktuellen Kässbohrerreihen unheimlich nahe!

Am vernünftigsten geht es aber, wenn Sie Ihre Laufräder mitsamt Felge selbst aus Kunststoff drehen. Wer hierfür kein Vollmaterial zur Verfügung hat, kann sich auch mit vier verklebten, 3 mm starken Polystyrolplatten behelfen. Und wem eine Drehbank zur Verfügung steht, der kann sich jetzt natürlich bis ins kleinste Detail an sein großes Vorbild nähern.

Die rustikale Möglichkeit, den Rohling auf einer Schraube in die Bohrmaschine und diese in den Schraubstock zu spannen ist zwar eine Alternative, aber auch eine sehr gefährliche Angelegenheit! Hier wird mit dem Dremel

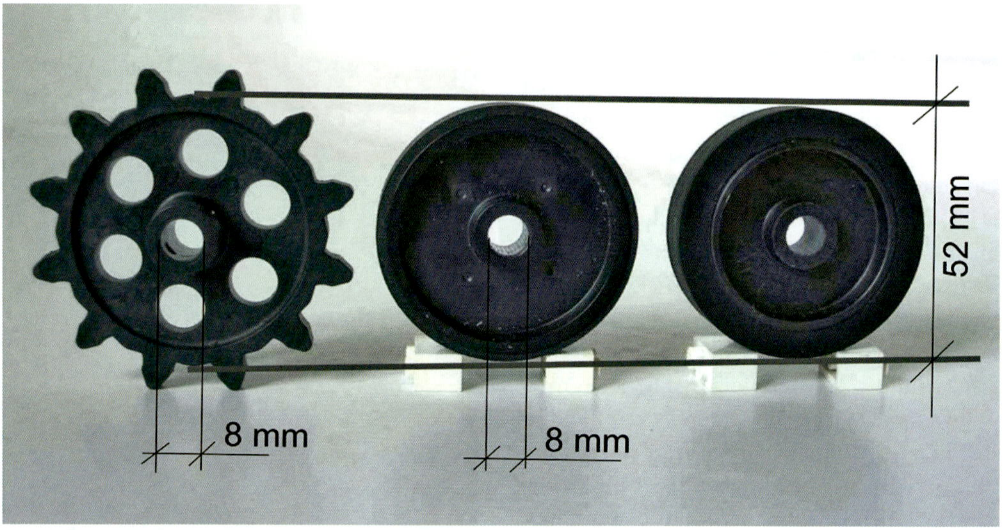

Das Veroma-Sternrad und Anpressräder aus einem alten Drucker

Speichenradabguss-Verfahren der RATRAC-Laufräder

und dem Cuttermesser das Drehteil so lange behandelt, bis Sie damit zufrieden sind. Dem Anfänger sei geraten, hier äußerst vorsichtig zu beginnen, denn das geschilderte Verfahren kann heftige (physische) Rückschläge erzeugen! Sicherer ist es, Sie vergeben diese Arbeit an einen Fachmann und fertigen hinterher eine Silikonform davon an. Wer hier ebenfalls Neuland betritt, sucht am Besten Unterstützung bei einem Zahntechniker. Die Abgussmethode hat den großen Vorteil, mit schwarz eingefärbten Epoxydharz, hinterher fix und fertige, hundertprozentig gleichgroße Räder zu bekommen. Wenn Sie Ihre Wunschform fertig haben, sollten Sie sich noch Gedanken über die Lagerung auf den Achsen machen. Ein Rad aus Polystyrol oder Epoxydharz, braucht unbedingt eine Metallbuchse, sonst würde sich der Kunststoff innerhalb kürzester Zeit aufreiben. Ich verwende hierfür 6-mm-Sinterbundbuchsen. Die dafür nötige 10-mm-Bohrung sollte mit äußerster Präzision eingebracht werden, sonst ergibt sich daraus ein unschönes

„Geeier" der Räder. Wer mehr Geld ausgeben will, kann auch Nadelhülsen einpressen. Für Besitzer einer Fräse oder Drehbank gibt es weiter die Möglichkeit, zwei Lagersitze für kleine Kugellager anzubringen. Beide letzteren Verfahren bergen allerdings das Risiko von eindringendem Wasser in die Kugelreigen. Trocknet dieses vor der nächsten Ausfahrt nicht vollständig aus, ist bei munteren Minusgraden das Blockieren der Räder vorprogrammiert! Bei den alten RATRAC-Laufrädern mit ihren Speichenfelgen, verwendete ich nach dem Runddrehen mit dem „Improvisationsverfahren" sogar die Oberfräse. Damit entfernte ich mit einer Schablone den inneren Teil und klebte anschließend die neun Speichen ein. Die gleichmäßige Aufteilung derselben erreichen Sie am sichersten mit einem Grafikprogramm, dass die Funktion „Polygon mit X-Anzahl Seiten" besitzt. Sie müssen den entstandenen Stern jetzt nur noch auf Ihr Felgenmaß skalieren, ausdrucken und ausschneiden. Die Papiervorlage legen Sie dann in Ihr Laufrad und können ringsum kleine Punkte für die Speichen setzen. Das Leitrad ist beim Modell vom Prinzip her nichts anderes. Lediglich bei der Lagerung auf der Vorderachse sollten Sie jetzt nicht sparen. Leichtläufigkeit und guter Rundlauf zeichnen sich später bei den Fahrleistungen deutlich ab. Unter dem Strich sind die Lauf- und Leiträder kein Grund auf unpassende Kaufprodukte zurückzugreifen. Mit Improvisation und kleinen Tricks lassen sich auch ohne Profiausrüstung vernünftige Ergebnisse in Eigenbau erzielen.

Original Sternrad-Innenansicht und Hydromotor des PB 260D

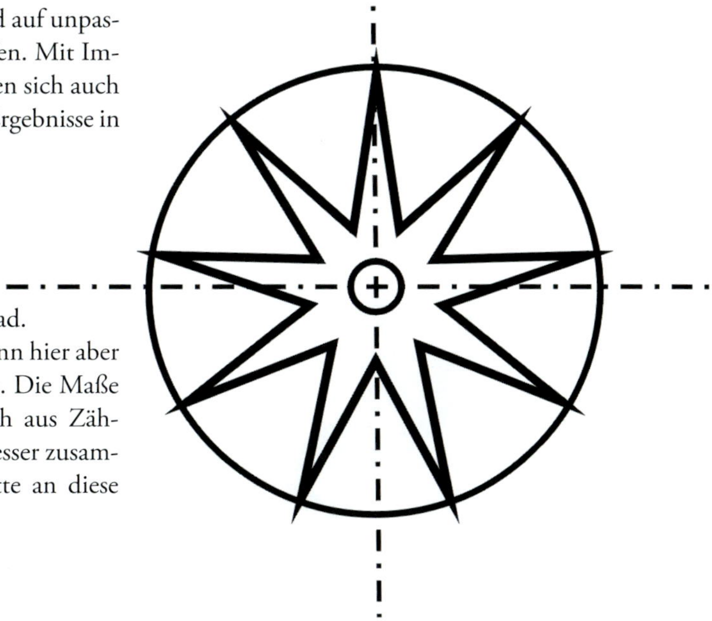

Aus dieser Schablone entstand das RATRAC-Sternrad

Stern- oder Antriebsrad

Ein wirklich schwieriger Brocken ist das so genannte Sternrad. Wer für Kompromisse bereit ist, kann hier aber auf ein Kaufprodukt zurückgreifen. Die Maße eines Serienantriebsrads setzen sich aus Zähneanzahl und Bandauflagedurchmesser zusammen. Nun gilt es, Ihre Modellkette an diese

Das Antriebsrad des Modell PB 240D in seinem Element

Überblick auf das Sternrad und das dahiner liegende, gekapselte Vorgelege

Die Polystyrolnabe überträgt das Drehmoment über die Schraubverbindungen auf den nur 2 mm dicken Stahlkern

▲ Die Stege liegen im Gegensatz zum Original an keiner Stelle vollflächig auf dem Sternrad auf

◀ Zahnschwund an einem Aluminiumsternrad, dass mit Stahlstegen im Eingriff war

zwei unveränderbaren Größen anzupassen. Dafür müssen Sie unbedingt abklären, ob Ihre gewünschte Kettenteilung mit dem Produkt von der Stange kompatibel ist? Es ist nämlich leichter, eine Kette für ein vorhandenes Sternrad zu bauen als umgekehrt. Das Resultat aus diesem Einkauf wird aber sehr wahrscheinlich ein zu großes Antriebsrad, oder zumindest eine falsche Zähneanzahl sein. Bei jedem Modell, dass kleiner als 1:8 gebaut wurde, müssen Sie wie auf der Seite 43 schon beschrieben, mit der Kettenteilung und Stegbreite sowieso einen maßlichen Kompromiss eingehen!

Da kommt das Sternrad von Veroma gerade recht. Das GFK-Produkt eignet sich mit seinen 12 Zähnen und einem Bandauflagedurchmesser von 56 mm perfekt für ein Pistenraupenmodell. Die Kettenteilung von gut 14,5 mm entspricht sogar ziemlich genau dem 1:8-Maß der Originalkette und die Zahnbreite von 5 mm passt genau zu den Vorgaben, wie sie später noch beschrieben werden.

Wem das alles zu ungenau ist und sich von seiner Originalvorlage nicht abbringen lässt, muss selber bauen! Wer des Fräsens mächtig ist, wird bei der Anfertigung ein leichtes Spiel haben. Das es aber auch mit Schraubstock und Feile geht, kann ich bestätigen und hier beschreiben:

Wie bei der Laufradspeichen-Aufteilung beginnt die Konstruktion mit einem Polygon mit 13 Seiten. Daraus lassen sich leicht eben so viele Spitzen ziehen und schnell ist das erste Grundgerüst entstanden. Bei der 1:8-Version vom 240er-Kässbohrer, beträgt der Bandinnendurchmesser am Sternrad genau 61 mm. Darauf müssen Sie die Zahnbasisbreite festlegen und mit einem Kreis das Kettenband simulieren. Wenn alles passt, drucke ich die Zeichnung auf einen Bogen selbstklebendes Papier (Zweckform Nr. 3478). Das eigentliche Material für die Antriebsräder bildet eine Sandwich-Konstruktion aus zwei 2 mm starken Polystyrolplatten und einem Kern aus ebenso dickem Stahlblech. Das Originalrad ist zwar um einiges breiter, sorgt aber bei maßstabsgetreuer Nachbildung für unnötigen Ärger mit Vereisungsproblemen!

Jetzt klebe ich den Computerausdruck auf die 12-fach verschraubten Platten und los geht es mit dem Spanabtrag. Die groben Formen werden mit der Säge entschärft, die Feinheiten der Zähne entstehen mit verschiedenen Rund- und Flachfeilen. Das Ganze ist absolut kein Hexenwerk! Wenn Sie Ihre Vorlage und die Winkeltreue einigermaßen einhalten, sehen Sie schon nach einer Stunde Feilen ein brauchbares Ergebnis.

Sollten Sie die Kette schon fertig haben, kommt der spannende Moment, bei dem Sie das „Selfmade-Zahnrad“ bedächtig über die Stege rollen. Gelingt dieser Versuch auf Anhieb, haben Sie sauber konstruiert – Hut ab! Wenn nicht, und das ist eigentlich das Normale, müssen Sie die Zahnflanken so lange vertiefen und verbreitern, bis alles ohne Hackler reibungslos läuft.

Es empfiehlt sich zudem, die Zahntäler unter der eigentlichen Stegauflage nochmals mit einem kleineren Feilendurchmesser zu vertiefen. Das weicht zwar erheblich von der Originalkonstruktion ab und schaut zugegeben etwas dumm aus, bringt aber bei zweifelhaften Schneeverhältnissen die entscheidende Sicherheit vor verklebendem Schnee unter den Kettenstegen! Ich gehe hierbei sogar noch einen Schritt weiter und schräge jedes Zahntal ringsum steil ab. So wird der Schnee regelrecht aus den Zähnen gedrückt und kann sich kaum festsetzen.

Wie befestige ich das Sternrad auf der Antriebswelle? Der Profi wird an dieser heiklen Stelle eine Keilnut, oder eine Passfeder einsetzen und das Problem für immer entschärfen. Weniger professionell ausgerüstete Hobbybastler begnügen sich mit einer Verstiftung. Um mit dieser Methode dauerhaften Kraftschluss zu erzielen, braucht es erst einmal genügend Material am Sternrad. Hierzu bietet sich das originale Außen-Planetengetriebe an, dass bei all meinen Modellen grundsätzlich nur Attrappe ist. Mit 30 mm Durchmesser, sauberst verklebte und verpresste vier Lagen Polystyrol, ist eine Drehmoment-Übertragung mit einer 3-mm-Spannhülse dauerhaft möglich. Um nochmals das Material zu stärken, wird die Spannhülse nicht direkt in den Kunststoff gepresst, sondern in einem dünnen Messingrohr geführt. Das Ergebnis ist sehr zufriedenstellend und diese Position hat noch nie Ärger verursacht. Mein RA-TRAC läuft jetzt schon über 40 Kilometer mit dieser primitiven Lösung!

Prinzipiell ergibt die Kombination der Stahleinlage im Sternrad, mit Messing- oder Stahlverstärkungen auf den Kettenstegen, keine Anzeichen von Abrieb oder Verschleiß. Dass das nicht selbstverständlich ist, brachte mir mein „Möchtegern-Pistenbully" vor Augen. Wegen der leichten Verarbeitbarkeit, verwendete ich für das Sternrad sehr weiches Aluminium, in Kombination mit Kettenstegen aus Stahl-U-Profil. Das Ergebnis war verheerend, denn das Aluminium ging den Weg des geringsten Widerstand und verdünnte seine Zähne. Mit einem Stahlsternrad aus 2-mm-Material schaffte ich Abhilfe. Die Verbindung zur Antriebswelle übernahm ein angeflanschtes Zahnrad und dessen Madenschrauben. Da sich letztere aber zu gerne von alleine lösen, sollte hier unbedingt mit Schraubensicherungslack gearbeitet werden!

Umbau des Laufwerks vom Dickie Snow King

Zwischendurch eine Beschreibung wie man den „kleinen Dickie" etwas reibungsarmer unterwegs sein lässt: So wie das nette Fun-Modell aus der Schachtel kommt, erfüllen die Steckachsen der Laufräder ihre Anforderungen lässig. Da dabei Kunststoff auf Kunststoff reibt, quietschen die Räder aber ab und zu schon mal. Das ganze stört eigentlich nicht weiter, kritisch wird es erst dann, wenn sich dieses Quietschen durch eine erhöhte Zuladung in erhebliche Reibungsverluste verwandelt.

Durch das großzügige Lagerspiel bekommen die Laufräder dann auch noch falschen Sturz und spätestens jetzt sollte man eingreifen! Das Entfernen und Aufbohren der originalen Steckachsen auf 4 mm ist allerdings eine knifflig-ultimative Sache. Wenn Ihnen da der Bohrer verläuft, wird sich der Umbau zu erheblichem Aufwand

Überblick auf den Kugellagerumbau eines Dickie-Laufrads

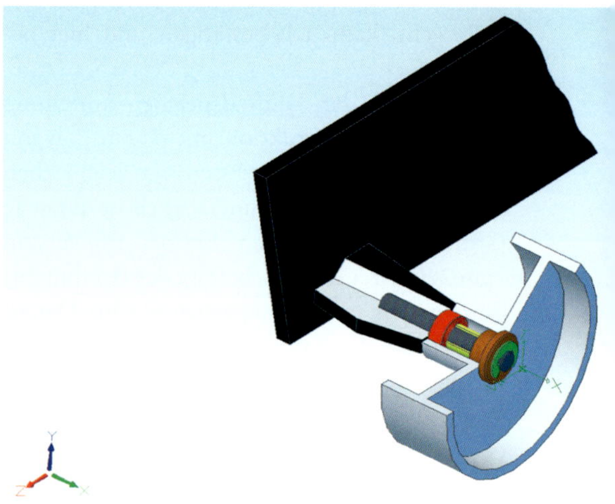

3D-Zeichnung der umgebauten Laufradlagerung (Zeichnung: Adrian Humbel)

Herstellungsablauf von neuen Sternrädern für den Dickie

ausweiten. Ich möchte Sie aber nicht entmutigen, denn das Ergebnis rechtfertigt eindeutig das Risiko. Der Aufbau wird aus den Bildern und der Skizze ersichtlich.

Da beim Dickie eine fixe und unnachgiebige Kettenkonstruktion zur Anwendung kam, war eingefahrener Pappschnee oft ein kleines Problem. In feuchtem Sägemehl war das ebenfalls sehr deutlich zu beobachten. Alles was bei Kurvenfahrt zwischen den Laufrädern an Material eingefangen wurde, musste sich vorn oder hinten um das Antriebs- beziehungsweise Leitrad zwängen. Das führte zwar zu keinem Schaden, aber oftmals kam das Fahrzeug dann nicht mehr alleine frei.

Da ich die Leitradachse aber unmöglich mit einem Federelement nachrüsten konnte, musste eine andere Lösung her. Das Hauptproblem lag dabei sicherlich in der großen Breite aller Laufwerkskomponenten. Deshalb drehte ich mir einen neuen Sternradrohling mit nur 5 mm Zahnbreite. Daraus feilte ich die acht Zähne heraus, schnitt in die Nabe ein M3-Gewinde und testete das Resultat auf einem kleinen Sägemehl-Parcours. „Wow“, das Ergebnis war mehr als angenommen positiv und das Blockieren der Antriebe gehört nun weitgehend der Vergangenheit an.

Die Federungsmöglichkeiten

Ein Original-Pistenraupenlaufwerk ist je nach Baualter und –Typ mehr oder weniger komplex abgefedert. Während Prinoth-Leitner bei den aktuellen, neuzeitigen Fahrzeugen verstärkt auf die Wippenvariante in Kombination mit Hyd-

Die Radschwingen eines PB 240D

raulik setzt, begnügt sich Kässbohrer bis zum heutigen 400er-Modell mit einer rein mechanischen Radschwingenlösung. Bei der Einzelradfederung hat jedes Laufrad seinen eigenen Schwingarm, der mit einer Drehstabfeder im Grundrahmen gelagert ist. Die Härte des Laufwerks kann dadurch verändert werden, in dem der unbelastete Schwingarm mit verschiedenen Neigungswinkeln auf dem Drehstabmitnehmer fixiert wird. Daneben gibt es die Wippenvariante, bei der immer zwei Laufräder mit einer rein mechanischen, oder wie bei Leitner, mit einer hydraulischen Trägerwippe miteinander verbunden sind.

Der Sinn aller Konstruktionen ist nämlich, dass ein einzelner kleiner Schneehügel nicht das ganze Fahrzeug anhebt. Eine Federung sollte so ausgelegt sein, dass die Fahrzeuglängsachse immer weitgehend parallel zum Untergrund bleibt. Egal wie dieser beschaffen ist, sollte das Laufwerk Mulden und kleine Hügel sauber schlucken und dem Modell ein gleichmäßiges, harmonisches Fahrtbild geben.

Soweit zum Wunschdenken und den Auswahlmöglichkeiten. Es stellt sich natürlich sofort die Frage, was für Ihr Modell die beste und einfachste Möglichkeit ist? Ich habe bei dieser Problemstellung nie allzu großen Aufwand betrieben und doch immer ein sehr vernünftiges Ergebnis erzielt.

Die Wippenfederung

Das habe ich beim Snow Rabbit Fahrwerk zum ersten Mal ausprobiert und finde die einfache Bauweise recht empfehlenswert. Die Trägerwippe besteht aus einem Stück Alurechteckrohr, oder alternativ aus starkem Flachmaterial. Um die seitlich auftretenden Hebelkräfte nicht unnötig stark wirken zu lassen, ist die ganze Konstruktion aber sehr schmal gehalten. Die Funktionsweise ist unheimlich banal und es lässt sich mit ganz wenig Aufwand eine brauchbare Wirkung erzielen. Um die Bauart spielfrei zu halten, wurden alle beweglichen Teile selbstverständlich mit Bronzebuchsen gelagert.

Einzelradfederung

Hier können Sie Auswählen, ob Sie das komplette Laufwerk abfedern, oder nur die Räder zwischen Antriebs- und Umlenkrad. Letztere Bauart habe ich beim RATRAC angewandt und sie verspricht trotz der Einfachheit recht gute Fahreigenschaften. Jede Einzelschwinge besteht aus einem 10-mm-Streifen aus 2 mm starkem Cu-Blech, F24 halbhart. In dieses Blech ist an beiden Enden eine 6-mm-Silberstahlwelle ge-

Funktionsübersicht eines Wippenlaufwerks am Beispiel des Snow Rabbits

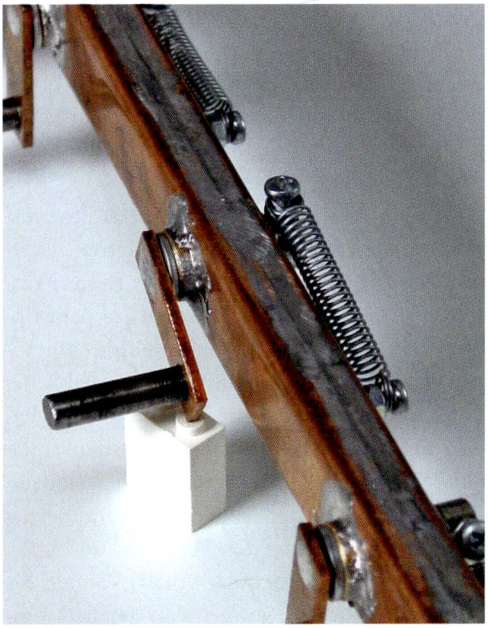

RATRAC Laufwerks Federschwinge

Zweite Radschwinge des PB 240D-Modells. Hier wurden die Schwingen deutlich massiver als beim RATRAC ausgeführt

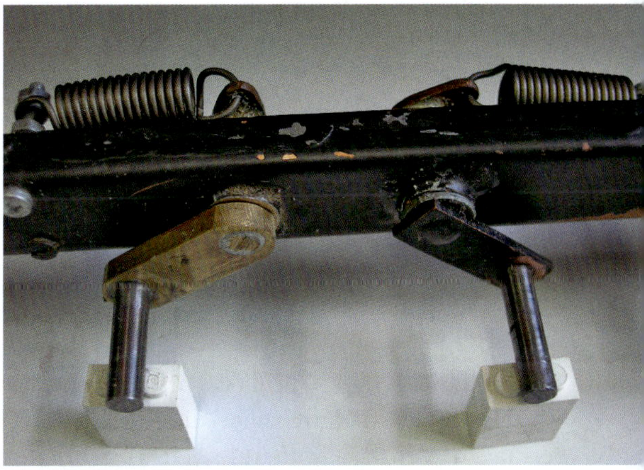

Abänderung der zweiten RATRAC-Radschwinge mt 4/15-mm-Messing-Flachmaterial ▶

gengleich, weich eingelötet. Die wirksame Hebellänge beträgt im Maßstab 1:8 genau 25 mm. Das ist auf die Länge betrachtet ausreichend und entspricht perfekt den Originalmaßen. Heute würde ich für die Schwingen allerdings mindestens 2-mm-Messingblech verwenden. Die Erfahrung hat nämlich gezeigt, dass beim Drehen auf hartem Untergrund, sehr hohe Torsionskräfte auf die Schwingen wirken.

Auf der anderen Seite des Laufwerksträgers, auf den ich im nächsten Kapitel noch genauer eingehe, befinden sich die Federhebel. Die bestehen beim RATRAC aus einfachen Stellringen, mit einer 10 mm langen M3-Schraube. Daran ist eine kleine, aber kräftige Spiralzugfeder eingehängt und fertig ist die Radfederung.

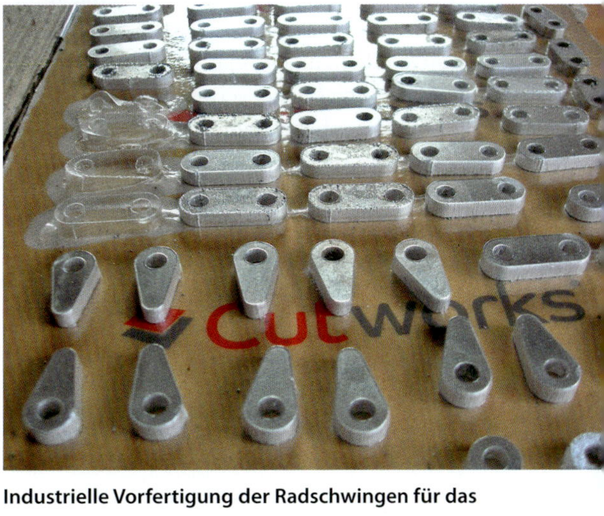

Industrielle Vorfertigung der Radschwingen für das PB 200DW-Drillingsprojekt

Die Kässbohrer-Laufwerke unterscheiden sich vom alten RATRAC-Räderwerk sehr deutlich. Das große Sternrad vom Schweizer Kult-Pistenpräparierer ist nämlich genauso groß wie die Laufräder. Da das große Ritzel nicht federnd gelagert ist, ergibt sich daraus unvermeidlich ein holpriges Fahrverhalten. Die Laupheimer Geländefahrzeugschmiede erkannte dieses Übel schon lange und verkleinerte das Antriebsrad. Damit übernehmen die vier Lauf- und das Umlenkrad das komplette Fahrzeuggewicht. Bei auftretenden Lastwechseln und Unebenheiten schwingt das ganze Chassis auf Grund seiner Trägheit munter ein und schluckt mehr oder weniger perfekt alle Buckel. Bei Planierarbeiten bleibt das Räumschild somit weitgehend parallel zum Boden und erleichtert das Anlegen einer perfekten Piste.

Diesen Luxus wollte ich auch! Deswegen bin ich beim Modell vom 240er einen großen Schritt weiter gegangen. Zuerst habe ich aus Gewichts- und Stabilitätsgründen die Schwingen aus Alurechteckrohr 7,5/12,5 mm gefertigt. Die Rad- und Schwingenachsen sind anschließend im Profilinneren mit Epoxydharz vergossen. Um mit den Stahlwellen bei dieser Methode einen dauerhaften Kraftschluss zu erzielen, müssen erstere im Klebeverbund eine Abflachung, oder eine ordentliche Strukturierung per Sägeschnitte erhalten. Ultimative Sicherheit bringen schließlich kleine, verpresste Stahlsplinte.

Die Gegenhebel bilden wieder Stellringe, auf die aber diesmal ein Stück 2 mm Kupfer aufgelötet ist. Mit den Stellringen lässt sich später wunderbar die Federvorspannung einstellen. Diese Kraftgröße ist in der Planungs- und Umsetzungsphase immer eine schwammige Angelegenheit. Ein Panzermodellbauer gab mir einmal den primitiven Tipp, bei zehn Laufrädern, jeder einzelnen Radaufhängung ein Zehntel der Gesamtfahrzeugmasse zuzuschreiben. Das heißt im Klartext, dass bei erwarteten 15 kg Fahrzeuggewicht, jede Schwinge mit 1,5 kg gegenbelastet werden muss. Die Einstellung lässt sich im Schraubstock leicht umsetzen, indem Sie an den vorgespannten Schwingarm über die Radachse einen kleinen Eimer hängen. Letzteren füllen Sie dann irgendwie mit 1,5 kg Masse und können somit die Einfederung simulieren und austarieren.

Aber Vorsicht! Was zählt bei dieser Prozedur alles zur Gesamtfahrzeugmasse? Ketten, Lauf- und Antriebsräder, Schild, Fräse, Fahrerhaus? Ich meine, dass alles was sowieso auf dem Boden steht, nicht in diese Summe mit einbezogen werden darf. Somit fällt ein ganz erheblicher Teil an Gewicht bei dieser Rechnung komplett weg und macht die Justage bei weitem einfacher. Wenn nach der Fertigstellung des Modells, die Welle unter der M4-Madenschraube des Stellrings (Änderung der M3-Standardschraube) noch eine Abflachung erhält, können Sie absolut sicher sein, immer voll gefedert umherzufahren.

Beim gerade in Bau befindlichen PB 200DW ist die Modellbau-Evolution auch an mir nicht vorbeigegangen. Hier bestehen die Radschwingen und Gegenhebel aus gelaserten, 5 mm dicken Alu- und Edelstahlteilen, in welche die Stahlachsen geklebt verstifftet, beziehungsweise gelötet sind. Und da man im Conradsortiment seit 2011 auch bestens geeignete Zufedern findet, ist das Beschaffungsproblem für diese Bauart jetzt auch endlich vom Tisch.

Von der Möglichkeit einer originalen Drehstabfederung habe ich bei meinen Modellpistenraupen immer abgesehen. Warum? Es empfiehlt sich das gesamte Laufwerk möglichst schlicht und gestängefrei zu halten. Was beim großen Vorbild aus Stabilitätsgründen zwingend notwendig ist, heißt noch lange nicht, dass das beim Modell auch so sein muss. Jedes überflüssige Rohr und jede zusätzliche Befestigung des Laufwerksträgers bietet nassem, klebendem Schnee die Möglichkeit sich abzulagern. Viel Schnee wird schnell zuviel, das Modell wird immer schwerer und irgendwann verklebt deswegen die komplette Kette mit dem Chassis.

Das ist auch das gleiche Argument, warum ich nichts von Antriebsmotoren hinter den Sternrädern halte. Mehr dazu aber später, wenn es um die Motorisierung geht.

Laufwerksträger

Jetzt kommt ein Punkt, an dem es wieder ordentlich Präzision verlangt. Schief zueinander stehende Radachsen sorgen nämlich später für ein unschönes Fahrtbild! Der alte Graupner, der neuzeitige Blizzard und der kleine Dickie verstärken beziehungsweise verlängern für diese Aufgabe einfach das Chassis und geben so den Radachsen die nötige Stabilität. Je weiter die Laufräder von der Grundwanne entfernt sind, desto größer werden die Hebelkräfte auf die ganze Achskonstruktion. Die verwendete Bauart hat leider aber nichts mit der Originalkonstruktion von einem großen Pistenpräparierer gleich. Hier werden alle Achsen in einem stabilen Träger möglichst nahe an den Radnaben gelagert. Chassis und Laufwerksträger bilden so einen flächengleichen Grundrahmen, der verzugsfrei das gesamte Fahrzeuggewicht schultert.

Das sind die Vorgaben, die Sie auch bei Ihrem Modell mit einplanen sollten. Der allergrößte Vorteil den diese Bauart bietet, ist aber die Verwendung von geringen Wellendurchmessern für die Radachsen.

Währen die Achsen zuletzt in der Grundwanne gelagert, müssten Sie mindestens eine 8-mm-Welle verwenden um einigermaßen verzugsfrei an den Rädern anzukommen. Für die Antriebs- und Leitradwelle sollten Sie mindestens 10-mm-Rundmaterial einbauen, da-

▲ Der obere Schwingenanschlag verhindert ein Schaben der Spurbügel am Laufwerksträger

◀ Überblick auf den kompletten Laufwerksträger des PB 240D-Modells

mit kein „Verziehen“ entsteht. Alles absoluter Irrsinn! Der Laufwerksträger ist eigentlich die verbreiterte Grundwanne. An ihm können Sie nach Bedarf alle benötigten Lagerbuchsen und Führungshülsen ohne Statiksorgen befestigen.

Um wieder zum Modell zurückzukehren, stellt sich die Frage der Materialwahl für dieses wichtige Bauteil? Es gibt die Möglichkeit 1 mm starkes Cu-Blech, zum U-Profil zu kanten. Die zwei gleichen Profile löte ich dann weich zu einem schlanken Rechteckprofil zusammen und erreiche damit eine solide Ausgangsbasis für alle weiteren Durchbrüche, Lagerhülsen und Befestigungen. Die Konstruktion ist zwar schwer, aber sie bietet die Technik des Weichlötens. Wenn Sie ein Aluminiumfan sind, bleibt Ihnen für die Lageraufnahmen nur die Klebeverbindung, oder Sie schweißen dafür eine passende Hülse ein. Daraus resultiert aber die Forderung nach unendlicher Präzision, oder die Beherrschung der Aluschweißkunst. Kupfer ist dagegen geduldig und verzeiht bei den Bohrlöchern sogar grobe Abweichungen. In die bei mir händisch eingebrachten Durchbrüche sind 6-mm-Bundbuchsen eingelötet. Dabei stecke ich in die Buchsen lange Wellen, fixiere die Lager zuerst nur punktuell und korrigiere solange per Augenmaß, bis alle Achsen sauber fluchten.

Wenn Sie ein Anhänger von Getriebemotoren sind, bietet der Laufwerksträger auch eine wunderbare Befestigungsmöglichkeit für die Kraftmaschine. Auch die Endanschläge für die Radschwingen lassen sich aus dünnem Messingvollmaterial leicht per Weichlot fixieren.

Beim Original gibt es zwar meistens nur einen oberen Endanschlag, für das Modell empfiehlt sich aber auch die untere Endposition zu begrenzen. Stark vorgespannte Zugfedern an den Gegenhebeln, können bei einer sehr lose aufgelegten Kette sonst für unerwünschte Kontakte der Laufräder untereinander sorgen.

Jetzt müssen Sie den Träger noch irgendwie an der Grundwanne befestigen. Hier lautet mein oberstes Motto: So wenig und trotzdem so stabil wie möglich! Im Heckbereich verwende ich einzig allein die Antriebsachse als tragende Aufhängung. Dazu aber mehr auf den nächsten Seiten. Die zweite Befestigung befindet sich an der Fahrzeugfront. Wie Sie diesen Träger gestalten ist egal, nur müssen Sie darauf achten, dass er mit dem Laufwerk eine bombenfeste und verzugsfreie Verbindung eingeht. Um noch gleich eines draufzusetzen sollten Sie überlegen, ob diese Verbindung auch lösbar gestaltet sein muss?

Um bei meinem 240er-Pistenbully die Vorderachslager demontieren zu können, muss ich hierzu die Laufwerksträger abschrauben. Deswegen ist zu diesem Zweck auf dem Träger ein massives Messingflachmaterial mit zwei M3-Gewinden aufgelötet. Das Gegenstück bildet ein Messingrohr mit 14 mm Durchmesser, in das eine starke Kupferplatte eingeschlitzt und verlötet ist. Die Konstruktion ist ausreichend für 20 kg Fahrzeuggesamtgewicht. Planen Sie ein noch mächtigeres Teil, müssen Sie großzügiger dimensionieren.

Neues Konzept mit Messingvierkant

Das Verfahren mit dem gelöteten Kupfervierkant ist prima und kostengünstig. Der Haken liegt allerdings in der schlechten Reproduzierbarkeit der Sache und einer aufwändigen Leitradkonstruktion. Als Basis für mein neustes und in Serie zu fertigendes Modell, suchte ich deswegen nach neuen Wegen. Der Laufwerksträger wurde nun komplett aus Standardmessingprofilen gefertigt. Die präzisen Profile sind sehr stabil und bieten eine faszinierende Möglichkeit für die Leitradposition. Das Beste ist aber, dass die Weichlötbarkeit trotzdem erhalten bleibt.

Die Besonderheiten der Leitradachse

Wenn Sie ein vollgefedertes Laufwerk planen, sollte die Leitradachse folgende Funktionen erfüllen:

Beim PB 200DW-Modell revolutionieren 12/12-mm-Messingprofile die Frage der Materialwahl

Verstellbereich der durchgängigen Originalvorderachse ▶

▲ Vorderachsaufnahme und gleichzeitige Kettenspannvorrichtung des RATRAC

Bis zur Einführung der 300er-Kässboher-Reihen musste die Vorderachse per Hand verstellt werden ▶

- Die Kettenvorspannung ist über die Vorderachse einstellbar.
- Um die Kette als geschlossenen Ring aufziehen zu können, muss es eine Möglichkeit geben, das Leitrad entweder als letztes zu montieren, oder es weit nach hinten zu verfahren.
- Das Leitrad sollte unbedingt gefedert sein und kann dadurch auch geringfügig die Kettenlängenspannung übernehmen.

Beim RATRAC verzichtete ich auf die Federung und beschränkte die Funktion auf die ersten zwei Punkte. Dafür sind im Laufwerksträger zwei Hülsen eingelassen, in die zwei M3-Gewindestangen auf Anschlag laufen. Die Vorderradachse ist in einer Sinterbuchse gelagert, die in einen großen Kupferblock eingelötet ist. Die Verstellfunktion wird dadurch erreicht, dass in diesen Kupferklotz Gewinde eingeschnitten sind und damit mit ein paar Umdrehungen an den Gewindestangen, die Position der Vorderradachse eingestellt werden kann. Die eingeschlitzten Gewindestangen können sogar durch die aufgelegte Kette erreicht werden, um die Vorspannung derselben zu verändern. Der Kettenring wird wie folgt aufgezogen:

- Geringes Zurückdrehen des Leitradlagerblocks
- Auflegen des geschlossenen Kettenrings über das Antrieb- und die Laufräder
- Einlegen des Leitrades in die Spurbügel
- Durchstecken der 6mm Silberstahlachse
- Fixieren des Leitrades per Stellring
- Einstellen der Kettenspannung, siehe Seite 59

Beim 240er-Pistenbully wurde diese Funktionen anspruchsvoller umgesetzt:
Da ich damals noch ohne Drehbank auskommen musste, verwendete ich als Lagerhülsen handelsübliche Cu-Rohre. In ein 18/1-mm-Rohr passen zum Beispiel wunderbar 16/8-Kugellager. Diese Hülse mit den zwei Lagern bildet die Ausgangsbasis für die Schwingenlagerung. Um die auftretenden Hebelkräfte abzufangen, braucht es aber unbedingt eine durchgehende Vorderachswelle! Dazu verwendete ich einen 8-mm-Silberrundstahl, den ich auf beiden Seiten auf 6 mm per Miniflex und Feile „abdrehte“. Dieses 6-mm-Stück bildet die Lagerung für ein Stück Messingrohr 8/6 mm, an dem die Radschwinge angelötet ist. Auf der Gegenseite ist

Die komplizierte Vorderachssituation des PB 240D

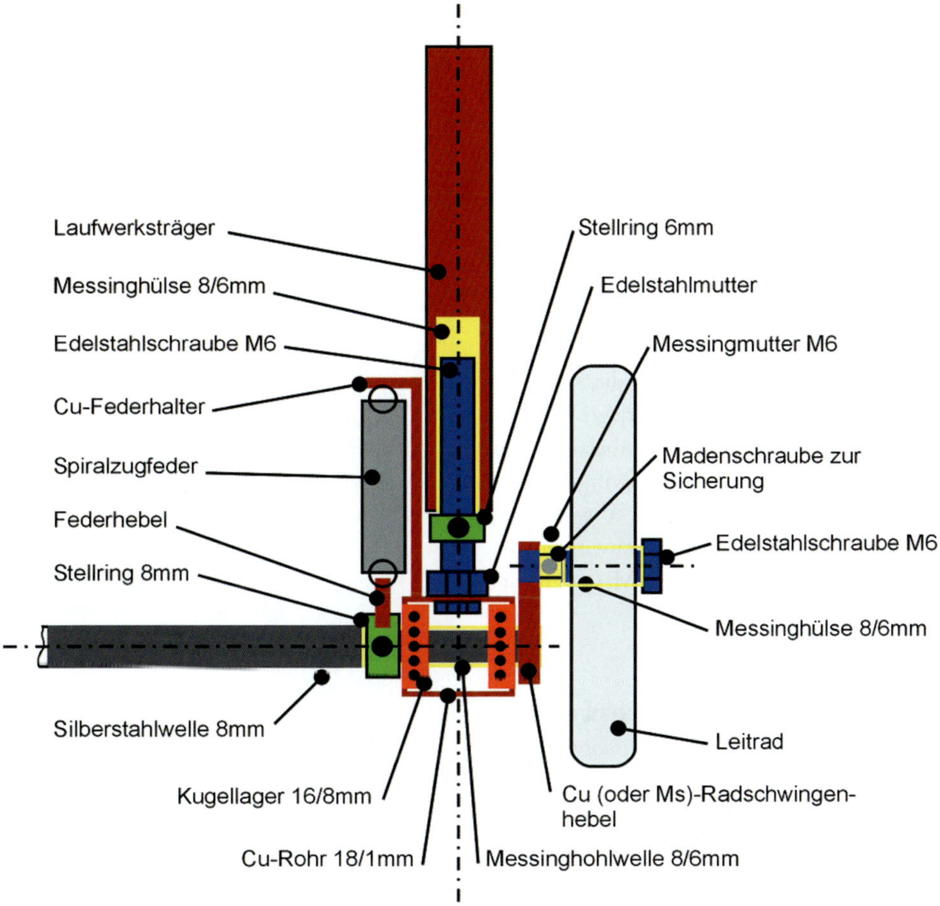

Schnittzeichnung der nicht einfachen, aber sehr bewährten Konstruktion

auf der Ms-Hohlwelle ein 8-mm-Stellring mit einem kleinen Hebel, verstellbar fixiert.

Das Gegenlager der Zugfeder ist an der Kupferhülse angelötet und ist somit unabhängig von der Kettenvorspannung linear beweglich. Letztere wird von einer kurzen, aber sehr kräftigen Spiraldruckfeder auf dem M6-Edelstahl-Gewindestab vorgegeben. Dieses Gewinde lagert ähnlich wie beim RATRAC in einer Hülse.

Jetzt fehlt aber immer noch die Funktion des zuletzt montierten Leitrades. Für den im Voraus geschlossenen Kettenring viel mir als Problemlösung folgende Bauart ein:

- In die Leitradschwinge ist ein M6-Gewinde geschnitten
- In diese Mutter wird eine M6-Edelstahlschraube eingedreht
- Auf dieser Schraube läuft eine Messinghülse 6/8 mm
- Im Leitrad sind zwei 8-mm-Sinterbuchsen eingepresst
- In die M6-Mutter wird nach dem Kettenaufziehen eine M4-Madenschraube zur Schraubensicherung eingedreht

Das Kettenaufziehen gestaltet sich mit dieser Konstruktion weitaus schwieriger als beim RATRAC. Vor allem die vorgespannte Radschwinge verlangt ein präzises Einfummeln der Radschraube. Mit einer kleinen Holzmatritze die zwischen die Räder geklemmt wird, dauert das Kettenaufziehen aber keine zwei Minuten. Dafür muss ich den Kettenring nie öffnen und habe trotzdem eine voll funktionsfähige Leitradfederung. Die vorgestellte Bauart erzeugte während der Entwicklung und Umsetzung viele graue Haare. Vor allem erfordern die zwei eingeklebten Kugellager eine gut überlegte Reihenfolge, was das Löten und Kleben anbelangt. Des Weiteren wirken auf die Radschwinge fürchterliche Hebelkräfte, so dass in Abweichung von den Bildern, beide Leitradschwingen inzwischen schon lange aus 5-mm-Messingflachmaterial angefertigt sind!

Leitradachsen ohne durchgängige Vorderachswelle

Das RATRAC- und das 240er-Kässbohrermodell haben völlig unterschiedliche Leitradkonstruktion, aber trotzdem besitzen sie beide eine durchgängige Vorderachse. Diese starke Stahlwelle ist hier konstruktiv unbedingt notwendig, aber sie blockiert unheimlich Raum für die Hubschwingen des vorderen Geräteträgers. Geht es nicht irgendwie auch ohne solch eine Achse? Der kleine Snow Rabbit zeigte mir auf, wie einfach es funktionieren kann: Während beim 240er beide Schwingen zusammen mit der Vorderachse eine komplette Einheit bilden, hat der kleine „Hase“ ein völlig unabhängiges System bekommen. Die Verstellwege werden in einem Vierkant geführt, so dass ein Verdrehen der Leitradachsstummel unmöglich ist. Der Vierkant steckt dabei in der Radwippe und kann über eine innenliegende Gewindeschraube verstellt werden. Aber jetzt kommt erst der Joker: Da das zweite Rad ziemlich weit hinter dem Leitrad liegt, kann selbiges so weit zurückverstellt werden, dass genügend Luft entsteht um

Leitradachse des Snow Rabbits. Das Aluprofil des Trägers war zum Zeitpunkt noch nicht abgelängt

Detail des Teleskopstücks mit der M3-Gewindestange zur Längenverstellung

Tricktechnische Darstellung des Verstellweges

Was im Kleinen funktioniert, kann auch für ein großes Modell sinnvoll sein. Die Leitradverstellung des PB 200DW

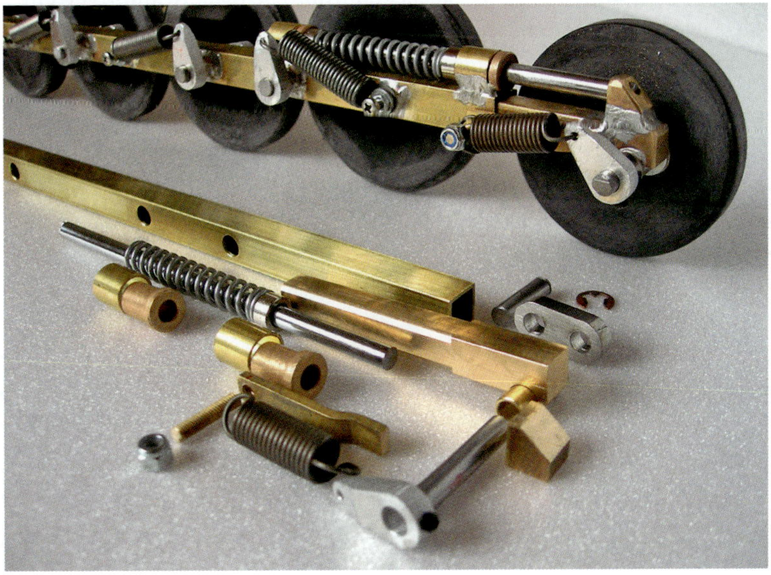

die Ketten abzunehmen. Das Ganze funktioniert so perfekt und leicht, dass eine Laufwerkswartung zum Vergnügen wird. Die Konstruktion des Snow Rabbit ist auf Grund der bescheidenen Fahrzeuggröße sehr filigran gehalten. Trotzdem war sie der beste Beweis, dass man auch bei massiveren Fahrzeugen auf diese Bauart zurückgreifen kann. Der neue PB 200DW bot sich dann im Herbst 2010 zum Austesten an. Wie oben beschrieben wurden dort Standard-Messingprofile verwendet, die sich mit ein wenig „Feilkosmetik" prima teleskopieren lassen. Ein massives Stück 10/10-mm-Vierkant greift in den 12/12-mm-Laufwerksträger, der selbstverständlich nur aus Rohrmaterial ist. An diesem Vierkant sind nun alle weiteren Details wie die Leitradschwinge und deren Federvorspannung verdrehsicher und trotzdem leicht teleskopierbar angebracht. Die ganze Konstruktion ist sehr transparent, funktioniert prächtig und der allergrößte Vorteil kommt jetzt noch zur Sprache:

Elektrische Verstellmöglichkeit der Leitradachse

Das 10/10-mm-Vierkantstück wird durch eine kräftige 10-mm-Druckfeder nach vorne vorgespannt. Diese Kraft bildet zum einen die Kettenvorspannung und zum anderen den Sicherheitspuffer gegenüber eingefahrenem Schnee. Eine 6-mm-Aluwelle (beim Prototyp noch Stahl) übernimmt dabei die axiale Führung. Aber wie bekommt man jetzt bei dieser Konstruktion die Ketten vom Laufwerk? Ganz einfach: An der Aluwelle wird eine Kupferlitze befestigt, die über eine nicht ganz einfach zu bauende Gewindespindelkonstruktion ihren Zug nach hinten erhält. Die fast unbändige Kraft von rund 150 N wird dabei von einem Endschalter gebremst, so dass dazu im Chassis nur noch ein Taster bedient werden muss und das Leitrad fährt gemächlich in die hintere Position. Einziger Haken dabei:

Da die Originalbauart diese Verstellmöglichkeit nur so ähnlich vorsieht, aber leider mit einem deutlich geringeren Weg, muss beim Modell das zweite Laufrad vorher entnommen werden. Danach kann das Leitrad so weit zurück verfahren werden, dass die Kette wie sonst bei allen anderen Modellen, als kompletter Ring abgenommen werden kann. Das ist ein gewaltiger Komfortgewinn und stellt nebenbei ein einzigartiges Funktionsdetail an einer Modellpistenraupe dar!

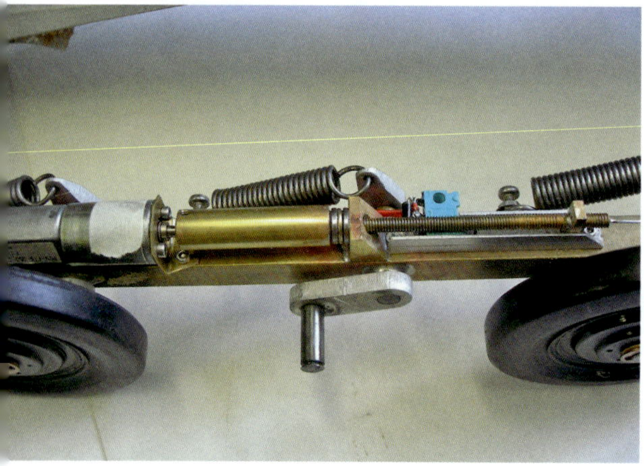

In der rotierenden Messinghülse sitzt hinter dem Drucklager das kraftaufbauende Innengewinde

Später ist nur noch eine elegante Abdeckung und ein kleines Stück Zugseil zu sehen

Aus dem Leben – Pistenanlegen und Filmaufnahmen am „Hinanger Hof"

Es war eine scheußliche Februarwoche, in der ein atlantischer Tiefausläufer den nächsten jagte. Bei Temperaturen um die null Grad regnete es mehr, als dass es schneite. Da es aber selbst im Tal eine solide Altschneedecke hatte, blieb der ganze Niederschlag liegen und im Lauf der Woche wuchs eine beachtliche Neuschneeschicht heran. Nach vier Tagen war das Gruseln vorbei, die Windströmung drehte auf Nord-Ost und die Temperaturen fielen Schritt um Schritt in den Keller. Als dann am Freitagabend schon einige Sterne durch die Wolken blinkten, war es höchste Zeit sämtliche Akkus zu laden und die Raupen durch Akklimatisieren „scharf" zu machen. Ich hatte vor, mein Lieblingsgebiet in der Nähe vom Berghotel „Sonnenklause", im Bereich der Hinanger Viehweiden anzusteuern. Ein Gelände mit einer Kuppe, das auf einem Hektar Fläche alles bietet was die Räupchen gerne haben. Vom 45-Grad-Steilhang, über mäßig geneigte Hänge, bis hin zu relativ flachen Buckelwiesen. Und alles in Hangrichtungen von Nord-Ost, bis maximal Nord-West, so dass die Sonne zwar „Fotolicht" macht, aber bis Ende Februar keinesfalls den Schnee verbrennt. Leider ist das Gelände nur von einer schmalen, steilen Nebenstraße mit einem zehn-minütigen Fußmarsch zu erreichen und wenn es im Hochwinter dumm läuft, muss man auf seine Autoreifen auch noch die Schneeketten montieren. Am Samstagmorgen waren die 16 % Steigung zum Glück aber einigermaßen gestreut, so dass mir noch zusätzliche 30 Minuten Schlittengezerre erspart blieb. Ich hatte nämlich den RATRAC und den 240er-Kässbohrer auf den großen Maxischlitten ge-

Echtes Modellpistenanlegen hoch über Sonthofen

packt und damit reicht schon die Minimalstrecke durchs jungfräuliche Gelände. Der Neuschnee war prächtig, aber mit 40 kg Gepäck wurde jeder Schritt recht mühsam. Durch die feuchte Atlantikluft der vergangenen Tage war der Schnee sehr kompakt, aber in 1.200 Meter Höhe trotzdem noch pulvrig gefallen. Zu Fuß brach ich allerdings bei jedem Schritt bis zum Knie in den Untergrund. Das war aber gar nicht so dramatisch, denn bei minus 12 Grad ist eine kleine Anstrengung nicht verkehrt. Nichts ist nämlich schlimmer, als irgendwo „aus dem Auto heraus" zum Modellsteuern überzugehen. Da sind kalte Finger und Füße sehr sicher vorprogrammiert. Und deswegen bevorzuge ich lieber das Zehn-Minuten-Aufwärmprogramm, bis die Raupen da sind wo sie sein sollen. Oben auf der Kuppe angekommen, ist die Sonne immer noch von den Bergen verdeckt und ich nähere mich durchdacht dem „Spielgelände". Denn jede Schneefläche die jetzt zertrampelt wird, ist unwiederbringlich zerstört! Das Schlittendepot liegt immer ganz oben, wo die Buckelwiesen ins Flache übergehen, denn dort laufen die Filmaufnahmen später eh ins unbrauchbare Gegenlicht. Von dort trete ich lediglich eine einzige schmale Fußspur, im Abstand von rund fünf Metern parallel zu meinem Vorhaben. Heute möchte ich nämlich eine richtige Piste anlegen! Mit allem was an Schildern und Ausstattung dazu gehört. Deswegen hatte ich auch den RATRAC mitgeschleppt, denn der „Stangensetzer" (ab Seite 186) lässt sich nur an seinem Schild befestigen. Außerdem wird der fesche Oldie Teile der Filmdokumentation übernehmen. Aber zuerst heißt es einmal Arbeiten! Denn die kupierten Buckelwiesen wollen trassiert und eingeebnet werden. Das ist immer eine anspruchsvolle Aufgabe, aber der Schnee ist heute prima dafür geeignet. Alles was schräg hängt wird per Tiltfunktion am Schild gerade gerichtet. Wenn es sein muss, wird der Schnee bis zu 30 Zentimeter tief seitlich angeschnitten und am gegenüberliegenden Rand aufgehäuft. Außerdem werden alle Buckelkuppen großzügig gekappt und die anschließenden Täler damit aufgefüllt. Am Ende der Piste liegt der schwierigste Teil, denn dort geht das flach geneigte Gelände

Eine saubere Planierung verlangt viel Feingefühl mit den Arbeitsgeräten

Eine Ausfahrt mit drei Raupen und Zubehör erfordert eine wohl durchdachte Logistik

auch noch in einen Steilhang über. Insgesamt wird die Trasse gut 40 Meter lang und es vergehen fast zwei Stunden konzentrierte Modellarbeit, bis der Stangensetzer zum Einsatz kommt. Dieses verrückte Werkzeug ist der Joker der ganzen Sache. Denn nur damit lassen sich die Pistenmarkierungen ohne Fußspuren anbringen. Das Aufnehmen der Stangen geschieht von einem der beiden Trassenenden und Stück um Stück wird die Piste ergänzt. Das sind dann nicht nur Begrenzungsstangen, sondern auch diverse Schilder und Markierungen. Nur für das Anbringen der Absperrbänder muss ich zu Fuß einmal an den Trassenrand herantreten. Aber da hier mit den Raupen sowieso von unten her die Böschung angehäuft wurde und eh alles zerfahren ist, kann das gut verschmerzt werden. Pro Schild benötigt der RATRAC durchschnittlich drei Minuten Zeit und so braucht es noch mal eine weitere Stunde, bis 20 Stangen im Schnee platziert sind. So langsam muss ich mir um die Akkus Sorgen machen, denn der wichtigste Teil der Mission steht noch aus. Ich will die Pistenfahrt für einen Kurzfilm festhalten und dafür benötige ich unbedingt beide Fahrzeuge gleichzeitig. Das läuft folgendermaßen ab:

Zuerst wird im 240er-Kässbohrer die Kamera im Fahrerhaus montiert und nach deren Einschalten fährt dieser die Trasse komplett von oben nach unten und zurück ab. Das dauert knappe zehn Minuten und ist später die längste Sequenz beim Schnitt. Jetzt folgt die „Verfolgungsfahrt". Da die Fahrenergie und die Zeit nicht unbegrenzt sind, geschieht das diesmal nur von oben nach unten. Der 240er fährt dabei voraus und die Kamera wird beim RATRAC auf der Motorhaube montiert. Für diesen Zweck gibt es extra ein Halteblech und den Rest erledigt gutes Klebeband. Dieser „Verfolgungspart" funktioniert natürlich nur mit zwei separaten Fernsteuerungen und einem gut trainierten Händchen. Unten angekommen, wird die Kamera kurz gestoppt und es kommt zum schwierigsten Teil der Sache. Jetzt fährt der RATRAC mit der montierten Kamera rückwärts vor dem 240er und liefert somit die spektakulärsten Bilder im besten Morgenlicht. Wohlgemerkt, ich steuere immer noch beide Fahrzeuge alleine mit zwei Fernsteuerungen gleichzeitig! Dieser Part verlangt unheimlich viel Übung, denn während das eine Fahrzeug vorwärts fährt, muss die rückwärts vorausfahrende Raupe spiegelbildlich gesteuert werden. Ich gebe zu, diese Fahrt verläuft nicht immer super in der perfekten Spur und die Beobachtung aus der seitlich versetzten Distanz erleichtert die Sache natürlich auch nicht. Wieder oben angekommen, verschwindet der RATRAC mitsamt Kamerahalterung von der Bildfläche und es geht zum finalen Teil der Aufnahmen über. Jetzt fehlen noch die Details und dafür muss ich leider doch noch den Pistenrand zertrampeln. Aber das gibt anschließend auch die besten Einstellungen, wenn sich der große 240er zum Beispiel haarscharf an den Trassenbändern vorbeischiebt. Genauso faszinierend ist die Fahrt über die große Schrägböschung im unteren Teil. Wenn das Fahrzeug aus dem Steilhang plötzlich vor der Kamera auftaucht, ist das ein unbeschreibliches Erlebnis. Dieses Prozedere wiederhole ich an diversen Stellen noch zwei, dreimal, bis letztendlich auch der letzte Akku seinen Geist aufgibt. Was jetzt nicht im „Kasten“ ist, kann auch nicht mehr nachgeholt werden. Zum einen ist der jungfräuliche Schnee stellenweise total zertrampelt und zum anderen kann ich hier oben, hoch über dem Illertal, keinen Akku aufladen. Zudem reicht es jetzt eh, denn die Temperaturen sind trotz Sonne nur unwesentlich gestiegen und das ist vor allem bei den Detailaufnahmen kein Spaß. Denn leider lässt sich die Kamera nur ohne Handschuhe vernünftig bedienen und da bin ich doch irgendwann froh, alles fertig zu haben. Zum Einsammeln der Stangen und Schilder ist jetzt natürlich weder Zeit, noch Akkuenergie vorhanden und so bleibt nur ein weiteres brachiales Zertreten der kunstvoll angelegten Trasse. Das tut mir immer in der Seele weh, aber da für den nächsten Tag schon wieder massive Schneefälle vorausgesagt sind, ist das heute völlig egal. Bis ich die Raupen wieder im Auto habe, sind mittlerweile fast vier Stunden vergangen und meine Füße verlangen trotz bester Winterstiefel nach Zuwendung. Aber bis es soweit ist, muss zuerst alles wieder verräumt, ausgepackt und die Akkus müssen wieder geladen werden. Die Raupen werden mit Druckluft vom groben Schnee befreit und zum Abtauen gestellt. Durch die Routine in der Sache bin ich aber in gut 15 Minuten damit fertig und trocknen können die Modelle auch ohne mich.

5. Antriebskonzepte

Zu diesem Thema kursieren in der Szene sehr unterschiedliche Meinungen über Sinn und Unsinn der verschiedenen Systeme. Zudem stellt sich die Frage, ob der Antrieb vorne oder hinten auf die Kette wirken sollte? Während die meisten militärischen Kettenfahrzeuge auf den Fronttrieb setzen, hat sich im zivilen Bereich der Heckantrieb durchgesetzt. Das war anfangs nicht selbstverständlich und sogar der aller erste Raupenprototyp PB 36.120 von Kässbohrer war mit Fronttrieb konstruiert! Denn nur ein vorderes Sternrad hat den Vorteil, dass die Kette unter dem Laufwerk relativ locker bleibt und die Geländegängigkeit dadurch bei weitem besser ist. Liegt der Antrieb hinten, wird dagegen die Kette unter den Laufrädern stramm gezogen und es entsteht von ganz allein ein „Hobeleffekt“. Für eine Pistenraupe ist diese Eigenschaft gar nicht so verkehrt und das wird wohl der Grund sein, warum sich das bis heute nicht mehr geändert hat. Auf das Modell betrachtet hat sich einzig allein Kyosho von dem Fronttrieb nicht abbringen lassen. Ob das wirklich so gewollt, oder eher der Rationalität geschuldet ist, kann ich nicht beurteilen. Bei einem Eigenbau würde ich aber trotzdem niemals vom Heckantrieb abweichen. Und wer ein originalgetreues Modell bauen will, dem stellt sich diese Frage eh nicht. Deswegen möchte ich jetzt zuerst versuchen alle Motor- und Getriebetypen, mit ihren Vor- und Nachteilen so neutral wie möglich zu kommentieren. Erst danach geht es an die verschiedenen Platzierungsmöglichkeiten und Praxisbeispiele.

Motor- und Getriebetypen

Für die Aufgabe des Antriebs gibt es ein großes Angebot an Motoren und Motörchen, aber es ist wie immer eine Kunst die Spreu vom Weizen zu trennen. Bevor Sie das Angebot und die Preise vergleichen, müssen Sie natürlich die unterschiedlichen Motor- und Getriebetypen sachlich gegenüberstellen!

Standardmotoren...

...sind gewickelte Eisenläufer mit einem hohen Masseanteil im Rotor. Sie bringen eine hohe Drehzahl, bei hoher Stromaufnahme. Es wird in drei- und fünfpolige Typen unterschieden. Letztere haben eine deutlich bessere Laufruhe und niedrigere Drehzahlen als die dreipoligen Kollegen.

Vorteile:

- Günstige Anschaffungskosten

Nachteile:

- Ungleichmäßiges Anlaufverhalten
- Hoher Stromverbrauch
- Großer Platzbedarf für ausreichend Leistung

Glockenankermotoren...

...nach dem System Faulhaber sind Elektromotoren, bei denen die Ankerwicklung als glockenförmiger Körper gewickelt ist. Der Permanentmagnet (Stator) befindet sich innerhalb dieser Glocke. Durch diese besondere Bauform entwickelt der Motor besonders gute lineare Eigenschaften und hohe Laufruhe, weil das Rastmoment entfällt.

Vorteile:

- Ruckfreier, gleichmäßiger Anlauf
- Hoher Wirkungsgrad

Nachteile:

- Erhebliche Anschaffungskosten

Brushless-Motoren...

...sind bürstenlose Gleichstrommotoren, bei denen zur Stromwendung der sonst übliche mechanische Bürstenkommutator durch eine elektronische Schaltung ersetzt wird. Für den Funktionsmodellbau kommen hauptsächlich die drehmomentstarken Außenläufertypen in Betracht.

Vorteile:

- Winzige Baugrößen
- Hohe Leistungswerte bei angenehmen Drehzahlen

Nachteile:

- Ohne speziellen Regler nicht in Betrieb zu nehmen

Stirnradgetriebe...

...sind radial, parallel angeordnete Zahnradpaarungen, bei denen die Kraft immer nur von einem Zahnrad zum nächsten weitergeleitet und vervielfältigt wird.

Vorteile:

- Geringe Baulängen
- Günstige Anschaffungskosten

Nachteile:

- Hoher Verschleiß bei langen Betriebszeiten
- Hohe Drehmomente sind nur mit großen Baudurchmessern zu übertragen

Planetengetriebe...

...sind in axialer Reihe angeordnete Getriebestufen, bei denen die Kraft in jeder Stufe über ein Sonnenrad und drei Planetenzahnräder vervielfältigt wird. Die Planetenträger stützen sich dabei aufeinander ab, so dass auch eine axiale Kraft problemlos abgefangen werden kann.

Vorteile:

- Übertragung von extremen Drehmomenten bei langer Haltbarkeit
- Hoher Wirkungsgrad
- Geringer Durchmesser

Nachteile:

- Große Baulänge
- Erhebliche Anschaffungskosten von Qualitätsprodukten

Zusammenfassung

Wenn Sie noch keine große Modellbauerfahrung haben und ein Einsteigermodell planen, gilt es natürlich Kosten und Nutzen sinnvoll gegenüberzustellen. Für leichte Kunststoffmodelle bis 2 kg halten zwei Standardmotoren mit einer Gesamtleistung von 5 W, in Kombination mit einem Stirnradgetriebe mindestens fünf Winter lang. Vorausgesetzt Sie übertreiben nicht das Gewühle in schwerem Steilgelände. Wenn Sie zusätzlich in ein Planetengetriebe investieren, können Sie dadurch die Leistung und Haltbarkeit deutlich erhöhen. Für mittelschwere Fahrzeuge bis 7 kg empfehle ich eine Gesamtantriebsleistung von 30 W und für schwere Brummer bis 18 kg ist diese Zahl unbedingt auf 100 W zu steigern. Wenn Sie sich vom Modellbauanfänger und vom Standardantrieb deutlich abheben wollen, müssen Sie Ihr Projektbudget für Faulhaber-Antriebe leider beachtlich erhöhen. Dafür erhalten Sie auch echte Qualitätsprodukte. Bei allen Antrieben mit Elektromotoren ist grundsätzlich zu beachten, dass die Motoren im „grünen Drehzahlbereich" laufen. Das bedeutet, dass die eingesetzte elektrische Energie nicht in Wärme, sondern in Drehbewegung umgewandelt werden kann. Das ist dann der Fall, wenn das nachfolgende Getriebe richtig ausgelegt ist und die Motoren nur höchst selten ihren Maximalstrom anfordern. Werden die Motoren im Praxisbetrieb grundsätzlich wärmer als 40 Grad, ist das Getriebe eindeutig zu kurz untersetzt!

Die Zukunft wird demnächst aber der Brushless-Motor übernehmen. Minimale Baugröße, gigantisches Drehmoment, 100 W + X Leistung pro Motor und ein hervorragender Wirkungsgrad sprechen eine deutliche Sprache, die diesem Motortyp für den Funktionsmodellbau immer mehr Beachtung zukommen lassen.

Platzierungsmöglichkeiten

Getriebemotoren hinter dem Sternrad

Ist die einfachste Art, das Thema Antrieb zu lösen und wurde meinerseits beim Umbau des kleinen Dickie verwendet. Es ist die beliebte Möglichkeit, so wie es salopp betrachtet beim Original der Fall ist, den Motor direkt hinter dem Sternrad an den Laufwerksträger zu montieren. Real gesehen ist das große Vorbild an dieser Stelle aber mit einem Hydraulikwandler ausgestattet. Der „wahre" Motor sitzt ganz woanders!

Der Dickie Snow King mit der Antriebssituation „Getriebemotor hinter dem Sternrad"

Für ein Modell mit 7 bis 15 kg benötigen Sie bei dieser Bauweise einen hochwertigen, leistungsfähigen Getriebemotor mit ungefähr 200 bis 250 U/min an der Abtriebswelle.

Vorteile:
- Schnelle und einfache Lösung der Antriebsfrage
- Auch ohne Spezialkenntnisse anzufertigen
- Die Kraft wirkt direkt dort wo sie gebraucht wird.

Nachteile:
- Die Motoren sind den rauen Witterungseinflüssen ausgesetzt.
- Die Stromleitungen lassen sich nur aufwändig wasserdicht anschließen.
- Der Fahrzeugschwerpunkt verrutscht sehr ungünstig nach hinten.
- Die Motoren rauben den Platz für einen originalgetreuen Aufbau des Heckträgerlenkbocks.
- Die Bodenfreiheit wird durch die großen Motoren stark eingeschränkt.
- Der Schneeabfluss wird auf der Ketteninnenseite stark behindert.

Getriebe im Laufwerksträger

Diese Möglichkeit habe ich beim „Möchtegern Pistenbully" und beim Snow Rabbit angewandt. Dabei bilden das Getriebegehäuse und der Laufwerksträger eine Einheit. Sie ist für leichte bis mittelschwere Fahrzeuge eine sehr elegante Möglichkeit, die Motoren aus der Tragwanne zu verbannen. Fast noch dreister wäre es, einen edlen Planetengetriebemotor parallel zum

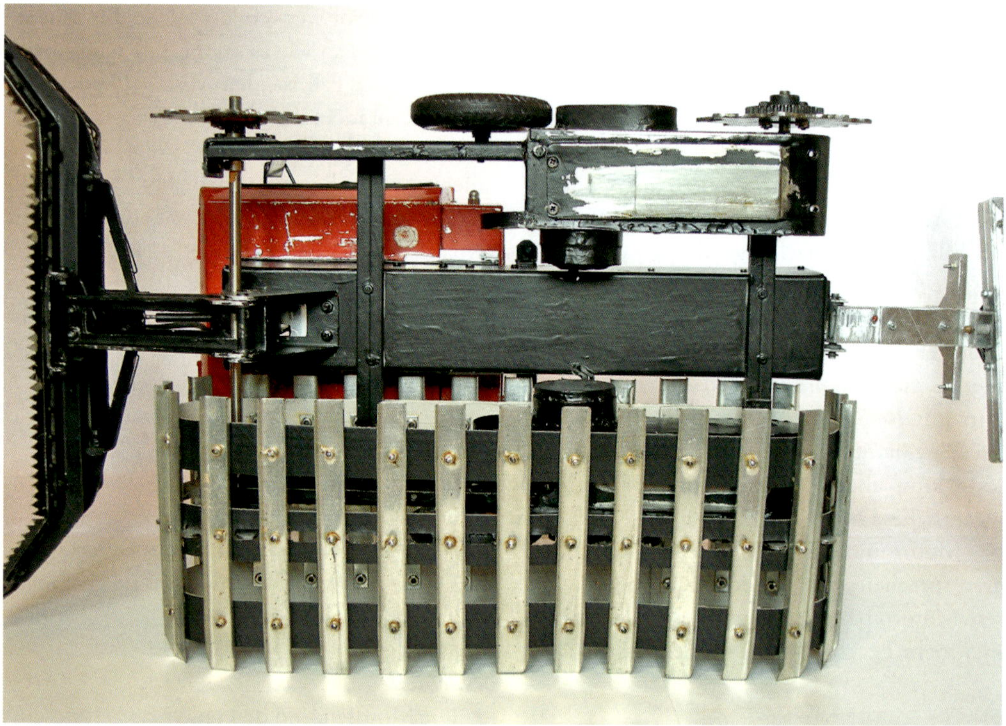

Der Möchtegern-Pistenbully hat das Antriebsgetriebe im Laufwerk

▲ Überblick auf die „Zutaten" für so ein feines Getriebe

◀ Beim Snow Rabbit kam diese Idee bei weitem verfeinerter zum Einsatz

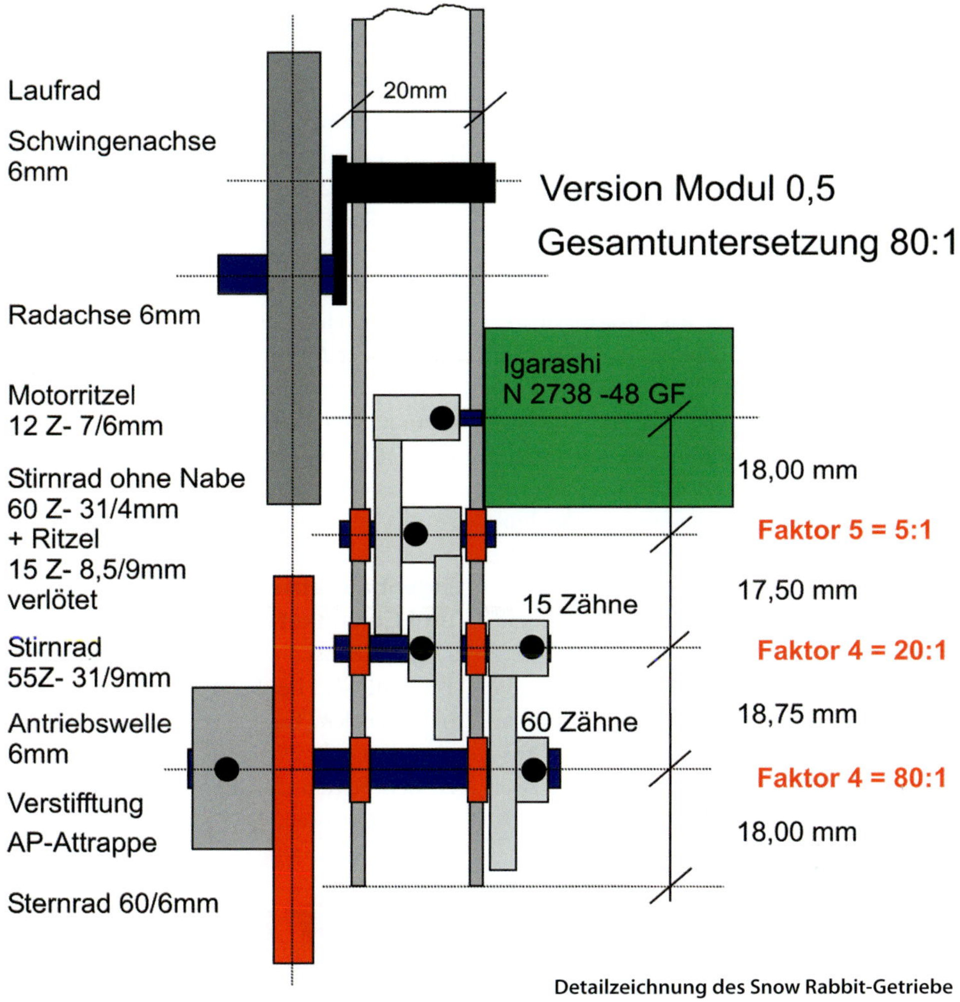

Detailzeichnung des Snow Rabbit-Getriebe

Laufwerk einzubauen. Die 90 Grad Umlenkung könnte mit einem einmoduligen Kegelradsatz geschehen. Diese Bauart würde ebenfalls den Heckbereich von den großen Motoren freihalten und brächte zusätzliche Pluspunkte für die Raumfreiheit zwischen den Ketten.

Ebensfalls ist es möglich, einen Getriebemotor mit Schneckenradübersetzung in das Laufwerk zu intergrieren. Leider stellt die Funktion der nicht zurücklaufenden Antriebswelle ein erhebliches Manko dar. Was für einen Kranantrieb wohl wunderbar erscheint, ist für einen Fahrantrieb absolut sinnlos. Schneckengetriebe können die Kraft nämlich nur in eine Richtung übertragen und diese Tatsache führt nicht gerade zu einem realistischem Modellfahrtbild.

Vorteile:

- Kompakte Bauart
- Sehr tiefliegender Schwerpunkt
- Die Fahrzeugwanne bleibt frei für anderweitige Einbauten

Nachteile:

- Die gekapselten Motoren und Getriebe sind für Wartungsarbeiten schlecht zugänglich.
- Stahlgetriebe sind in dieser Position schwer und immer noch hecklastig. Dadurch verleihen sie dem Modell in steilem Pulverschnee mäßige Fahreigenschaften.

Praxisbeispiel

Beim Snow Rabbit bildet das Ausgangsmaterial für den kompakten Aufbau ein Alurechteckprofil 15/20 mm mit 2 mm Wandstärke in Eloxialqualität. Nachdem Sie die Lagersitze eingebracht haben, beginnt ein vorsichtiges Ausklinken der Ober- und Unterseite. Das ist nötig, da zwei Zahnräder im Inneren des Profils angeordnet sind. Um in dem engen Gehäuse zurechtzukommen, müssen Sie bei der ersten Untersetzungsstufe das Ritzel mit dem Zahnrad verlöten und dessen Nabe abnehmen. Überhaupt gestaltet sich der Einbau des gesamten Innenlebens, als eine lustige Fummelei für den geübten Modellbauer. Zur Montage oder Austausch des 380er-Igarashi-Motors sollten zwei Löcher im ersten großen Zahnrad nicht vergessen werden! Das kleine Energiebündel bietet ausreichend Power, um bis zu 6 kg Gesamtfahrzeuggewicht forsch durch den Schnee zu bewegen. Mit einer Gesamtuntersetzung von 80:1 erreicht das Modell mit dem Veroma-Sternrad schon bei 7,2 V eine perfekte Geschwindigkeit. Da die Stahlzahnräder selbstverständlich nicht für den Betrieb im feuchten Element gedacht sind, müssen Sie nach der groben Metallarbeit noch eine Sonderschicht für eine Kunststoff-, oder Messingblechabdeckung einlegen. Hier heißt es mit jedem Millimeter zu geizen, denn je mehr Spielraum zu den Ketten bleibt, desto unanfälliger ist das Laufwerk gegenüber Schneeverstopfung.

Eigenbaugetriebe mit Stirnrädern und Gelenkkettenantrieb

Das Antriebskonzept des RATRAC und des PB 200DW. Hier positionierte ich die Getriebe unter dem Fahrersitz und dem Dieseltank. Von dort geht es per Gelenkkette nach hinten zu den Kettenschächten mit den beiden Antriebshalbachsen.

Die Zahnräder brauchen jetzt unbedingt noch eine sorgfältige Abdeckung

Ein Getriebeturm des RATRAC von der Seite...

...und von unten gesehen

Maßstäbliche Zeichnung der RATRAC-Antrieb- und Laufwerksituation ▶

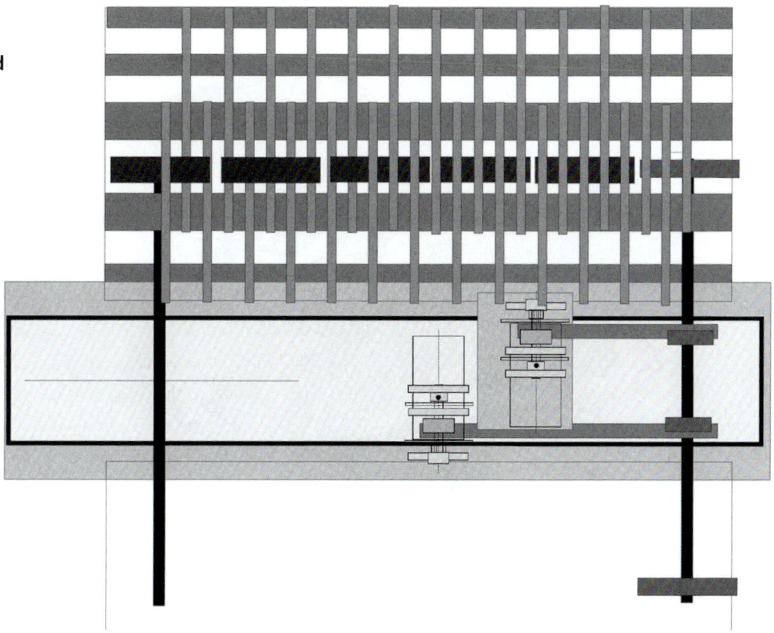

Vorteile:

- Die Getriebe sind sehr leicht zugänglich. Ein Abschmieren kann problemlos vor jeder längeren Ausfahrt erfolgen.
- Der Schwerpunkt ist um einiges nach vorne verlagert und bietet eine gute Steigfähigkeit. Alle Zahnräder liegen absolut im Trockenen.

Nachteile:

- Die Getriebeblöcke und der Kettenantrieb verschlingen in der Fahrzeugwanne sehr viel Platz.
- Die Stahlzahnräder und die Rollenkette erzeugen einen riesigen Krawall, den Soundfetischisten mit weniger haltbaren Kunststoffzahnrädern kompensieren müssten.
- So ein Eigenbaugetriebe verlangt reichlich Präzision beim Achsabstand und den Lagersitzen. Es erfordert viel Geduld, hier ohne Profiwerkzeuge gute Ergebnisse zu erzielen.

Eigenbaugetriebe im Aluprofil und Brushless-Antrieb

„Brushlesspower“ heißt dabei das Zauberwort, dass die Fliegerabteilung schon lange als selbstverständlich für sich in Anspruch nimmt. Die winzigen, hochgezüchteten Drehstrommotoren eigenen sich aber ebenso hervorragend für den Truck- und Kettenfahrzeug-Modellbau – aufgrund der verfügbaren „Flugregler“, in den Anfängen zwar leider nur für richtungsgebundene Antriebe. Aber spätestens seit Einführung der aktuellen Reglergeneration, steht dem ambitionierten Funktionsmodellbauer ein gigantisches Spektrum an Einsatzmöglichkeiten zur Auswahl. Denn kaum ein anderes Kettenfahrzeug bietet ähnlich schmale Maße der „Grundwanne“, in die ein Stirnradgetriebe plus 540er-Motor nur mit trickreichen Kompromissen platziert werden kann.

Da das neue Getriebe gleich in drei baugleichen Raupen zur Anwendung kommen wird, bekam das Attribut „schlicht“ verstärkte Bedeutung. Es sollte ein Antriebssystem mit Baukastencharakter werden. Einfach in der Konstruktion, leicht montierbar, trotzdem zu möglichst vielen Fahrzeugtypen kompatibel und bezahlbar sollte es natürlich auch bleiben. Diese Umstände motivierten mich zu einer schlichten Kombination aus all meinen bisher gebauten Ket-

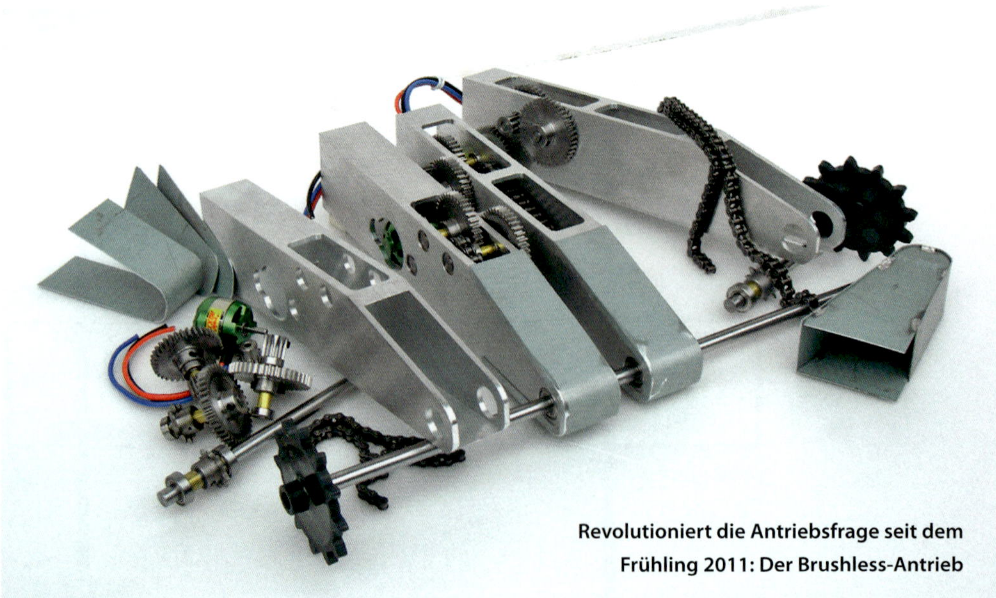

Revolutioniert die Antriebsfrage seit dem Frühling 2011: Der Brushless-Antrieb

Dieses winzige Energiebündel liefert gigantische 110 Watt!

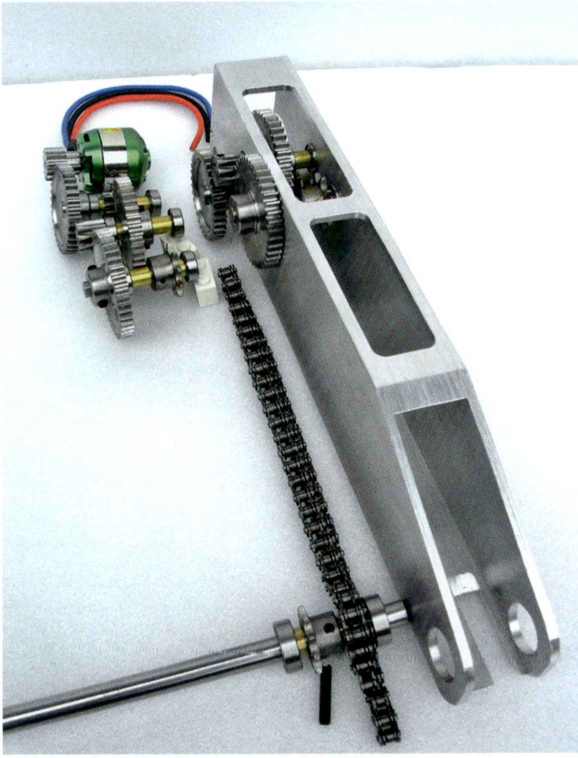

Das ausgefräste Alurechteckprofil übernimmt auch die komplette Hinterachslagerung

Die präzise vorbereiteten Zahnradstufen warten auf den Einbau in das Aluprofil

Die 8-mm-Antriebswelle mit der Querlochbohrung für den Stahlsplint

Zum Schluss wird eine passgenaue Abdeckung aus Zinkblech auf die Profile gesteckt

tenfahrzeug-Antrieben. Als Ergebnis wurde ein Stirnrad- plus Gelenkkettengetriebe in Modulbauweise konstruiert, das unheimlich kompakt die Vorteile aller Einzelkomponenten in einem Block zusammenführt. Die Ausgangsbasis bildet dabei ein rechteckiges 50/30/3 mm starkes Aluminiumprofil. Da dieses Rohr später schräg in der Grundwanne zum Einbau kommt, durfte die dreistufige Zahnradkombination das Gehäuse auch nach oben und unten durchdringen. Zusätzlich läuft ein Achsabstand einer Zahnradpaarung über eine Diagonale, wodurch ein sehr kompaktes Gesamtmaß entstand.

Nach Ende der individuell und sorgsam berechneten Drehzahlreduzierung, leitet wieder ein Gelenkkettenantrieb ein fast unbändiges Drehmoment an die Antriebshalbachse weiter. Wer hier mehr als 85 mm Wanneninnenmaß zur Verfügung hat, kann nochmals raumsparender arbeiten und die Getriebe direkt nebenein-

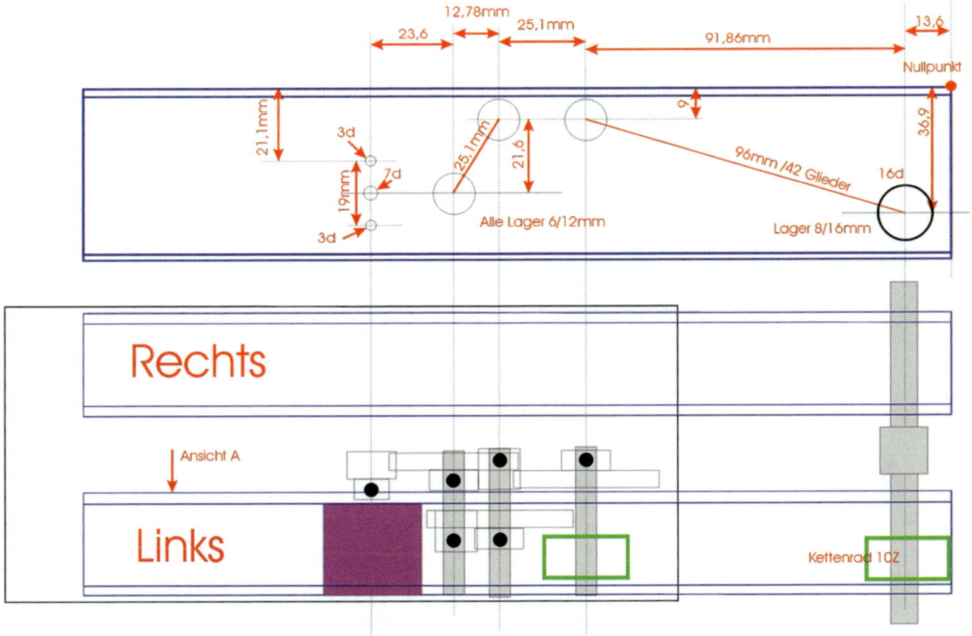

Maßstäbliche Zeichnung des PB 200DW-Getriebes

ander platzieren. Unterhalb dieses Werts müssen die beiden Hälften hintereinander den Raum für sich beanspruchen, was natürlich auch für unterschiedlich lange Stahlgelenkketten sorgt. 79 mm Breite ist bei der vorgestellten Kombination das Minimum. Wer es noch schmäler braucht, müsste in der Länge wiederum Zugaben machen und könnte das Minimalmaß auf 73 mm Breite drücken. Dieser Wert eignet sich sogar fast für 1:12-Fahrzeuge und das Gesamtkonzept stellt in meinen Augen eine kleine Modellbaurevolution dar. Noch nie war es möglich, auf so schmalem Raum, so viel Drehmoment, bei fast unendlicher Haltbarkeit zu übertragen. Die einmoduligen Stahlzahnräder sind zwar in der Standardversion ungehärtet. Aber immer gut gefettet, vertragen die Stachelrädchen erfahrungsgemäß locker 50 km plus x an Laufleistung. Das ist selbst für ein 1:8-Modell ein „Leben lang". Nebenbei bietet das absolut verwindungssteife Alugehäuse aber den größten Joker bei der ganzen Konstruktion. Die Antriebsachsen brauchen nämlich keine weitere aufwändige Lagerung. Bis zu 10 kg Achslast vertragen die 8-mm-Stahlhalbwellen lässig. Dabei bleibt das Fahrzeugheck und der hintere Geräteträger recht scale zu der Originalansicht. Und sollte einmal ein Motor seinen Geist aufgeben, kann das ganze System mit nur acht Schrauben aus der Grundwanne gelöst werden.

Fazit

Das neue Antriebssystem ist genau das richtige für erfahrene Modellbauer, die unkompliziert und schnell zu einem originalgetreuen Ziel kommen wollen. Um die Getriebewellenbohrungen genau zu setzen, ist eine sehr gute Ständerbohrmaschine unerlässlich. Noch besser sind natürlich CNC-gefräste Gehäuserohlinge, die uns Kollege Heiko Muff beisteuerte. Für die Serienfertigung ein gewaltiger Gewinn an Vereinfachung und beeindruckender Präzision.

◀ Der Zwillingsgetriebeblock des PB 240D

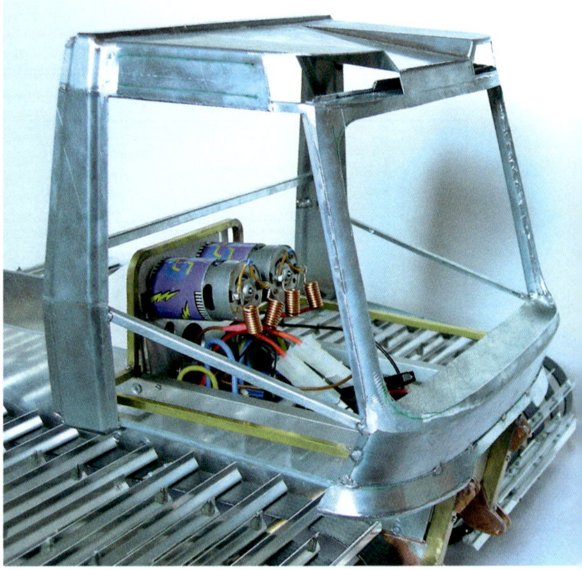

Die Antriebsmotoren gehören genau da hin, wo auch im Original der Dieselmotor zu finden ist...

...anschließend geht es mit zwei langen Wellen zu den Antriebshalbachsen weiter

Getriebeplan des PB 240D

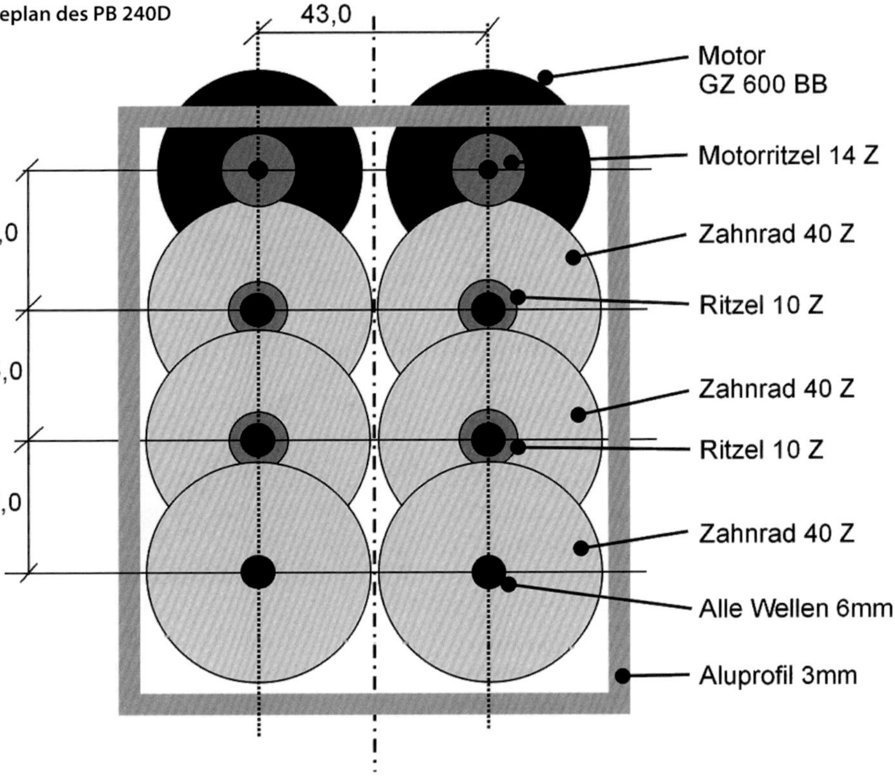

Zwillingsgetriebe mit Stahlstirnrädern

Meine absolute Topplösung für ein perfektes Scale-Modell. Bei meinem 240er-Pistenbully sind die Getriebe ziemlich genau dort positioniert, wo auch im Original der Dieselmotor zu finden ist.

Vorteile:

- Das Stirnradgetriebe ist zur Abschmierung unter dem Fahrerhaus leicht zugänglich.
- Der Fahrzeugschwerpunkt liegt perfekt für allergrößte Steigfähigkeit und beste Arbeitseignung mit Schild und Fräse.
- Durch die abgesenkten Antriebswellen entsteht im hinteren Fahrzeugbereich unendlich viel verwendbarer Raum für weitere Mechanik.
- Soundrealisten schätzen den satten Klang der Stahlzahnräder. Unter Last kommt das erzeugte Getriebegeräusch dem Originalklangbild sogar ohne teure Zusatzelektronik unheimlich nahe. (Bei diesem Aspekt spielt allerdings der verwendete Fahrtregler eine nicht zu verachtende Rolle. So ergeben unterschiedlich hochwertige Regler deutlich hörbare Klangdifferenzen. Mehr dazu ab Seite 261.) Das Vorgelege lässt dem Heckträgerlenkbock originalgetreuen Raum für die Hydraulikanschläge.

Nachteile:

- Die Kegelradumlenkung und die Vorgelege liegen im gekapselten Außenbereich und sind nur über Schmiernippel zu fetten.
- Die zwei konventionellen 540er-Antriebsmotoren bedienen sich genauso wie beim RAT-RAC mit 2×8 A aus dem Gesamtakku. Bei einem Modellgewicht jenseits von 15 kg er-

zeugt diese Tatsache bei anspruchsvoller Gelände- und Schneebeschaffenheit ein rasches Ende nach 20 Minuten Nonstopp-Betrieb.

- Großer Arbeitsaufwand durch die Eigenanfertigung des kompletten Getriebestrangs.

Zwillings-Getriebemotoren in der Fahrzeugmitte

Ein ebenfalls revolutionär zu betrachtendes System, das die Firma Pistenking für seine 1:12-Chassis als Antriebslösung anbietet. Da ich so ein Fahrzeug im Hause habe und ich mir deswegen ein aussagekräftiges Bild davon machen kann, ist die Konstruktion uneingeschränkt weiter zu empfehlen. Nähere Informationen zur verwendeten Flexwelle und dem eigens konstruierten Zwillingsgetriebeblock erhalten Sie bei der Firma Pistenking.

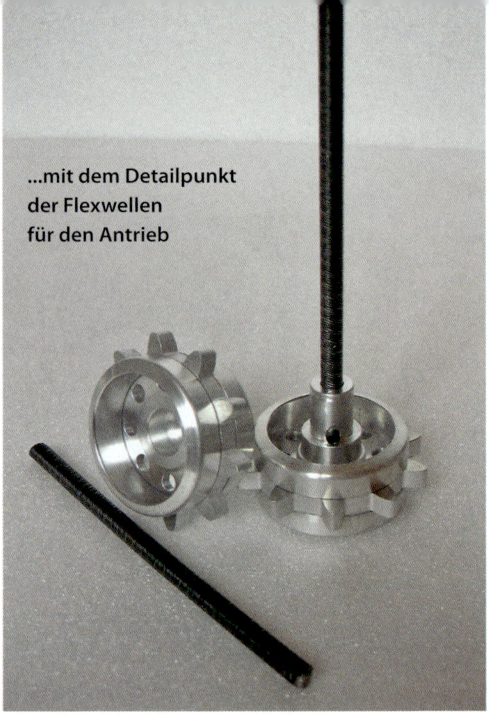
...mit dem Detailpunkt der Flexwellen für den Antrieb

Überblick auf das komplette Pistenking-Chassis...

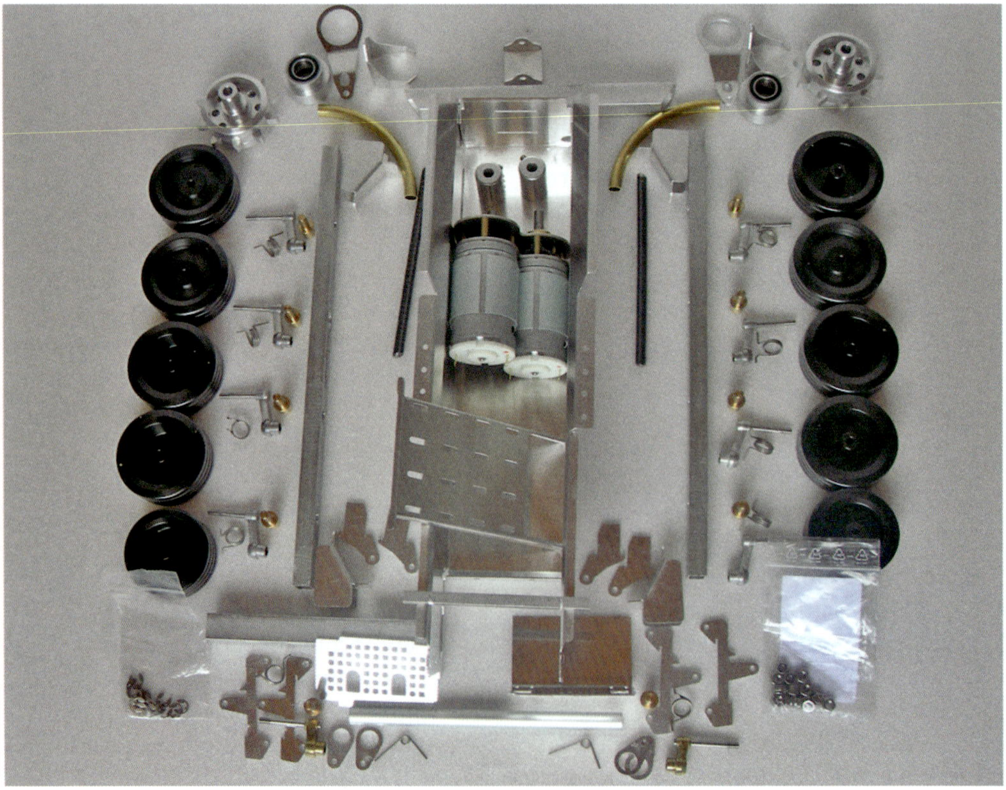

Tipps und Tricks für Eigenbaugetriebe

Obwohl ich wie schon bemerkt, lange keinen Zugriff auf eine Dreh- und Fräsmaschine hatte, bin ich von meinen Getrieben voll überzeugt und baue sie sehr gerne. Mit unendlicher Geduld, ständiger Maßkontrolle und kleinen Tricks, fertige ich einen maßgeschneiderten Antrieb in ungefähr einem Tag. Das Basismaterial für die Gehäuse bildet dabei ein Alurechteckprofil. Die mit viel Sorgfalt eingebrachten Lagersitze machen daraus mit Silberstahlwellen und Stahlzahnrädern im Modul 1, leistungsfähige Getriebestufen für unendliche Kilometer Modell-Pistenraupenbetrieb. Beim Einbohren der Löcher macht Übung den Meister. Ich muss zugeben, dass meine beiden ersten Antriebsaggregate bei weitem nicht perfekt waren. Aber von Modell zu Modell, ließ sich ein deutlicher Fortschritt erkennen. Wer einen modellbaubegeisterten Schlosser kennt, oder die Möglichkeit hat Präzisionsmaschinen zu benützen, der tut sich bei der Anfertigung ohnehin leichter.

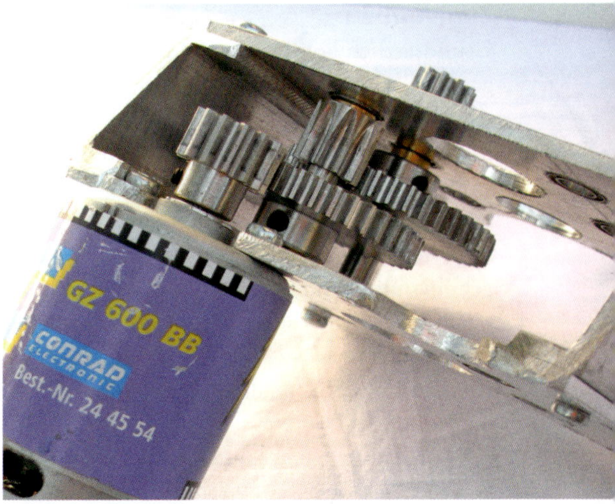

Eine durchdachte Planung und präziser Achsabstand sind Grundvorraussetzungen für ein leistungsfähiges Eigenbaugetriebe

Ein seltener Blick in das Vorgelege des PB 240D

Zahnradkombinationen

Wer meint, er spannt einen möglichst dicken Motor hinter sein Sternrad, der wird schnell merken, dass er auf dem Holzweg ist. Sie brauchen zur Drehmomentsteigerung je nach Motoreingangsdrehzahl, mehr oder weniger Untersetzungsstufen in Ihrem Antriebsstrang. Ich habe die Werte für Drehzahl der Antriebswelle und das benötigte Drehmoment nie berechnet. Da ich schon im Jugendalter mit „Märklin Metall" wintertaugliche Kettenfahrzeuge baute, konnte ich auf einen umfangreichen Erfahrungs- und Materialschatz aus dieser Zeit zurückgreifen. So setzte ich schon immer 540er-Motoren vor zwei große Untersetzungsstufen und erzielte damit recht vernünftige Geschwindigkeiten von 1,5 bis 2 km/h, bei ausreichender Durchzugskraft für 4 kg Fahrzeuggewicht in unbefestigtem Pulverschnee. 78:1 lautete die begehrte Zauberformel, welche meine primitiven Fahrzeuge von damals in Bewegung setzte. Auf dieses antike Wissen aufbauend, konstruierte ich mit Stahlzahnrädern nach vielen Jahren Modellbauabstinenz mein erstes, richtig leistungsfähiges Pistenraupengetriebe.

Zum Aufbau

Grundsätzlich könnte das Zahnradmodul, wegen der damit verbundenen Kraftsteigerung, von Stufe zu Stufe zunehmen. Wenn Sie allerdings Zahnräder „von der Stange" verwenden wollen, müssen Sie aufpassen, dass die Wellenbohrungen mit Ihren Achsen kompatibel sind. Denn ein Zahnrad ist schnell schief aufgebohrt und sorgt anschließend für unschöne Geräusche beim Fahrbetrieb. Genau aus diesem Grund verwende ich vom Motorritzel bis zum Antriebsrad, am allerliebsten Stahlzahnräder im Modul 1!

Für halbschwere Fahrzeuge bis 6 kg können Sie aber locker auf Modul 0,5 zurückgreifen. Das hat allerdings den Haken, dass Sie die Wellenbohrungen noch sorgfältiger einbringen müssen, wie für die einmoduligen Kollegen. Der Vorteil ist dagegen das bei weitem geringere Gewicht und die in etwa halb so großen Abmessungen des fertigen Getriebeblocks im Vergleich zu Modul 1.

Bei der Konstruktion müssen Sie unbedingt darauf achten, dass die Gesamtzähnezahl jeder Stufe unbedingt zunimmt, oder zumindest gleich bleibt. Sonst gehen sich nämlich Wellen und Zahnräder im Weg um.

Hinterachskonstruktion

Durch die große Distanz vom Laufwerksträger zur Fahrzeugwanne, benötigen Sie eine besondere Konstruktion der Hinterachse. Entweder entlasten Sie die Antriebsachse mit einer zweiten, stabilen Befestigung zwischen Laufwerksträger und Wanne, oder Sie benützen die Hinterachse für diese Aufgabe. Erstere Methode hat aber den gewaltigen Haken, dass das geringste Verwinden der beiden Tragwerke, bei der Antriebsachsenlagerung für zusätzliche Reibung sorgt. Ein Kugellager läuft nämlich nur dann leicht, wenn es nicht unter Spannung steht! Deswegen benütze ich die Antriebsachse für beide Aufgaben:

- Gesamtabstützung des Fahrzeughecks
- Kraftübertragung vom Getriebe zu den Sternrädern

Die Bauart belastet zwar die Kugellager auch recht munter, aber nur mit einer radialen Kraft und für die sind sie gebaut. Ganz wichtig ist dabei die mittige Verbindung der beiden Halbachsen! Hierfür können Sie eine einfache Sinterbuchse, oder natürlich besser, zwei Kugellager verwenden. Mit beiden Methoden werden die Hebelkräfte der Laufwerke prima abgefangen und alles bleibt wunderbar leichtläufig.

Achsaufhängung

Jetzt müssen Sie die Hinterachse nur noch irgendwie an der Grundwanne befestigen. Gleich vorneweg, diese Position ist höchst entscheidend, was Erfolg oder Bastelfrust angeht! Wenn Ihnen an dieser wichtigen Stelle die Halterungen ausbrechen, ist ein Fahrzeugstillstand im Gelände unvermeidbar. Sollten Sie bei diesem Bauabschnitt Bauchschmerzen verspüren, dann planen Sie Ihren Antrieb besser mit Getriebemotoren hinter den Sternrädern! Ich kann Ihren aber zwei bewährte, unterschiedlich aufwändige Methoden aufzeigen, die bis heute störungsfrei funktionieren.

Die Schachtlösung

Die RATRAC-Hinterachsaufhängung gestaltet sich wie zwei Schächte in der ansonsten geschlossenen Grundwanne. Alle vier Schachtwangen sind aus 2-mm-Alublech und wurden schrittweise montiert. Oberstes Ziel muss auch bei dieser einfachen Variante, die perfekte Flucht beider Halbachsen sein.

Das Ganze ist immer ein vorsichtiges Annähern an den endgültigen Achsdurchmesser. Was soviel bedeutet, dass ich die Lagersitze zuerst lediglich mit vier Millimeter einbohre. Sollten diese Durchdringungen nicht ganz perfekt geraten sein, können Sie jetzt immer noch mit der Rundfeile korrigieren. Wenn Sie anschließend

Einer von den zwei Gelenkkettenschächten am Heck des RATRAC. Ein wichtiger Detailpunkt ist die Verbindungsmuffe beider Halbachsen

eine genügend lange Welle durch alle vier Bleche schieben können, haben Sie das Minimalziel erreicht. Mit Geduld und Spucke, müssen Sie die kleinen Löcher jetzt aufweiten, bis die Kugel- oder Sinterlager für eine 8-mm-Welle genauso gut passen. Das Ganze ist ein unendliches Geduldsspiel, bei dem Sie sich genauso wie bei den Hauptgetrieben viel, viel Zeit nehmen sollten!

Ziel muss es sein, dass die Halbwellen vor deren Teilung, ohne Widerstand durch alle vier Schachtlager zu schieben sind. Erst dann werden die Wellen getrennt und nach dem schon beschriebenen Verfahren mittig gelagert.

Die Winkelhalterung

Beim Pistenbully war es oberstes Ziel, das Modell so originalgetreu wie möglich zu konstruieren. Vor allem störten mich die, beim RATRAC tief unter der Fahrzeugwanne hängenden Antriebsschächte. Deswegen konstruierte ich Kupferwinkel mit einer weich angelöteten Rohrverbindung bis zum Laufwerksträger. Es kam hier wieder handelsübliches 18er-Cu-Rohr zum Einsatz, dass normalerweise in der Haustechnik und beim Modell schon an der Vorder-

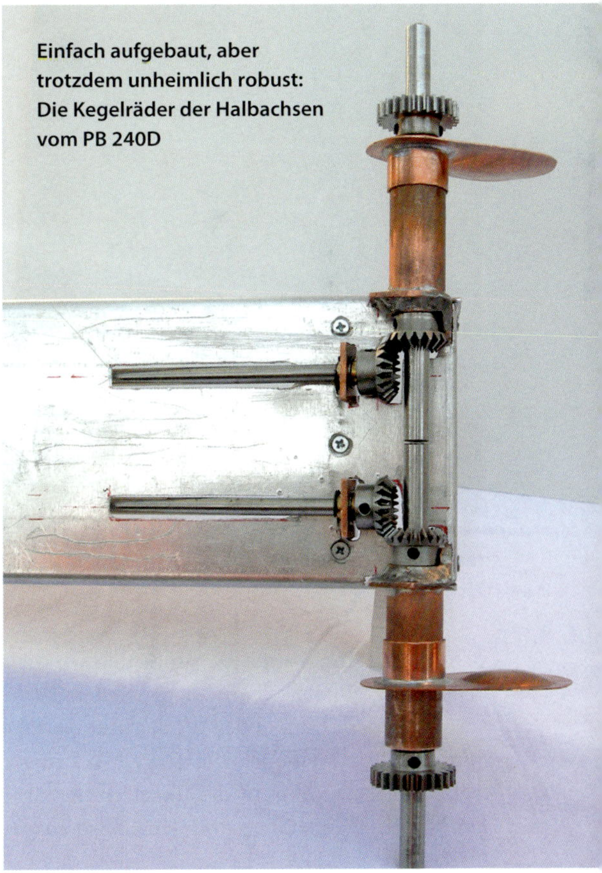

Einfach aufgebaut, aber trotzdem unheimlich robust: Die Kegelräder der Halbachsen vom PB 240D

Die Winkelhalterung aus 2-mm-Kupferblech für die rechte Halbachse vom PB 240D

Die kugelgelagerte Verbindungsmuffe verhindert effektiv ein Verwinden der Halbachsen

achse verwendet wurde. Die große und wirklich nicht ganz einfache Kunst liegt wieder darin, dass nach dem Einbau der Winkel alles perfekt fluchtet. Dazu habe ich die Tragwinkel zuerst befestigt, dann gebohrt, das ungetrennte Kupferrohr durchgeschoben und winkeltreu ausgerichtet. Jetzt werden alle drei Teile sorgfältigst mit der Flamme verlötet und anschließend per Minischleifgerät ausgeklinkt. Die Konstruktion ist bei weitem stabiler als die Schachtlösung und schafft viel freien Raum im und unter dem Fahrzeugheck.

Seitenansicht Pistenbully-Getriebe

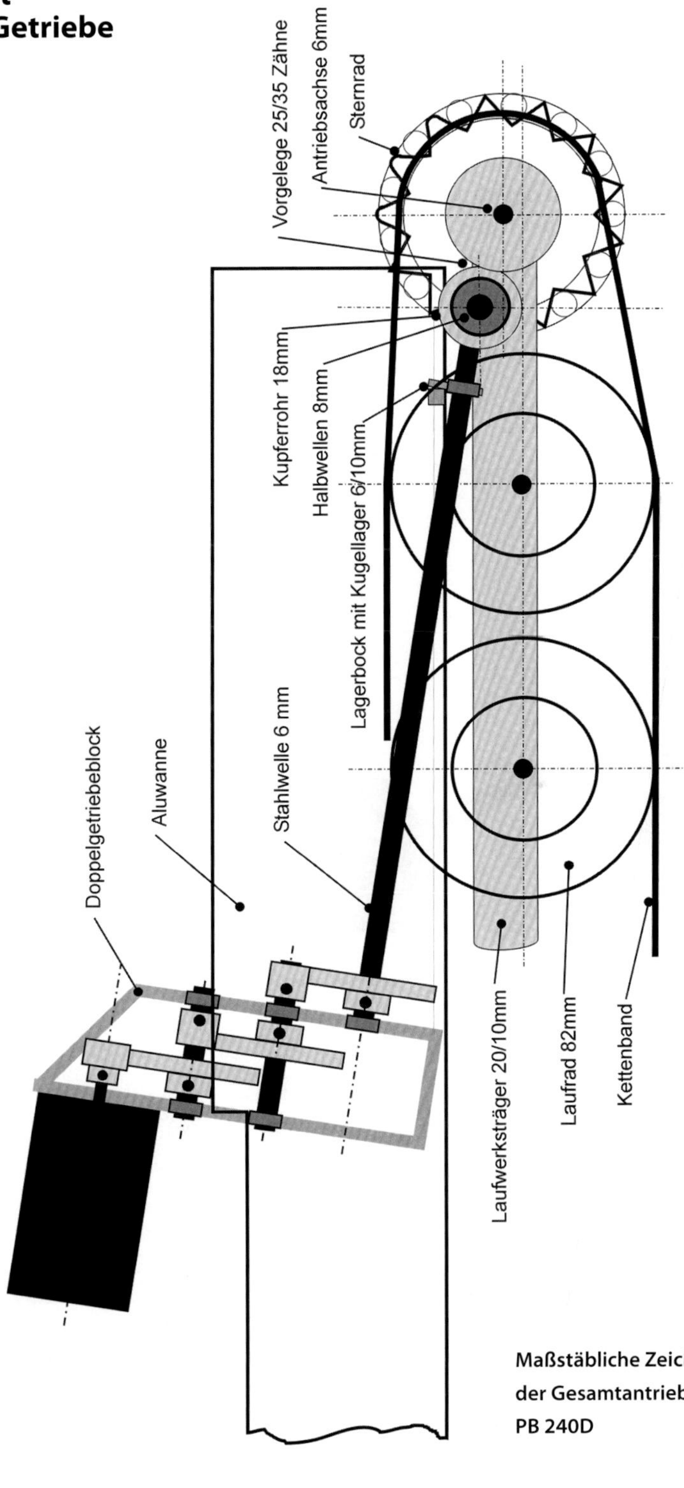

Maßstäbliche Zeichnung der Gesamtantriebssituation des PB 240D

Der Umbau des alten Graupner-Getriebes

Der dreistufige Aufbau gestaltet sich mit den 380er-Motoren sehr kompakt und übersichtlich. Zwei gegengleiche Aluplatten und ein Mittelstück sind recht robust mit zwei Alugussteilen als Grundsegmente zum Ganzen verschraubt. Alle Getriebewellen sind natürlich in der Mitte getrennt und lassen so unterschiedliche Kettendrehzahlen zu. Außerdem sind die Motorenaufnahmen als große Langlöcher mit einer Klemmkonstruktion ausgeführt, so dass an dieser Stelle später große Flexibilität möglich ist. Als besonderes Zuckerl hat der „Zahnradverbau" eine Wahlmöglichkeit der letzten Untersetzungsstufe und genau hier liegt die eigentliche Crux dieser Geschichte begraben. Während die eine Möglichkeit eine gerade noch akzeptable Fahrzeuggeschwindigkeit ermöglicht, arrangiert die andere Kombination den Umbau zur „Rennraupe". Leider leidet unter diesem Geschwindigkeitsrausch zum einen das Antriebsdrehmoment und zum anderen ist dieses „wilde Umhergedüse" weitab von jeglicher Realität. Unter dem Strich ein gnadenloser Unfug in die falsche Richtung. Denn weniger Untersetzung wäre beim ganzen Getriebeaufbau eigentlich mehr, denn fein dosierter Antriebsschub ist bei Arbeiten mit dem Räumschild bei weitem mehr von Nöten.

◀ Die erste Getriebestufe bietet das Potenzial zum Umbau

Wie erreicht man das?

Ein Umbau in die „langsame" Richtung ist gar nicht so schwer und verlangt weder einen großen Maschinenpark, noch extravagante Modellbaufähigkeiten. Den besten Ansatz für das gewünschte Ziel bietet die erste Getriebestufe

Das alte Graupner-Getriebe im Überblick

hinter dem Motor. Leider ist der alte Aufbau komplett in Modul 0,75 gehalten. Was für die Zahnradkombination an der Abtriebswelle durchaus sinnvoll ist, bietet diese Überdimensionierung eine einfache Möglichkeit an der ersten Untersetzungsstufe Drehzahl gut zu machen. Denn ein Austausch von diesem ersten großen Zahnrad gegen einen umfangstarken Kollegen in Modul 0,5, wirkt sich sehr deutlich auf die zwei weiteren Stufen und letztendlich auf die Fahrzeuggeschwindigkeit aus.

Im konkreten Fall heißt das: Die Motorritzel/Zahnradkombination 13/65-Modul 0,75 wird gegen ein Ritzel mit 12 und ein Zahnrad mit 100 Zähnen in Modul 0,5 getauscht. Die Maße sind nahezu identisch und die schon erwähnte Langloch-Motoraufnahme erleichtert die Motormontage zusätzlich. Da die Welle des „alten" Zahnrads verpresst ist, würde ich sie in diesem Zug gegen eine neue austauschen. Das ist kaum Mehraufwand und die Originalversion wird dabei erhalten und kann für die Nachwelt konserviert werden. Leider findet man das 100-Zähne-Zahnrad nicht im Conrad-Sortiment und muss deswegen ein bisschen im Internet recherchieren. Alternativ dazu bietet die Firma Pistenking sogar ein komplettes Umbaukit nach diesen Vorgaben an.

Freunde des „Low-Budget-Modellbau" finden ein 100-Zähne-Rad zudem in so manch alten HP-Drucker der 600er-Baureihe. Mit einer verpressten und auf der Welle verlöteten 4-mm-Sinterbuchse, ist die Kombination mit einem 18-zähnigem Messingritzel zur Drehmomentsteigerung zwar nicht ganz so perfekt, aber dafür um so billiger!

In Zahlen ausgedrückt:

Originaluntersetzung „normal":
1. Stufe 13/65 = Faktor 5
2. Stufe 14/32 = Faktor 2,28
3. Stufe 14/36 = Faktor 2,57
Gesamtuntersetzung: 29,3:1

Nach dem Umbau:
1. Stufe 12/100 = Faktor 8,33
2. und 3. Stufe gleich
Gesamtuntersetzung: 48,8:1

Mit 18-zähnigem Motorritzel, Rest gleich:
Gesamtuntersetzung: 32,6:1

Der Umbau des aktuellen Kyosho-Antriebs

Der Blizzard-SR ab Baujahr 2011 besitzt ein kompakt konstruiertes Doppelgetriebe mit zwei separaten E-Motoren der 370er-Klasse. Mit einer Gesamtuntersetzung von i = 26,57, bedient das Getriebe perfekt die klassische Kyosho-Kundschaft im Alter von 8 bis 14 Jahren. Man kann wirklich sagen, der Bully ist flott unterwegs. Für den Scale-Liebhaber aber doch etwas zu flott, denn originalgetreue Fahr- und Schubmanöver sind dadurch kaum möglich.

Größere, drehmomentstärkere Motoren im neuen Blizzard

Objektiv betrachtet muss gesagt werden, dass sich Kyosho bei der Motorenauswahl leider ein bisschen vergriffen hat. Die in der Werbung angepriesenen 380er-Typen wären nämlich bei weitem geeigneter, als die winzigen Stromfresser welche standardmäßig verbaut wurden! Da die Basisversion aber lediglich 1.600 g fahrbereite Masse auf die Waage bringt, ist der wortwörtlich „heiße Rennantrieb" gerade noch im orange-grünen Bereich anzusiedeln. Wer allerdings das Fahrzeug tatsächlich im echten Schnee benutzen möchte, womöglich im Steilhang am Rand der Traktionsgrenzen, sollte mit dieser Motorisierung immer eine schnuppernde Nase an den Reglern haben. Denn zweistellig gemessene Ampere-Durchgänge lassen von der Elektronik keine allzu lange Lebensdauer erwarten. Für dieses Problem gibt es aber eine einfache Änderungsmöglichkeit:

Zum einen bietet der 5-polige Igarashi-Typ (N 2738-51) aus dem Conrad-Sortiment einfachste Abhilfe für wenig Geld. Mit der etwas größeren „Silberbüchse" wird aus dem Rennbully ein brauchbares Arbeitstier, dass jetzt sogar einigermaßen feinfühlig auf die Steuerbefehle reagiert. Zum anderen bietet Kyosho seit 2012 ein Tuningritzel mit 13 Zähnen (Modul 48dp) an. Mit beiden Änderungen ist die Geschwindigkeit dem Maßstab nun angemessen und auch das anstehende Drehmoment ist den zu erwartenden Kräften locker gewachsen. Bis auf das Abkröpfen des Servogestänges zum Frontträger gestaltet sich der Umbau recht simpel. Lediglich die Adaption des Motorritzels mit seiner 3,2-mm-Bohrung und der Mangel an vier M2,5-mm-Schräubchen könnte den Umbau ins Stocken bringen.

Ansonsten ist das weiterführende Doppelgetriebe recht vernünftig konstruiert und der Rundlauf der Zahnräder ist synonym zum Preisniveau zu bewerten. Die Zahnrädchen verlangen auf Grund der mangelnden Kugellagerung natürlich immer wieder nach ein bisschen Fett auf den fixen Stehbolzen.

Kapselung der Primärkette beim Kyosho-Blizzard

Ein weiteres, leider immer noch nicht abgestelltes Defizit, ist die kleine Primärkette, welche die Antriebskraft vom Getriebeblock zum frontseitigen Sternrad weiterleitet. Wer mit seiner Raupe immer in gutem Naturschnee unterwegs ist, hat an dieser Position keine Probleme zu befürchten. Alle Freunde von Messekunstschnee, oder gar Sägemehl, werden mit dieser Bauart aber schnell Schiffbruch erleiden. Das kleine Kettchen setzt sich gerne zu, so dass ein geräuschvolles Kettenüberspringen den Fahrspaß trübt. Abhilfe schafft hier nur ein komplettes Kapseln.

Leider geht es neben dem Sternrad sehr eng unter den Ketten zu, so dass unbedingt mit sehr dünnem Material gearbeitet werden muss. Mein Werkstofffavorit ist für solche Sachen ganz dünnes Messingblech mit 0,3 mm Dicke, dass sich leicht zuschneiden und hervorragend löten lässt. Leider geht für das kleine Kettchen, durch das Kapseln die Spannmöglichkeit verloren. Denn ein sauberes Anpassen des Kettenkastens an die An- und Abtriebswelle,

Mit einem komplett gekapseltem Primärkettenantrieb kann kein Schmutz mehr eingefahren werden

Blick in das Innenleben auf die kleine Kette

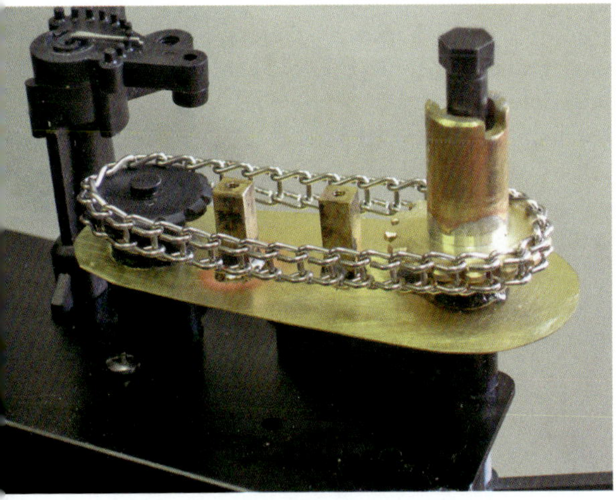

Verschraubte Alukettenstege verlangen einen kleineren Kettenkasten, der nur mit einem kleineren Frontkettenrad realisiert werden kann

Werdegang eines neuen, kugelgelagerten Antriebsrads aus Messing

schließt ein Verstellen der letzteren aus. Das ist aber nicht weiter schlimm, denn da jetzt kein Schmutz mehr zwischen die filigranen Glieder kommen kann, funktioniert das System auch mit einer leicht durchhängenden Kette. Wer seinem Blizzard auch noch edle Aluketten spendieren möchte und zusätzlich einen Kettenkasten braucht, muss bei weitem mehr Aufwand betreiben! Denn jegliche Eigenbaukette wird sich mit einem noch so kleinen Kettenkasten beißen. Da hilft nur eine komplette Neuanfertigung des ganzen Primärantriebs mit einem kleineren Sternrad. Das ist zugegeben eine ganz nette Action, im Nebeneffekt lassen sich dabei aber sogar zusätzliche Kugellager einbauen. Einziger Nachteil:

Die gewonnene Drehzahlreduzierung durch die umgeänderten Motoren, wird durch das Abändern der letzten Getriebeuntersetzung ein klein bisschen abgemindert. Von den standardmäßigen 12/18-Zähnen, geht es nach dem Umbau von 12 auf 16 Zähne. Das verändert die Gesamtuntersetzung aber lediglich von i = 32,7 (mit 13-Zäheneritzel) auf i = 29,0 und ist mit der oben beschriebenen Motor- und Tuning-Änderung gut zu verschmerzen. (Standard-i = 26,57)

6. Das Fahrerhaus

Jetzt haben Sie Ketten, ein Laufwerk, hoffentlich die richtigen Motoren dazu, was fehlt ist ein schneedichter Verschluss Ihrer Fahrzeugwanne. Dieser „Verschluss", auch Fahrerhaus genannt, stellt so manchen Modellbauer vor fast unlösbare Probleme. Wenn Sie Ihre Ansprüche aber etwas zügeln, will ich Ihnen zeigen, dass es gar nicht so schwierig ist, etwas vorzeigbares auf die Beine zu stellen.

Ich kann Ihnen zu diesem Bauabschnitt einige selbst erprobte Methoden vorstellen. Des Weiteren werden von Modellbauern gerne Mischbauweisen mit Holz verwendet, mit denen ich aber selbst keine Erfahrungen gemacht habe. (Mehr dazu unter www.snow-groomer.de)

Bevor Sie allerdings mit irgend einem Material drauf los schnippeln, sollten Sie sich im Klaren sein, was Ihr Fahrerhaus alles „können" soll. An Funktionen bieten sich unter anderem an:

- Uneingeschränkte Wetterfestigkeit
- Zu öffnende Türen
- Realistische und transparente Fensterflächen
- Originalgetreu kipp-, oder zumindest abnehmbar
- Detailgetreue Zusatzausstattung, zum Beispiel Spiegelhalterungen, Außen-, Innenbeleuchtung, Blinker, usw.
- Originalgetreue Inneneinrichtung
- Funktionsdetails, zum Beispiel Rundumkennleuchte, Scheibenwischer.
- Originalgetreue Beschriftung, Aufkleber und Logos

Da ließe sich noch mehr aufzählen, aber schon diese Punkte verlangen bei der Planung ein solides Fundament. Ein vergessenes Kabel, das beschränkte Raumangebot für die mechanischen Zusatzantriebe und sonstige Einbauten, machen es oft richtig schwer alle oben aufgeführten Möglichkeiten unter einen Hut zu bringen. So würde es den Rahmen von diesen Seiten sprengen, auf jede Eventualität einzugehen. Ich möchte Sie aber in diesem Kapitel ein wenig für Grundlegendes sensibilisieren, damit Sie Ihrem Traummodell zumindest optisch sehr nahe kommen.

Ein Fahrerhaus aus Kunststoffplatten

Das Ist die einfachste Möglichkeit, schnell an ein hübsches Outfit für Ihr Modell zu kommen. Mit Polystyrolplatten habe ich beispielsweise sehr gute Erfahrungen gemacht. Mit diesem Material, dass bestimmt jeder von den legendären „Revell-Bausätzen" her kennt, können Sie fast alle Formen herstellen. Ein scharfes Messer, eine plane Unterlage, passender Kleber, eine Portion Sorgfalt und viel Geduld, sind Voraussetzung für ein gutes Gelingen. Schaut man sich die Anforderungsliste durch, so lassen sich mit

Mit Polystyrol kann problemlos am Küchentisch gearbeitet werden

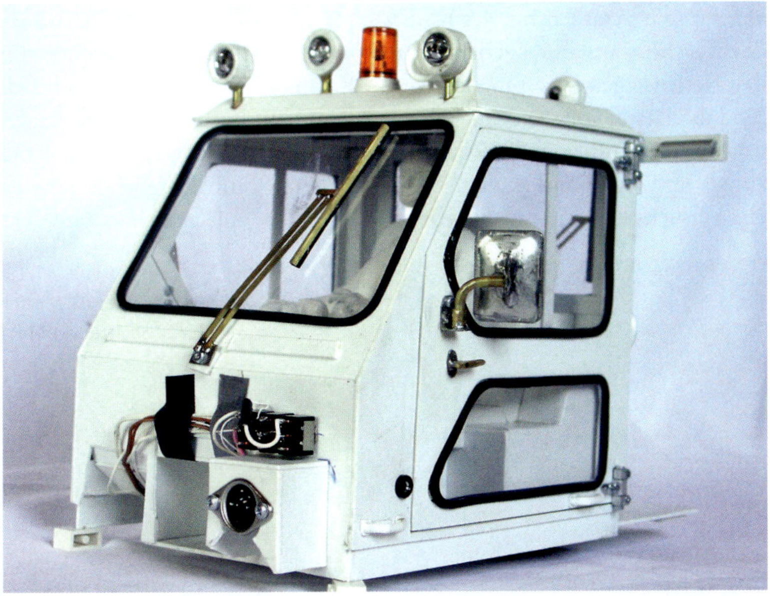

Eine zu öffnende Tür verlangt nach soliden Versteifungen in der A Säule

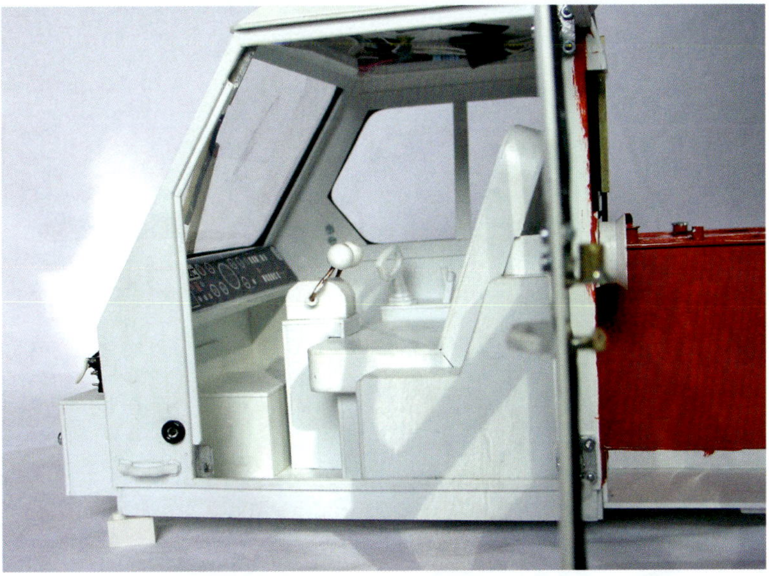

Polystyrol schon sehr viele Punkte lösen. Obwohl der Kunststoff eigentlich nicht verklebt, sondern verschweißt wird, werden Sie bei beim Anbringen von Details aus anderen Materialien auf erstere Möglichkeit zurückgreifen müssen. Vieles lässt sich aber durch Schrauben verbinden und mit einem dünnen Blechstreifen von innen verstärkt, wird meistens auch ausreichend Stabilität erzielt. Kunststoff hat vor allem den Vorteil, dass er relativ leicht ist. Wenn Sie ein 1:8-Modell unter 12 kg bringen wollen, drängt sich ein komplettes Plastikfahrerhaus geradezu auf. Für die Verarbeitung des Kunststoffes gilt das Gleiche, was schon bei der Herstellung von den Kettenstegen angesprochen wurde. Ergänzend dazu kann Polystyrol auch warm verformt werden. Diese Arbeitstechnik verlangt allerdings einiges an Übung und es sollte Sie um zahlreiche Versuchszuschnitte nicht reuen.

Ein Fahrerhaus aus Tiefziehteilen

Tiefziehen ist eine altbekannte Modellbauerkunst, mit der sich beliebig viele gleiche Teile herstellen lassen. Leider ist die Technik relativ aufwändig, so dass man für die Anfertigung von lediglich einem Fahrerhaus kaum darauf zurückgreifen wird. Tiefziehen in Serie funkti-

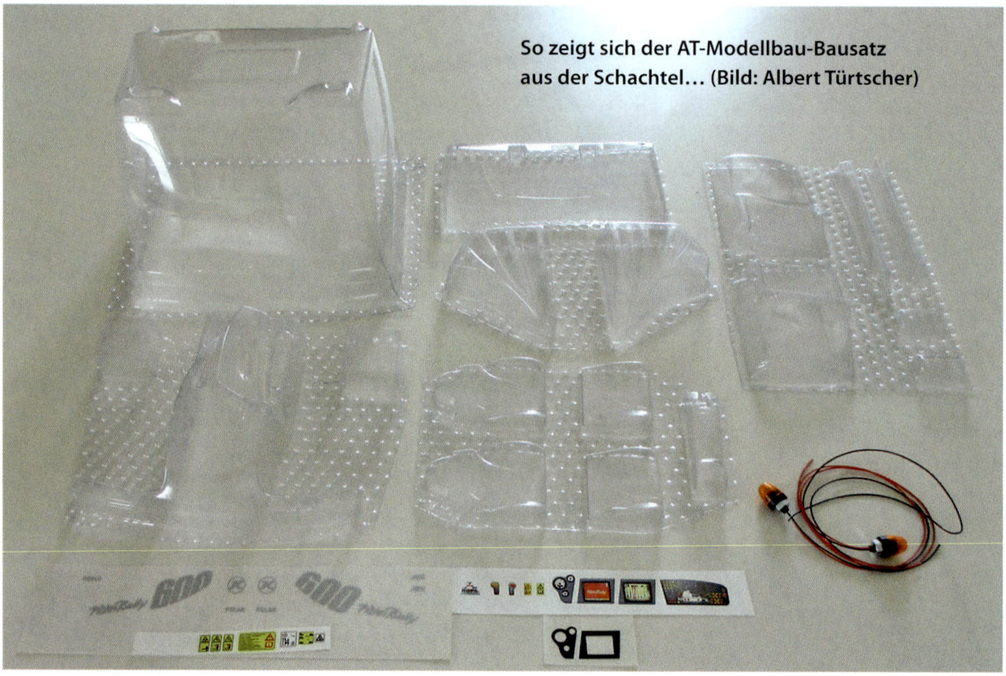

So zeigt sich der AT-Modellbau-Bausatz aus der Schachtel... (Bild: Albert Türtscher)

...und so in der finalen Ausbaustufe (Bild: Albert Türtscher)

oniert nur mit Positivformen, die keine Hinterschneidungen haben. Auf Grund dieser Tatsache können viele aktuelle Fahrerhäuser nicht aus einem Stück gefertigt werden. Mit dem Kleber „Pattex-Extrem“ ist es aber kein Problem mehrere Flächen dauerhaft und stabil miteinander zu verbinden.

Das kleine Unternehmen AT-Modellbau bietet schon seit 2007 sehr bewährte Fahrerhäuser in dieser Bauart an. Den Anfang machte die „Hütte“ des PB 600, die sich inzwischen zum echten Klassiker gemausert hat. Damit kann ein Graupner- oder Blizzard-Fahrgestell relativ einfach auf das aktuelle Pistenbully-Topmodell aufgerüstet werden.

Bei weitem anspruchsvoller ist der PB 400 zu bewerten. Das Fahrerhaus für dieses neuste Kässbohrer-Modell muss aus fünf Einzelteilen zusammengeklebt werden. Das verlangt natürlich nach einer gewissen Basismodellbaukunst, bei der sauberes und geduldiges Arbeiten an erster Stelle stehen sollte.

Beide Bausätze beinhalten die komplette Kabinen-Inneneinrichtung und wer sich noch eine hübsche Fahrerpuppe leistet, macht damit aus seinem Geisterfahrzeug eine originalgetreue Pistenraupe.

Ein Fahrerhaus aus Metall

Diese Methode verlangt einen geübten Umgang mit Dünnblech, einen leistungsfähigen Lötkolben mit mindestens 150 W und zwei vernünftige Blechscheren. (Rechte- und linke Figurenschere.)

Ich möchte Ihnen den Eigenbau eines Metallfahrerhauses am Beispiel des Kässbohrer 240 D genau erklären. Diese Kabine wurde von mir inzwischen in drei verschiedenen Maßstäben gebaut und ich kann deswegen für alle Größen sprechen. Die vorher festgelegten Anforderungen entsprechen in allen Punkten der oben angeführten Liste.

Aller Anfang ist immer schwer und so war erst einmal ein tragendes Grundgerüst die einzige Chance, um an das gewünschte Ziel zu kommen.

Noch weiter davor stand die Anfertigung der Kipplager-Gegenstücke, die mit der Grundwanne fest verschraubt und verklebt sind. Diese Teile sind unheimlich wichtig und entscheiden über die komplette Statik und Funktionsweise des vorderen Geräteträgers. Hier darf sich nichts verwinden, verbiegen oder gar abbrechen. Eine gesunde Überdimensionierung kann für diese Position keinesfalls schaden.

Von 1:12 bis 1:6 ein PB 240D: Metallfahrerhäuser aus Zinkblech können in allen Maßstäben gebaut werden

10/10-mm-Messingrohrprofile bilden die Statik der Fahrzeugfront und nehmen auch die Kipplager für das Fahrerhaus auf

Die beiden Gabelstücke des Fahrerhaus-Kipplagers

Am Anfang wird der Überrollbügel angefertigt, der mit Diagonalstreben ausgesteift wird

Die große Frontscheibenfläche wird als Ganzes eingefügt und erhält erst zum Schluss ihre eigentliche Fensteraussparung

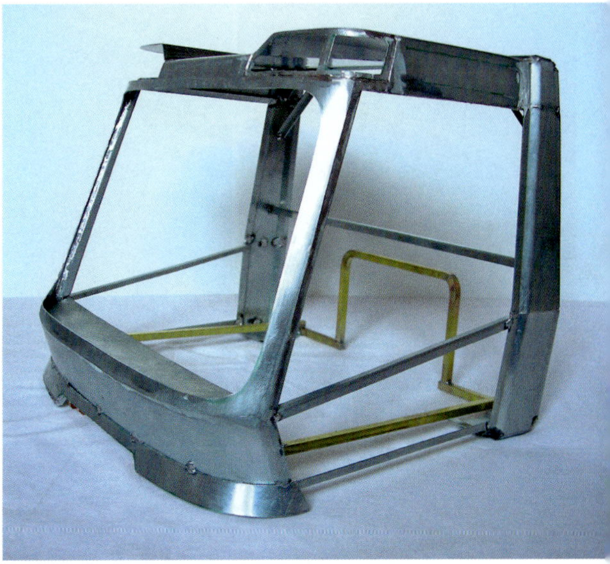

Werden zu öffnende Türen geplant, ist ein stabiler Messinggrundrahmen unerlässlich

Bei den Scheinwerferaussparungen geht es wie bei den Fensterflächen,...

...erst wenn alles verlötet ist, wird mit viel Feingefühl die Aussparung ausgefeilt

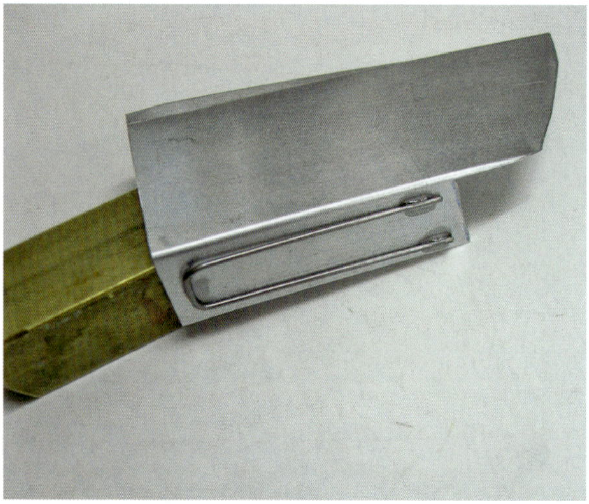

Eine ganz besondere Kunst ist das Einpressen der Sickenverstärkung

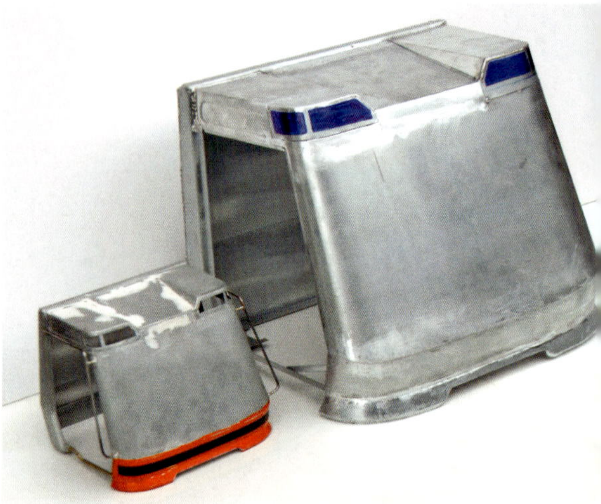

Beides das Gleiche und doch ein großer Unterschied: 1:12 neben 1:6

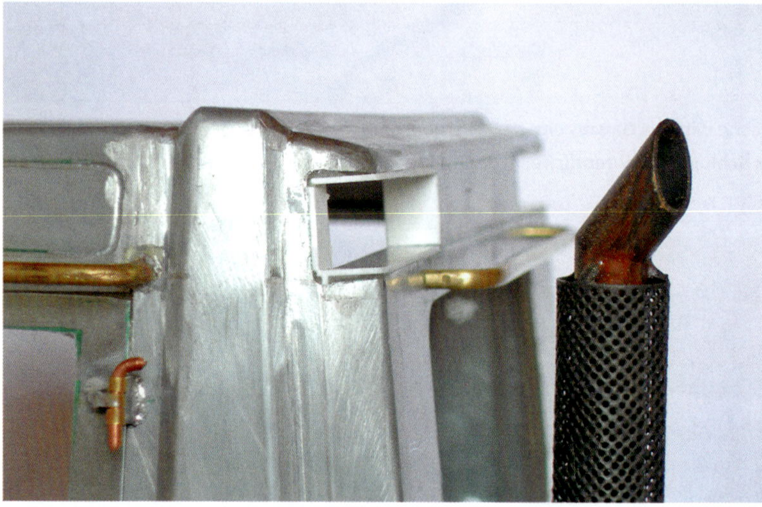

Feine Details an der 1:8-Karo

Die dazugehörigen Kipplager -Gabelstücke der Kabine sind aus 2-mm-Kupferblech gefertigt und bilden den untersten Ausgangspunkt für alle weiteren Aufbauten. Auf diesen Referenzpunkt sind auch alle Maße und Höhen bezogen, damit das ganze Fahrerhaus auch maßstabsgetreu wird.

Von dieser zentralen Position gilt es jetzt den Grundaufbau zu schaffen. Dafür ist ein Messing-Vierkant-Vollmaterial 5/5 mm verwendet, das sich wunderbar weichlöten lässt. Mit diesem simplen Rahmen, der über den Motoren geschlossen ist, entstand eine stabile und schon in frühem Stadium auch kippbare Basis, für alle weiteren Blechsegmente.

Das erste und komplex zu kantende Teil war anschließend der Überrollbügel. Dieses statisch wichtigste Teil der Kabine schafft für den Fahrer eine Überlebenszelle vor dem Einknicken des ganzen Daches. Hier stellte sich schnell heraus, dass Weißblech (= verzinntes Stahlblech) nicht optimal für diese schwierige Aufgabe geeignet ist. Die angeschnittenen Kanten lassen sich nur widerwillig verlöten und brechen hinterher gerne auseinander. Da mir aber berufsmäßig fast alle Dünnblechsorten zur Auswahl stehen, fiel die Entscheidung für eine Titanzink-Kabine. Dieses Zinkblech enthält zwar nur einen winzigen Anteil an Titan, ist aber fast homogen zu löten und problemlos umzuformen. Da mein Fahrerhaus nicht aus einem Stück zu fertigen ist, stellt diese gute Weichlöteigenschaft einen wichtigen Vorteil dar. Stumpf verlötete Segmente sind somit wunderbar möglich und lassen so komplizierteste Formen zu. Der leidige Nachteil ist allerdings das erhebliche Gewicht des 0,7 mm starken Bleches. Da die Kabine aber sowieso zu 70 Prozent aus Fensterflächen besteht, kann ich diese negative Eigenschaft trotzdem akzeptieren.

Zurück zum Überrollbügel. Um dieses erste, freistehende Teil auszurichten und zu stabilisieren, steifte ich es mit kleinen Winkelstreben aus. Mit den gleichen Profilen konstruierte ich anschließend ein filigranes Grundgerüst aller restlichen Flächenbegrenzungen. So waren die groben Maße und Formen fixiert und ich konnte Blech für Blech darauf aufbauen.

Zwei wirklich nicht einfache Teile stellen die Frontpartie dar. Durch die seitlich, nach oben gezogenen Krümmungen, bedarf der Zuschnitt vieler Korrekturen durch Anpassen und Nachschneiden. Genauso geht es mit dem großen Frontscheibenrahmen weiter. Der wurde zuerst als Ganzes gekrümmt, sauber angepasst und erst nach dem Verlöten der Scheibenausschnitt erstellt. Durch die großen Türaussparungen ist der ganze Aufbau natürlich noch sehr instabil. Deswegen lötete ich in dieser Phase, quer durch den Einstieg zwei provisorische Winkelprofile.

Weiter ging es mit der Dachfläche, die aus drei separaten Zuschnitten zum Ganzen vereint wurde. Jetzt konnte man schon gut erkennen was es werden sollte und so ein Stadium erzeugt immer zusätzliche Motivation, um das geduldige Zuschneiden weiterer Bleche aufrecht zu halten.

Ein solches Geduldsspiel waren nämlich die zwei Lampenmodule am Übergang der Frontfläche zum Dach. Die in zwei Ebenen gekrümmten Bleche verlangten viel Muße beim Einpassen zwischen Frontscheibenrahmen und den Dachflächen. Den Ausschnitt erstellte ich selbstverständlich erst nach dem Verlöten. Zusätzlich erschwerend wirkten sich vor allem die umlaufenden Luftspalte der Beleuchtungselemente aus. Hier unterlegte ich die Nahtstellen mit einem zusätzlichen Blech und fräste anschließend mit einem Minifräser in filigraner Handarbeit die Nuten wieder frei.

Nachdem das ganze Dach mit der Frontpartie verbunden war, stellte sich heraus, dass die provisorischen Verstrebungen immer noch unverzichtbar waren. Die seitlichen Fensterholme waren zu schwach und wurden durch kleine U-Profile verstärkt, durch die später auch unzählige dünne Kabel laufen. Auch eine Hilfsfläche an der Unterkante der Frontscheibe wirkte Wunder um den Aufbau verzugsfrei zu machen. Zwischendurch nahm ich mir die kleine Frontschürze vor. Der kegelförmige Zuschnitt verlangt wieder einmal unendliches Blechgeschnippel, bringt aber als Belohnung den optisch unverkennbaren „Kässbohrerlook".

Jetzt fehlte nur noch die Rückwand mit der Ausklinkung über den Motoren. Was dieses Bauteil wieder etwas exklusiv macht, sind die zurückgesetzten Aussparungen für das Auspuffrohr, den Ölkühler und die Luftansaugstutzen. Auf letztere verzichtete ich großzügig, aber die ersteren zwei bilden hübsche Details, die auch die maßliche Originalumsetzung unterstützen. Im oberen Teil ist an beiden Seiten Platz für das Blinklicht, die Luftauslasshutze und den Rückscheinwerfer zu schaffen. Für das Vortäuschen der Einbaueinheit klebte ich hier zuerst einen Polystyrolrahmen in die Blechaussparung. Mit diesem zusätzlichen, weichen Kunststoff ist die Pseudonut viel leichter herzustellen als mit Metall.

Die Türen

Kipplager, Frontpartie, Dach, Schürze, und Rückwand sind fertig. Um das traute Heim rundum zu schließen, braucht es nur noch Türen. Die lassen sich aus Metall ganz hervorragend und vor allem sehr stabil anfertigen.

Das Fahrerhaus des 240er-Kässbohrer ist an dieser Stelle zum Glück noch recht einfältig. Wenn Sie sich die futuristisch anmutenden Kabinen der neueren Baureihen anschauen, werden Sie schnell feststellen, dass der Oldie, speziell was die Einstiege anbelangt, recht gutmütig zu bauen ist. Gerade bei den Türen ab der 300er-Baureihe gehen Rundungen und Türfalze ineinander über und komplizieren die Anfertigung erheblich! Die Einstiegsöffnungen des alten Kässbohrers sind lediglich im unteren Drittel und an der Schürze leicht abgekantet. Diese Tatsache unterscheidet den Zuschnitt von der puren Projektionsfläche und bedarf wieder ein vorsichtiges Annähern an das fertige Ergebnis.

Leider ist Zinkblech relativ weich und deswegen braucht es an der großen Türfläche zusätzliche Stabilisierungsmaßnahmen. Dazu eignet sich am besten ein kleines Messing-U-Profil. Dieses wird zuerst von innen, ringsum auf die Türe aufgelötet, bevor Sie wieder die Ausschnitte für die Scheibenflächen heraustrennen. Anschließend werden die Schnitte und überstehendes Lot sauber verfeilt.

Sie können für die Einstiegsöffnungen natürlich auch primär ein Stahlblech verwenden.

Verzugsfrei öffnende Türflächen erreicht man im Maßstab 1:8 nur mit Metallkonstruktionen

Kleine Magnete werden in den Türfalz geklebt

Ein dreiteiliges Türscharnier mit provisorischem Steckbolzen

Das hat nebenbei den Vorteil, dass Sie überall eine magnetische Fläche zur Verfügung haben. Beim Zinkblech mangelt es nämlich an dieser genialen Eigenschaft und es bedarf somit einer zusätzlichen Fleißaufgabe. Warum? Weil ich die Türen ganz elegant und unscheinbar, über zwei kleine Magneten im Kabinenrahmen geschlossen halte. So blieb mir bei meinen Zinktüren nichts anderes übrig, als zwei kleine Stahlblechsegmente einzulöten und flächengleich zu verschleifen.

Die Türscharniere

Wenn Sie Ihre attraktiven Türen wirklich öffnen wollen, brauchen Sie noch zwei Scharniere dazu. Hier können Sie natürlich forschen was der Markt hergibt. Bis Sie hier aber fündig werden, haben Sie die Teile längst selber angefertigt. Als Ausgangsmaterial dient ein dünnes Messingrohr mit den Abmessungen 3/2,2 mm. An einen langen und einen kurzen Abschnitt löten Sie einen entsprechend breiten Zink- oder Messingblechstreifen. Erst danach trennen Sie beim langen Rohr das Mittelteil vorsichtig heraus, bis sich das kleinere Gegenstück leichtgängig darin bewegen kann.

Nun geht es an die Montage am Rahmen. Durch den Knick in der Türe müssen Sie aufpassen, dass sich diese auch wirklich ganz öffnen

Das dünne Messingrohr wird erst nach dem Auflöten ausgeklinkt

Beim Snow Rabbit ging es beim fünfteiligen Scharnier noch detailierter zu

lässt. Das wird beim Original dadurch erreicht, dass das obere Scharnier deutlich längere Bandlängen als der untere Kollege hat. Das Abkröpfen ist auch wieder ein lustiges Gefummel. Passt alles, geht es an die filigrane Arbeit, die winzigen Bänder auf dem Rahmen zu verlöten. Wer hier mit munterer Temperatur vor sich hinbrutzelt, wird schnell seine Scharnierösen abgeschmolzen haben. Ein Stück Kupferdraht in den kleinen Röhrchen, feuchte Kühlung und viel Gefühl, schaffen hier aber Abhilfe.

Während der weiteren Bauzeit stecke ich in die fertigen Lager nur ein Stück abgekröpften Kupferdraht. Zu oft muss die Türe noch gelöst werden und das geht mit diesen simplen Steckbolzen am einfachsten. Die finale Endsicherung kann dann ein passgenauer, gerader Bolzen, oder eine M2-Schraube sein.

Solche Türlager lassen sich natürlich ohne weiteres noch toppen. Ein drei- oder vierteiliges Lager aus noch dünnerem Rohr, könnte den wahren Meister der Löttechnik herausfordern, an dieser Position das Original detailgenau nachzubilden.

Ein Fahrerhaus in Mischbauweise

Selbstverständlich lassen sich diverse Fahrerhauspartien auch mit unterschiedlichen Materialen gestalten. Je aufwändiger ein Abschnitt ist, desto mehr lohnt sich die Anfertigung einer Form zum Abgießen. Die PB 200-Serie hat zum Beispiel eine relativ ansprechend gestaltete Frontschürze. Was auf den ersten Blick noch recht übersichtlich aussieht, entpuppt sich beim genaueren Hinsehen als komplex konstruierte GFK-Konstruktion. So etwas aus dem „Vollen" zu schnitzen ist für den Hobbybastler fast die einzige Möglichkeit. Wenn aber gleich mehrere gleiche Teile entstehen sollen, muss hier unbedingt rationeller gearbeitet werden!

Zuerst wurde die Schürze bis ins Detail vermessen und sogar mit großen Kartonschablonen abgescannt. Mit diesen Daten und Maßen schnitzte sich daraufhin Ralf Staiger in mühsamen Stunden durch einen großen „Sikablock". Das ist ein hervorragend homogenes Modellbaumaterial, mit dem sich feinste Details ausarbeiten lassen. Anschließend kam der Block zum 1:1-Vergleich nach Oberstdorf, wo er von mir

Wer ohne CAD-Herstellerdaten auskommen will, muss sich auf ein gutes Augenmaß verlassen können

Immer ganz nah am Original: Letzte Arbeiten an der Schnauze für den PB 200DW

Hier war schon viel geschafft: Das neue Fahrerhaus entsteht in Zink/GFK-Mischbauweise

live vor Ort nochmals „feingetunt" wurde. Als alles sauber verschliffen war, erhielt der Klotz eine Mantelform aus Legosteinen und wanderte zum Zahntechniker. Der ließ das Behältnis mit hochwertigem Abgusssilikon volllaufen und einen Tag später kam die Stunde der Wahrheit. Der Sikablock ließ sich mit ein paar Druckluftstößen ganz einfach entnehmen und das Ergebnis war für den Laminateinstrich bereit.

Da die Form sehr tief und in manchen Bereichen ziemlich aufwändig zu beschicken ist, stellt dieser Abschnitt die anspruchsvollste Aufgabe dar. Ich arbeite hierbei mit 40-Minuten-Epoxydharz (Härter L) von R&G, dass stellenweise eingedickt und nur mit einer ganz dünnen Glasfasermatte aus dem Karosseriebau gedoppelt wird. Das Ergebnis hat zwar anschließend immer ein paar kleine Luftlunker, aber trotzdem hat die Schürze in den Anschlussbereichen nicht mehr als 0,7 mm Wandstärke. Das passt perfekt zum restlichen Titanzinkblech aus dem alle anderen Fahrerhausteile gefertigt sind. Die Übergänge werden dabei durch Hinterlegen gedoppelt und verklebt. Kleine unvermeidliche Luftspalte und die Luftlunker werden anschließend verspachtelt.

Das Double zur GFK-Schürze bildet bei dieser Oldiekaro die Dachpartie. Hier laufen so viele Rundungen zusammen, dass es sich ebenfalls lohnt eine Form zu machen. Dabei darf selbstverständlich auch getrickst werden, denn die vielen ausgeprägten Sicken und die komplette Dachluke, sind nachträglich aus Polystyrol-Zuschnitten aufgeklebt.

Ein Fahrerhaus aus Spritzguss...

...bietet seit 2012 die Firma Pistenking an. Die neu entwickelte PB 600-Polar-Karosserie aus schlagzähem ABS-Kunststoff ist durch ihre Wandstärke von 2 mm sehr stabil. Das Material wurde nach Herstellerangaben eingefärbt und ist dadurch auch ohne Lackierung sofort

Das edle Fahrerhaus von Pistenking ist komplett aus durchgefärbtem Spritzguss hergestellt (Bild: Fa. Pistenking)

einsatzbereit. Ein zusätzlicher UV-Schutz verhindert das Ausbleichen bei häufiger Sonneneinstrahlung. Sollte doch eine Lackierung gewünscht werden, so ist dies problemlos möglich. Durch die Einfärbung des Kunststoffes reicht dafür eine Schicht Klarlack. Danach sieht das Fahrerhaus aus wie lackiert. Der Klarlack kann direkt auf den Kunststoff aufgesprüht werden, da dieser antistatisch vorbereitet ist.

Inhalt des Bausatzes:

- rot eingefärbte Kunststoffteile für das Fahrerhaus, die Motor- und Seitenverkleidung und die Kotflügel
- schwarze Kunststoffteile für den Rahmen, die Türen und Fenster
- tiefgezogene Bodengruppe und Cockpit
- tiefgezogene Frontscheibe
- bedruckte Seitenscheiben
- Spiegelhalterung aus Neusilber
- Lampengläser für vorne und hinten
- Beschriftungen

Feine Details ergänzen das Grundgerüst zum Gesamtkunstwerk ▶

Ausstattungsdetails am Fahrerhaus

Ein wahres Eldorado für den ambitionierten Eigenbauer stellen die zahlreichen Details an der Fahrerkabine dar. Die Inneneinrichtung ist in diesem Kapitel noch gar nicht inbegriffen.

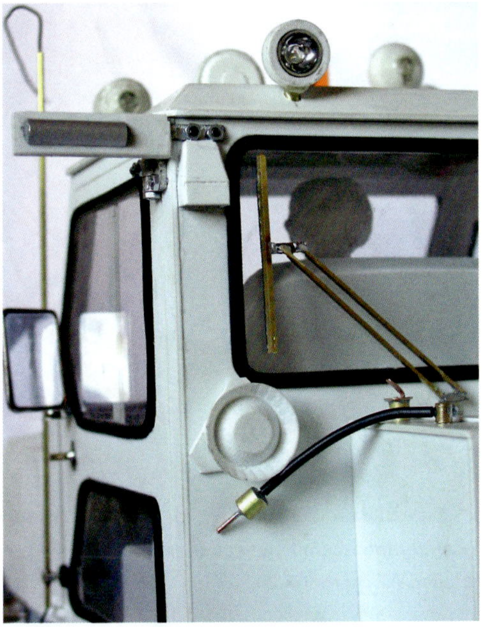

Auch Kunststoff eignet sich prima für die Detailgestaltung

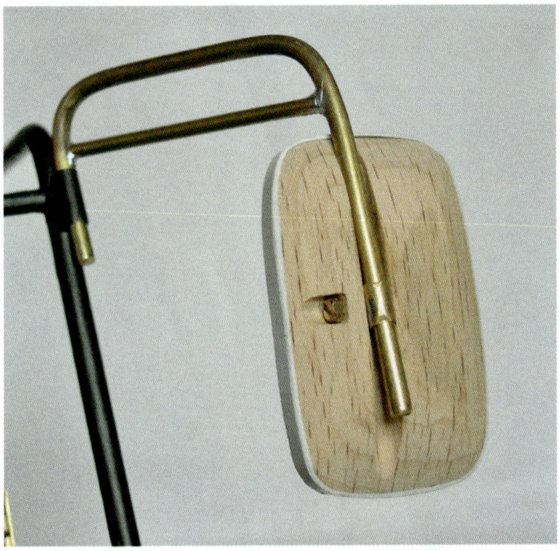

Filigrane Teile, die zusätzlich Stabilität erfordern, sollten unbedingt aus Messing gebaut werden

Es wäre sogar bei der Außenausstattung schon übertrieben auf alle Positionen genau einzugehen, zumal jeder Modellbauer seine speziellen Vorlieben für solche Bauteile hat.

Für eine perfekte Ansicht ergänzen selbst hergestellte Aufkleber die Kunststoffteile

Stahldraht wird am besten in glühendem Zustand gebogen

Mögliche Anbauteile wären zum Beispiel:

- Griffstangen um die Türen
- Verstellbare Außenspiegel
- Schiebefenster in den Türen
- Ausstelldachflächenfenster
- Antenne
- Türgriff
- Integrierte und separate Scheinwerfer
- Beweglicher Suchscheinwerfer
- Blink- und Rundumleuchten
- Ausgeschnittener Kühlergrill

- Dreidimensionale Logos
- Bewegliche Scheibenwischer
- Entlüftungshutzen
- Rückscheinwerfer
- Ansauglufteinlässe
- Haltestangen

Eigentlich eine unendliche Aufstellung, für die es vor allem Motivation und Muße braucht. Wer hierfür das nötige Kleingeld besitzt, sieht bei dieser Liste für einige Positionen schnell Land. Bei der Eigenanfertigung ist der Materialeinsatz für die meisten Dinge eher Nebensache. Sie müssen nur wollen und so entstehen Teil für Teil exklusive Unikate, die Ihrem Modell eine persönliche Note geben. Ein echtes „Schmankerl" ist zum Beispiel das große Scheibenwischerpaar auf der Frontscheibe.

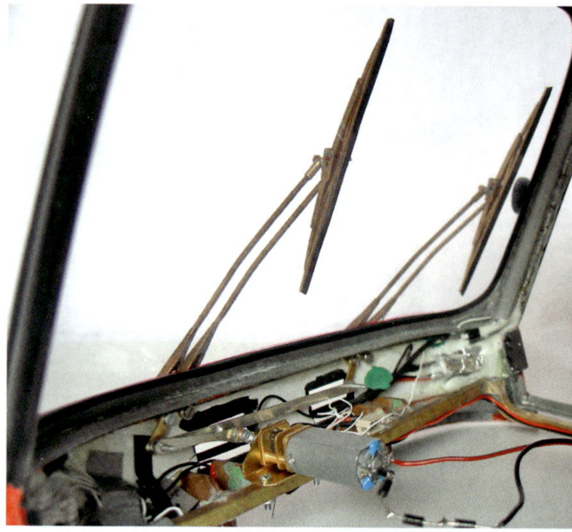

Exzenterantrieb und Steuerstangen für den funktionellen Wischerbetrieb

Detailtreue und Funktion braucht vor den Scheibenwischern nicht halt zu machen

Ganz wichtig ist die Übernahme eines jeden Drehpunkts

Aufbauschema von beweglichen Scheibenwischern

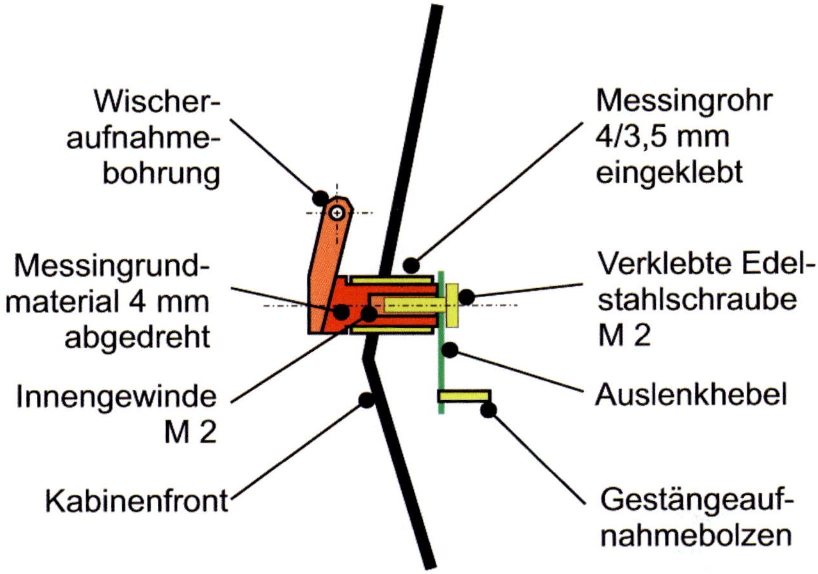

Bewegliche Scheibenwischer

Wenn Sie sich noch nicht von der Strategie verabschiedet haben, nur alles einzukaufen, was der Markt anbietet, sollten Sie spätestens jetzt umdenken und zum Lötkolben greifen! Es muss ja nicht gleich ein beweglicher Wischer sein, denn ein fixierter Kollege ist gar nicht so schwer in Eigenbau anzufertigen.

Grund- und Ausgangsmaterial sind wie so oft verschiedene Messingprofile. Ein guter Satz Schlüsselfeilen, ein scharfer 1,5-mm-Bohrer und ein M2-Innengewindeschneider, sind neben einem spitzen Lötkolben das allerwichtigste Handwerkzeug für so ein Projekt.

Originalgetreues Arbeiten ist im Maßstab 1:8 kein Hexenwerk und Modellbauer mit einem ganz feinen Händchen, können sich sogar für die 1:12-Größe noch einigermaßen an den umgerechneten Vorbildgrößen orientieren. Messingprofile sind von Haus aus sehr zäh, hart und bieten selbst für ein angetriebenes Modellscheibenwischerchen genügend Stabilität. Um mit der Miniaturnachbildung eine brauchbare Funktion zu erzielen, müssen auch alle beweglichen Punkte des Vorbilds übernommen werden. Da natürlich 1-mm-Löcher und M1,1-Schrauben nicht jedermanns Sache sind, sollten Sie Ihre Fähigkeiten und Geduld nicht überschätzen! Die Motorisierung ist zugegeben eine verrückte Herausforderung, aber ich kann Sie ermuntern, dass dieser Schritt durchaus lohnend ist. Auf einen genauen Bauplan und eine Funktionsbeschreibung müssen Sie verzichten, ich denke die Bilder und die Skizze sprechen für sich. Das Ergebnis dieser Fleißaufgabe ist ein optischer Augenschmaus, der in Verbindung mit einem Schneeschleudereinsatz auch so richtig Sinn macht!

Fahrerhaus-Inneinrichtung

Während es Modellbauer gibt, die sich mit Anthrazit getönten Scheiben, oder einfach nur mit einer schönen Außenhaut zufrieden geben, treiben sich auch Perfektionisten unter dieser Spezies herum. Obwohl auch ich weit von letzterem Titel entfernt bin, möchte ich trotzdem nicht auf eine realistische Innenausstattung verzichten.

Für ein 1:16-Modell bieten sich hierfür hervorragend die Fürther Brudermodelle an. Diese bieten bezahlbare Detailtreue für wenig Aufwand. Sie werden zwar unter dem fein strukturierten Spielzeug keine Pistenraupe finden, aber viele Ausstattungsteile passen auch für Ihren Kettenflitzer.

Grundvoraussetzung für eine detailgetreue Kabineneinrichtung, ist der Verzicht auf den üppigen Raum, den diese Räumlichkeit für Elektronik, Akkus oder sonstige Einbauten bietet.

Es ist meiner Meinung nach einfach hässlich, wenn an Stelle des Maschinisten, ein hellgrüner Akkupack dem Betrachter ins Blickfeld springt. Diese Tatsache entscheidet sich natürlich schon unter Kapitel 2, wo es um die Planung der Einbauten geht. Eine nachträgliche Änderung von Funktionseinbauten/-getrieben ist fast immer unmöglich, oder nur mit großem Aufwand möglich.

Haben Sie im Vorfeld aber sauber geplant und Ihre Zahnräder an Stellen verräumt wo sie nicht stören, können Sie jetzt ganz einfach um diese Einbauten außen herum eine „Schale" bauen. Als Material eignet sich hierfür, Polystyrol, Styrodur, GFK und tiefgezogene Teile.

Die Polystyrolbauweise

Mit 1,5-mm-Platten lässt sich dieser Bauabschnitt relativ schnell erledigen. Das antike RATRAC-Fahrerhaus ist auch recht primitiv aufgebaut und bietet dem Fahrer wenig Luxus. Ein großer Sitz, die Hydromatic-Steuerung, davor das Armaturenbrett, fertig ist das traute Heim. Rundungen sind außer am Sitz nicht vorhanden und so macht die große Schalttafel eigentlich die meiste Arbeit.

Wer hier Wert auf Detailtreue legt, wird sich später wundern was dieser Mehraufwand an optischem Gewinn bringt. Was bei 1:16-Modellen zwar fast übertrieben ist, stellt an einem 1:8-Maxi das I-Tüpfelchen in der Kabine dar. Jeder Schalter, jeder Zeiger und jede Skala in den Messgeräten, lassen sich per PC-Ausdruck darstellen. Wenn Sie Ihr Zeichenprogramm einigermaßen beherrschen, können Sie damit jedes noch so kleine Detail umsetzen. Vorausgesetzt Sie haben der auf den Seite 35 beschriebene Planaufnahme auch auf die Inneneinrichtung ausgedehnt und haben überhaupt eine reale Vorbilddokumentation zur Hand. Ob originalgetreu, oder nach einer Phantasiegestaltung,

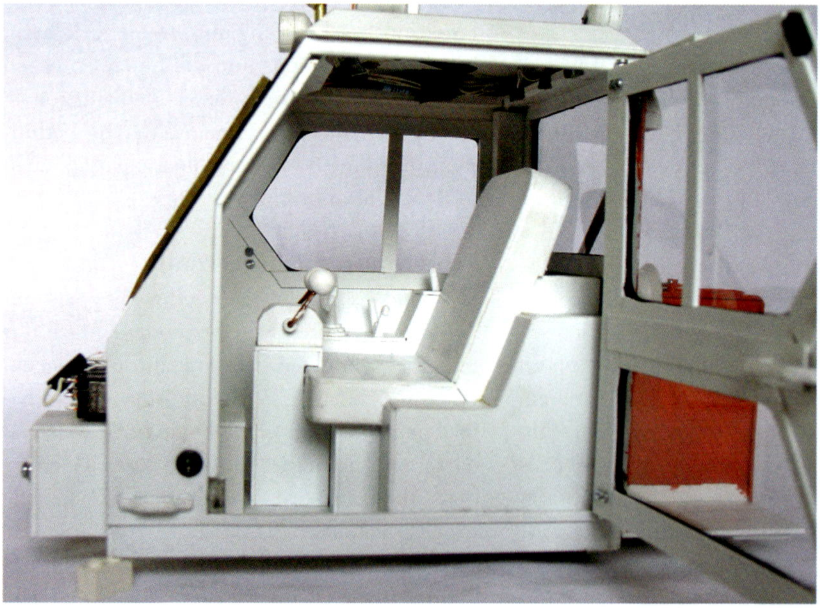

Erst die Inneneinrichtung komplettiert die Kabine

mit minimal 600 dpi auf einer dünnen Selbstklebefolie ausgedruckt, hat Ihr Fahrer alles um sich, was auch das Original an Bedienarmaturen bietet.

Die Styrodur/GFK-Bauweise

Jetzt werden Sie bestimmt sofort denken, das müsste doch Styropor heißen! Den weißen Leichtschaum können Sie natürlich auch verwenden. Styrodur ist dagegen in der Struktur um vieles feiner, hochwertiger, stabiler und hinterlässt an der Schnittfläche eine homogenere Oberfläche. Beide Materialtypen erhalten Sie im Baustoffhandel, oder als Abfallverschnitt einer Fassadendämmung.

Gleich vorne weg: Um mit Styropor, oder Styrodur vernünftig arbeiten zu können, benötigen Sie dafür ein Schneidegerät. Wer meint, dass er für dieses Werkzeug unnötig viel Geld ausgeben müsste, liegt falsch. Sie brauchen dafür lediglich ein 12-V-Netzgerät, 50 cm dünnes Kantholz und einen Viertelquadratmeter einer 20 mm starken Mehrschichtplatte. Jetzt fehlt Ihnen nur noch ein Widerstandsdraht. Letzte-

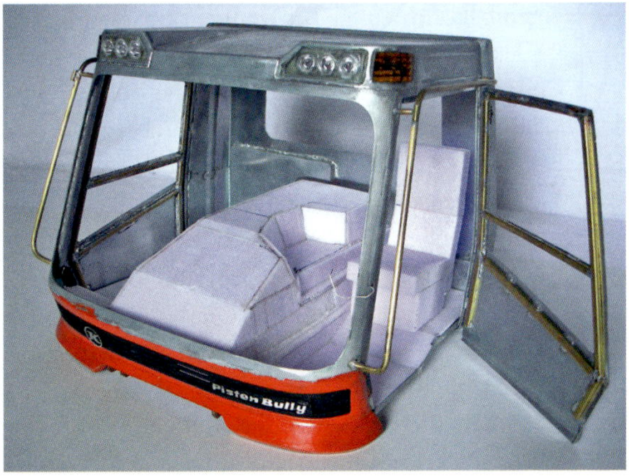

Mit Styrodur oder Selitron-Platten lässt sich diese Aufgabe prima erledigen

Ein unendliches Betätigungsfeld ist eine detailierte Übernahme der kompletten Kabineneinrichtung

Am PC nach Bildern entstandenes Armaturenbrett des PB 240D ▼

ren bekommen Sie für wenige Euros bei jedem Elektronikversand. Die Drahttemperatur regeln Sie am einfachsten, in dem Sie das obere Drahtende ein Stück länger lassen und auf dieser freien Länge, je nach gewünschter Temperatur, einen Stecker anklemmen.
Mit ein paar Spax lassen sich die Kanthölzer zu einem Galgen zusammenschrauben. Den müssen Sie noch auf der Grundplatte befestigen, so dass der Draht dazwischen lotrecht eingespannt werden kann.

Mit dieser mehr oder weniger primitiven Konstruktion lassen sich bis zu 250 mm dicke Platten sauber, leicht und winkeltreu durchtrennen. Wenn Sie die richtige Kombination aus Drahtstärke (Isachrom 60), Drahtlänge (400 mm), Stromstärke (10 A) und Spannung (12 V) gefunden haben, ist es durchaus möglich große Platten lediglich zwei Millimeter stark zuzuschneiden. Die Oberflächen sind dadurch, im Gegensatz zum Messerschnitt, sehr geschlossen und imitieren fast perfekt eine typische Fahrzeuginnenverkleidung. Mit diesen Vorbereitungen, speziellem (!) Sekundenkleber und einem scharfen Cuttermesser können Sie jetzt endlich loslegen.

Aber wo anfangen? Für so ein Projekt gibt es kein Patentrezept. Suchen Sie sich zuerst irgendeine Bodenfläche die von alleine liegt. Darauf bauen Sie dann Stück für Stück einen Hohlkörper auf. Die Abschrägungen und die Aussparung für die Instrumententafel schneiden Sie am besten erst im Nachhinein in die ausgehärteten Flächen.

Leider ist selbst Styrodur in dieser Stärke nicht unendlich stabil. Außerdem sind die Schnittkanten verhältnismäßig offenporig und somit sind die Verbindungsstöße keine Schönheit. Sie könnten jetzt natürlich zur Spachtelmasse und zum Schleifpapier greifen, aber die Kombination mit dem weichen Material würde erhebliche Bearbeitungsschwierigkeiten bereiten. Meine Lösung schaute ich mir vom Flugzeugmodellbau ab. Ich bin in dieser Materie aber kein Spezialist und beschränke meine Tipps deshalb auf wenige Zeilen. Zuerst werden die Styrodurflächen mit Epoxydharzlaminat eingestrichen. Verwenden Sie in keinem Fall Polyesterharz, dass macht Ihre gesamte Vorarbeit zunichte, weil es das Styrodur auflöst! Ein Glasfaserlaminat sollte aus so wenig Harz wie möglich und so viel Glaserfasern wie nötig bestehen. Durch das Überlappen der einzelnen Flieszuschnitte erreichen Sie eine hervorragende Festigkeit der Flächen. Um die Maße und Formen aber nicht zu verfälschen, sollten Sie das Laminat nur ganz, ganz dünn auftragen.

Zur Wandstärkenverringerung ist nun die zweite Phase dieser Technik zuständig, die den Schaumträger entfernt. Dazu suchen Sie sich irgendeine „giftige Soße“ mit den übelklingenden Bezeichnungen wie „Methylethylketon“, „Terpentin“, „Pinselreiniger“, oder „Nitroverdünnung“. Bei der Verarbeitung dieser „Chemiesäfte“ sollten natürlich die elementaren Sicherheitsregeln nicht missachtet werden! Mit einem Pinsel aufgetragen, wird das Styrodur sofort in „Nichts“ aufgelöst. Dabei wird die Schaumstruktur zerstört und der Kunststoff zerfällt in seinen Grundstoff. Nach einem Tag ablüften und aushärten, können Sie nun auch die Form von Innen bearbeiten. Eventuelle Löcher und Materialverdünnungen erhalten eine zusätzliche Laminatschicht.

Das Verschleifen der Flächen kann dann nach einem weiteren Tag des Aushärtens geschehen. Mit Miniflex, Kugelfräser, Schleifpapier und Bandschleifer, können Sie Ihr Cockpit so lange bearbeiten, bis es Ihnen perfekt genug erscheint.

Sehr zu empfehlen ist selbstverständlich die Kombination von verschiedenen Werkstoffen. Während der Grundaufbau aus Polystyrol und die Sitze aus Styrodur sind, kann für die Oberflächen durchaus Balsaholz oder Textilgewebe zum Einsatz kommen. Bei tragenden und sehr filigranen Teilen, sollten Sie aber der Metallbauweise treu bleiben!

Die Fahrerfigur

Nichts macht ein Modell lebendiger als ein Maschinist auf dem Kabinensitz! Bei einem guten Scale-Modell sollten Sie dieser Position großes Augenmerk schenken. Was nützen Ihnen die schönsten Details, wenn Ihr Modell ohne Fahrer durch die Landschaft geistert. Die 1:16-Abteilung dürfte mit dieser Figur eigentlich keine Probleme haben. Das Angebot ist zwar nicht gerade üppig, aber mit einem „selfmade dress“ machen Sie aus dem(r) Standardmann(frau) von der Stange Ihr persönliches Unikat.

Für den 1:8-RATRAC suchte ich im Handel erst gar nicht lange, sondern griff selber zum Bastelton. Wenn Sie die Grundmaße errechnet haben, kann es losgehen. Das mit Wasser zu verarbeitende Material ist sehr geschmeidig und geduldig. Dabei sollten Sie sich ein kühles und vor allem schattiges Plätzchen suchen, denn spätestens nach 30 Minuten beginnt die Oberfläche zu erstarren. In dieser Zeit ist es aber durchaus möglich, die groben Formen mit diversen Hilfswerkzeugen auszuarbeiten. Ein paar Zahnstocher helfen Ihnen, die Arme und den Rumpf in der Wunschstellung zu halten. Am besten geschieht das natürlich in der gewünschten Endposition im Fahrersitz an den Bedienarmaturen.

Da der Ton irgendwann eine weitere Feinbearbeitung nicht mehr zulässt, heißt es Abwarten und Aushärten lassen. Dabei erzeugt er ein unerwünschtes Schwinden, was vor allem an der Hand- und Beinstellung zu drastischen Ungenauigkeiten führt. Dafür können jetzt die Feinarbeiten erfolgen. Mit Schnitzmesser, Mi-

Die Methode mit Vollmaterial ist ehrlich gesagt nicht zu empfehlen

Der Autor beim Testen der Sitzposition im Prinoth Beast (Bild: Henrik Volpert)

nifräser und kleinen Schabwerkzeugen wird aus dem Rohling ein echter Pistenraupenfahrer. Das geschilderte Verfahren hat neben dem Trocknungsschwund den großen Nachteil, dass der weiße Ton nicht gerade leicht und zudem sehr zerbrechlich ist. Beim Aushärten verliert die 1:8-Figur zwar täglich noch ein paar Gramm Gewicht, aber seine Endmasse pendelt sich nach einer Woche immer noch bei knapp 250 g ein. Bei einem anschließenden Aushöhlmanöver des Rumpfes per Bohrmaschine und Fräser verlor der Mensch zwar staubige 70 g, damit treibt er aber trotzdem das Fahrerhaus-Gesamtgewicht immer noch beachtlich in die Höhe. Bei den Marionettenbauern schaute ich mir deswegen eine leichtere Methode ab, die viel einfacher umzusetzen und zudem noch einige weitere Vorteile hat: Warum muss der ganze Kerl aus Ton sein? Wenn Sie sich mit dem Kopf und den Stiefeln begnügen, können Sie schon ordentlich Masse einsparen. Sollten Sie sogar Ambitionen haben, an den Händen die Fingerstellungen auszuarbeiten, empfehle ich Ihnen die Handrohlinge aus Kunstharz zu gießen. Selbst wenn Sie es schaffen sollten, die Finger aus dem Ton frei zu schnitzen, ist es nicht garantiert, dass sie die Erschütterungen im rauen Fahrbetrieb auf Dauer heil überstehen. Alle fünf Teile verbinden Sie anschließend mit dünnem Kupferdraht und „verkleiden" die Konstruktion mit echten „Stoffklamotten", Klebstoff und Füllwatte. Wenn Sie zum „Anziehen" Ihre eigene Outdoor-Garderobe maßstäblich heranziehen, ist dieser Bauabschnitt eine horizonterweiternde und kurzweilige Modellbauarbeit. Echtes Textilgewebe schaut einfach viel realistischer aus und das Drahtinlay verfügt nebenbei über den unschlagbaren Vorteil, dass Sie die Arm- und Beinstellungen beliebig oft korrigieren können.

Bewegung in der Figur

Ich habe unzählige detaillierte Videosequenzen, bei denen oft der Fahrer voll im Bild ist. Was draußen im Gelände kaum auffällt, bemerkte ich beim anschließenden Videoschnitt um so mehr: Der Mann am Lenkrad war zwar prächtig angezogen, machte in seinem Sitz aber immer so eine steife Figur. Das musste sich irgendwann ändern und ich fragte mich, welche Bewegungen hier möglich wären?

Das Lenkraddrehen stand natürlich an erster Stelle. Bevor man allerdings einlenkt, geht der Blick automatisch in die entsprechende Richtung. Da es im Modell aber kaum Sinn macht, nur die Augen ferngesteuert zu führen, hielt ich es für angebrachter, dass sich gleich

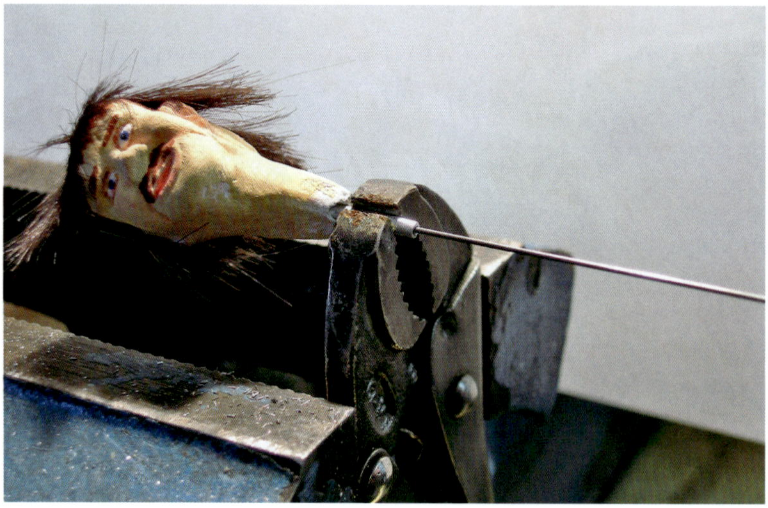

Erster Schritt zur Animation war das Einkleben des Steuerdrahtes

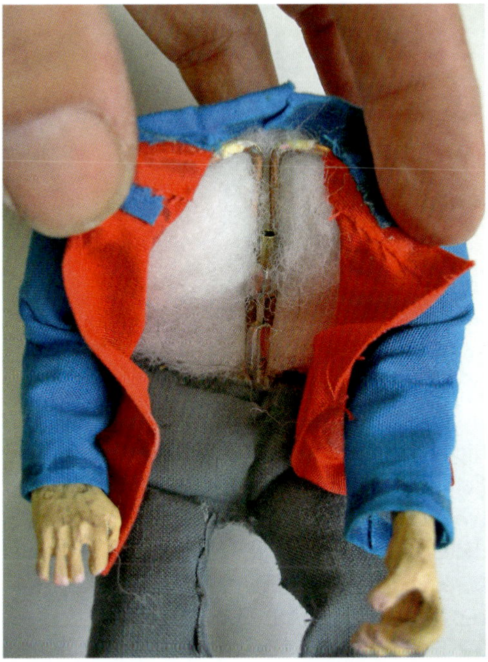

Unter der Jacke verbirgt sich die Führungshülse für den Kopf...

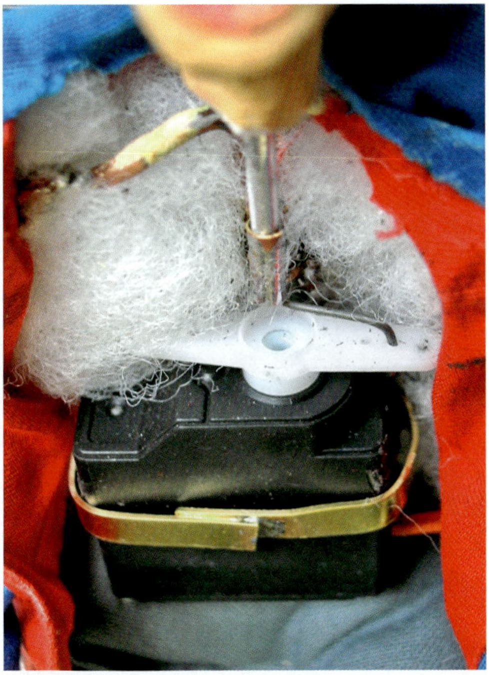

...und das dazugehörige Miniservo

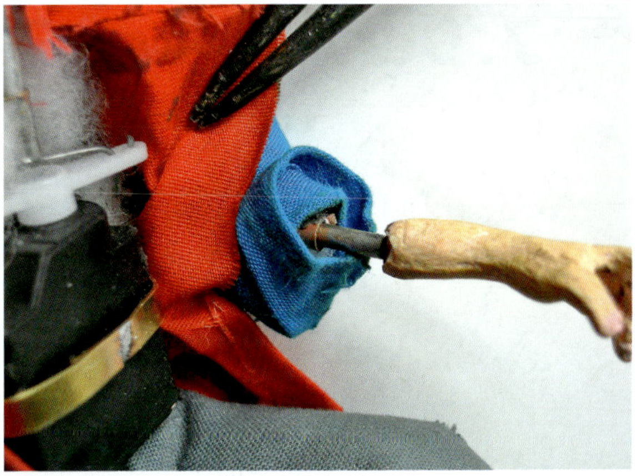

Die Hand mitsamt Unterarm gleitet ebenfalls in einem Führungsröhrchen

der ganze Kopf zur Seite dreht. Für diese Aufgabe bietet sich eine Figur mit Drahtinnenleben natürlich bestens an. Neben den tragenden Drähten lässt sich prima ein Miniservo verstecken, dass in meinem Fall gleich beide Aufgaben gleichzeitig übernimmt: Kopf- und Lenkradbewegung werden synchron zur Fahrzeuglenkung vom gleichen Servo ausgeführt! Das kommt daher, dass selbst das kleinste Microservo nicht in die Lenksäule passte und ich zudem den Änderungsaufwand in erträglichen Grenzen halten wollte. Meine Konstruktion bewegt deshalb den ganzen Fahrerunterarm, der über die sehr detaillierte Hand- und Fingerstellung das Lenkrad verdreht.

Ehrlich gesagt, ist das Ganze im praktischen Betrieb natürlich nur als technische Spielerei zu bewerten, denn ab zwei Meter Entfernung und bei Geradeausfahrt, bemerkt leider kein Mensch den zusätzlichen Aufwand.

7. Der vordere Geräteträger

Aufbau und Antriebsmöglichkeiten

Jetzt kommt endlich der Punkt, wo es mit der Mechanik so richtig interessant wird. Dieser Bauabschnitt ist zusammen mit dem hinteren Träger eigentlich der spannendste am ganzen Fahrzeug. Gilt es doch ein System zu schaffen, dass wieder zahlreiche Eigenschaften auf einmal zu beherrschen hat:

- Auf den Träger wirken enorme Kräfte, die an die Fahrzeugwanne abgeleitet werden müssen.
- Der Träger sollte so originalgetreu wie möglich sein.
- Die Hubgeschwindigkeit sollte dem Vorbild nahe kommen.
- Die Hubkraft sollte den zu erwarteten Ansprüchen gerecht werden.
- Das Schnellwechselsystem sollte auch im Modell umgesetzt werden.

Fünf Punkte, die es schon wieder munter in sich haben und es fällt nicht leicht, hier alles miteinander zu vereinen. Ganz nebenbei sollten Sie auch noch bedenken, dass sich das Gerätegewicht im realistischen Betrieb durch anhaftenden Schnee durchaus um 20 % erhöhen kann!

Bevor Sie drauflos bauen, müssen Sie für sich abklären, mit was für Materialien Sie am besten zurecht kommen. Messingprofil ist leicht aufzutreiben, es lässt sich wunderbar löten und bietet bei exakter Verarbeitung ausreichend Stabilität für schwere 1:8-Modelle. Hartlöten schafft zwar an hochbelasteten Positionen einen dicken Sicherheitspuffer, halte ich aber bei sauber angepassten Flächen meistens für überflüssig. Wenn Sie ein Aluminiumfan sind, können Sie Ihre Konstruktion auch prima zusammen-

Für filigrane und trotzdem stabile Konstruktionen eignen sich Messingprofile bestens

Per Servo lassen sich viele Funktionen sehr einfach ansteuern

schrauben und sparen sich somit ein Viertel an Gewicht. Das oben abgebildete Trägersystem ist zwar uralt, aber es ist leichter in ein Modell umzusetzen als die aktuellen Kugelkopftypen! Natürlich muss auch alles darauf ausgelegt sein, wie Sie Ihren Träger antreiben wollen. Schließt man die Modellhydraulik aus, bleiben vier Varianten übrig, die es mit ihren Vor- und Nachteilen näher zu betrachten gilt.

Der Servoantrieb

Wer schnell und unkompliziert ans Ziel kommen möchte, verwendet für seine Trägerfunktionen starke Servos. Die Konstruktion mit einem Standardheinzelmännchen bietet sich vor allem für modifizierte Spielzeugmodelle, oder grundsätzlich auch für professionelle 1:12-Fahrzeuge an.

Vorteile:

- Die Servowege bieten relativ viel Kraft auf engstem Raum. Sie halten sich somit die Fahrzeugwanne für andere Einbauten frei. Für Modellbauanfänger die beste Möglichkeit, dem Modell ein funktionsfähiges Räumschild zu verpassen. Zudem ist die Fernsteuerfähigkeit durch das Proportionalverhalten sehr direkt und verspricht in der Praxis ein gutes Ergebnis.

Nachteile:

- Für die Trägerhubfunktion benötigen Sie ein gutes und vor allem starkes Servo mit hochwertigen Anlenkungen! Wenn Sie einen komplexen Träger mit vielen Funktionen planen, benötigen Sie zur Ansteuerung der Servos eine teure 9+X-Kanal-Fernsteuerung. Servokraft ist auch beim besten Stück nur begrenzt vorhanden und gerade das Halten von stark belasteten Positionen, kostet leider erheblich Strom und eine gut angepasste Stromversorgung! Durch den kurzen Stellweg entstehen oft sehr ungünstige Hebel, die sich naturgemäß am stärksten auf die Endpositionen auswirken.

Servobeispiele

Bei meinem „Möchtegern Pistenbully" verwendete ich die Servoversion für den vorderen Ge-

Die Parallelogramm-Konstruktion vom Möchtegern-Pistenbully ist sehr tief unter der Wanne angeschlagen

Servoeinbauten für den Frontträger im Dickie Snow King

räteträgerhub. Die Konstruktion entspricht im wesentlichen dem Schema des „Ewigen Umgangs“ (siehe Seite 143), nur dass an Stelle der Steuerscheibe ein Standardservo sitzt. Zur Unterstützung des Servoantriebs bekam der „Steuerhebel“ eine kleine Zugfeder verpasst, die das Schild auch ohne Elektrokraft in einer erhöhten Neutralstellung hält. So reduzieren sich die Haltekräfte der kleinen Antriebsmaschine und es wird erheblich Strom gespart. Ein weiteres prima Servobeispiel ist mein kleiner Dickie. Hier drängt sich die Bewegung mit Servos geradezu auf. Die Verbindung zu den Kolbenstangen übernehmen dünne Stahldrähte.

Komplett Servo-getrieben ist auch der Geräteträger des Modellchassis von Pistenking. Hierbei wird die Kraft über einen Zusatzhebel umgelenkt, so dass sogar die originalen Kolbenstangen die Bewegung ausführen. Das dabei entstandene etwas knifflige obere Zylinderlager wird durch ein Gussteil entschärft, so dass auch unerfahrene Modellbauer damit zurecht kommen.

Fazit: Servos sind unverzichtbare Helfer, gehen aber in vermehrter Stückzahl sehr ins Geld. Bei großen, schweren Modellen wird das Kraft/Weg-Verhältnis zunehmend ungünstiger und erfordert maximale Stellkraft. Für ein Einsteigermodell sind sie aber bestens zu empfehlen und für viele Funktionen geeignet

Der Seilzug

Der Seilzug ist unter all den Antriebsvarianten ein echter Modellbauklassiker. Wirklich funktionsfähige und störungssichere Seilzüge sind allerdings nicht ganz leicht umzusetzen. Sie erfordern viel Geduld und oftmals Mut zum Experiment. Es gilt den einfach wirkenden vom doppelt wirkenden Seilzug zu unterscheiden. Die einfache Zugkraft benötigt immer eine gegenläufige Federspannung, oder eine permanent wirkende Gewichtskraft, um eine brauchbare Funktion zu erzielen. Doppelt wirkende Züge werden Bowdenzüge genannt und können auch Schubkräfte übertragen.

Vorteile:

- Allergrößter Joker des Seilzugs ist seine sehr gute Tarnfähigkeit in Hydraulikattrappen. Somit ist er, die echte Modellhydraulik ausgeschlossen, meistens die unauffälligste und detailgetreuste Antriebsart für Ihren Geräteträger.

Frontaler Blick auf das Querjoch und die Spindel des PB 240D ▸

Nachteile:

- Leistungsfähige Seilzüge erfordern ein hohes Maß an modellbauerischen Fähigkeiten. Des Weiteren ist der Gesamtaufbau von Hydraulikattrappe, Chassisdurchdringung und Verstellantrieb meistens nicht sehr wartungsfreundlich. Bei einem gut getarnten Seilzug hilft oft nur ein ultimatives Verschließen des Hydraulikzylinders, nachdem das Seil irgendwie an der Kolbenstange befestigt wurde. Reißt das Seil, oder Sie müssen etwas demontieren, ist das zwangsläufig mit erheblicher Arbeit verbunden. Ein großes Manko von einfach wirkenden Seilzügen ist die Notwendigkeit von Federvorspannungen. Ist diese Kraft zu klein gewählt, wird das Schild vom Schneedruck von alleine umhergedrückt. Ist die Vorspannung zu groß, wird die ganze An-

triebskonstruktion zum Erreichen der vorgespannten Endstellung unnötig stark belastet. Weiterhin sind die Endpositionen nicht leicht zu sichern. Das Ansteuern von Sprungkontaktschaltern ist meistens mit einem lustigen Geduldsspiel, oder einer aufwändigen Steuermechanik verbunden.

Schnittwinkelverstellung beim RATRAC per Seilzug mit Endschaltersteuerung

Der Seilzug mit Kevlar oder Dyneemaseil

Beim 240er-Kässbohrer verwendete ich diese Antriebsmethode für die Frontträger-Ankippfunktion.

Die Kraft wirkt dabei nur einseitig und somit bedarf es ordentlich Federunterstützung um das Schild nach vorne zu drücken. Die Auswahl und Einstellung der Federn ist Erfahrungssache und beschränkt sich natürlich primär auf den maximalen Innendurchmesser und Länge des Attrappen-Hydraulikzylinders. Für die treibende Zugkraft am Seil gibt es mehrere Möglichkeiten. Es ist nämlich genauso gut möglich, das Seil von einem Servo, oder von einem „Ewigen Umgang" anzutreiben.

Seilzug mit Untersetzungsgetriebe zur Endschalteransteuerung

Um wieder auf das Beispiel des Kässbohrers zurückzukommen, möchte ich Ihnen einen äußerst kraftvollen und mit Endschaltern versehenen Getriebeblock vorstellen. Als Ausgangsmaterial für das Gehäuse musste schon wieder das bewährte Alurechteckprofil 30/50 mm herhalten. Da beim Kässbohrer der Ankippzylinder in der Wannenmitte angeschlagen ist und ich eine aufwändige Zick-Zack-Seilführung vermeiden wollte, musste der Aufwickelmechanismus sehr schmal gehalten werden. Deshalb plante ich einen hoch untersetzten Getriebemotor vor einer 1:3-Kegelraduntersetzung.

Beim Einfeilen der Achslager und der Motoraufnahme ist natürlich wieder Präzision angesagt. Die mit Epoxydharz eingeklebten Sinterlager verzeihen aber locker ein paar Zehntel Luft im Lagersitz, vorausgesetzt Sie fixieren während der Aushärtezeit die Antriebswelle in Ihrer richtigen Position. Der Winkeltrieb ist so gesehen kein Hexenwerk. Eigentlich hatte ich auf dem angetriebenen Wellenstummel einen kurzen Hebel für die Seilbewegung vorgesehen. Nach einem ersten Versuch stellte sich aber schnell heraus, dass die Getriebeuntersetzung mit 1503:1 bei weitem nicht ausreichte. Das Motörchen quälte sich beim Seileinziehen zu sehr und die Gefahr, dass es irgendwo ein zerbröseltes Zahnrad aus den Motorlüftungslöchern katapultierte, war mir letztendlich zu groß.

Daraufhin warf ich den Hebel in die Schrottkiste und wickelte das 1,1-mm-Seil ganz banal auf die 6-mm-Stahlwelle auf. So einfach diese Aufwickelkonstruktion ist, desto schwieriger gestaltet sich jetzt das Ansteuern der Endschalter. Während das zuerst geplante Hebelchen nur gut 20 mm Weg gemacht hätte, so dreht sich die Welle beim Aufwickeln gut viermal, bis der Schildträger in die innere Endposition verstellt ist. Eine Schalteransteuerung mit dem Zugseil ist eine heikle Sache. Der erhöhte Platzbedarf und das Risiko, dass die ganze Bauart ihren Dienst versagt, sprachen eindeutig gegen so ein „Gebastel“. Auf Seite 140 finden Sie ein schönes Bild, wie so eine Zugseilansteuerung ausschauen könnte.

Diesmal wollte ich aber eine andere Bauart ausprobieren und arbeitete mit einer 1:6-untersetzten Hilfswelle. Auf dieser Aluwelle ist ein Stellring mit einer langen M3-Schraube fixiert, der nach gut einer halben Umdrehung zwei Sprungkontaktschalter ansteuert. Die Methode ist absolut narrensicher, die zwei Wechselschalter sind relativ einfach zu montieren und das Beste ist, dass der ganze Getriebeblock mitsamt Endschaltern ein völlig eigenständiges Modul darstellt.

Der Präzisionsseilzug

Eine Weiterentwicklung der Seilzugsache gelang mir im Frühjahr 2012, in dem ich das Ganze noch viel kompakter und eigentlich serienreif konstruierte. Die Ausgangsbasis bildet ein Alfer-Standardprofil 28/15 mm, an dem eine Igarashi-Getriebekombination mit 360:1 auf der Längsseite angeflanscht wird. Die Getriebewelle lagert gegenüber in einer 5-mm-Bronzebuchse, die im Aluprofil durch Verkleben ihren Halt findet. Das geniale der Konstruktion ist aber die Seiltrommel selbst, die innerhalb des Pro-

Die Seiltrommel für den neuen Präzisionsseilzug

Ein Seilzug muss kompakt, leistungsstark und sicher gebaut sein

fils direkt auf der Getriebewelle sitzt. Das hat den Vorteil, dass zum einen keinerlei Hilfswellen erforderlich sind und zum anderen die Seiltrommel auch gleich als Steuerscheibe für die Endschalter benutzt werden kann. Diese sind seitlich von außen in das Aluminium eingelassen und werden von je einer Steuernocke auf der Seiltrommel angesteuert. Zwei Steuernocken haben den Vorteil, dass rund 80 % Umfangslänge des 20-mm-Seilscheibendurchmessers genutzt werden können. Das sind dann immerhin noch rund 50 mm, 100 % lineare Seilstrecke, welche für die allermeisten Bewegungsspiele ausreichend sind. Wie man letztendlich das Gerät einbaut und wo man das Seil dann aus dem Profil führt ist Geschmacksache. Im Fall des PB 400 von meinem Sohn, wird die Konstruktion direkt an die hintere Wannenrückwand geschraubt und das Seil oben im rechten Winkel zum Heckträger geführt. Die Kraftentfaltung ist dabei so gewaltig, dass man die Bauart natürlich auch für andere Anwendungen und grundsätzlich auch für 1:8-Modelle verwenden kann.

Die Seilverbindung zum Hydraulikkolben

Wie bringe ich ein Nylonseil an der Kolbenstange an? Natürlich können Sie durch die 4-mm-Stahlwelle ein kleines Loch bohren und das Seil daran verknoten. Die vorgestellte Lösung ist aber bei weitem eleganter und vor allem justierbar!

Dazu verlötete ich zuerst auf einem kurzen Messingrohrabschnitt eine M4-Mutter aus dem gleichen Material. Das Rohr können Sie jetzt entweder vorsichtig auf der Stahlwelle verlöten, oder auch verkleben. Schieben Sie es aber nicht

...und außerhalb mit Gabelstück und Gewindebolzen ▼

Justierbare Seilverbindung innerhalb der Zylinderattrape...

Komplettes Innenleben des Kippzylinders am Frontträger des PB 240D

ganz auf die Kolbenstange, sondern lassen Sie ungefähr die Hälfte der Rohrlänge noch Luft.

Das Gegenstück bildet ein ähnlich langes Stück Messinggewindestab M4, in den ich axial ein 2-mm-Loch einbohrte. Darin ist ein Mini-Messingröhrchen 2/1,5 mm eingelötet. Jetzt können Sie das Seil einstecken und mit vorsichtigen Seitenschneiderzwickern fixieren. Die entstandene Verbindung ist hochfest, sehr filigran und bei richtiger Grundmontage, bis zu 7 mm in beide Richtungen einstellbar. Eine Alternative ist die Klemmmethode. Die hat allerdings den Nachteil, dass sie das Seil im Lauf der Zeit etwas abscheuert und zudem optisch bei weitem mehr ins Auge fällt.

Fazit: Nichts lässt eine funktionelle Hydraulikattrappe besser aussehen, wenn sie einen versteckten Seilzug in sich hat. Die Umsetzung ist aber wirklich nichts für Modellbauanfänger und ungeduldige Schnellschussbastler.

Die Exzenterscheibe oder der „Ewige Umgang"

Ich habe diese Antriebsvariante zwar noch nie bei einer Pistenraupe verwendet, finde sie aber trotzdem erwähnenswert und geeignet. Die Basis für den Antrieb bildet bei dieser fast narrensicheren Bauart eine stabile Steuerscheibe, auf die eine Kurbelstange beweglich angeflanscht ist. Hinter der Steuerscheibe befindet sich ein sehr, sehr hoch untersetzter Getriebemotor, der entweder direkt, oder über einen Scheckentrieb die Scheibe antreibt.

Vorteile:

- Wenn Sie Ihre Steuerscheibe richtig dimensioniert haben, können Sie sich mit dieser Konstruktion jegliche Endschalterbasteleien ersparen. Das gibt ein dickes Plus an Funktionssicherheit, da fast nie etwas zerstört werden kann. Für den Antrieb der Scheibe tut es jeder einigermaßen günstige Getriebemotor mit einer Untersetzung ab 700:1. Ganz entscheidend ist hierbei die Umdrehungszahl der Steuerscheibe. Hier sollte der Wert bei maximal 30 Umdrehungen pro Minute liegen. Da für ein komplettes Hubspiel nur eine halbe Umdrehung notwendig ist, bewegt sich ihr Schild somit in einer Sekunde über den vollständigen Weg! Wenn Sie hochwertige Anlenkungen verwenden, wird Ihr Geräteträger zudem fast vollständig spielfrei sein und hat eigentlich die gleichen Eigenschaften wie mit einem Spindeltrieb.

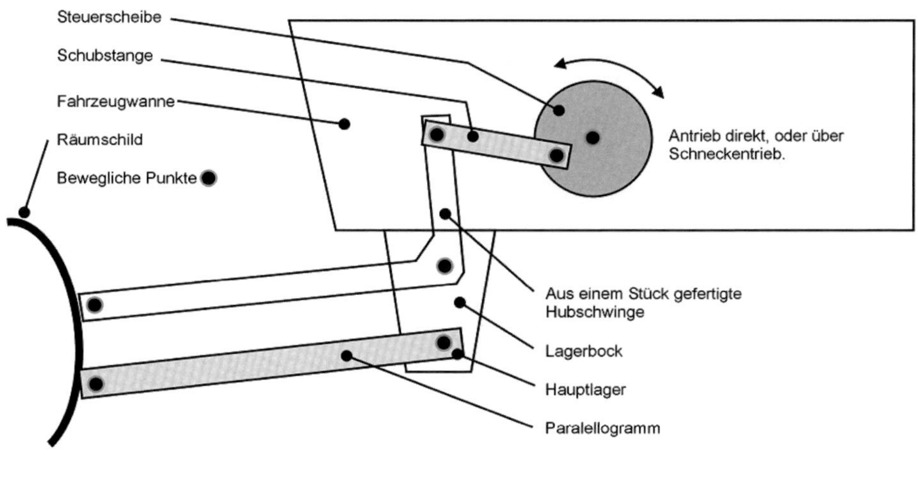

Antriebsschema eines Exzenterantriebs

Nachteile:

- Wenn Sie keinen Winkel- oder Schneckenantrieb auftreiben, werden Sie in der engen Fahrzeugwanne ein Platzproblem bekommen. Sollten Sie sich mit einer zu geringen Untersetzung vergriffen haben, macht das die Ansteuerung des Trägers recht unpräzise und kraftlos. Natürlich ist ein „Ewiger Umgang" auf Grund des munteren Platzbedarfs nicht für alle Gerätefunktionen geeignet.

Der Gewindespindelantrieb

Die absolut kraftvollste und in jeder Position rücklaufsicherste Antriebsart ist die Gewindespindel. Mit einer M6-Gewindestange lassen sich in Kombination mit einer hohen Arbeitsgeschwindigkeit, gigantische Drehmomente erzielen.

Aktueller Frontträger-Hubantrieb beim RATRAC, rechts ist die Endschalteransteuerung

Vorteile:

- Die Gewindespindel arbeitet in beide Richtungen. Das heißt, Sie können bei abgelassenem Träger problemlos das ganze Fahrzeuggewicht auf das Räumschild stellen, ohne dass ein Motor dafür Haltekraft aufbringen muss. Das spart Strom und macht ein wirklich realistisches Arbeiten mit dem Schild zum Vergnügen. Wenn Sie dazu auch noch einen 540er-Antrieb verwenden, haben Sie fast unendliche Kraft mit flotter Geschwindigkeit vereint. Gewindespindeln in Hydraulikattrappen lassen sich auch sehr ansehnlich und kräftig bauen, dafür erhöht sich aber oft die Zeit für ein Arbeitsspiel.

Nachteile:

- Kraftvolle und schnelle Gewindespindeln erfordern unbedingt eine perfekte und in allen Lagen sichere Endlagenschaltung. Die Justage der Sprungkontaktschalter ist ähnlich wie beim Seilzug, oft nicht ganz einfach umzusetzen. Außerdem benötigen meine Frontträger-Hubantriebe relativ viel Raum im vorderen Teil der Fahrzeugwanne. Getarnte Spindeln in Hydraulikzylindern sind die hohe Schule des Funktionsmodellbaus und erfordern ein großes Maß an Erfahrung. Außerdem sind die dazu erforderlichen Mikromotoren mitsamt ihren winzigen Hochleistungsgetrieben sehr teuer und reißen erhebliche Löcher in die Projektkasse.

Beispiel einer Gewindespindel

Um mit einer Gewindestange eine vernünftige Kraft übertragen zu können, sollten Sie bei Verfahrwegen ab 40 mm die M4-Ausführung keinesfalls unterschreiten. Bei 1:8-Modellen empfiehlt sich aus Erfahrung, dieses Maß unbedingt auf M6 zu steigern! (Viele Bilder zeigen noch die M4-Bauart.) Der für einen sauberen Rundlauf entscheidende Detailpunkt liegt dabei in der Verbindung zwischen Motorgetriebewelle und Gewindestange. Wenn Sie hier eine mi-

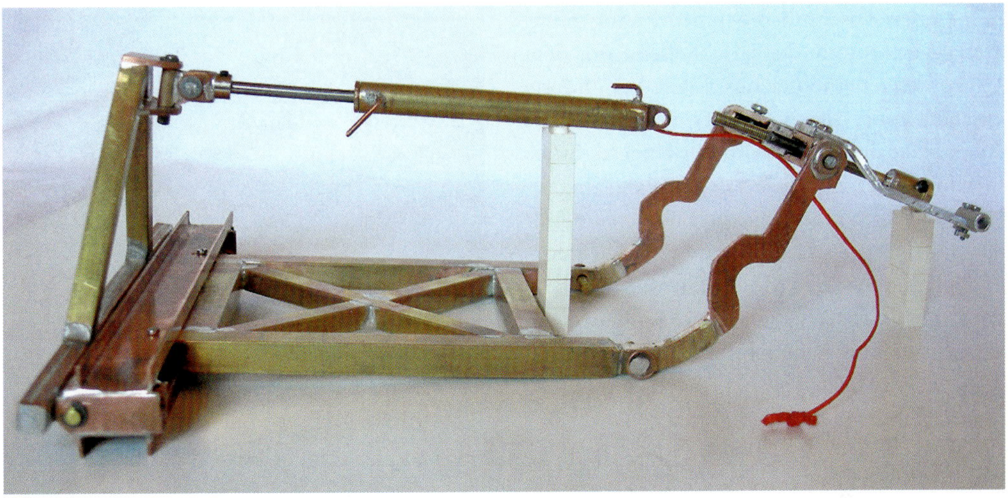

Komplette Frontträger-L-Hebelkonstruktion des PB 240D

nimale axiale Abweichung einbauen, überträgt sich das „Geeier" auf das komplette Schild. Nicht einmal Drehbankprofis sind davor gefeit und den Kellerbastler stellt dieser Punkt grundsätzlich vor ein ernsthaftes Problem. Natürlich lässt sich dieses Detail mit einem Kardangelenk lösen, was aber neben hohen Kosten auch viel Platz benötigt und vor allem unnötiges Spiel im Träger verursacht.

Meine Lösung besteht aus einer ganz normalen 6-mm-Sinterbuchse, in die ich motorseitig ein 4-mm-Gewinde für eine Madenschraube schnitt. Mit dieser ersten Veränderung wird die Buchse zur Hälfte auf einem passenden Wellenstummel in die Drehbank oder in eine Handbohrmaschine eingespannt. In das freie Buchsenende stecke ich einen M6-Messinggewindestab und am anderen Ende des Gewindestabs ist zwischen verkonterten Muttern ein Stellring drehbar fixiert. Damit können Sie der Gewindestange bei der folgenden Prozedur die nötige Führung geben, denn jetzt kommt die Lötflamme ins Spiel. Während die Drehmaschine langsam rotiert, geben Sie ein bisschen Lotzinn auf die heiße Buchse und halten dabei mit der Hand die Axialflucht mit dem Stellring. Vorsicht vor heißen Zinnspritzern, ***tragen Sie unbedingt eine Schutzbrille!*** Nach dem Erkalten, haben Sie jetzt eine perfekt auszentrierte Muffenverbindung und die Basis für den weiteren Aufbau.

Fazit: Neben der Modellhydraulik ist die Gewindespindel der beste Antrieb für alles was sich bewegen soll. Einfache und großräumig aufgebaute Konstruktionen, lassen selbst Modellbauneulinge schnell zum Ziel kommen. Dabei bleibt das eingesetzte Material recht kostengünstig und verzeiht sogar einen misslungenen Versuchsaufbau.

Das kraftübertragende Innengewinde

Der nächste Schritt ist die bewegliche Lagerung des kraftübertragenden Innengewindes. Dieses muss unbedingt auf einer Höhe mit den Aufnahmen des Hebelarms liegen! Beachten Sie bitte hierzu die Zeichnungen. Alles andere erzeugt auf das Gewinde ein unnötiges und nicht zu verachtendes Drehmoment, das nebenbei erheblich Antriebsleistung vernichtet. Hierzu eignet sich ein Rechteckrohr-Messingprofil 10/10 mm, das per Miniflex teilweise zum U-Profil aufgeschnitten wird. Das entscheidende Gewinde ist in einen kurzen Abschnitt 8/8 mm Messingvollmaterial geschnitten, der anschließend mit dem U-Profilträger eine weich verlötete Verbindung eingeht. Eine Messingmutter wäre für diese Aufgabe auch ausreichend, ein längeres Stück Gewinde überträgt die Kraft aber langlebiger.

Da die Gewindestange im Betrieb eine Auf/Ab-Bewegung beschreibt, müssen Sie jetzt letztendlich nur noch den Motorträger beweglich lagern, oder in das schon erwähnte Kardangelenk investieren. Hier kann ich Ihnen den erprobten Tipp geben: Machen Sie es nicht zu kompliziert!

Das kraftübertragende Innengewinde in Form einer M6-Messing-Mutter

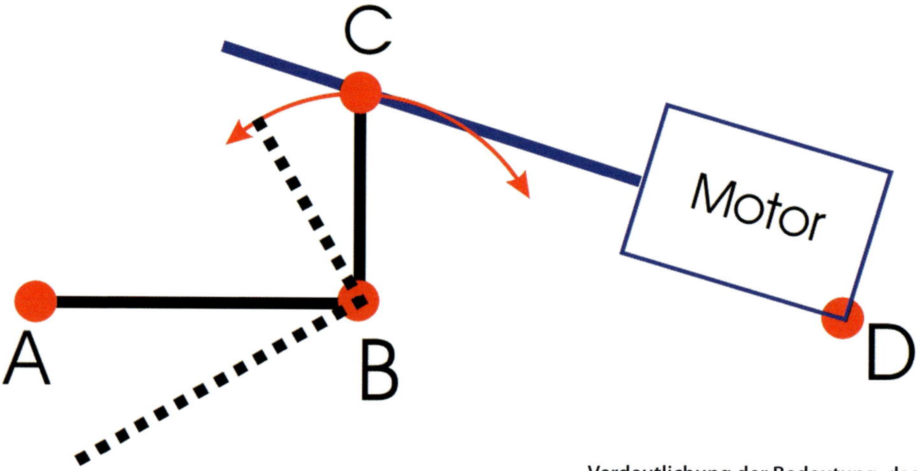

Verdeutlichung der Bedeutung, dass Punkt C unbedingt auf einer Höhe mit der Gewindestange liegen muss

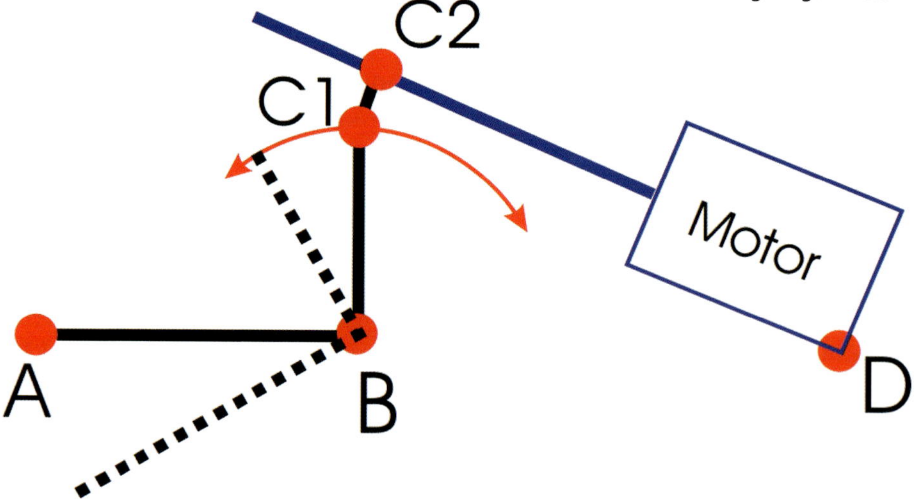

Zwei lange M3-Schrauben im Grundwannenboden sind völlig ausreichend, um den Motorträger am hinteren Ende 95 %ig spielfrei zu lagern und ausreichend Gegendruck zu bieten.

Die Verbindung mit den Hebelarmen

Diese Position ist ein sehr gutes Beispiel um deutlich zu machen, dass jede gute Verbindung auch unproblematisch lösbar sein sollte. Was nützt es Ihnen, wenn Sie alles wunderbar spielfrei, bombenfest verbunden und verklebt haben und Sie es später irgendwann demontieren müssen?

Vielleicht ist es Ihnen schon gelungen, etwas für die Ewigkeit gebaut zu haben. Ich bevorzuge bei allen meinen Mechanikkomponenten immer eine leichte Lösbarkeit vom Grundfahrzeug. Gerade die Bauphase bedeutet oft ein Experimentieren mit verschiedenen Gestängen und Spindellängen. Oft werden Provisorien verbaut, die sich erst bewähren müssen bevor sie endgültig ihren Platz bekommen. Diese Lösungen müssen gut durchdacht sein, denn nichts ist schlimmer, als wenn sich das betreffende Bauteil beim Betrieb im Gelände von alleine selbständig macht.

Um den Träger möglichst spielfrei zu gestalten, sollten Sie sich von geschraubten Verbindungsvarianten verabschieden. Bei weitem besser sind kurze Wellenstummel, die in Sinterbuchsen gelagert sind. Jetzt brauchen Sie nur noch eine Methode, wie Sie diese Wellen gegen ein Verschieben fixieren. Da die Hebelarme konstruktionsbedingt sich sehr knapp an der Grundwanne vorbei bewegen, ist eine Sicherung nur im Inneren des Gewindeträgers möglich.

Die zwei Varianten sind auf den Bildern gut zu erkennen und brauchen nicht weiter kommentiert zu werden.

Die Endschalter

Eine M6-Gewindespindel vor einem 11:1-untersetzten 540er-E-Motor erzeugt dermaßen

Möglichkeit 1 für die Querjoch-/Hebelarmverbindung

Möglichkeit 2 für die Querjoch-/Hebelarmverbindung

Ansteuerung der Endschalter per Steuerstange

Power, dass Sie ohne begrenzte Endpositionen nicht lange Freude an Ihrer Konstruktion haben werden!

Die Lösung dieses Problems liegt in einer primitiven Endlagenschaltung. Sie brauchen dafür zwei Wechselschalter mit irgendeinem Sprungkontaktauslöser, zwei Standard-Dioden 1N4001, einen Stellhebel und schon wieder einmal viel Geduld. Die Schalter mit den Dioden zu verdrahten ist nicht schwer und wird meistens unnötig überschätzt (siehe Seite 270, Elektrik). Das Ansteuern der Sprungkontakte per Stellhebel ist aber bei weitem die aufwändigere Prozedur. Dafür kann ich kaum ein Patentrezept bieten, denn je nach Aufbau der ganzen Mechanik, müssen die Schalter unterschiedlich positioniert werden. Nur eines sollte Ihnen immer bewusst sein:

Bauen Sie so stabil und sicher, dass Sie sich in jeder Situation hundertprozentig darauf verlassen können! Das „Gebastel" muss in jeder Lage zuverlässig seinen Dienst verrichten, ohne dass es jemals nachjustiert werden müsste. Wenn Sie nach den Einstellungsarbeiten mit dem Hubspiel zufrieden sind, verkleben Sie am besten alles und schaffen sich somit Sicherheit gegen unbeabsichtigtes Schraubenlösen und Verschieben (siehe auch Seite 144).

Die Gewindespindel im Hydraulikzylinder

Beim RATRAC verwendete ich für das Bewegen der äußeren Schildklappen anfangs einen M3-Spindeltrieb. Leider sind die Dimensionen von einem relativ preisgünstigen Motor mit Planetengetriebe nicht sehr modellbaufreundlich. So blieb mir nichts anderes übrig, als die Antriebskombination in ein 18-mm-Kupferrohr zu integrieren. Da der Originalzylinder mit vier Spannstäben zusammengehalten wird, war es auch für mich sehr leicht, den Motor in den Zylinder zu verpacken. Sie sollten sich nämlich gut überlegen ob alle Lötarbeiten erledig sind, bevor Sie den Antrieb ultimativ im Rohr versenken.

Für die Wellen-Gewindestabverbindung empfiehlt sich die Stange direkt auf die Welle zu kleben. Für eine 3-mm-Welle sollten Sie mit so einer Verbindung also mindestens eine M5-Ausführung verwenden (siehe auch Seite 150).

Die 64:1-untersetzten Conrad/MFA-Planetengetriebe sind in der 12-V-Version leider nicht gerade sehr kräftig. Da ist es besser auf 6-V-Motortypen zurückzugreifen, die ohne Weiteres im Kurzzeitbetrieb mit der doppelten Spannung versorgt werden dürfen. Das Ergebnis ist eine erhebliche Drehzahl- und Drehmomentsteigerung, so dass sich die Klappen sogar unter Last verstellen lassen.

▲ Überblick auf die Verstellmöglichkeit der RATRAC-Schildklappen

Die „Kolbenstange" besteht aus einem M6-Gewinde ▶

Zurück zum 240er-Pistenbully

Da mich die fürchterlich großen Abmessungen der 16-mm-Motoren am meisten störten, ging ich für die Realisierung der Schwenkfunktion erst einmal auf die Suche nach geringeren Maßen. Bei einem Händler aus Donauwörth fand ich kleinere Motoren mit noch kleineren Stirnradgetrieben zu ebenso dimensionierten Preisen. Was Geschwindigkeit und Haltbarkeit der daraus konstruierten Hydraulikattrappe angeht, hatte diese leider die gleichen Attribute wie anfangs genannt. Dafür sind diese Motörchen wirklich nicht gemacht! Die Zylinder funktionierten zwar ein bisschen, aber mit einer Verstellzeit von rund einer Minute für 20 mm Kolbenstangenweg, war das Ergebnis nicht zufriedenstellend.

Durch die kleinen Getriebeabmessungen war es mir allerdings gelungen, den Antrieb samt M6-Gewindestab, völlig unsichtbar unterzubringen und das gab mir weitere Motivation nach besserer Qualität zu suchen. Die fand

Möglichkeiten zur Gewindestangenverbindung mit der Getriebewelle

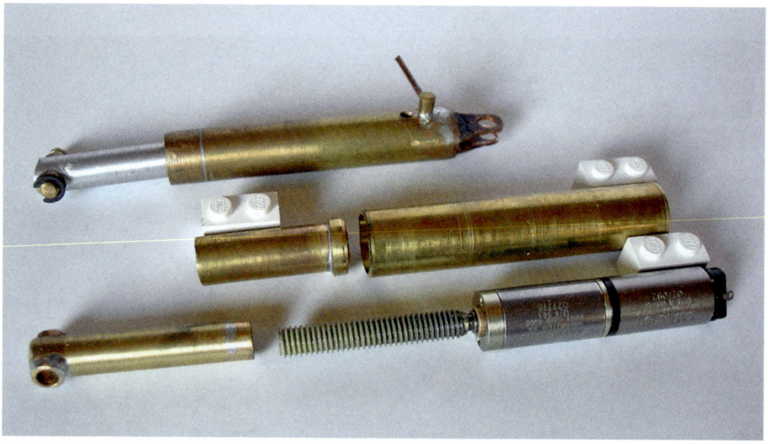

Die Zutaten für einen perfekt getarnten, innenliegenden Spindelantrieb

ich im Hause Faulhaber, dessen Produkte unter anderem von der Firma Lemo Solar vertrieben werden. Die Motoren mit den Edelgetrieben haben zwar einen stolzen Preis, dafür können Sie jetzt Leistung und Qualität in das gleiche Verhältnis setzen. Die ganze Motor/Getriebe-Kombination ist mit 12 mm Außendurchmesser, optimal in einem 14/12-mm-Messingrohr zu integrieren. Leider ist die komplette Baulänge nicht ebenso kompakt und so fällt es wiederum nicht leicht, das M6-Gewinde unsichtbar zu verbergen.

Die Bedeutung der Tilt-Funktion

Das ist von allen Trägerfunktionen diejenige, die für die Praxis betrachtet am allerwichtigsten, aber auch am allerschwersten umzusetzen ist. Denn erst das horizontale Schildneigen macht ein ansprechendes Arbeiten im Gelände möglich. So bald das Fahrzeug und der Arbeitsauftrag die Falllinie verlassen, muss die Schildstellung korrigiert werden. Das erweitert das Einsatzpotential ihrer Raupe erheblich und schafft faszinierende Einsatzmöglichkeiten. Durch die beengten Raumverhältnisse reduzieren sich für

Die Bedeutung der Tilt-Funktion ist hier bestens sichtbar

diese Funktion so ziemlich alle Antriebsmöglichkeiten auf eine Modellhydraulik, oder wieder auf einen winzigen Spindeltrieb. Bei dieser Position ist es mir leider noch nicht gelungen, das Gewinde oder den Motor unsichtbar zu tarnen. Da ich die Originalpositionen von Schildaufhängung und Kolbenstangenanschlag fast 1:1 übernommen habe, war es nicht möglich die Hydraulikattrappe kürzer zu bauen. Ich freute mich sowieso mehr über die erreichte Funktion und den schlanken Zylinder, so dass diese kleine Unschönheit mit dem freiliegenden Gewinde nicht allzu sehr ins Gewicht fällt.

Es stellt sich auch die elementare Frage, ob eine filigrane Teleskopmechanik den heftigen Witterungseinflüssen an dieser Stelle gewachsen wäre? Das blanke Gewinde kann problemlos mit einer Fettpackung versorgt werden, so haben Schnee und Wasser kaum eine Möglichkeit hier Unheil anzurichten.

Fußpunktdetail

Hier war guter Rat sehr teuer, denn die kurzen Wege verlangten nach einer speziellen Anschlaglösung. Das M6-Gewinde braucht in der Kolbenstange mehr Weg bis zur eigentlichen Befestigungsbolzenachse als im Rohrinneren vorhanden ist. Der Bolzen darf somit nicht durchgängig sein, damit das Gewinde frei durchlaufen kann! So bohrte ich in das Messingrohr zuerst ein 4-mm-Loch und verlötete darin eine gleich dickes Stück Ms-Vollmaterial. Mit dem Minifräser entfernte ich anschließend den inneren Teil dieses Bolzens und hatte somit eine fest fixierte, axial perfekte seitliche Aufhängung, die aber innen hohl ist.

Das Befestigen dieser Konstruktion erfolgte danach leider ultimativ mit einem eingeklebten Kupfergegenlager. Sollte hier irgendwann etwas kaputt gehen, so muss ich das Kupferstück aus dem Kunststoff fräsen. Dafür ist das Schild

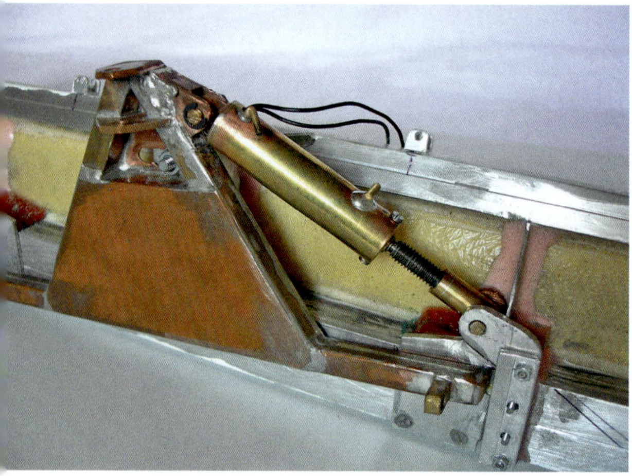
Ein schwieriger Detailpunkt am A-Bock des PB 240D

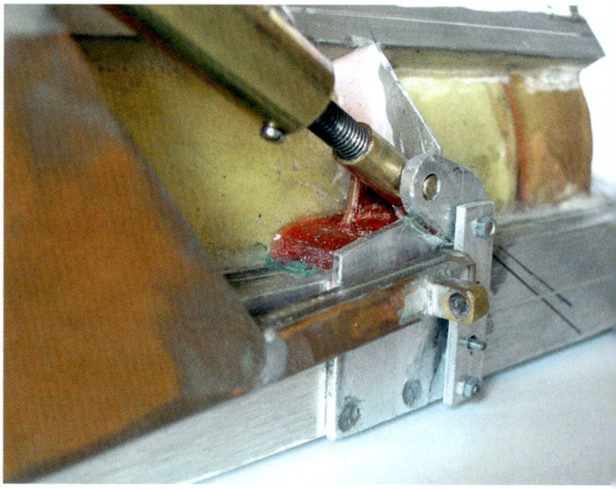
Das Fußpunktdetail erforderte ein ultimatives Verkleben des Gegenlagers

jetzt horizontal verstellbar und somit sind alle Funktionen umgesetzt, die auch das Original zu bieten hat.

Gewindespindel mit angeflanschtem Antrieb

Beim RATRAC hatte ich damals diese wichtige Funktion einfach unterschlagen. Mit den Erkenntnissen des Pistenbullys und mit dem Vorteil in der Hinterhand, dass der Oldie hier modellbaufreundliche Original-Konstruktionen bietet, versuchte ich nun auch für den alten Schweizer eine Lösung zu finden. Der dazugehörige Hydraulikzylinder stellt mit 10/40 mm Baugröße leider nicht unbedingt rasend viel Spielraum für filigrane, innenliegende Spindeltriebe bereit. Was bliebe, wäre ein doppeltes Kardangelenk mit Längenausgleich, ein Spindelantrieb per biegsamer Tachowelle und separatem Antrieb, oder eine Schubdrahtkonstruktion. Diese Methoden wären zwar alle schön und recht – es läuft aber der Winkel des Zylinders zur Fußpunktaufnahme in hochgradig ungünstige Werte. 50 Grad wären wohl gerade noch zu akzeptieren. Es entstehen aber im wirklichen Betrieb Zylinder-Neigungen jenseits von

Der Tilt-Zylinder des RATRAC-Schildes vor dem Umbau

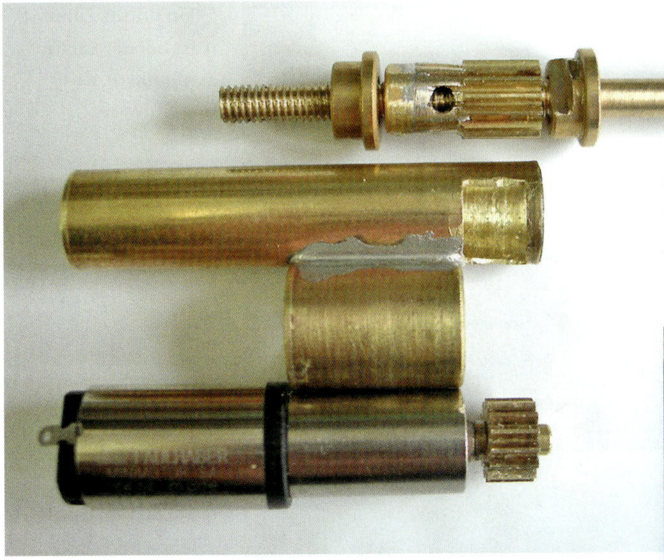

Das Innenleben des Spindelantriebs und der angeflanschte Motor

Mit optischem Kompromis bietet der Antrieb eine prima Funktion ▼

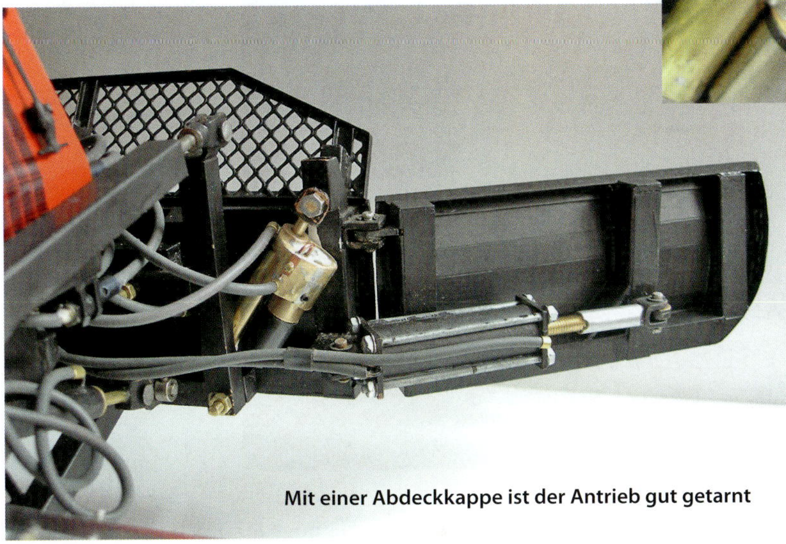

Mit einer Abdeckkappe ist der Antrieb gut getarnt

70 Grad. Also alles „gedankliche Irrwege“ und die Planung von vorne anfangen. Auf die ganze Schildträgerkonstruktion wirken auf Grund der gigantischen Schildbreite von knapp 600 mm, enorme Hebelkräfte. Damit so ein „Gebastel“ später keine traurig, leidige „Eintags-Testveranstaltung“ wird, musste es eine Bauart werden, deren Antrieb von diesen „Killerkräften“ komplett entkoppelt ist. Die Entscheidung lief auf einen Kompromiss von uneingeschränkter Funktion und verminderter Scale-Optik hinaus: Ein Spindelantrieb mit angeflanschtem Minimotor. Eine Antriebsart, die unheimlich robust, trotzdem schnelle Verfahrwege bietet und zu-

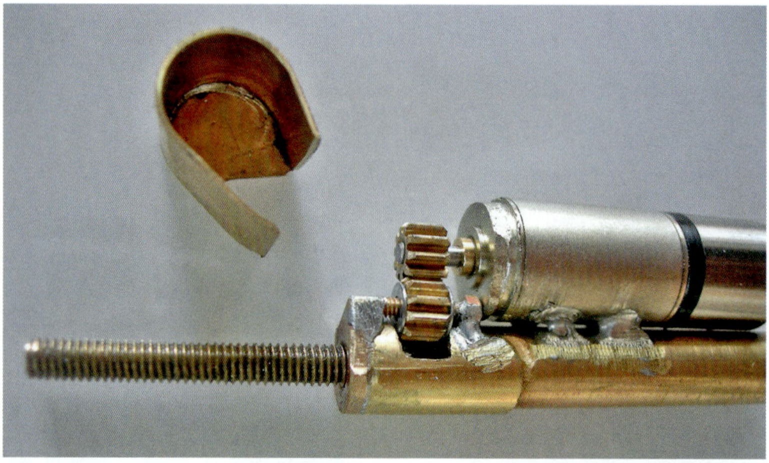

Ein drittes Zahnrad ist bei der Sache unerlässlich

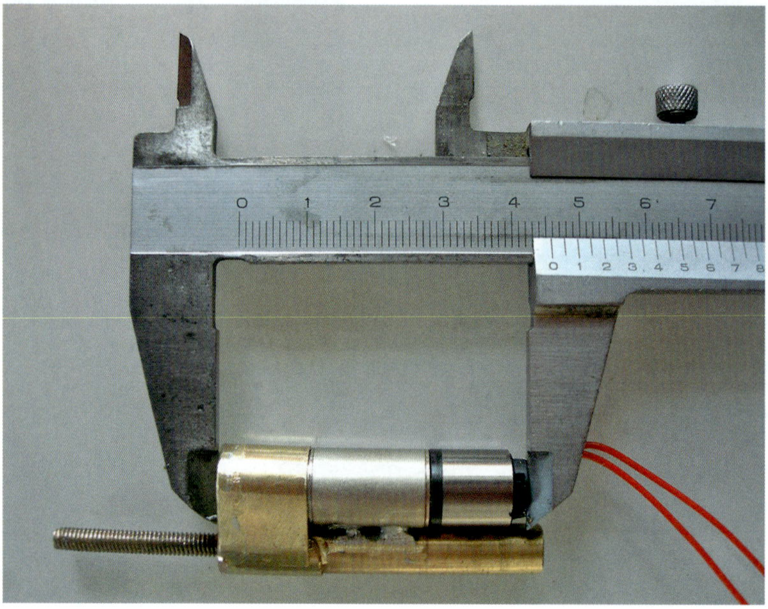

Mit 46 mm Gesamtlänge und rund 30 mm Verfahrweg ist die Mechanik für viele Aufgaben nutzbar...

dem äußerst zuverlässig ist. Die Spindel stellt hierbei die Kolbenstange dar, deren Gewinde aber nicht über die ganze Länge geschnitten ist, sondern nur in dem Bereich, der innerhalb des Zylinders versteckt bleibt. Wer hierfür optisch ansprechenden Chromstahl bearbeiten kann hat gute Karten. Da ich aber eher der Typ bin, der lieber selbst baut, als für teures Geld möglichst viel zusammenzukaufen, was man prinzipiell vom Maschinenbauprofi anfertigen lassen könnte, begnüge ich mich bescheiden mit aufpolierten Messingkolbenstangen.

Die drehende Mutter ist mit einem Ms-Zahnrad in Modul 0,5 verlötet und läuft zwischen zwei Sinterlagern in der Zylinderattrappe fast spielfrei, leider aber nicht vollständig reibungsarm. Zwei Axiallager wären an dieser Stelle zwar die Perfektion, die gut geölte Primitivvariante genügt den zu erwartenden Kräften und mir aber völlig. Lediglich das Mini-

...zum Beispiel für die Tilt-Funktion am Schild des Snow Rabbits

motörchen ist dafür ein echtes Edelprodukt. Ein 12-mm-6V-Faulhaber, der hinter einem 10-mm-Planetengetriebe 64:1, munter für Power sorgt. Die abgestufte Motor/Getriebedimension hat zudem den besonderen Vorteil, dass die Antriebseinheit in einem kleinen Abschnitt 12/10-mm-Messingrohr recht ordentlich getarnt werden kann. Um jetzt nicht noch unnötig im Durchmesser aufzutragen, muss allerdings noch ein drittes Zahnrad für eine Verbindung zum Motorritzel sorgen.

Die ganze Konstruktion ist gar nicht unmöglich schwer und vor allem mit einfachen Mitteln, drehbankfrei zu bauen! Ich habe sie später auch noch beim Snow Rabbit für die gleiche Aufgabe verwendet. So bietet sie doch irre Möglichkeiten, einer bislang toten Konstruktion, endlich Leben einzuhauchen. Gabellager- und Zylinderanschlagpunkte sind dabei natürlich nicht zu unterschätzen. Solide Lötverbindungen sind hier das „A und O", wenn es im knallharten Winter-Outdoor-Einsatz nicht plötzlich „knack" machen soll!

Mechanische Hubzylinder von CTI-Modellbau

Der Markt an Funktionsmodellen ist in den letzten Jahren förmlich explodiert. Die Bausätze sind inzwischen voll ausreift und das Angebot geht verstärkt in die Zubehördetails über. Zur Freude von wahren Technikliebhabern und das junggebliebene „Kind im Mann". Aber für Modellbauer mit dünnerem Geldbeutel stellen diese käuflichen Angebote oft unüberwindbare Kostenhürden dar. Wenn selbst ein „Bruderumbau" in Eigenregie vierstellige Eurosummen verschlingt, belastet das die Modellbaukasse oft auf Monate. Als Abhilfe blieb oft nur ein Beweglichmachen mit Servos oder mit selbst gemachten Spindelzylindern. Während erstere Version

Seit Herbst 2011 bereichern die mechanischen Hubzylinder das käufliche Modellbauangebot

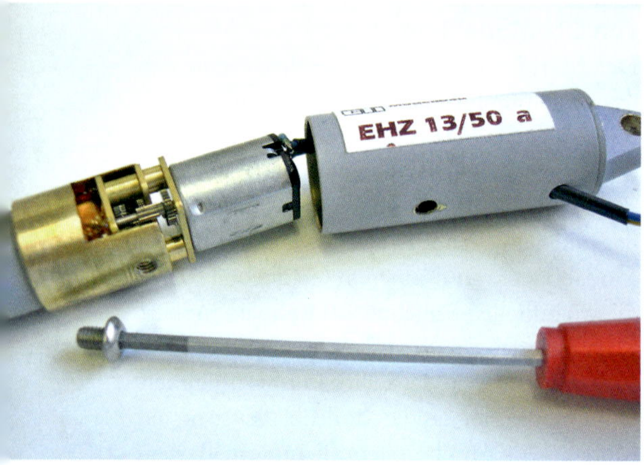

Der winzige Antrieb versteckt sich unter einer abnehmbaren Kappe

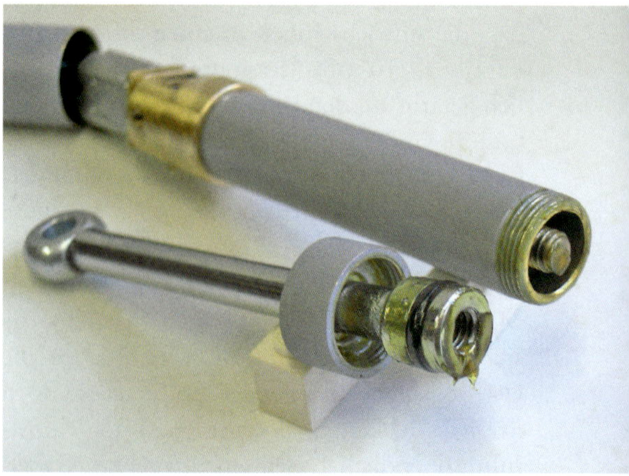

Der Fußpunkt der Kolbenstange wird per O-Ring radial im Zylinder geführt

Tricktechnische Überlagerung der Verfahrwege

das Modell meistens leider wirklich nur „bewegte“, aber von robuster Funktion weit entfernt war, blieb die Anfertigung von Spindelzylindern die hohe Kunst der Modellbauschule. Es schaut zwar immer so einfach aus, aber in der Umsetzung haben diese feinen Mechanikbauteile doch oft ihre Tücken. Dieses Defizit füllt seit Herbst 2011 nun endlich CTI-Aichtal mit ihren „mechanischen Hydraulikzylindern“. Lange erwartet und anfangs nur schwer lieferbar bietet das kleine Innovationsunternehmen jetzt sechserlei Baugrößen an. Aber gleich vorneweg: Man darf im Verhältnis zur echten Funktionshydraulik von diesen Zylindern keine Wunder erwarten. Das verbietet schon allein das Preis-/Leistungsverhältnis. Die Bauteile schließen aber endlich die Lücke im mittleren Preisniveau der „Brudermodell-Umbauer“. Zudem bieten die kleinen Mechanikhelferlein ein gigantisches Einsatzspektrum für den engagierten Eigenbauer, der zwischendurch auch einmal unkompliziert zum Ziel kommen möchte. Gründe genug also, um diesem Serienprodukt einmal gründlich auf den Zahn zu fühlen:

Minimalistische Bauanleitung

Wie bei CTI gewohnt, ist die Verpackung und „Bauanleitung“ relativ schlicht und komprimiert gehalten. Seitenlange Beschreibungen waren aus diesem Hause noch nie zu finden. Und so kommen auch die Zylinder mit nur einer A4-Seite Anleitungstext aus. Wozu auch mehr?; denn CTI-Produkte sind eigentlich schon immer auf der Basis von „Plug and Play“ konzipiert. Selbst der neueste Reglertyp Thor 2/07 (oder Thor 2/13), der für die Ansteuerung der Zylindermotoren zuständig ist, kommt mit minimalistischem Begleittext aus. Dafür setzt der Kauf das grundlegende Beherrschen der Lötkunst voraus, denn Regler, Zylinder und der Stromanschluss sind steckerlos. Sie müssen in das elektrische Modellsystem vom Käufer selbst integriert werden. Aber das verlangt keine besonderen Kenntnisse, sondern beschränkt sich auf den Plus- und Minus-Anschluss (schwarz/rot), die zwei Kabel zum Zylindermotor (blau/gelb) und das Einstecken eines Servosteckers in den RC-Empfänger. Die drei Litzenbündel sind in Minuten verräumt und man kommt ohne

Ölsauerei in den Genuss einer gemächlich ausfahrenden Kolbenstange.

Zeitspiele

In dem Fall und für diese Geschichte ergibt sich ein Hub von 70 mm, der ohne Belastung in genau sieben Sekunden erledigt war. Das entspricht sehr präzise den angegebenen 1 cm/sec., wobei hier die Betriebsspannung entscheidenden Einfluss trägt. CTI gibt für einen schadlosen Betrieb eine Spannung zwischen 10 und 12 V, beziehungsweise zehn NiMh-Zellen oder drei Li-Zellen an. Ich fuhr meine Messreihen mit genau 12,6 V aus einem stabilisiertem Netzgerät. Testete aber parallel auch immer mit einem dreizelligen LiFe-Akku, der voll geladen 10,7 V brachte. Hier lag die Geschwindigkeit für ein komplettes Hubspiel schon bei beachtlichen 9,0 Sekunden. Jetzt stellt sich natürlich die Frage, wie der Antrieb unter Last reagiert? Und da ist es wie im echten Leben natürlich auch: Mit zwei Kisten Wasser geht es beschwerlicher bergauf. In Zahlen ausgedrückt, bei 2 kg axial aufgelegter Masse, braucht die Kolbenstange schon 8,2 Sekunden bis zum Endanschlag. Die Maximalhubkraft gibt der Hersteller mit 45 N an. Das entspricht knapp 4,5 kg. Und weil eine kleine Sicherheitszugabe nie schadet, probierte ich es sogar mit 5 kg aufgelegtem Gewicht, bei 12,6 V Betriebsspannung. Selbst diese Überlast stemmte der Zylinder, aber man hörte deutlich wie er sich mühte und sich 43 % mehr Zeit für die Strecke nahm. In greifbaren Zahlen ausgedrückt sind das dann nur noch 0,7 cm/sec. Solange es nicht zur Accordabrechnung kommt, wird diese Extremleistung den Junior sicher freuen.

Kraftprotze?

Kann diese gestemmte Kraft aber real betrachtet werden? Einem Linearzylinder steht die oft ernüchternde Physik mit ihrem Hebelgesetz gegenüber. Und letzteres drückt diese prima Werte natürlich gewaltig nach unten. Kein Bagger und kein Radlader haben rechtwinklig und linear wirkende Kraftverhältnisse für die Zylinder bereitgestellt. Leider sind die Kolben auf Grund der Platzverhältnisse oft sehr spitzwinklig und mit kleinen Hebeln angeschlagen, was die gemessenen 50 N Druckkraft schnell auf einen Bruchteil an echter Schaufel-Hubleistung reduziert. Aber wann, wo und wie viel Kraft letztendlich bei welchem Modell zur Verfügung steht, soll nicht Thema dieser Versuchsreihe sein. Die Problematik zusammengefasst kann aber gesagt werden, dass es bei „anspruchsvollen Kunststoffmodellen" bleiben sollte. Zumindest immer dann, wenn die erforderliche Kraft, nicht explizit berechnet werden kann. Was mir in diesem Zusammenhang aber viel wichtiger erschien, war die Frage, ob die Zylinder nicht nur „stemmen", sondern auch „ziehen" können. Diese Eigenschaft ist nämlich keine Selbstverständlichkeit und so drehte ich meinen Prüfstand um 180 Grad auf den Kopf. Wiederum ging es mit absoluten Messgewichten zur Sache. Natürlich könnte bei diesem Tun auch ein digitaler Kraftmesser zum Einsatz kommen, aber ich finde die Methode mit absoluten Gewichten bei weitem realer und besser einschätzbar. So war das Zugergebnis nahezu identisch zu den gedrückten Resultaten. Was beweist, dass die Position des Drucklagers sehr solide Aufgebaut ist. Denn ohne ein präzise eingebautes Kugellager, wären mit den bescheidenen Antriebskräften niemals solche Kraftergebnisse realisierbar.

Antriebsmotor

Während man das Druckkugellager unter normalen Umständen nicht zu Gesicht bekommt, kommt durch das unproblematische Lösen einer kleinen M2,5-Schraube der Antriebsmotor zum Vorschein. Nach dem vorsichtigen Zurückschieben der Schutzkappe grinst einem ein winziges 6-V-Getriebemotörchen an. Um das Zylindermaß und den Preis nicht unnötig in die Höhe zu treiben, wurde hier ein 50:1 untersetztes Stirnradgetriebe eingesetzt. Genial ist dagegen die Befestigung des kleines Getriebewunders im Zylinder. Ein Messing-Dreh/Frästeil hindert den Motor auf einfachste Weise am Mitdrehen, so dass lediglich die 3-mm-Abtriebswelle mit einer Madenschraube am Gewindestangenfuß fixiert wird. An dieser Position hat sich so mancher Hobbybastler sicher schon die Zähne ausgebissen, denn dort entsteht allermeistens eine kleine Axialabweichung. Und da die Hersteller der CTI-Zylinder wohl auch nur „mit Wasser kochen", stellt sich bei den käuflichen Produkten leider das gleiche Problem ein. Da der Motor aber unter einer Kappe verdeckt ist, fällt das kleine Manko nicht weiter ins Gesicht. Lediglich bei maximalen Hublasten, überträgt sich das „Geeier" auf das Hubgerüst.

Elektronik

Absolut ausgereift ist dagegen die Regelelektronik der ganzen Sache. Wie gewohnt hat der Baustein lediglich Briefmarkenformat, bietet ein proportionales Regelverhalten und beinhaltet sogar ein kleines BEC zur Empfängerstromversorgung. Wer allerdings noch zusätzlich ein Servo im Modell verbaut, sollte auf jeden Fall ein separates BEC einplanen. Wirklich faszinierend ist das Abschaltverhalten in den Endlagen, oder bei Überlast. Nach einer kaum wahrnehmbaren Blockierphase, wird sofort der Strom abgeregelt und der Motor bleibt stehen. Danach muss ultimativ in die Gegenrichtung gesteuert werden, um dem Zylinder wieder Strom zu geben.

Zum Schluss noch ein Wort zu den Abmessungen, den Lageraugen und der Verarbeitung. Hier muss der Scale-Fanatiker auf Grund der Bauart doch ein Auge zu drücken. Wir sprechen nämlich immer noch von „mechanischen Hydraulikzylindern" und das schlägt sich eben auf die Gesamtmaße deutlich nieder. So bringt es selbst die kleinste Version nicht unter ein Minimalmaß von 89 mm und das bei lediglich 28 mm Hub. Irgendwo muss der Antriebsmotor ja hin und diese Problematik zieht sich natürlich durch die ganze Baureihe. Dagegen dürfen sich die Zylinder das Prädikat „sehr robust" auf die Fahnen schreiben. Die Kolbenstange ist hartverchromt und mit einer Kunststoffbuchse gedichtet. Wirklich bemerkenswert ist auch der zusätzliche O-Ring am Fuß der Kolbenstange. Dieser verhindert sehr effektiv ein Verkeilen der ausgefahrenen Kolbenstange und nimmt dadurch auch prima den Radialdruck von der M5-Antriebs-Gewindestange.

8. Vordere Anbaugeräte

Das Räumschild

Eine Pistenraupe ohne Räumschild ist wie ein Kugelschreiber ohne Kugel. Das ist zugegeben ein dummer Spruch, aber er passt für Ihr Modell vortrefflich. Es ist unbestritten ein tolles Erlebnis, mit seiner Kreation durch tief verschneite Winterlandschaften zu ziehen, aber irgendwann kommen Situationen, wo Sie auf ein funktionsfähiges Frontschild nicht verzichten möchten. Solche Punkte sind zum Beispiel:

- Traktorspuren, die jungfräuliche Schneeflächen brachial bis zu 50 cm tief zerschneiden,
- Entwässerungsgräben an Wegen und Böschungen,
- Übergangsstufen von gewalzten Pisten zum Tiefschnee, u.s.w.

Das sind alles Situationen wo Sie an Ihr Modell fast ausnahmslos Hand anlegen müssen. Solche Geländeverhältnisse sind eben oft nicht mehr

Erst ein funktionelles Räumschild macht aus der nackten Raupe ein echtes Arbeitstier

maßstabsgerecht und daraus resultierend unfahrbar. Sie bringen Ihr Fahrzeug auch schnell in brenzlige Positionen und schlimmstenfalls zum Überschlagen. Wenn Sie aber ein brauchbares Schild an Ihrem Kettenfahrzeug haben, ist es purer Fahrspaß, sich mit dem Modell selbst den Weg zu bereiten! Natürlich können Sie mit einem schweren 1:12-Modell auch realistisch arbeiten! Vorausgesetzt Sie haben bei Ihrem Frontträger alle Hausaufgaben gemacht, ist es durchaus möglich, in 30 Minuten bis zu einem viertel Kubikmeter Material zu bewegen. So was macht in feinem, mit perfekter Feuchte eingestelltem Sägemehl natürlich am meisten Spaß. Wenn das Material optimal vor dem Schild fließt und sogar minimalste Verfüllspalte möglich sind. Eine Buckelpiste anzulegen ist zwar lustig anzuschauen, aber probieren Sie einmal das Gegenteil! Das ist die wahre Kunst und verlangt unheimlich viel Übung. Die größte Herausforderung ist allerdings ein Arbeiten bergauf! Hierfür braucht es neben einem sehr gelenkigen Trägersystem ein feines Händchen an der Fernsteuerung. Denn schon beim kleinsten Kettendurchdrehen verliert die Fahrzeuglängsachse die Parallele zum Untergrund. Wer dann nicht sofort stoppt, gräbt sich hecklastig ein und vernichtet in Sekunden die bisherige Arbeit. Am schwierigsten ist das Arbeiten bergauf über eine Kuppe zu bewerten. In dieser Situation verliert das Schild auf Grund der begrenzten Tiefgängigkeit gerne den Bodenkontakt und streckt sich unbrauchbar in die Luft. Deswegen ist es ratsam, die Trägerwege sehr großzügig zu gestalten. Durch die großen Hebel des Schildes wirken auf die ganze Kombination mit dem Träger heftige Kräfte. Eine zu leicht dimensionierte Ausführung wird vielleicht mit Pulverschnee gerade noch fertig. Wenn es aber an verharschte Oberflächen, oder Frühjahrsschnee herangeht, kann Ihr Schild gar nicht stabil genug gebaut sein. Um auch mit relativ einfachen Bauweisen eine vernünftige Stabilität zu erzielen, gibt es sechs wichtige Punkte zu beachten:

- Bringen Sie eine Wölbung in die Fläche! Die macht das Einbiegen der Außenklappen aber zugegeben sehr anspruchsvoll. So ein Schild muss dann mindestens dreiteilig, mit eingezogenen Blechfalten, oder mit Ausklinkungen in der Hauptfläche ausgeführt werden.
- Verzichten Sie niemals auf die Gleitkufe! Ein Schild ohne dieses elementare Bauteil gräbt sich fast unkontrollierbar in den Schnee.
- Mit Winkelverstrebungen auf der Rückseite lassen sich sehr gute Stabilitätsergebnisse erzielen.
- Wenn Sie mit einer Zahnleiste liebäugeln, sollte diese unbedingt aus Stahlblech angefertigt sein.
- Die Verbindungen der einzelnen Bauteile kann durch Schrauben oder Kleben geschehen.
- Für mehr Flexibilität im Modellbetrieb sollten Sie das Schild abnehmbar gestalten.
- Nehmen Sie sich für den Anfang eine leicht umsetzbare Konstruktion vor! Bewegliche Seitenklappen sind äußerst anspruchsvoll.

Ich habe Ihnen dafür einige grundverschiedene Baumöglichkeiten zusammengestellt, die sich allesamt bewährt haben:

Die Massivausführung aus Uginox oder Messing

Dies ist die sicherste und einfachste Lösung, um schnell zum Ziel zu kommen. Ob die Fläche mehr- oder nur einteilig gestaltet wird, tut nichts zur Sache. Uginox (= verzinnter, ferritischer Edelstahl) ist schon in der 0,5-mm-Qualität sehr stabil und auf der Fläche prima lötbar. Man sollte dabei grundsätzlich überlappend arbeiten und auf stumpfe Nähte verzichten. Messing ist stumpf, bei weitem angenehmer zu löten, sollte aber großflächig nicht unter 0,6 mm Dicke zum Einsatz kommen. Das Tolle an beiden Werkstoffen ist die fast grenzenlose und sichere Kombinationsmöglichkeit von einzelnen Segmenten. Siehe dazu Bild auf Seite 155.

◀ Massivkonstruktion aus 0,5 mm Uginox...

...mit ausgeprägter Gleitkufe und bissiger Zahnleiste für eine hohe Abtragsleistung ▼

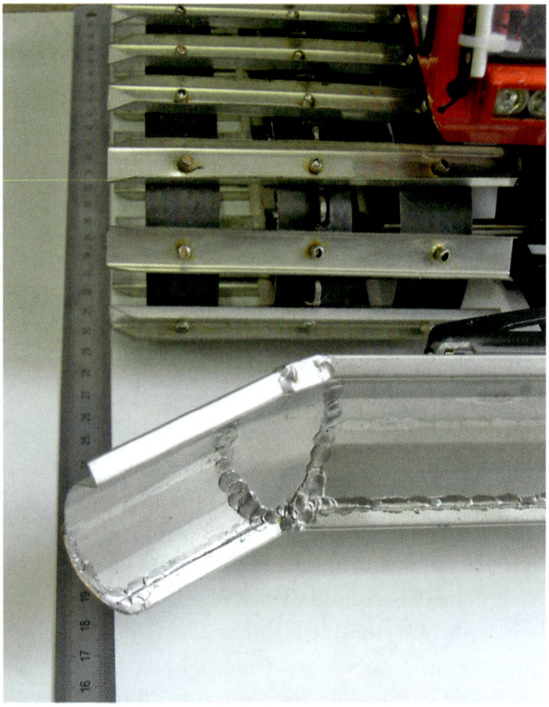

▲ Für eine gute Funktion, darf das Schild durchaus ein bischen breiter wie das Fahrzeug sein

Der seitliche Verschluss der Gleitkufe stabilisiert zusätzlich die Fläche ▶

Die Aluminiumausführung gelötet

An dieser Stelle höre ich schon die Einwände, dass man Aluminium doch nicht löten könne. Da muss ich aber deutlich aufklären und möchte an dieser Stelle ein simplen Praxisbeweis vorstellen. Da ich für neue und mir noch unbekannte Techniken immer offen bin, schaute ich mir auf einer Messe eine Vorführung zum Thema „Löten mit AL-75“ an. Obwohl die Demonstration sehr professionell und gelungen präsentiert wurde, war mir sofort klar, dass das auf die eigenen Arbeiten projeziert, nicht einfach werden würde. Mit einer Basisausrüstung von 2 m Lötdraht machte ich anschließend in der heimischen Werkstatt die ersten Versuche. Und siehe da, es war wirklich kein Hexenwerk und der auf der Messe gezeigte Versuch gelang auf Anhieb!

Bei weitem schwieriger sind aber komplexe und große Flächen zu bewerten. Da bedarf es manchmal schon gewaltig an Wärme, die mit einem herkömmlichen Bunsenbrenner kaum noch geliefert werden kann. Der allergrößte Nachteil ist aber die seltsame Löttechnik die AL-75 verlangt. Dabei wird nach dem Erreichen der Schmelztemperatur des Lots, die komplette Lötstelle mit einem kleinem Flachschraubenzieher abgestrichen. Diese Prozedur soll die Oxydschicht aufreißen und dem Lot die Chance zur Materialbenetzung geben. Das man dabei auch mechanische Kraft auf das Werkstück überträgt, ist unvermeidbar und sehr lästig! Und was beim zweiteilig fixiertem Vorführstück noch prima funktioniert, gestaltet sich bei mehrteilig komplexen Konstruktionen zum Alptraum. Wer es vom Flammlöten von Messing gewohnt ist, dass ein Tropfen Lötzinn punktuell und sauber in der Naht verschwindet, dem springt bei der Schaberei mit dem Schraubenzieher, nebenan ein schon gelötetes Teil auseinander. Ohne einen Autogenbrenner verlangt es deshalb viel Muße und Geduld, mehrere Schildteile passgenau zu verbinden. Trotz der Mühen fasziniert mich das Ergebnis allerdings immer wieder, denn das Schild ist federleicht und dabei sehr stabil.

Die Aluminium-Stahlkombination

Für 1:16- bis 1:12-Fahrzeuge eine prima Bauart, um mit einfachen Mittel an ein leichtes und trotzdem stabiles Schild zu kommen. Dabei werden die Flächen durch geschraubte Profilverbindungen stabilisiert. Auch Vollnieten können

Primitive Bauweise mit Schraub- und Nietverbindungen

dabei zum Einsatz kommen. Hierzu bietet die Firma Alfer einiges an brauchbaren Profilen an.

Die Messing-Kunststoff-Stahlkombination

Wenn Sie ein wirklich großes Fahrzeug planen, muss auch das Schild dafür gebaut sein. Gute Erfahrungen habe ich mit einer Mischbauweise aus kantigem Messingrohrprofil 10/10 mm, 1,5 mm dickem Polystyrol und 0,5 mm starkem Weißblech gemacht. Das verwendete Messingprofil lässt sich mit dem Bunsenbrenner hervorragend weichlöten und ergibt auf diese Weise ein stabiles Grundgerüst. Das Schild war für den RATRAC konstruiert und sollte bewegliche Klappen bekommen. Die Scharniere und Hydraulikwiderlager bilden dabei 2 mm starke Kupferbleche. Diese stumpf, mit Weichlot angelöteten Buntmetalle bilden leider eine kleine Schwachstelle im Stabilitätskonzept. Wer eine Hartlötausrüstung zur Verfügung hat, sollte hier unbedingt den Autogenbrenner ansetzen und es besser machen!

Die Verbindung zum Polystyrol geschieht mit dünnen Weißblechwinkelprofilen, in die der Kunststoff so eingespannt wird, dass er

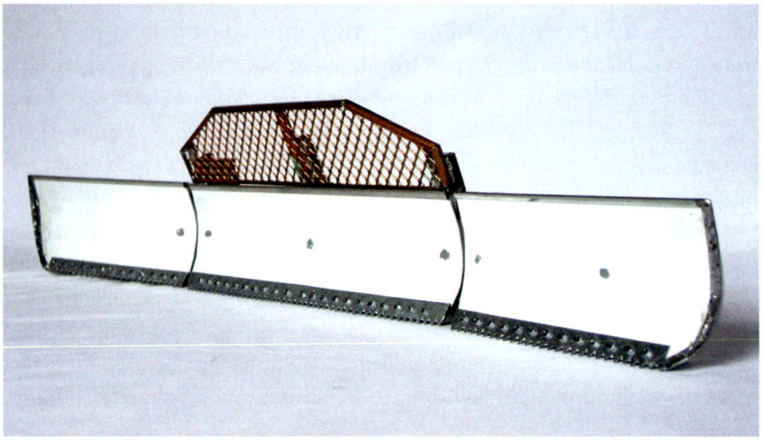

Das Räumschild des RATRACs misst mit gestreckten Klappen immerhin 570 mm

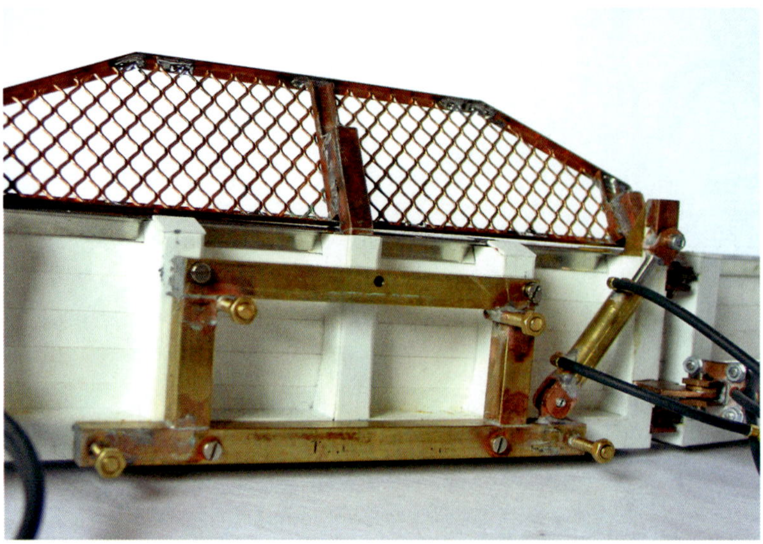

Ein massiver Zwischenbock ist das Bindeglied zum Geräteträger

Schnittzeichnung RATRAC-Schild

zwangsweise seine Wölbung bekommt. Natürlich müssen Sie vorher ganz leichte Messerschnitte parallel über die Fläche ziehen. Die endgültige Festigkeit erhält das Schild durch das dreiseitige Umschließen der senkrechten Messingstützen mit 1-mm-Polystyrolmaterial. Das Ganze wird damit dermaßen stabil, ist fast perfekt maßstabsgetreu und schaut dazu auch noch sehr gut aus. Selbstverständlich muss bei dieser Bauart die Reihenfolge von Löt- und Klebearbeiten penibelst eingehalten werden. Lediglich die Rand- und Seiteneinfassungen werden nach der Kleberei aus filigranen Weißblechzuschnitten mit dem bestehenden Grundgerüst verlötet.

Die verschraubte Stahlblechzahnleiste am unteren Rand sorgt für eine weitere Flächenversteifung und macht sogar ein effektives Arbeiten bei harten Schneeverhältnissen möglich. Die Rohrprofile haben dazu den Vorteil, dass das Aufstecken des Lockerschneegitters wieder sehr vorbildgetreu möglich ist. Die Steckenden müssen dann entweder aus Vierkantmessing 8/8-mm-Rohr sein, oder aus zwei Kupferwinkeln die weich zusammengelötet sind. Damit die Messingrohre steckbar werden, müssen sie aber durch Feilen nachgearbeitet werden. Der große Nachteil dieser Gesamtkonstruktion ist, trotz der großen Kunststoffflächen, das relativ hohe Gewicht.

Die Aluminium-GFK-Messing-Kombination

Für den 240er-Kässbohrer wollte ich beim Frontschild neue Wege gehen und plante die großen Flächen aus GFK. Das Schild hat keine verstellbaren Seitenklappen und ist in der ganzen Mimik bei weitem schlichter als die RATRAC-Ausführung. Der Aufbau ist dagegen eine recht komplexe Angelegenheit, gilt es doch drei verschiedene Materialien hochfest miteinander zu verbinden.

Die Basis für das Leichtgewicht bildet ein großzügig dimensioniertes Alurechteckprofil 27,5/15,5 mm. Dieses Profil bildet das Rückgrat des ganzen Schildes und übernimmt 85 % der auftretenden Schubkräfte. Die große Kunst liegt jetzt darin, die beiden Seiteneinknicke mit dem Aluminium dauerhaft stabil auszubilden. Wenn Sie das Leichtmetall sauber ausgeklinkt haben, gibt es mehrere Möglichkeiten die Verbindung zu fixieren. Entweder verschweißen Sie das Ganze, oder Sie geben zumindest den Auftrag dafür. Die zweite Variante wäre die Verschraubung mit innenliegenden Hilfsblechen. Die dritte Möglichkeit ist die Verklebung. Mich reizte letzteres Verfahren und so startete ich einen Versuch:

Dazu verschloss ich 15 mm beidseitig des Knicks das Innere des Profils mit einem Stückchen Polystyrol. Jetzt könnte ich das Profil schließen und durch ein eingebohrtes Loch

Das Räumschild des PB 240D besteht aus einem lustigen Materialmix

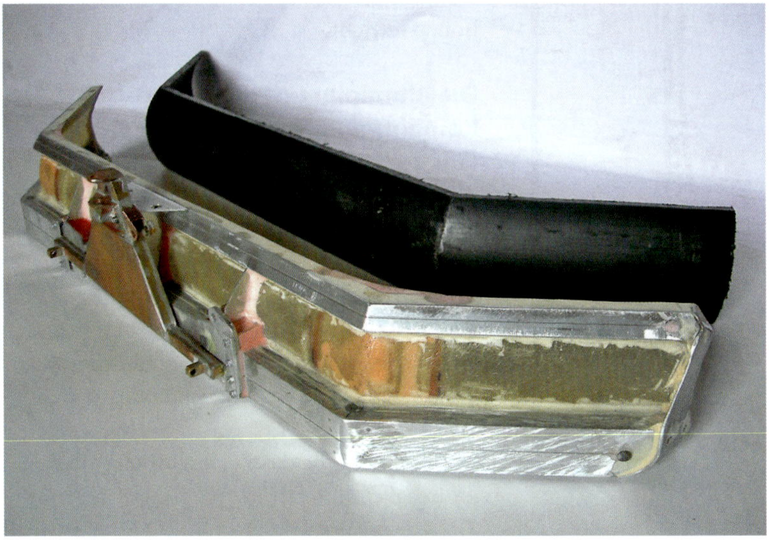

Rund 80 % der auftretenden Kraft wird von der massiven Gleitkufe aufgefangen

den entstandenen Hohlraum mit Epoxydharz und Glasfaserschnitzeln füllen. Um ganz sicher zu gehen, dass sich der verklebte Pfropfen nicht vom Aluminium löst, bohrte ich vorher noch ein paar Löcher durch diesen Grundträger. Darin versenkte ich lange M3-Schrauben und gab dem Ganzen so eine unausreißbare Innenarmierung. Wenn hinterher alles Verschliffen ist, sieht keiner mehr die angewandte Technik.

Auf diese solide Basis war es jetzt relativ leicht das weitere Schild aufzubauen. Als Negativform für die gewölbte Fläche diente ein Stück PE-Rohr DN 125 aus der Abwasserinstallation. Mit der Kreissäge zugeschnitten und mit einem Schweißspiegel verbunden, bilden die Rohrsegmente eine hervorragende Vorlage für das Polyester-Glasfaserlaminat. Die glatte Seite bildet dabei die konvexe Rohroberfläche, die rückseitige Glasfaserstruktur verdecken die Aluprofile sowieso zur Hälfte.

Nach dem Aushärten kann die Fläche oben und unten besäumt und mit dem Grundprofil verklebt werden. Hierzu verwendete ich mit Microballons eingedicktes Polyesterharz, dass nicht so leicht durch kleine Ritzen verschwinden kann. Das obere Abschlussprofil ist ebenfalls aus Aluminium, aber bei weitem nicht so aufwändig an den Ecken verbunden wie die untere Basis. Das Profil wird vollflächig auf das Polyesterlaminat geklebt und die daraus ent-

an den rechten und linken Muldenmitnehmer weitergeleitet. Für sichere Mitnehmerverbindungen sind in diese Achse zwei passgenaue Vertiefungen eingebohrt, die den beiden M4-Madenschrauben sicheren Halt bieten. Die Mulde selbst besteht aus 0,5er-Uginoxblech (= verzinnter, ferritischer Edelstahl). Dabei ist der Hauptkörper aus lediglich vier Teilen weich zusammengelötet und auf der Rückseite mit zwei Verstärkungsstreben stabilisiert. An diesen sind auch die oberen Kolbenstangenlager angebracht, die auf Grund der Überbreite der unteren Ausleger zwangsläufig etwas breiter geraten sind. Da die immerhin 510 mm breite Mulde ein erhebliches Eigengewicht hat und am Drehpunkt ein grauenhaftes Drehmoment erzeugt, kann die Aufwärtsbewegung leider nicht sehr kraftvoll ausgeführt werden. Deswegen verzichtete ich auf eine bissige Zahnleiste und investierte lieber in ein paar hübsche Details im Bereich der Hydraulikattrapen.

Unter einer Abdeckung versteckt sich die Zahnradkaskade

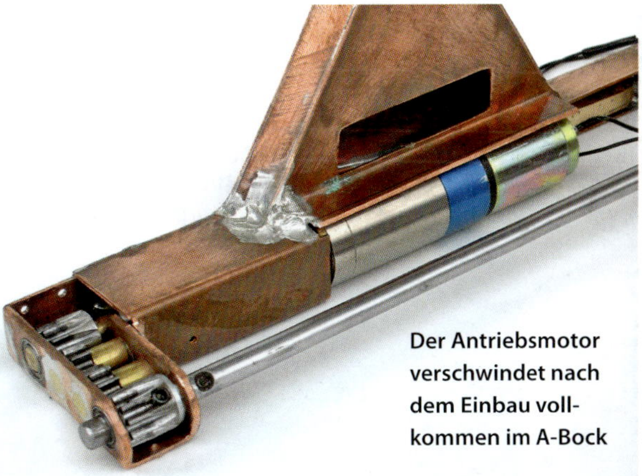
Der Antriebsmotor verschwindet nach dem Einbau vollkommen im A-Bock

Für ein restloses Entleeren ist ein großer Kippwinkel wichtig

Schneefräse/Schneeschleuder

Wer es einmal live erlebt hat, wie sich eine große Winterdienst-Schneeschleuder durch die weißen Massen arbeitet, der hatte als Modellbauer wahrscheinlich sein perfektes Schlüsselerlebnis. Wenn sich die großen Fräsenwalzen unaufhaltsam durch den Schnee graben und parallel dazu aus den Auswurfkaminen ein massiver Schneestrahl hervorstübt, wird man sich der Faszination der Sache kaum entziehen können. Danach geht das große Nachdenken und die konstruktive Verkleinerung in den gewünschten Maßstab los. Wobei hier der Schleuder-Bautyp eine ganz entscheidende Rolle spielt.

Der größte Konstruktionsunterschied einer solchen Monstermaschine liegt in der Frage, ob ein-, oder zweistufig? Beim zweistufigen Prinzip wird der Schnee von einer langsam drehenden Spiralwalze abgeschält und von einem, um 90 Grad versetzten, hochtourig drehenden Wurfrad ausgeschleudert. Dabei gibt es die Möglichkeit des Direktauswurfs, oder die feine elegante Art, über einen x-fach verstellbaren Kamin. Mit dieser im echten Leben zu 80 % verwendeten Bauart experimentierte ich bereits 2008. Das Ergebnis war eine in Scale-Bauweise erstellte WESTA-Frässchneeschleuder, die im Maßstab 1:8 sicherlich ein Meilenstein sein sollte.

Dagegen ist die einstufige Bauweise wegen der hohen Antriebsanforderung im Straßenunterhalt eher selten anzutreffen. Hierbei wird von den mächtigen Schleuderschnecken der Schnee direkt in den Aufwurfkamin getrieben, was für die Modellumsetzung betrachtet natürlich viel einfacher erscheint. Mit dieser Bauart haben sich seit vielen Jahren erfahrene Bastler beschäftigt und es liegen auch schon recht respektable Ergebnisse vor. Früher war die Kombination aus Drehzahl und Drehmoment keine leichte Aufgabe und der Knackpunkt der Sache. Mit den konventionellen Silberbüchsen brauchte es

nämlich unbedingt ein solides Getriebe, dass im Inneren der Trommel platziert, eine recht anspruchsvolle Konstruktion war. Und so beschränkte sich bislang der Bau einer einstufigen Modellschneeschleuder auf wenige handverlesene Metallspezialisten mit einem komplexen Maschinenpark.

Mit dem Massenangebot der kleinen Außenläufer hatte sich aber für genau diese Materie eine völlig neue Perspektive aufgetan. Mit minimalen Abmessungen und trotzdem einem gigantischen Drehmoment, eignen sich Brushless-Motoren ab der 35er-Serie bestens für solche Modelle. Abgabeleistungen von 300 W aufwärts, lassen alle konventionellen Methoden blass erscheinen und erschließen jetzt sogar dem Hobbybastler diese faszinierende Materie. Eine Drehbank ist dazu zwar immer noch ein Vorteil, aber wer mit einer kleinen Trommelunwucht leben kann, kommt eventuell sogar mit Standardwerkzeug aus.

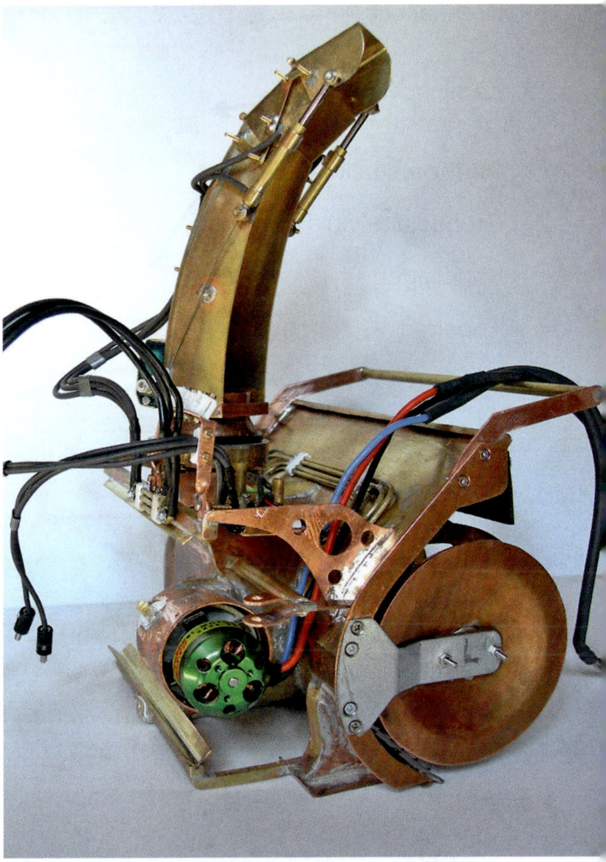

Gesamtüberblick auf eine zweistufige Konstruktion

Die WESTA-Schneefräse

Durch Zufall begegnete ich im Frühjahr 2008 einer zweistufigen WESTA-Scheefräse, die auf einem öffentlichen Parkplatz im Kleinen Walsertal stand. Es handelte sich dabei nicht um eine Standardversion für den kommunalen Winterdienst, sondern eine Spezialanfertigung für die professionelle Pistenpräparierung. Ein Wahnsinnsgerät mit genau 3 m Breite, zwei Aufwurfkaminen und einem mächtigen Tragschlitten, der eine seitliche Verschiebung von je 750 mm ermöglicht. Angebaut werden solche Monster an leistungsfähige Pistenraupen, die auf diesem Weg für große Schneeverfrachtungen sorgen. Noch am gleichen Tag der Begegnung begann ich deshalb das Ding sofort aus jedem Winkel zu fotografieren. Zu einer zweiten Zusammenkunft nach ein paar Tagen, nahm ich mir fünf gute, ausgedruckte Ansichten, Schreibzeug und einen Meterstab mit. Durch diese simple, aber wirkungsvolle Methode, wird eine Feldaufnahme von Originalmaßen deutlich genauer und zeitlich erheblich verkürzt.

Dann konnte es losgehen mit dem Brainstorming. Zusammen mit einem Freund, der die berühmte Internetseite www.snow-groomer.com betreut, diskutierten wir in unzähligen Mails die mögliche Modelltechnik und deren Anforderungen. Zwischendurch erhellte ein Anruf beim Original-Hersteller in Weitnau die Gedanken und brachte manch Klarheit in dunkle Getriebegehäuse. Beim großen Vorbild geht es als wichtigste Anforderungspunkte hauptsächlich um robuste Verarbeitung, Leistungsfähigkeit und eine lange Standzeit. Klar, dass ein Funktionsmodell nicht nach ei-

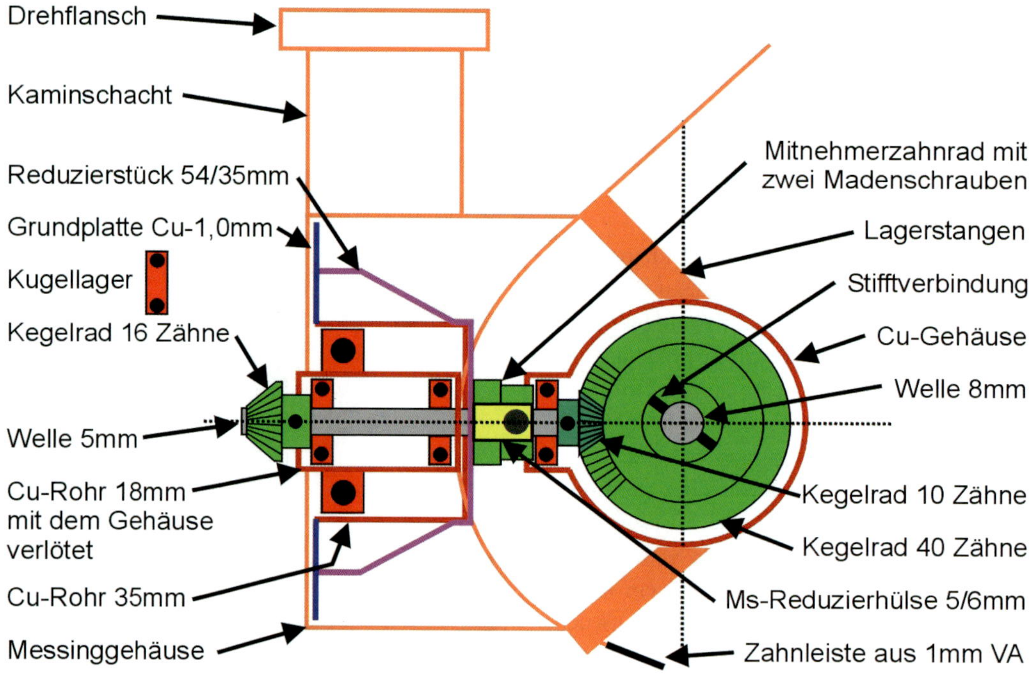

Antriebsschema der WESTA-Schleuder im Bereich des Schleuderrads

Das zentrale Kegelradgetriebe verlangte bei der Modellumsetzung einen kleinen maßlichen Kompromiss

Das hintere Eingangskegelradgetriebe ist mit einmoduligen Kunststoffzahnrädern ausgeführt

ner halben Betriebsstunde auseinanderfallen darf, aber trotzdem gelten für einen realen Modellbetrieb ganz andere Prioritäten. So ist es dem Original ziemlich egal, ob es 1.000 oder 1.500 kg auf die Waage bringt. Die Geräteausleger der Trägerfahrzeuge sind dafür locker ausgelegt und das Zusatzgewicht beeinflusst lediglich den Spritverbrauch. Bei einer Umsetzung in ein 1:8-Modell, das hinterher auch wirklich dort unterwegs ist, wo auch die „Großen" rumkurven, kann mit solch lässigen Gewichtsspekulationen sicherlich kein Erfolg erzielt werden. Mein Motto heißt deshalb schon immer: So stabil und trotzdem so leicht wie möglich! Dieser legere Spruch war das allergrößte Handicap. So eine Schleuder muss schon einiges abkönnen, da kann es selbst im Modellbetrieb schon erheblich rumpeln. Was nützen da verklebte Aluminiumteile, wenn hinterher die Wurfradblätter zum Kamin hinausfliegen? Prinzipiell sollte dieses Modell ein erster Prototyp werden, der primär meine brennende Frage nach der wirklichen Modellfunktionalität abklärt. Man kann mittlerweile U-Boote bauen, man kann Kampfjets mit Turbinen senkrecht in den Himmel jagen und mit kraftvoller Modellhydraulik ist im Baumaschinenbereich heute so ziemlich alles möglich. Aber ist es auch möglich, echten Naturschnee durch eine zweistufige (!) Schneeschleuder zu jagen? Einstufig haben das einige schon lange vorgemacht. Die Modelleisenbahner sind da sehr

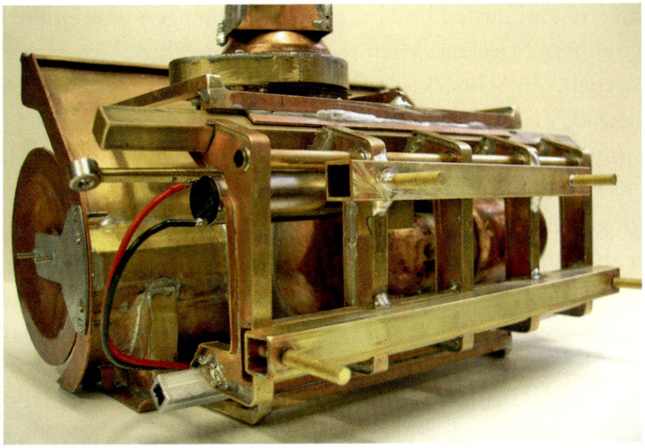

Die Lateralverschiebung und der Zwischenbock zur Trägeraufnahme

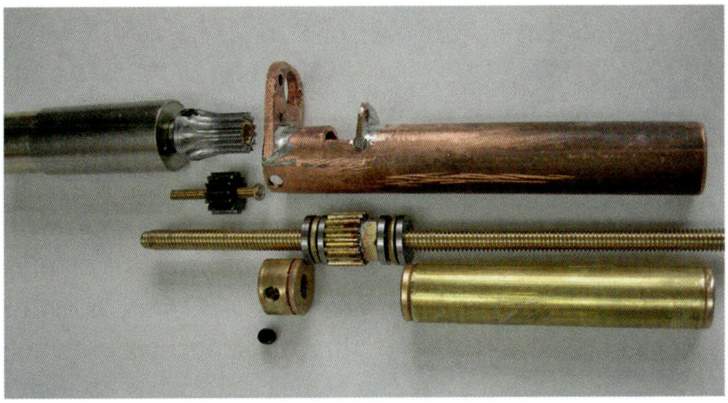

Ein angeflanschter 14-mm-Faulhaber-Motor übernimmt den Antrieb des Verschiebezylinders

Die Segmentklappen des Auswurfkamins werden per Schubdraht angesteuert ▸

kreativ und pusten beachtliche Schneemengen von ihren Strecken. Mich reizte aber der echte Betrieb von Schneckenzuführung und Schleuderrad, die Konstruktionsmerkmale des zweistufigen Konzepts.

Mit dieser spannenden Frage in der Hand, ging es ein knappes Jahr später an die ersten Teile. Da ich leider eher der rationell, ungeduldige Modellbastler bin, war schnell klar, dass ich für dieses „Austesten" niemals die 3000er-Version nachbauen würde. Wenn eine Schnecken-Turbinenkombination nicht funktionieren würde, dann wäre es doch schade um den ganzen Gesamtaufwand der für einen Testlauf notwendig ist. So war es ein leichter Entschluss die Originalmaschine einfach in der Hälfte zu teilen und nur mit einem Auswurfkamin zu planen. Die verwendeten Aggregate bleiben dabei genau die Gleichen, nur hält sich jetzt der Aufwand in überschaubaren Grenzen.

Zwei nicht einfach herzustellende Teile sind die großen Zuführschnecken. Sie haben die Aufgabe, den Schnee abzuschälen und zur Auswurfturbine weiterzuführen. Jede Seite ist dabei zweigängig aufgebaut, was für eine deutlich bessere Laufruhe sorgt. Meine Schneckenblätter sind aus 1 mm starkem Kupferblech (F24 halbhart) und aus einem Stück gefertigt. Der Grundzuschnitt ist hierzu überraschenderweise kein Kreissegment, sondern ein gerader Streifen! Dieser wird solange durch zwei glatte Walzen einer Sickenmaschine gedreht, bis er den erforderlichen Durchmesser hat. Dieses Maß ist nicht einfach zu berechnen, da durch das nachträgliche Auseinanderziehen der Schnecke der Durchmesser wieder kleiner wird. Im zweiten Versuch wurde das Sollmaß aber erreicht und die Schnecken konnten an die Trommel angepasst werden. Zur Montage auf einem 18-mm-Cu-Rohr, hat das Original kleine, dreieckige Haltebeine, die ich maßstäblich ins Modell übernahm. Die Seitenläufer sind zwei große Scheiben, die in der Mitte eine große Delle für das Lager haben. Durch diese elegante Bauart werden Gehäuseaußenkante und Schneckentrommel eine Flucht.

Mit fachlicher Kompetenz waren die beiden Schnecken gar kein großes Problem und schnell fertig. Danach ging es endlich an das Tragwerk. Hierfür verwendete ich 0,6 mm starkes Messingblech, aus dem Stück für Stück das gesamte Gehäuse seine Form bekam. Natürlich war zu diesem Zeitpunkt die Antriebsfrage schon einigermaßen beantwortet und für diesen Zweck sollte ein 385er-Motor, vor einem 11:1-MFA-Getriebe seinen Dienst tun. Das kleine Maschinchen wurde hinter der Auswurfturbine, nach einem einmoduligen 1:1-Kegelradgetriebe parallel an das Gehäuse angeflanscht.

Das Schleuderrad

Fehlte nur noch das große Schleuderrad, ein Bauteil, das man nicht unbedingt im Conrad-Katalog findet. Ich sehe solche Teile aber immer von der rationellen Seite, suche mir vergleichbare Standardformstücke und fand im Cu-Lötfittingsortiment ein hervorragendes Double. Ein Reduktionsstück von 54 auf 35 mm kam der konisch, geschwungenen Form des Schleuderrads unheimlich nahe. Klar, passten die Maße nicht perfekt, aber das ist mir dabei zweitrangig. Zu einem Ergebnis muss es führen!

Und für dieses Ziel, ging das Tricksen munter weiter. Das mächtige Schleuderrad mit seinen vier Wurfblättern bringt ein stolzes Gewicht von 240 g auf die Waage. Da diese Masse mit über 1.000 U/min rotiert, muss sie natürlich anständig gelagert sein. Geht so etwas ohne Drehbank? Wenn man „das Rad nicht neu erfindet" und sich auf Standardteile beschränkt, dann schon! So lagert das wuchtige Auswurfrad auf einem 18-mm-Cu-Rohr, das durch ein großes Kugellager 18/35 mm, über einen 35-mm-Cu-Rohrabschnitt, mit dem Wurfrad verbunden ist. Dieses eine große Lager sorgt für eine mehr als solide Basislagerung. Die zweite Aufhängung bekommt das Schleuderrad kurz vor dem Kegelradgetriebe zu den Schnecken. Hier übernimmt die radiale Kegelradwelle die Lagerung. Letztere ist wiederum in dem 18-mm-Cu-Rohr mittels zweier Kugellager perfekt zentriert. Das hört sich kompliziert an, ich hoffe die Zeichnung verdeutlicht das Ganze.

Erster Versuch

Über ein 3:1-Kegelradgetriebe ging es beim ersten Versuch weiter zu den Schneckenwellen. Der dazugehörige Getriebeblock entstand aus 1 und 2 mm starkem Cu-Blech, in den links und rechts jeweils ein Sinterlager eingelötet ist. Den Abgang zum kleinen Kegelrad übernimmt wieder ein Standard-18mm-Rohr, das mit dem dazugehörigen Kugellager 5/16 mm die Öffnung von hinten verschließt. Befestigt wird dieser Block mittels zwei massiven Messing-Lagerstangen, die am Traggehäuse verlötet sind. Die seitliche Schneckenwellenaufhängung übernimmt eine Kombination aus einer Innen- und Außenlagerung. Diese wiederum kompliziert erscheinende Lagerart, verbindet die axiale und radiale Lagerung von Schnecken- und innerer Welle auf einfachste Weise. Zur schnellen Wartung kann die komplette, beidseitige Schneckenzuführung mit nur acht gelösten Schrauben vom restlichen Gehäuse getrennt werden.

Jetzt fehlte nur noch der Auswurfkamin, dem ich in dieser Phase keine allzu große Bedeutung zukommen ließ. Es standen nämlich die allerersten Testläufe an und vor solch bedeutenden Ereignissen, kann ich auf aufwändigen Scale-Firlefanz gut verzichten. So wurde der Kamin flugs aus drei geschwungenen Cu-Blechen stumpf zusammengelötet und dann konnte es endlich ab in den Schnee gehen. So erwartungsvoll der Test war, so bescheiden war das Ergebnis. Zum einen war der Kaminquerschnitt zu klein gewählt, zum anderen mühte sich der 385er-Motor drehzahlmäßig doch sehr. Auch das Schleuderrad mit seinen vier Blättern schien stark verbesserungsbedürftig. Tatsachen genug um wieder weiter zu basteln und zu optimieren.

Mit einem 540er-Motor vor der gleichen Untersetzung, einem größeren Kamin und umgeänderten Schleuderblättern ging es ein paar Tage später wieder in die harte Praxis. Und siehe da – schon viel besser! Die Wurfweite hatte deutlich auf 500 mm zugenommen und das Verstopfen des Kamins war auch nicht mehr so dramatisch. Trotzdem immer noch nicht gut genug, so dass ich nach weiteren Maßnahmen suchte.

Da der verwendete Motor für 12 V zugelassen war, folgte als nächste Änderung das Anheben der Spannung von 9,6 V auf das Maximum. Solch ein Schritt begeistert im ersten Moment zwar nicht, bietet aber ein leichtes Potential an Verbesserung. Die Wurfweite stieg dadurch auf gut 600 mm, ich war also auf dem richtigen Weg. Diese Drehzahlerhöhung hatte aber den Nachteil, dass die Zuführschnecken jetzt ebenso schneller drehten. Leider zu schnell, denn viel Material wurde durch die hohe Umdrehungsgeschwindigkeit der Schnecken, vor diesen wieder ausgeworfen. Der große, massive Gummilappen auf den Bildern, war zu diesem Zeitpunkt noch nicht montiert.

Änderungen

So stand die nächste Änderung ins Haus, ein 4:1-Kegelradgetriebe musste her. Das Original läuft übrigens mit 4,1:1, nur waren mir die Dimensionen von einmoduligen Zahnrädern an dieser Stelle eigentlich zu groß. Deswegen entstand mühevoll ein neuer, der Untersetzung genauestens angepasster Getriebeblock, der den größeren Zahnrädern Platz bot und dennoch passabel ins Gesamtbild passte. Auch an der Rückseite verbesserte ich die Optik, indem ich das konventionelle 540er-Motormonster durch einen winzigen Brushless-Antrieb ersetzte. Eine geniale Technik, die für den Funktionsmodellbau völlig neue Möglichkeiten bietet.

Die Veränderungen wirkten Wunder, stellten mich aber immer noch nicht restlos zufrieden. Ich wollte mit der Schleuder unbedingt meine Kippmulde beladen und dafür sind 600 mm Wurfweite doch ein recht knapper Spielraum. Da ich dank des neuen Antriebs wieder zu meiner 9,6-V-Normalspannung zurückkehren wollte, war die letzte Chance ein anderes Getriebe. Von der MFA-Serie gibt es standardmäßig noch eine 6:1-Version. Leider ohne definitives Datenblatt, so dass die Bestellung ein kleines Risiko beinhaltete. Die Anordnung der Getriebestufen war mir nämlich sehr wichtig, da ich ein Drittel des Lagergehäuses zugunsten der Einbautiefe kurzerhand entfernt hatte. Wäre die 6:1-Ausführung anders aufgebaut, hätte mir das die komplette Einbausituation durcheinander gebracht. Zum Glück war aber nur eine andere Zahnradkombination verbaut, der Rest war völlig identisch und mit dieser allerletzten Abänderung war die Wurfweite endlich zufriedenstellend. Gut 1.000 mm im Schnee und 600 mm im Sägemehl lassen ein Arbeiten mit beiden Fahrzeugen prima zu. Das ist natürlich meilenweit von den maßstäblich umgerechneten Originalwerten entfernt. Unerreichbare, ja „Lichtjahre entfernte" 5.000 mm erbrachte dafür die simple 1:8-Umrechnung! Aber alles ist eben trotz detailgenauster Übernahme doch nicht ins Modell übertragbar. Ad- und Kohäsionskräfte sind wie es scheint selbst im Karbonzeitalter immer noch nicht skalierbar. Mir genügen meine vergleichbar bescheidenen Werte und danach war es endlich Zeit die restlichen Funktionsdetails umzusetzen.

Verschiebemöglichkeit

Als großer Brocken war da zuerst einmal die seitliche Verschiebung der ganzen Schleuder. Man nennt das im Fachjargon Lateralverschiebung, die es ermöglicht, jeweils an der einen oder anderen Fahrzeugaußenkante entlang zu arbeiten. Eine nette Herausforderung, welche für die 1500er-Originalversion prinzipiell gar nicht vorgesehen ist. Mich reizte aber mehr die interessante Funktion so etwas ins Modell zu übertragen. Da ich vom Original viele gute Detailaufnahmen und fast alle Maße abgenommen hatte, war der dazugehörige Träger gar nicht das große Problem. Zwei Stunden mit meiner altgedienten „Laublaser", viel Geduld und das dazugehörige Händchen ließen schnell Fortschritte erkennbar werden. Ob von WESTA jemals ein Adaptionssystem für einen RATRAC gebaut wurde war mir dabei nicht wichtig. Improvisieren fällt mir nicht schwer.

Was dagegen wirklich nicht einfach wurde, war der knappe Platz zwischen Träger und Schneckengehäuse. Zudem war mein Antrieb leider nicht ebenso winzig wie der Hydraulikmotor, der beim Original halb in der Auswurftrommel versenkt ist. In einem Wirrwarr an Streben und Halteblechen, musste nun der lange Lateralverschiebezylinder seinen Platz behaupten. Knallhart zu mir selbst, blieb ich auch bei diesem Modell meiner ölfreien Bauart treu, so dass für diese schwierige Funktion wieder einmal eine Gewindespindel herhalten musste. Für die doch recht kraftvolle Aufgabe, spendierte ich der Spindelmechanik zwei Axiallager, welche die Verlustreibung in sehr erträglichen Grenzen halten. Damit hat es der kleine 43:1 untersetzte, 13-mm-Faulhaber sogar relativ leicht, das 900 g schwere Kupfer- und Messingmonster auf dem Schlitten zu verschieben. Ja, er hat es fast zu leicht, denn ohne zuverlässige Endschalter, wäre ein schadloser Betrieb unmöglich zu verantworten.

Die Positionierung der dazugehörigen kleinen Schalterchen hatte es wie fast immer „munter in sich".

Zudem war es kaum möglich, sie auch schnee-, staub- und wassergeschützt irgendwo unterzubringen. Meine Wahl fiel deshalb auf eine etwas teurere, gekapselte Ausführung ohne Hebelarm. Eine prima Entscheidung, die jeden Cent an Mehrkosten rechtfertigte. Da ich die Endsicherungen auch so unscheinbar wie möglich halten wollte, mussten die dazu notwendigen Dioden natürlich woanders untergebracht werden. Die große Hydraulikverteilerkiste bot sich dafür prima an. Mit dieser Taktik gehen jetzt nur zwei Kabel zu jeweils einem Schalter, die ihren Weg durch die filigranen Hydraulikrohr-Attrappen nehmen. Für Wartungszwecke kann der Verschiebeschlitten selbstverständlich mit zwei Steckern vom restlichen Gehäuse getrennt werden.

Kamindrehen

Fehlte nur noch der funktionsfähige 360°-Drehantrieb vom Auswurfkamin. Hierfür trieb ich gar nicht arg viel Aufwand und begnügte mich mit einer sauber abgedeckten Zahnkranz-Ritzel-Lösung. Diesmal ausnahmsweise ohne eine Sicherung der Endpositionen, da zum einen die Bewegung sehr flott geschieht und zum anderen immer gut im Auge behalten werden kann. Bei weitem anspruchsvoller war das Verstellen der Wurfweite mit den zwei Segmentklappen. Die dazugehörigen, maßstäblich verkleinerten Minizylinder kamen über ein Maß von 5/33 mm nicht hinaus. Zudem sie an einer Stelle platziert sind, die unheimlich ins Blickfeld springt. Schlechte Karten für ölfreie Systeme. So lief es auf einen Kompromiss zwischen echter Funktion und verminderter Optik hinaus, da ich ein kleines Miniservo einplante. Dieses bekam der Kamin in einem passenden Gehäuse auf den Rücken gepackt, so dass wenigstens keine hässlichen Schraubhalterungen stören. Vom kleinen Steuerhebel geht es dann per 0,5-mm-Stahldraht zur Hydraulikstange des Zylinders. Zugegeben nicht ganz easy, da dabei ja auch noch das Lagerauge, inklusive Lagerbolzen durchbohrt werden muss!

Das Ergebnis all dieser lustigen technischen Tüfteleien ist eine pure Augenweide! Wenn sich die mächtigen, grob gezahnten, feuerroten Schnecken langsam in Bewegung setzen und sich mit Hochgenuss für Aug´ und Ohr stufenlos auf Drehzahl schrauben. ...Wenn der alte RATRAC damit brachial durch den Tiefschnee pflügt, die mächtige Schleuder dabei millimetergenau in Position bringt und langsam in eine jungfräuliche Schneefläche eintaucht. ...Wenn daraufhin aus dem Kamin eine weißer Schneestrahl hervorstübt und mit den ferngesteuerten Verstellmöglichkeiten in die richtige Bahn gelenkt wird. ...Dann fehlt nur noch sein Bruder, der große 240er-Pistenbully, der mit seiner weißen Kippmulde rückwärts zur Beladung vorfährt. Diese Szene ist die ultimative Krönung eines jeden Winters. Denn natürlich ist so eine Ausfahrt immer ein erheblicher Aufwand, den man nicht alle Tage unternimmt.

Einstufige Schneeschleuder

Nach der Fertigstellung der edlen WESTA-Schleuder war ich von der Sache vorerst geheilt und eigentlich zufrieden. Was mir allerdings immer noch fehlte, war ein Arbeitsgerät in voller Fahrzeugbreite. Hierzu hatte ich beim Stadelfest 2011(*1) mein „Aha-Erlebnis", denn ein netter Besuch aus der Schweiz demonstrierte dem anwesenden Fachpublikum eine ganz besondere Show. Sebastian Frautschi brachte den 1:10-Nachbau einer PETER-Schneeschleuder (ähnlich Kahlbacher Typ K 1110/2500) mit, die vor einem kettengetriebenen Deuz-Intrac montiert, das Sägemehl bis zu zwei Meter weit aus den Kaminen stauben ließ. Sebastian ging es dabei weniger um einen super originalgetreuen Bau, als um echte Funktion und mit letzterer hatte er einen Volltreffer gelandet. So optisch beeindruckend ein Scale-Modell sein kann, so ist die zweistufige WESTA-Version für den funktionellen Modellbetrieb und im Vergleich zur einstufigen Bauart nur suboptimal zu bewerten. Da sich der Schnee in der Kristallgröße und seinen physikalischen Eigenschaften nicht skalieren lässt, verlangt das für das Modell betrachtet, unbedingt nach Trickserei-en. Und hier liegt die Crux und der Weg zum Erfolg, in einer deutlich gesteigerten Drehzahl der Auswurftrommeln. Denn nur damit lassen sich die lästigen Adhäsionskräfte des Schnees einigermaßen überlisten und eine originalgetreue Wurfweite erzeugen. Wer aber eine einstufige

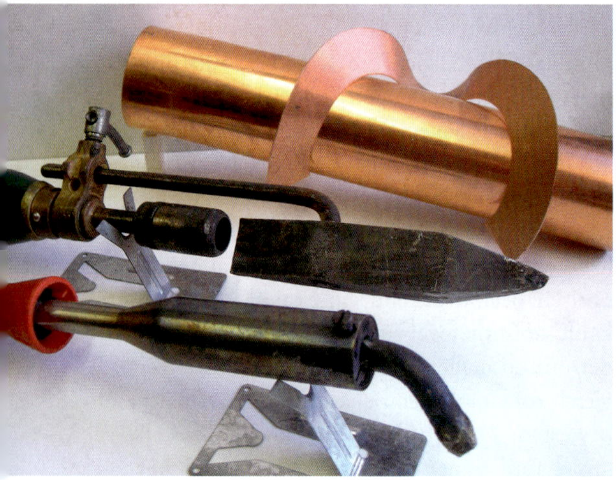

Arbeitsmittel zum Weichlöten der Spiralschnecken

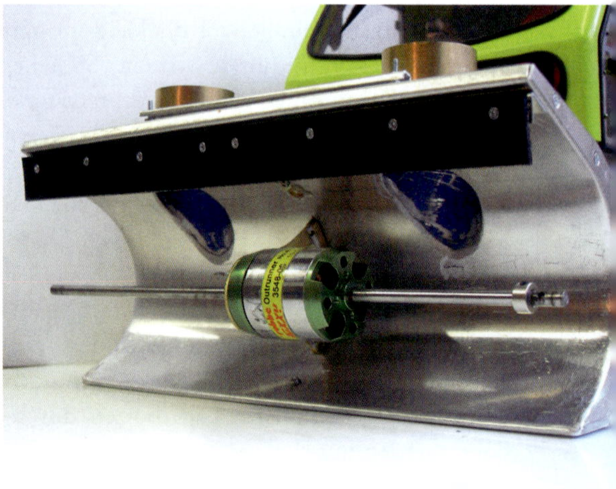

Ein Aluminiumgehäuse bildet das Grundgerüst

Schleuder mit Kaminauswurf bauen möchte, den muss ich ernüchtern, dass so ein Modell trotzdem nicht in allen Schneearten störungsfrei funktioniert. Gerade wenn es sich um feuchten Schnee ab 0 Grad aufwärts handelt, ist eine Schneeanhaftung in den Auswurfschächten unvermeidbar. Dagegen ist grobkristalliner „Frühjahrsschnee" einigermaßen zu verarbeiten und in gutem „Pulver" ist so ein Anbaugerät selbstverständlich unschlagbar.

Die linke Schnecke wird mit einem gedrehten Aluring auf der Motorglocke gelagert

Hinter dem Seitenläufer verbirgt sich der Scherstift für die Spiraltrommel

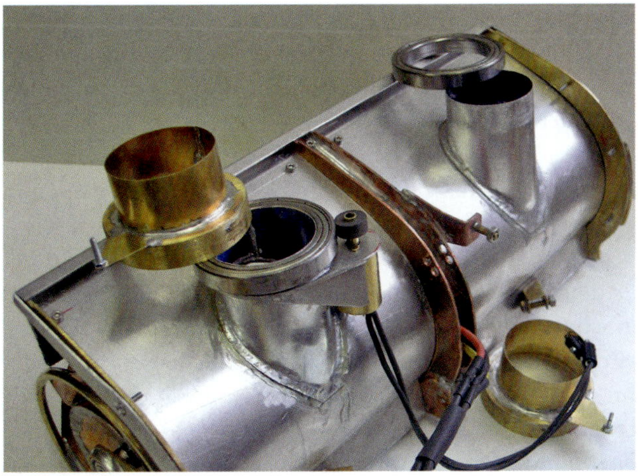

Kaminsockel und -Basis werden von einem winzigen Getriebemotörchen angetrieben

Die Kehlen der Auswurfkamine sind mit einem zusätzlichen Blechstreifen gebrochen ▶

Grundsätzliche Physik

Ich wollte bislang nicht mit Theorie langweilen, aber wer wirklich ein solides Funktionsmodell für Draußen bauen möchte, kommt an diesen grundsätzlichen physikalischen Dingen nicht vorbei. Und damit ist es genau betrachtet noch gar nicht zu Ende, denn kaum ein anderes Frontgerät, wird ihr Trägerfahrzeug so stark belasten wie so eine Schneefräse. Der Trommel- und Kaminrohrdurchmesser lässt sich leider nicht beliebig verkleinern. Zum einen ist es die Motorgröße die den Innendurchmesser vorgibt und zum anderen verbietet wiederum die reale Physik einen allzu kleinen Kaminquerschnitt! In greifbaren Maßen ausgedrückt heißt das, eine minimal 45 mm dicke Grundtrommel und 35 mm Kaminquerschnitt sollten es unbedingt werden. Dazu kommen die Spiralschnecken, was den finalen Trommel-, beziehungsweise Traggehäusedurchmesser auf rund 80 mm treibt. Betrachtet man diese Dimensionen unter dem Gesichtspunkt der Schweiß-, oder Lötbarkeit auf die komplette Fahrzeugbreite, entsteht Blech um Blech eine beachtliche Gesamtmasse. Das vorgestellte Modell liegt bei genau 1.250 g und das, obwohl an allen Ecken und Enden an Gewicht gespart wurde. Welches Fahrzeug und dessen Frontträger verträgt diese Masse rund 130 mm vor der Vorderachse? So liegt die Kunst der Modellumsetzung genau betrachtet weniger in der technischen Machbarkeit, als in der Auswahl und sorgsamen Kombination der verwendeten Werkstoffe.

Spiralwalzen

Das Kernstück einer jeden Schneefräse sind die mächtigen Spiralwalzen mit denen der Schnee abgeschält und zum Auswurf geleitet wird. Solche Teile findet man natürlich nicht im Katalog und so bleibt nur die Eigenanfertigung. Für denjenigen der gerne Stahl verarbeitet und schweißen kann, bietet sich als Ausgangsbasis ein dünnwandiges Siederohr an. Wer dagegen der Lötfraktion angehört, kann auf Messing oder Kupferrohr zurückgreifen. In meinem Fall verwendete ich ein 0,6 mm starkes Cu-Blech, rundete den puren Zuschnitt sauber zu einem 50-mm-Rohr und lötete es stumpf zusammen. Danach folgten die Spiralschnecken, die ebenfalls aus dem roten Buntmetall geschnitten wurden. Hierbei gäbe es massetechnisch noch ein kleines Einsparpotential, wenn man dafür lediglich 0,4 mm dünnes Messingblech verwenden würde. Der Zuschnitt der Schnecken wird jeden überraschen. Denn es ist eine banale Kreisscheibe, die auf der einen Seite einen Durchschnitt erhält und gegenüber 180 Grad über einen 20-mm-Rundling gebogen wird. Anschließend werden die Hälften schräg auseinander gezogen und schon ist eine der vier Schaufeln fertig.

Sind alle vier Schnecken zugeschnitten, kann mit dem Auflöten begonnen werden. Hierzu braucht es einen leistungsfähigen Lötkolben mit 300 W aufwärts, denn der Hitzeeintrag darf immer nur sehr punktuell geschehen. Keinesfalls darf komplett mit der Flamme gelötet werden, sonst springt die ganze Konstruktion jämmerlich auseinander. Am besten eignen sich für solch anspruchsvolle Aufgaben 250 bis 400 g schwere Kupferkolben, die mit einem Propanbrenner geheizt werden. Damit gelingt der Wärmeeintrag sehr zielgerichtet, obwohl man trotzdem nach jedem fertig montierten Schneckensegment das Ganze unbedingt abkühlen sollte.

Spätestens jetzt muss die finale Länge der ganzen Konstruktion fixiert werden, denn nun steht die Montage der Seiten- und Innenscheiben an. Diese zentrieren die Trommel auf der Motorwelle und an den beidseitigen Enden sind die Mitnehmer mit den Scherbolzen daran fixiert. Was man als seitlichen Abschluss der Spiralen verwendet ist Geschmacksache. Da ich nach keinem echten Vorbild und komplett ohne Plan baute, hatte ich dafür ein 4-mm-Messing-Vollmaterial im Auge. Das edle Metall wurde sauber zum Kreis gerundet und an den auslaufenden Spiralen verlötet. Dass das natürlich nicht zu 100 % ohne Unwucht abläuft liegt in der Natur der Sache. Deswegen kamen die Trommeln anschließend noch einmal auf die Drehbank. Das Rundmaterial wurde auf 3 mm reduziert und somit wurde ein recht zufriedenstellendes Ergebnis erzielt.

Die auf den Bildern gezeigten Innenscheiben haben sich zwar im echten Schnee prima geschlagen, sie sind aber trotzdem als ungeeignet zu betrachten! Denn weder im Kunstschneegranulat der Messe, noch im gewöhnlichen Sägemehl funktionierte diese Bauart störungsfrei. Wahrscheinlich lag es an dem geringen Luftspalt zum Motorträger, denn dort verklemmte sich gern das Material und blockierte nach kurzem Betrieb die ganze Sache. Nach dem Messeauftritt in Karlsruhe reduzierte ich die Scheiben aber um 7 mm im Radius und so war auch dieses Manko restlos beseitigt. Nun kann auch sehr niedertourig gearbeitet werden, ohne dass alles gleich davonstaubt.

Grundgerüst

Da der schwierigste Abschnitt nun eigentlich erledigt ist, kann man sich Gedanken zum Traggehäuse und dem Motoreinbau machen. An dieser Stelle möchte ich an das oben erwähnte Gewichtslimit erinnern, denn die großzügige Gehäusefläche mitsamt Anbauaufnahmen bietet hierfür entscheidendes Potential. Deswegen griff ich zu einem lustigen Materialmix aus Aluminium-, Messing-, Kupfer- und Edelstahlblechen. Das Kernstück ist sicherlich das Traggehäuse. Die Kombination aus puren Flächen, Abkantungen und dem Segment der Rundung, verlangt unbedingt eine solide Stabilisierung der nackten Form. Hierbei sind die Seitenabschlüsse wohl die entscheidenste Position, denn eine winkelrechte Aufkantung ist an dieser Stelle unerlässlich und eigentlich sollte dafür das Material wenigstens lötbar sein. Was tun? Ich griff deswegen tief in die Trickkiste der Dünnblechbearbeitung und formte die 10 mm hohen Aufkantungen per Sickenmaschine aus einem Stück an das Traggehäuse. Zugegeben war das eine kleine Herausforderung, da die Abwicklung ja nicht durchgängig kreisförmig ist und der Übergang auf die Geraden sorgfältig bedacht sein musste. Die ganz große Kunst ist aber, auch noch beide Seiten symmetrisch hinzukriegen. Die finale Stabilität erhält das Gehäuse durch das Doppeln der Seiten mit einem 1,5 mm starken Messingblech. Die per Laubsäge ausgearbeiteten Zuschnitte stabilisieren das weiche Aluminium perfekt in der Form.

Danach ist die Mittelstrebe an der Reihe, die wie ein rund profiliertes U-Profil gestaltet wurde. Da die zwei Streben sehr dicht beieinander liegen, reduzierte ich hier die Wandstärke der Bleche auf einen Millimeter Kupferblech, das gerade greifbar war. Dieses zentrale Profil sollte mit großer Sorgfalt erstellt werden, da es gleich vier Aufgaben gleichzeitig erfüllen muss:

- Im Fußbereich den großen Zentralkugelkopf des Geräteträgers aufnehmen,
- im Mittelteil für die Anschläge der Winkelverstellungen Platz einräumen,
- das Profil über die gesamte Abwicklung in Form halten
- und dem Motorträger per Verschraubung ausreichend Halt bieten.
- Damit die bunte Sandwich-Konstruktion zum Schluss auch noch zerzugsfrei wird, darf am Fußpunkt die große Gleitkufe nicht fehlen. Hierfür genügt ein 0,5 mm dünnes Blech, welches in Form von verzinntem Edelstahl in ein Winkelprofil gebracht wurde. Das Material ist prima lötbar und bietet nebenbei ein leichtes Aufbringen der zwei Gabelstücke für die Schwenkverstellung. Zudem kann der einfach gekantete Kasten auch noch an den beiden Messingaußenscheiben und dem Mittelprofil aus Kupfer bestens verlötet werden. Lediglich der Übergang auf das Alutraggehäuse muss per Klebenaht, beziehungsweise unten per Schraubverbindung erfolgen. Das Gehäuse ist durch diesen Materialmix auf ein Minimum an Gewicht reduziert und braucht sich in Sachen Stabilität trotzdem nicht zu verstecken.

Motoreinbau

Jetzt kann endlich der Motor und Antriebswelleneinbau in Angriff genommen werden. Hier stellt sich zuerst wieder die Frage, ob man originalgetreu, oder einfach nur funktionell bauen möchte? Einstufige Schleuderkonstruktionen verzichten nämlich gerne auf eine beidseitige Trommel-Außenlagerung. In diesem Fall sind die mächtigen Fräswalzen nur in der Mitte auf dem Kegelradblock fixiert. Da diese Bauart bei weitem mehr Aufwand verursacht als eine Dreipunktlagerung, bevorzugte ich letztere und konstruierte einfach zwei solide Außenlager ähnlich wie bei meiner WESTA. Das vereinfacht die Sache ungemein, denn dadurch kann der zentrale Motorträger bei weitem schlanker dimensioniert werden. Zudem sind die Scherbolzen einfacher zugänglich und überhaupt ist die ganze Konstruktion viel übersichtlicher. Für den Motorträger bildet ein 5/5-mm-Messingvierkant die Ausgangsbasis. Das Vollmaterial ist nötig, um am Traggehäuse-Mittelprofil eine solide Befestigung mittels vier M2-Innengewinden zu erreichen. Die Motorträgerplatte selbst, ist wieder aus 1,5-mm-Messingblech gesägt. Bei den Motorkopfbohrungen muss unbedingt auf den Auslass der drei Anschlusskabel geachtet werden, denn die sollten möglichst geradlinig nach hinten durch das Gehäuse geführt werden. Gerade diese Position hatte es aber noch mal in sich. Da ich den Luftspalt der beiden Schneckentrommeln so gering wie möglich halten wollte, mussten die Kabel zu 100 % reibungssicher geschützt werden. Man stelle sich einmal vor, die Trommeln würden im harten Betrieb nach einem Scherbolzenbruch nur gering in die Mitte wandern und dort die Motorkabel aufscheuern. Wenn es da bei Strömen von 50 A nur eine Rauchwolke am Regler gäbe, ginge der Schaden glimpflich aus. Deswegen sind die Elektroleitungen in einer Art Tunnel geführt, der mit einem Deckel verschraubt wird und alle rotierenden Trommelteile von den Kabeln abschirmt.

Als Motor kommt ein relativ preisgünstiger 35er-Typ aus der robbe-Roxxy-Serie zum Einsatz. Hier stehen zwei Typen zur Auswahl, von denen ich mich der besseren Funktion wegen, für die 700-KV-Bauart entschloss. Mit der leichteren Version hätten sich zwar fast 100 g Gewicht einsparen lassen, aber im Nachhinein betrachtet war die Entscheidung goldrichtig. Denn im windgepressten Pulverschnee, oder im Sägemehl bedarf es schon ordentlich Leistung, auf der gesamten Fräsbreite so viel Material zu bewegen, ohne dass die Drehzahl all zu sehr einknickt. Ein weiteres Entscheidungskriterium zur Roxxy-Serie war die einfache Bauart um die Motorwelle zu verändern. Das ist nämlich der allergrößte Joker an der ganzen Brushless-Sache! Durch einen Wellentausch steht die Welle beidseitig in beliebiger Länge aus dem Motor. Es braucht dazu lediglich einen Einstich für den kopfseitigen Sicherungsring und ein Stückchen weiter eine Abflachung für die Madenschraube der Motorglocke. Fertig ist der Umbau und der erste Testlauf ist nicht mehr weit entfernt.

Trommellager

Die letzte Hürde bildet jetzt noch das motorseitige Trommellager. Ein gedrehter Aluminiumring übernimmt hierbei gleich zwei Funktionen. Zum einen lagert mit ihm das halbe Trommelgewicht auf der Motorglocke. Und zum anderen ist der Ring so ausgearbeitet, dass der Luftspalt zum Motorkopf um 3 mm überdeckt wird. Damit nichts schleift und rumpelt, ist im Bereich der Überdeckung der Innenring natürlich zwei Zehntel größer gedreht. Diese einfache Konstruktion macht eine komplette Motorkapselung überflüssig und zudem leitet der Aluring auch prima die unvermeidliche Abwärme zur Trommel hin ab.

Links und rechts an den großen Außenscheiben sind die Mitnehmer aufgelötet. Um den Scherbolzen möglichst viel „Fleisch“ zu bieten wurde hierfür ein 10-mm-Messingvollmaterial verwendet. Durch die Querbohrungen in Mitnehmer und Welle wird dann ein etwas dünnerer Kupferdraht gefädelt, der beidseitig eine kleine Umkantung erhält. Somit sind die Trommeln sehr leicht demontierbar und trotzdem funktioniert die Sache unheimlich perfekt gegenüber Überlast. Frei nach dem Motto: „Ich kenne meine Sollbruchstelle!", hat es mir die Bolzen in schwerem Pressschnee, bei zu schneller Vorschubgeschwindigkeit schon zweimal abgeschert. Aber selbst im Gelände, ist der Austausch mit dem Lösen der vier Schrauben von der Außenbefestigung, in fünf Minuten erledigt.

Kaminschächte?

Nun kommt der Punkt an dem man abklären muss, ob man der Schleuder noch zwei Auswurfkamine verpassen möchte. Ich entschied mich auf Grund der viel besseren Gesamtoptik für den zielgenauen Schneeauswurf. Ohne Kamine funktioniert die Sache, wie eingangs erwähnt, zwar fast immer und überall. Aber das anschließende Arbeiten mit dem fertigen Gerät gleicht mehr einem chaotischen Inferno, als einer planvollen Schneeräumung.

Drehbare Kamine verlangen folglich auch nach einem fernsteuerbaren Antrieb. Da ich an der Fahrzeugfront keinen Servokanal zur Verfügung hatte, musste ich mit einem kleinen Getriebemotor planen. Und dessen Anbau gibt prinzipiell die ganze Konstruktion vor. Um das Gerät später auch im Sägemehl, oder im weißen Messegranulat zu verwenden, braucht es zudem unbedingt eine Abdeckung über dem Antrieb. Ein weiteres Kriterium ist die Frage nach der Endabschaltung nach einem definierten Radius? Vermischt man diese Vorgaben, kam ich schnell von der beliebten Zahnkranzlösung ab. Dort müssen die Zahnräder sehr sauber gekapselt sein und zudem sind die Endstellungen nur aufwändig zu sichern. Da kam mir die Idee, einfach ein großes Dünnringlager ohne jeglichen Firlefanz zu verwenden. Der Antrieb konnte dann direkt per Gummiring auf den drehbaren Kaminsockel erfolgen. Eine Abdeckung war zwar immer noch erforderlich, konnte aber auf Grund der unempfindlichen, glatten Oberflächen bei weitem einfacher ausgeführt werden. Die Bauart ist sehr gewichtsparend, steuert beide Kamine parallel an und überzeugt durch den schlichten Aufbau. Als Motor-Getriebekombination kam ein winziges Maschinchen vom Getriebedoktor zum Einsatz, das mit einer 100:1-Untersetzung für eine optimale Drehgeschwindigkeit sorgt. Für die Kaminstutzen kramte ich 0,3 mm starkes Aluminiumblech aus dem Restedepot. Eine prima Materialstärke für solche Zwecke, denn so konnte der nötige Klebeflansch relativ leicht an die sorgfältig angepassten Hülsen geschweißt werden. Die Verbindung erfolgte per Zapfen- und Klebenaht mit UHU-Endfest-300. Zum Fixieren der Dünnringlager verwendete ich den Loctite-Lagerkleber Nr. 648.

Nachdem die ganze Kaminbasis nun solide gelöst war, laborierte ich mit verschiedenen Auswurfformen. Dazu bot ab Anfang Februar 2012 eine strenge, dreiwöchige Frostphase genügend Zeit, um die ganze Schneeschleuder auf „Herz und Nieren" zu prüfen. Bei morgendlichen minus 25 Grad hielt sich selbst tagsüber bei Sonnenschein bester Pulverschnee und zahlreiche Testfahrten wurden unvergessliche Erlebnisse. Zuerst ließ ich die Kaminbreite nach oben hin konisch zulaufen. Ich dachte, dass durch die Raumbegrenzung mehr Beschleunigung entstehen würde. Das erwies sich aber als Irrtum, den ich damals beim Bau der WESTA-Schleuder auch schon beging. Den Schnee stört die Reduktion herzlich wenig und er sucht sich lieber den Weg des geringsten Widerstands an den Kaminen vorbei. Des Weiteren versuchte ich mit möglichst kurzen Auswurfschächten den Schneeansatz gering- und die Beschleunigung hochzuhalten. Durch den knappen Radius entstand aber ein sehr unschönes Wurfbild und so blieb es doch bei der klassisch, hohen 45-Grad-Form. Auf bewegliche Verstellklappen verzichtete ich diesmal. Was mir bei weitem wichtiger erschien, war das Brechen der Kaminkehlen mit einem zusätzlich eingelöteten schmalen Blechstreifen. Für minimale Schneeanhaftung wäre natürlich am allerbesten gleich ein halbrundes Rohr. Aber dafür bräuchte es zum Biegen deutlich mehr Wandstärke als 0,3 mm dünnes Messingblech.

Akkutechnologie

Die Detaillierung war bei diesem Fun-Modell nicht der Rede wert, denn außer einer Befestigungsstange für die Stromleitungen war vor dem finalen Lackieren nichts zu erledigen. Viel wichtiger war die Bereitstellung eines neuen, leistungsfähigen Akkupacks. Der Strombedarf des feschen Außenläufers ist nämlich nicht zu unterschätzen. Während man das ganze „LiPo-Zeugs" im Flugmodellbau nicht mehr wegdenken kann, sind die Zellen für die kalte Jahreszeit relativ untauglich. Dagegen hatte ich schon hervorragende Erfahrungen mit LiFe-Akkus gemacht und so verbannte ich die damals extra angepassten NiMh-Zellen in die Reserve. Da der kleine Hase außer dem Schleuderantrieb sehr stromgenügsam ist, reichen drei A-123-Zellen mit 2.300 mAh absolut aus. Mit dieser letzten Maßnahme läuft das komplette Fahrzeug mit einem Akku und selbstverständlich auch nur mit einem Hauptschalter.

So hatte ich endlich das was ich schon lange haben wollte. Eine leistungsfähige Schneeschleuder, die über die gesamte Fahrzeugbreite mit bemerkenswerten 255 mm arbeitet. Dazu ist sie an ein 1:8-Modell angebaut, dass selbst vor 20 cm Neuschnee nicht kapituliert und somit auch das so genannte „Tunnelfräsen" zu lässt. Hierbei arbeitet sich das Fahrzeug Schicht um Schicht durch die Schneedecke, bis dessen Oberkante irgendwann höher liegt, als die Maschine selbst. Zugegeben bringt das neue Spielzeug den „kleinen Schneehasen" manchmal fast aus dem Schwerpunkt. Gerade beim Rückwärtsfahren streckt er das Heck gerne in die Höhe und es müsste eigentlich Ballast gela-den werden. Aber so ist das eben, wenn zuerst das Trägerfahrzeug und viele Jahre später erst das Anbaugerät gebastelt wird.

Fazit und weiterführende Ideen

Wenn ich morgen noch einmal eine zweistufige Version bauen würde, dann hätte ich folgende Pläne die ich hier gerne ansprechen möchte:

- Der Brushless-Antrieb könnte direkt und ohne Getriebe in/hinter die Auswurftrommel gepackt werden...
- ...dessen Drehzahl darf durchaus 4.000 U/min + X betragen.
- Das 4:1-Kegelradgetriebe würde ich samt Gehäuse nur noch als Attrappe bauen.
- Stattdessen würde ich in die Fräswalzen zwei innenliegende, hochwertige 16-mm-Faulhaber-Getriebemotoren mit 200 U/min einbauen.
- Der Kaminquerschnitt darf an keiner Stelle niemals kleiner als 35 mm Durchmesser werden.
- Auf eine Lateralverschiebung könnte ich verzichten.
- Viel interessanter ist ein Arbeiten über die komplette Fahrzeugbreite...
- ...das ist aber nur in einer wohl durchdachten Aluminium-Leichtbauweise umzusetzen.

Der „Stangensetzer"

Es kommt die Zeit, da steht man in der Werkstatt und denkt sich: Was könnte ich nun als nächstes bauen? Kommt dazu auch noch ein echter Bedarf ins Spiel, steht einer Anfertigung des neuen Anbaugeräts nichts mehr im Weg. Mein Ziel und Wunsch war es, nach dem Anlegen von Schneetrassen und Pisten, diese im Anschluss mit Details und Begrenzungsstangen auszurüsten. Und da ich mit meinen Fahrzeugen zu 95 % im unberührten Tiefschnee unterwegs bin, würde ein Setzen mit der Hand/

Ein Stück Modellpiste: Ein Einsatzbeispiel für dieses verrückte Werkzeug

Für die Konstruktion gab es kein originales Vorbild ▶

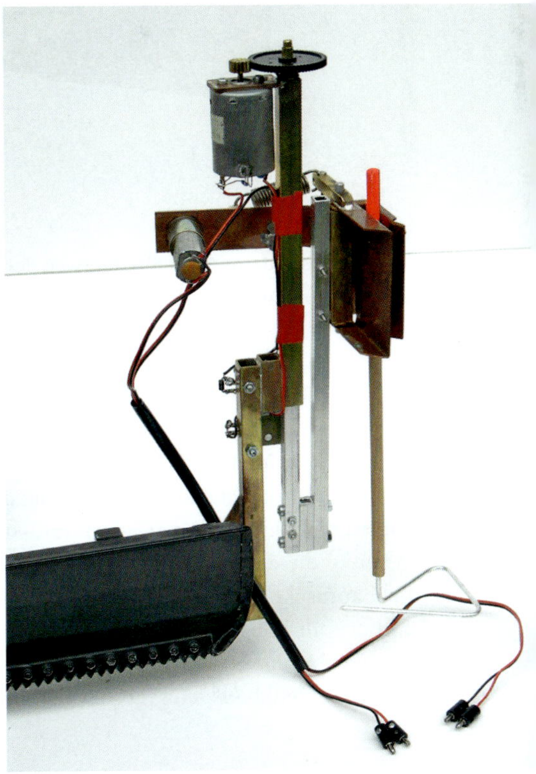

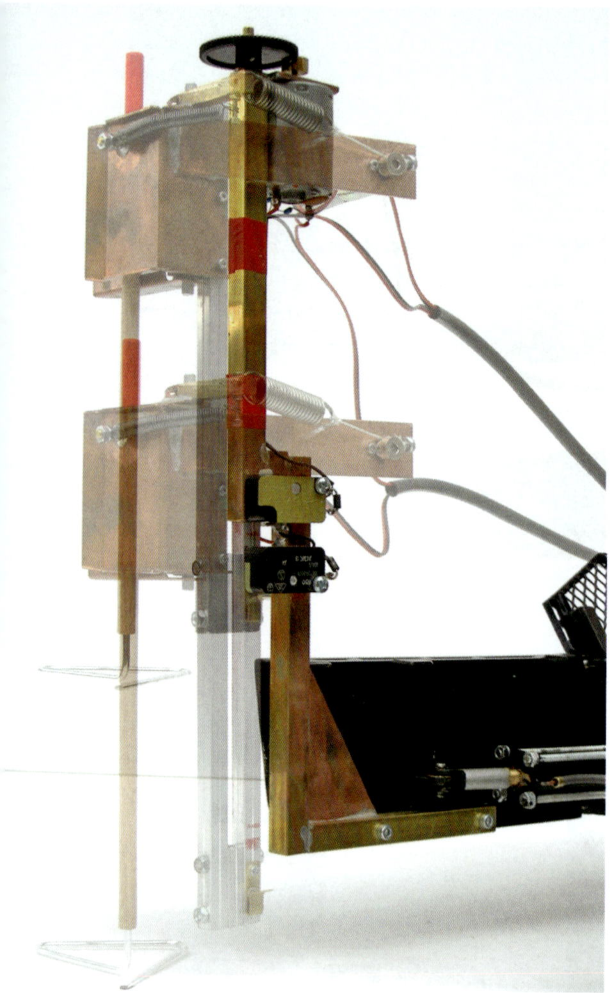

Tricktechnisch dargestellter Verfahrweg der Hoch- und Tiefbewegung

zu Fuß, die aufwändig erstellten „Kunstwerke“ zumindest im Randbereich zerstören. Nichts ist mir nämlich mehr ein Dorn im Auge, als makellose Schneeflächen die von hässlichen Fußspuren durchkreuzt und gesäumt werden. Zugegeben ist dieses Treiben schon eine lustige „Modellbaumacke“ meinerseits, allerdings wäre ein Einsatz auf künstlich angelegten Parcours mit Erdhügeln ganz genauso, ja eigentlich noch viel sinnvoller denkbar. Denn hier existiert oft genau das gleiche Problem mit den unerwünschten Fußtrappsern auf locker aufgeschütteten Humushaufen und Straßenrändern. Vom nebenbei erzielten Spielgewinn möchte ich jetzt gar nicht reden, obwohl es dieses Werkzeug in der Realität natürlich so gar nicht gibt. Die vorgestellte Bauart ist im Maßstab 1:8 gehalten, bleibt dabei auf primitiver Bastlerebene und verlangt keinerlei besondere Techniken, oder Maschinen.

Die Ausgangsbasis bilden großzügig dimensionierte 10/10-mm-Messingrechteckprofile, die auf beliebige Weise an einem bestehenden Frontträger angebracht werden können. In meinem Fall war es am Frontschild meiner alten RATRAC-Pistenraupe. Das Schild kann in vier Richtungen verstellt werden und bietet somit einen zusätzlichen Aktionsradius für das lotrechte Arbeiten mit dem Stangensetzer. Dieser wird ganz außen an der beweglichen Schildklappe montiert und garantiert damit ein präzises Arbeiten am Pistenrand. Ein Geräte-Schnellwechselsystem in Ehren, für die Testphase genügte mir allerdings eine Befestigung mit zwei M3-Schrauben.

Aufbauend auf den Grundträger braucht es jetzt ein Hebesystem, dass es erlaubt, ein Schild oder eine Stange vertikal auf/in den Untergrund zu platzieren. Ich verwendete dafür wiederum das gleiche Messingprofil wie zur Befestigung am Fahrzeug. Das bewegliche Teleskopstück fertigte ich allerdings aus einem 7,5-mm-Alfer-Alurechteckrohr. Zum einen ist der Gewichtsfaktor bei so einem Gerät nicht unerheblich und zum anderen bieten Standard-Messingprofile kein brauchbares Teleskopverhalten. Natürlich entsteht mit einem 8/8-mm-Innendurch- und 7,5/7,5-mm-Außendurchmesser keine Präzisionsführung, aber das braucht es auch gar nicht. Im Vordergrund dieses lustigen Zubehörs steht lediglich pure Funktion, ohne große Action von Sonderanfertigungen mit spürbarem finanziellem Aufwand.

Auf der gleichen Basis entstand dabei die Auswahl des Hubsystems. Nichts wäre einfacher, als einen langen Hydraulikzylinder am Träger anzuflanschen und damit das Teleskopsystem zu verfahren. Aber rechtfertigt so ein „Fun-Gerät" die Anschaffung von zusätzlichen Ölspritzen mitsamt Schnellwechselsteckern? Ich sage da ganz entschieden nein, denn es geht auch viel, viel kostengünstiger. Als Liebhaber von Spindelantrieben, bietet sich diese Bauart in diesem Fall fast lehrbuchmäßig an. Wer noch nie mit dieser Technik laboriert hat, würde hier ein prima Gesellenstück finden. Die Teleskopschiene erhält ein Innengewinde und am Festteil wird die Gewindestange mitsamt Antrieb montiert. Zugegeben kein optischer Leckerbissen, aber wozu auch? Da mir ja eh kein reelles Vorbild vorlag, musste ich mich ausnahmsweise mal um keine Scale-Umsetzung kümmern. Es muss nur funktionieren und das tut es mit der innenliegenden M4-Gewindestange sehr kraftvoll und sogar mit der perfekten Geschwindigkeit. Sieben Sekunden für 100 mm Hub ist ein mehr wie ausreichender Wert für ein Modell. Hervorzuheben ist dabei das konstruktive Innengewinde in der Alustange. Wie dort etwas vernünftig und haltbar befestigen? Meine Wahl fiel deshalb auf ein Stückchen Messingvierkant-Vollmaterial, dass präzise zugefeilt, auf knapp 8 mm Länge eine Axialbohrung plus M4-Innengewinde erhielt. Dieses Buntmetall-Klötzchen wird anschließend mit dem Alurechteckrohr verpresst und bildet so ein ultra-solides Stückchen Gewinde.

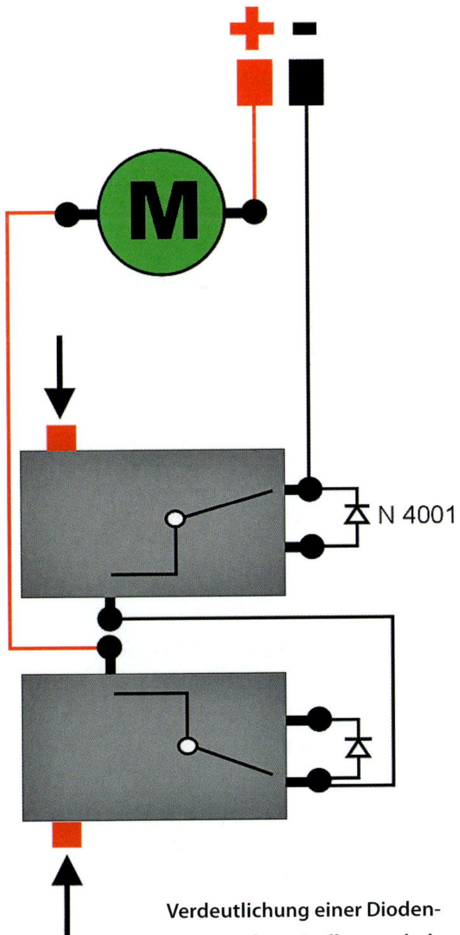

Verdeutlichung einer Dioden-überbrückten Endlagenschaltung

Ein Spindelantrieb funktioniert natürlich nur, wenn eines der beiden Gewindeteile an der axialen Bewegung gehindert wird. Hierbei ist es die Gewindestange, die für diesen Zweck nicht durchgängig geschnitten ist, sondern im oberen Bereich das Rundmaterial stehen lässt. Dort übernimmt eine gewöhnliche 4-mm-Bronze-Bundbuchse die Lagerung im Festteil. Ein Wellensicherungsring darunter und das verstifftete Zahnrad darüber, bilden die simple Lagerung. Die Buchse passt prima in das 10/10-mm-Ms-Vierkantmaterial und muss natürlich eingelötet werden. Mehr braucht es nicht, denn selbst das windigste 385er-Motörchen setzt mit einer 5,2:1-Untersetzung zur Gewindestange, die Dreh- in eine äußerst kräftige Linearbewegung um. Das kleine Kraftmaschinchen wird dabei mit einem Motorträger aus einem kleinen Stück 2-mm-Kupferblech passgenau am Messingvierkant verlötet.

Damit der ganze Hubantrieb auch narrensicher funktioniert, braucht es in der Luxusausführung noch zwei Endlagenschalter. Wer grundsätzlich nur auf Sicht arbeitet, kann sich den Elektrik-Schnickschnack sparen. Farbliche Endmarkierungen an der Teleskopstange tun es bis 3 m Entfernung nämlich auch. Ich mag es aber gerne 100 % funktionssicher, denn der Stangensetzer soll ein Betreten des Modellgeländes ja in jedem Fall ersparen. Zudem arbeite ich mit dem Modell immer im Schnee und dort verhindert eine tiefstehende Sonne oftmals eine gute Sicht. Oder weit extremer ist dann die Dämmerung. Wenn die Konturen in 10 bis 20 m Entfernung zu einem Einheitsgrau verfließen, sollte in den Endstellungen der Hubbewegung unbedingt ein automatisches Abschalten erfolgen. Und zwar „bevor" das Innengewinde von der Gewindestange fällt! Erreicht wird das mit zwei Dioden-überbrückten Wechselschaltern, deren Verdrahtung durch das Bild verdeutlicht wird. Die Bauart und Größe spielt dabei keine Rolle. Hauptsache die Schalter sind den maximalen Verfahrwegen der Hubspindel angepasst und solide befestigt (die Dioden sind die Standard-Typen N4001).

Fehlt nur noch die „Zange" zur Aufnahme der Schilder oder Ähnliches. Bei dieser Position führen sicher viele Möglichkeiten zum Ziel. Es kommt ja auch sehr darauf an, was einem für elektrische Anschlüsse an der Fahrzeugfront zur Verfügung stehen. Wer gerne mit Servos laboriert und eh schon dreipolige Steckverbindungen parat hat, der wird kaum auf einen konventionellen Getriebemotor setzen. Andersherum verhält sich das natürlich genauso und zu diesen Systemanhängern gehöre auch ich. Unabhängig von der Antriebsfrage gilt es eine bewegliche Zange zu schaffen, die schnell, leicht, beziehungsweise weit zu öffnen ist und zudem einen kräftigen Anpressdruck auf das Objekt aufbaut. Dieser Druck muss so stark sein, dass die Stangen beim Einrammen in den Boden nicht aus der Zange rutschen. Meine Umsetzung sieht dafür wieder recht rustikal aus. Die Zange besteht aus zwei großen Kupferblechen, die durch eine kleine Abkantung an den Stirnseiten ihre Flächenstabilität erreichen. Für noch bessere Haftungswerte an den Blechen, könnte man die Flächen mit dünner und strukturierter Gummimatte bekleben. Gespannt wird der Mechanismus mit einem kleinen 62:1-untersetzen 12-V-MFA-Getriebemotor aus dem Conrad-Sortiment, auf dessen 3-mm-Abgangswelle direkt ein Seilzug aufgerollt ist. Da ich mir an dieser Position ein aufwändiges Endlagengefummel ersparen wollte, musste eine anderweitige Endsicherung her. Meine Wahl fiel auf eine starke Zugfeder, die zwischen Motor und Zangenverschlusshebel eine definierte Kraft aufbaut. Somit wird ein Reißen des Seils wirksam vermieden und trotzdem bleibt die Zange mit maximaler Kraft geschlossen. Geöffnet wird die Konstruktion von einer weiteren Feder, die am Zughebel angebracht ist. Die sorgt dafür, dass das Zugseil immer unter Spannung bleibt. Natürlich muss man hier beim Bedienen etwas vorsichtig sein. Denn nach „auf" dreht sich das

Seil auf der Motorwelle logischerweise wieder in Richtung „zu". Dieses Problem ist aber kein Grund für Bauchschmerzen, da das Aufnehmen von Stangen und Schildern sowieso meistens im kontrollierten Sichtbereich, oder in meinem Fall fast immer „aus der Hand" geschieht. Anders ist das beim Absetzen der Stangen. Ist das Objekt, oder die Stange am Zielort platziert, braucht es nur ein kurzes Knüppeltippen für den Zangenmotor und der Apparat gibt die Stange sofort frei. Danach fährt man mit dem Fahrzeug ein kurzes Stück rückwärts und geht dem gesetzten Ding lässig aus dem Weg.

Mit ein bisschen Übung macht dieses Treiben mächtig Spaß und verschönert manchen Parcours auf wundersame Weise. Wie von Geisterhand gesetzt, stehen Schilder, Stangen und weiteres Zubehör in der Landschaft. Gerade im jungfräulichen Schnee ein absolut faszinierender Effekt, der immer wieder für Staunen sorgt. Lediglich das Abbauen, beziehungsweise Einsammeln der Verschönerungsobjekte verlangt viel Zeit und ein sehr, sehr gutes Auge. Jede Stange muss dabei mindestens zu 95 % zielgenau angefahren werden und das ist ab 10 m Entfernung oftmals wirklich nicht einfach. Während je nach anzufahrender Distanz ein Objekt in maximal drei Minuten platziert ist, dauert das Einsammeln mindestens doppelt so lang. Da kann bei zehn schwer erreichbaren Stangen schnell ein Stündchen zusammenkommen! Zeit, die vor allem beim Akkumanagement einkalkuliert sein sollte. Möchte man also unbedingt den „Trampeltiereffekt" vermeiden, über Nacht nichts draußen lassen und zu der Stelle Tage später noch mal zurückkehren, heißt es mit Geduld und Muße an die Arbeit zu gehen. Ein kleines Fernglas hilft hierbei Wunder, vorausgesetzt es herrscht noch ausreichend Licht für die Aktion.

Aus dem Leben – Mit dem BR am Söllereck

Obwohl ich mein ausgefallenes Hobby in den heimischen Skigebieten niemals an die große Glocke hänge, bekamen im Herbst 2006 die Medien von der Sache Wind. So dauerte es nicht mehr lange, dass ich Anfang Dezember einen Anruf aus der Redaktion des Bayerischen Rundfunks bekam. Der BR hätte Interesse an der Geschichte von den kleinen Modellraupen, so dass wir uns nur noch einen passenden „Aufhänger" für einen Kurzbericht überlegen mussten. In der Hinsicht brauchte ich nicht groß nachzudenken, denn nichts reizte mich mehr, als das

Filmaufnahmen am Söllereck für einen Abendschaubericht (Bild: Christoph Eisele)

Modell und sein Original einmal direkt nebeneinander zu vergleichen. Am allerbesten ist so ein Vergleich natürlich draußen im echten Schnee und ganz perfekt wäre es, wenn dabei beide Fahrzeuge auch so richtig in Action sind. Aber wie und wo kriegt man so was hin? Während der Saison ist an einen Raupenbetrieb bei Tageslicht nicht zu denken. Parallel zu den Skifahrern darf ohne arg wichtigen Grund kein Pistengerät unterwegs sein. So blieb uns nur die Vorsaison. Das ist die Zeit von Ende November bis Mitte Dezember, in der die Pisten maschinell beschneit werden und sie noch kein Brettlfan benutzen darf.

Nach einer Vorortbesichtigung meinerseits und in Absprache mit den Verantwortlichen der Söllereckbahn, beziehungsweise dem BR, einigten wir uns auf den 4. Dezember, 09.00 Uhr an der Talstation. Wir hatten ein äußerst knappes Zeitfenster, denn ab 13.00 Uhr musste ich zum Arbeiten und zudem drohte das Wetter umzukippen. Am Morgen hatte es noch hervorragende 5 Grad minus, aber für den Tagesverlauf war eine atlantische Warmfront mit Regen angekündigt. Es musste also alles ratzfatz gehen, obwohl keiner der Beteiligten so richtig wusste was auf ihn zu kam.

Nach der Begrüßung des dreiköpfigen Fernsehteams mit dem Chefredakteur Christoph Eisele, steckten wir kurz unsere Ziele und Möglichkeiten ab. In einen 3,5-Minuten-Abendschaubericht eine Story und Spannung zu packen ist keine leichte Aufgabe. Und wenn man bedenkt, dass lediglich ein Zehntel vom Rohmaterial auf Sendung geht, musste eigentlich jede Szene auf Anhieb sitzen. Das erste Abchecken machten wir im freien Gelände bei bestem Pulverschnee und noch prima Sonnenschein. Angesichts der glitzrigen Schneekristalle und der tiefstehenden Dezembersonne hatte der Kameramann ein leichtes Spiel. Er war von der Location voll begeistert und hatte ständig ein breites Grinsen im Gesicht. Genauso aus dem Häuschen war der Rest der Mannschaft, denn das PB-240D-Modell zeigte sich von seiner besten Seite. Alles lief völlig reibungslos und störungsfrei. So drehten wir knapp eine Stunde diverse Detailszenen und machten ein kleines Interview über das obligate „wieso, weshalb, warum…“ ich solche Raupen bauen würde.

Irgendwann schlug die Uhr 10 und eigentlich wäre es dringend an der Zeit für das zweite Frühstück gewesen, aber der Crew-Chef drängte ohne Gnade weiter zum zweiten und eigentlich entscheidensten Teil der Veranstaltung. Jetzt stand der „Vergleichstest“ mit dem „Großen“ auf dem Programm. Dazu stellte sich Söllereckbahn-Betriebsleiter Jochen Baumann zur Verfügung und ließ bei dem feschen Oldie zuerst einmal die schwarzen Rauch-

„Kleine Raupe ganz groß“ – so hieß der Titel der Geschichte (Bild: Christoph Eisele)

wolken aus dem Auspuff steigen. Danach stellten wir Szene um Szene, bei denen meistens beide Fahrzeuge im Bild waren. Dabei entstanden einmalige und vor allem unvergessliche Momente, die wahrscheinlich kaum mehr zu wiederholen sind. Denn zum einen ist der originale PB 240D leider schon lange verkauft und zum anderen werden ja ansonsten die Pisten grundsätzlich in der Dunkelheit präpariert. Inzwischen hatte der Redakteur seine Geschichte zumindest im Kopf einigermaßen beieinander, so dass die Aufnahmen ab sofort sehr gezielt gemacht wurden. Der Aufhänger war nämlich ein fiktiver Leistungsvergleich zwischen groß und klein. Dabei steckten wir für beide Fahrzeuge ein Stück Piste ab und jeder musste zeigen, wie er darauf zurecht kam. Im Nachhinein betrachtet war es schon lustig anzuschauen, was mit 20 Meter Absperrband, ein paar satten E-Gitarrenbeats, diversen Kameraeinstellungen und geschicktem Schnitt, an Dramatik aufgebaut werden kann. Im realen war der „Vergleich“ dagegen sehr entspannt und ich erinnere mich noch bestens an den Spruch: „Jetzt schauen wir uns mal an, was der Klaus da zusammengeraupt hat.“ Jochen Baumann antwortete darauf: „Nicht schlecht, ich könnt‘s nicht besser. Ich hätte eh nicht gedacht, dass das Ding hier jemals zum Fahren kommt.“ „Aber hallo!“ dachte ich mir. Plötzlich war auch das Interesse vom Fahrer der „großen“ Raupe geweckt. Es dauerte nicht mehr lange, da knieten wir alle um das Modell und fachsimpelten völlig ungeniert über die verbaute Technik. Das waren wohl die besten und spontansten Momente im ganzen Film, denn keiner von uns bemerkte, dass nebenher die große Fernsehkamera lief und ein Mikrofon über unseren Köpfen kreiste.

Dieser Moment ist nur schwer wiederholbar, denn das Originalfahrzeug wurde verkauft (Bild: Christoph Eisele)

Jetzt fehlte nur noch der „Ausstieg“ aus dem Streifen und dazu hatte sich Herr Eisele eine ganz besondere Szene ausgedacht. Beide Raupen sollten talwärts fahren, die Kamera wird dabei von der Kleinen auf die Große schwenken und beide Fahrer sollten sich dabei zuwinken. Hört sich einfach an, aber genau diese letzte Szene hatte es dann doch noch einmal in sich. Das Problem war, dass der Kameramann den Bildwinkel sehr klein halten wollte und ich deswegen ständig seitlich aus dem Bild fuhr. Der hatte leicht reden, denn die Distanz zwischen Ketten und den Außenfinishern der Originalfräse ist nicht zu unterschätzen. So hieß es dreimal zurück und erst beim vierten Anlauf gelangen endlich die knappen Sekunden Film. Dass mein Modell dabei nur knapp den Finishern entkam, war wohl „kalkuliertes Glück des Tüchtigen“.

9. Der hintere Geräteträger

Aufbau und Antriebsmöglichkeiten

Jetzt wird es schon wieder hochinteressant, denn erst der hintere Geräteträger macht Ihr Schneemobil zu einem echten Arbeitsfahrzeug für die Pistenpflege! Bei der ganzen Konstruktion mitsamt Antrieb unterscheidet sich der hintere Träger in einer Eigenschaft ganz beachtlich vom vorderen Bruder. Während das Frontgerüst, für das Modell betrachtet, ganz bewusst in einer starren, fest fixierbaren Position gehalten werden sollte, muss der hintere Ausleger unbedingt einen Verstellantrieb mit Schwimmstellung haben. Was heißt das?

Je nach Geländebegebenheiten laufen die Nachlaufgeräte über Buckel und Mulden. Um den Geräten ständigen Anpressdruck und Bodenkontakt zu gewährleisten, darf der Träger deswegen nicht in einer starren Position verharren.

Er muss „schwimmen“ können! Die Fräszähne würden sonst an einer Kuppe ins Leere laufen, oder es entstünden in einer Mulde heftigste Kräfte auf den ganzen Aufbau. Die Bildzeichnung veranschaulicht dieses Problem sehr deutlich und erklärt zudem die Begriffe.

Betrachten wir jetzt zuerst die Antriebsmöglichkeiten vom vorderen Träger und prüfen sie auf diese zusätzliche Anforderung. Planen Sie unbedingt wieder Kraftreserven für eventuelle Schneeanhaftungen ein!

Der Servoantrieb

Mit einem Saver-Modul ausgerüstet, oder einem Druckfederelement in der Schubstange, ist ein sehr kraftvolles High-Tourque-Servo ein durchaus denkbarer Antrieb für den Leichtgeräteaushub.

Der Seilzug

...braucht unbedingt eine vernünftige Gerätegewichts-, oder eine Federkraft die Gegenzug bietet. Am besten beides! Als Antrieb des Zugseils bieten sich viele unterschiedliche Möglichkeiten.

Der Gewindespindelantrieb

...ist möglich, aber als direkter Antrieb für die Aushubfunktion eines starren Trägers absolut unbrauchbar! Wie soll da ein Überdruckausgleich stattfinden? Für eine zweiteilige Trägerkonstruktion so wie beim Snow Rabbit, ist die Gewindespindel aber durchaus möglich. Sehr elegant ist die Kombination aus Spindel und Seilzug, wie sie aktuell beim „Möchtegernbully“ und Dickie Snow King zum Einsatz kommt.

Der Exzenterantrieb

...müsste ähnlich wie beim Servoantrieb mit einem Saver oder einem Federelement ausgerüstet sein. Weiterhin bietet es die Bauart an, einen nicht allzu stark dimensionierten Getriebemotor einzusetzen, der dem Gegendruck ei-

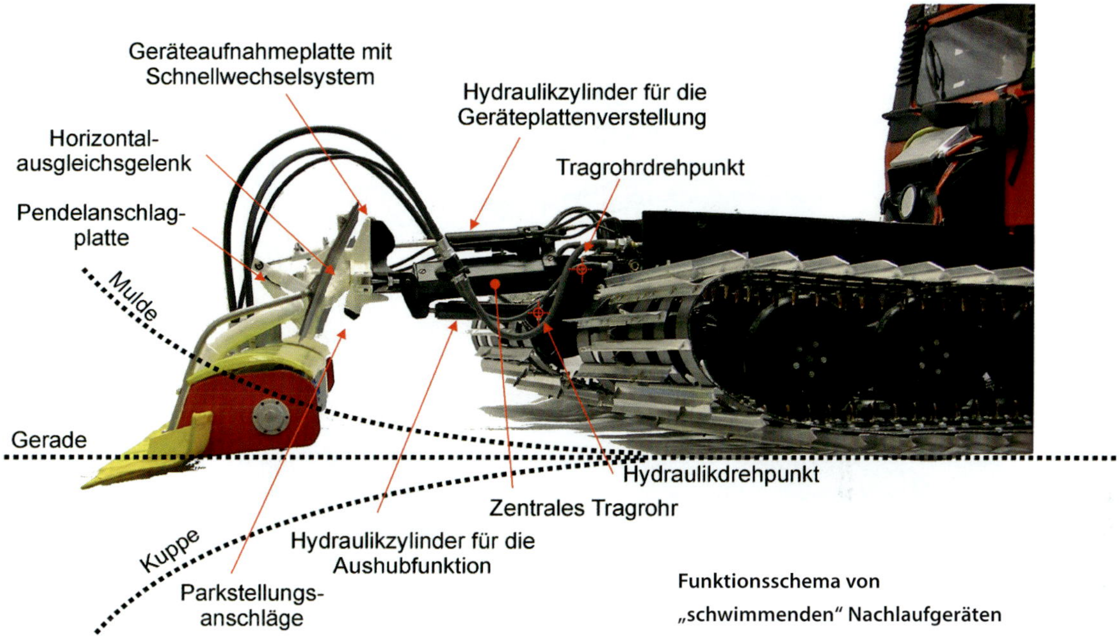

Funktionsschema von „schwimmenden" Nachlaufgeräten

ner Muldendurchfahrt locker nachgibt. Danach müssten Sie allerdings wieder per Motoransteuerung Anpressdruck aufbauen. Elektronikspezialisten würden dieses Problem sicherlich mit einer kleinen Platine in den Griff bekommen.

Funktionen, Detailbeispiele, Erfahrungsberichte

Der Heckträger des PB 240D

Die ganze Konstruktion ist fast 1:1 vom Original übernommen. Ich muss zugeben, dass es von der ersten Idee bis zum fertigen Modell ein sehr harter Weg war. Viele Teile musste ich doppelt anfertigen und so manches Konzept lief ohne Erfolg aus dem Ruder. So lautete das oberste Motto: Nie aufgeben und weiterprobieren! Es war auch deswegen so schwierig, weil die Masse der Anbaugeräte noch nicht endgültig fest stand. Ich simulierte zwar oft das Gewicht der Fräse mit mehreren kleinen Spannzangen. Ganz realistisch war dieses Treiben aber nie. Es wurden folgende Funktionen ins Modell umgesetzt:

- Das zentrale Trägerrohr wird vom Trägerlenkbock parallel zu den Kettenbewegungen angesteuert. Diese Funktion läuft über einen Mikroschalter, der den Lenkbock erst ab einer beliebig einstellbaren Absenkhöhe ansteuert. Auf diese Weise wird vermieden, dass sich der Träger in der Parkposition bewegt.
- Der Träger kann komplett über den originalen Absenkspielraum bewegt werden. Dabei können bis zu 1.100 g schwere Geräte in vorbildgetreuer Zeit ausgehoben werden. Der Anpressdruck wird dabei allein von der Gerätegewichtskraft erzeugt.
- Die Geräteaufnahmeplatte kann fast wie beim Original über den ganzen Kolbenstangenweg in jeder beliebigen Aushubposition verstellt werden. Das ist vor allem für die Parkstellung sehr wichtig. Des Weiteren ist die Platte als Schnellwechselsystem ausgelegt, dass es

Detail vom Heckträgerlenkbock des PB 240D

wie beim großen Vorbild möglich macht, die Geräte mit nur zwei M3-Muttern zu fixieren.
- Am Träger stehen für die Stromversorgung der Fräse ein Plus- und Minuspol als lösbare Steckverbindung zur Verfügung. Die elektrischen Leitungen sind als Hydraulikschläuche getarnt und fallen optisch nicht auf.

Aushubfunktion

Da der ganze Träger originalgetreu lenkbar ist, scheidet ein Gestänge-, Riemen-, oder Kettenantrieb für die Aushubfunktion aus. Wegen der kurzen Kolbenstange und den oben aufgeführten Anforderungen, war an eine Gewindespindel ebenfalls nicht zu denken. Auch ein Kardanantrieb schied komplett aus, da das Gelenk nie und nimmer 120 Grad vertragen würde. So stand schon zeitig fest, dass hier nur ein sehr kräftiger Seilzug zum Einsatz kommen könnte. Anfangs hatte ich aber die Sorge, dass mir der Träger in der fast senkrechten Parkstellung über einen

Das Antriebsaggregat für den Heckträgeraushub des PB 240D...

...an seinem Platz im Fahrzeugheck

Über einen Exzenter werden die Schalter für die Lenkung und den Strom zur Fräswelle ausgelöst

Nullpunkt in die negative Belastungsrichtung überkippt. So plante und konstruierte ich ständig mit kleinen, starken Zugfedern, um diese „Phantomkraft“ in den Griff zu bekommen.

Ein großes Problem war der sehr kleine Hebel, den das zentrale Trägerrohr bietet. Selbst der Anschlagpunkt am oberen Hydrauliklager bietet in der abgelassenen Stellung nur gut 20 mm Hebelweg. Das erzeugt natürlich fürchterliche Kräfte, die auf das Seil, den Antrieb und auf den Lenkbock wirken. Ist das Seil in der abgelassenen Stellung entlastet, kann die Lenkung aber wunderbar ihre Arbeit verrichten.

Antriebsaggregat

Das Ausgangsmaterial für den zuerst geplanten Doppelseilzugantrieb war mein beliebtes Aluprofil 50/30 mm. Dieses Profil bekam zahlreiche Ausklinkungen, sechs kleine und zwei große Bohrungen für die Motorritzel. Die in Sinterbuchsen gelagerten 6-mm-Wellen, sind aus

Eine abgefräste Zahnradflanke schaltet den Endschalter des Aushubgetriebes

Gewichtsgründen alle aus Alu-Vollmaterial. Auf der mittleren Achse laufen die Zahnräder frei und die Seilscheibe ist direkt an den Seiten der Zahnräder befestigt. Da der Antrieb für Modellmaßstäbe fast unendliche Kräfte erzeugt, sind natürlich die Endpositionen mit Endschaltern gesichert. Die Verbindung zum Seil übernimmt ein M4-Gabelstück in dem eine Gewindestange das Litzenseil aufnimmt. So kann ähnlich wie beim Frontträger, die Seillänge um einige Millimeter nachjustiert werden. Als elektrische Verbindung zum Motor ist eine verpolungssicherer BEC-Stecker verbaut. Zwei Aluwinkel stellen den Übergang zur Grundwanne her. Das ganze Antriebselement hängt damit knapp über den Lenkungs-Steuerstangen. So kann es mit nur vier gelösten Schrauben, einem gezogenen Stecker und einem gelösten Gabelstückbolzen ganz leicht vom Fahrzeug getrennt werden.

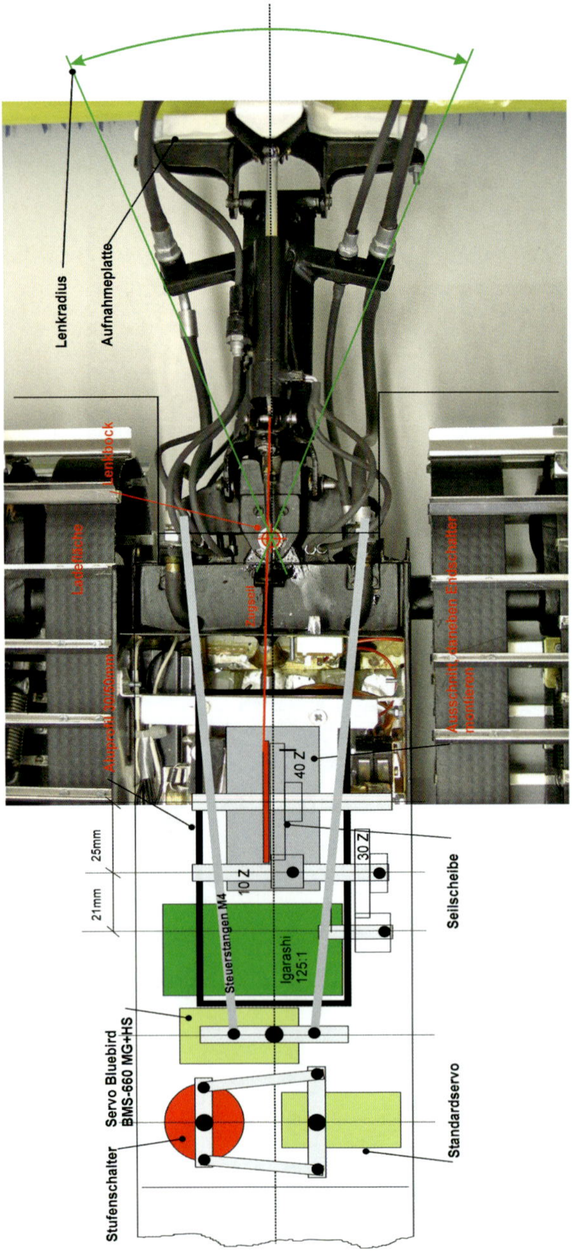

Funktionsschema des lenkbaren Heckträgers

Die Lenkung

Damit die Heckgeräte immer sauber hinterherlaufen, braucht es dafür unbedingt einen Antrieb! In der Ebene funktioniert das zwar auch prima ohne. Aber spätestens bei einer Schrägfahrt im geneigten Hang werden Sie merken, dass die Heckgeräte lieber den Weg des geringsten Widerstand nehmen. Dann hängen sie unschön zur Talseite und bleiben auch beim Ausheben gerne so stehen. Was beim großen Vorbild selbstverständlich per Hydraulik geschieht, kann im Modellbetrieb von einem starken Servo erledigt werden.

Das kleine Antriebsmaschinchen wird mit dem Steuerhebel nach unten, leicht schräg, vor den Seilzugantrieben auf einer Montageplatte eingebaut. Von dort geht es mit M4-Gewindestangen durch das Fahrzeugheck zum Lenkbock. Da die dortige Verbindung keinen rechten Winkel mehr darstellt, braucht es für eine spielfreie Verbindung, unbedingt einen hochwertigen Kugelkopf. Damit durch die konstruktiv oval ausgeschnittenen Durchdringungen der Grundwanne nicht unnötig Schnee in das Fahrzeug kommt, sind die Löcher mit großen Faltenbalgen abgedichtet. Das High-Torque-Servo darf natürlich nicht den gleichen Weg ausschlagen wie der Lenkbock! Letzterer läuft

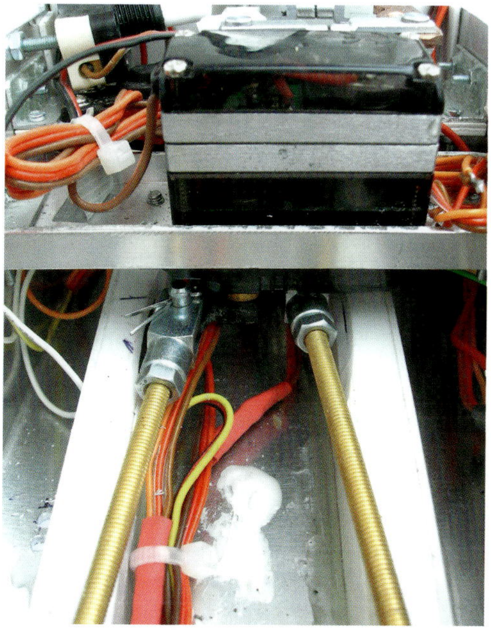

Verkürztes Servohorn und die M4-Steuerstangen zwischen den verdeckten Antriebswellen

Verstellung der Geräteaufnahmeplatte

Das war zugegeben eine der kniffligsten Funktionen am PB 240D. Galt es doch einen doppelt wirkenden Seilzug zu konstruieren, der zusätzlich noch über zwei Achsen beweglich sein sollte. Der Antrieb war das geringste Problem, denn das Modul mit den zwei Motoren war schon lange montiert und erledigte souverän die Aushubfunktion.

Irgendwann war die Geräteaufnahmeplatte fertig und ich startete wieder Versuche mit den kleinen Spannzangen. Das funktionierte zwar nicht schlecht, aber es war von der Realität weit entfernt. So richtig zur Sache ging es erst dann, als die Fräse einigermaßen fertig war. Jetzt zeigte sich, dass die Seilzüge für die Geräteplatte völlig unbrauchbar waren. Ich änderte die ganze Konstruktion zwar noch des Öfteren um, bau-

ungefähr 20 Grad auf jede Seite. Das können Sie entweder mit jeder aktuellen Fernsteuerung in den Griff bekommen, oder ganz banal per unterschiedlich langen Steuerhebeln von Servo und Lenkbock.

Als das Fahrzeug vor vielen Jahren entstand, wurde die Lenkung synchron zum Lenkkanal des Fahrantriebs gesteuert. Mit dieser Parallelsteuerung war natürlich ausgeschlossen, dass die Fräse, wie im realistischen Betrieb bei Geradeausfahrt, auch seitlich hinter dem Fahrzeug hängen kann.

Dieses Verfahren ergibt besonders makellose Spurübergänge und ein ganz besonderes Pistenbild. Mit dem Erwerb einer MC-22-Anlage im Frühjahr 2012, entstanden plötzlich ganz andere Vorzeichen und endlich konnte ich auch dieses optische Highlight auf das Modell übertragen. Dabei kann ich an der Fernsteuerung per Umschalter entscheiden, ob die Fräse synchron-, oder manuell gelenkt wird.

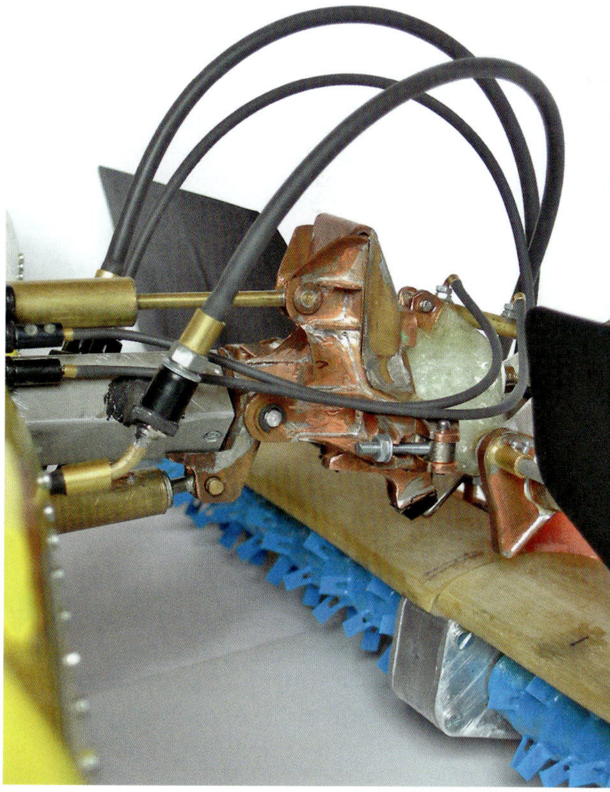

Die Geräteanbauplatte des PB 240D

Das auf der Spitze stehende Vierkantrohr wurde auch beim aktuellen PB 400 wieder für den Heckträger verwendet

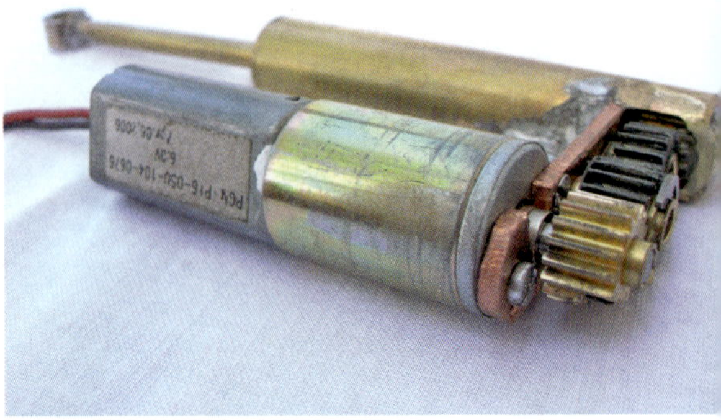

Über eine Zahnradkaskade ist der 16er-Minimotor mit der Gewindespindel verbunden

Die Abdeckung übernimmt gleichzeitig den Angriffspunkt für den Seilzug ▼

Die vordere Verschlusskappe des Heckträgers ist ein komplexes Bauteil ▼

te hier und da starke Zugfedern ein und drehte mehrmals die Zugrichtung. Trotzdem ließ sich die Platte nicht vernünftig fixieren und die Fräse konnte nicht in der gewünschten Position gehalten werden. Des Weiteren wurden die Seile durch die Aushubfunktion, die über einen Radius von 120 Grad läuft, heftigst belastet und zeigten schnell Verschleißerscheinungen. So boten sich jetzt drei Alternativen an:

- Ich könnte die Hydraulikattrappe fixierbar gestalten und die Geräteplatte damit in der gewünschten Stellung halten. Damit wäre die originalgetreue Parkposition und die ferngesteuerte Frästiefenverstellung endgültig verloren.
- Ich könnte mir eine richtige Modellhydraulik mit zwei Zylindern zulegen. Damit müsste ich mich aber aus Platzgründen von meinen beiden Seilantrieben komplett verabschieden. Diese Variante würde mir auch meine komplette Steuerungsmethode über den Haufen werfen. Daraus resultierend bräuchte ich zusätzlich eine bessere Fernsteuerungsanlage. Um mir damals die letztere Investition, die Pumpe und die Ventile zu sparen, überlegte ich zwei Zylinder gegenläufig zu betreiben. Einer würde in der Fahrzeugwanne mit einem konventionellen Spindelantrieb ausgerüstet sein und der andere an originalgetreuer Position seine Arbeit verrichten. Ich ließ diese Gedanken aber alle fallen!
- Zum Zug kam die letzte Variante: Die Grundidee war wie so oft ein Spindelantrieb.

Da der Platz nie und nimmer für eine echte, funktionelle Hydraulik-Attrappenkonstruktion ausreichte, musste der Antrieb der Gewindestange irgendwo anders hin. Die Lösung lag in einem Mikromotor mit Planetengetriebe, der sogar noch mit etwas Luft in das zentrale Tragrohr des Auslegers passte. Von dort geht es mit einer Zahnradkaskade zur entscheidenden M3-Gewindestange welche die Kraft aufbaut. Da bei einem Geräteplatten-Bewegungsspiel der Zylinder verschiedene Winkel beschreibt, musste das Motor-Zahnräder-Zylinder-Modul beweglich gelagert sein. Dazu wird eine passgenaue Kappe über die Zahnradkaskade geschoben, die hinten eine Langlochöse zur Lastübertragung hat.

Das Gegenstück zu dieser Öse ist der untere Verschluss des zentralen Tragrohrs. Die Teile werden so passgenau verschraubt, dass die Antriebskombination mit minimalem Spiel im Tragrohr fixiert ist und trotzdem soviel Bewegungsfreiheit hat, dass sie die Neigungen der Geräteplatte ausgleicht.

Das bisschen störende an der Bauart ist die Abdeckung der Zahnradkaskade. Ansonsten funktioniert der ganze Mechanismus aber recht gut und entwickelt vor allem so unerwartet viel Kraft, dass die Fräse in jeder Aushubposition eingefahren werden kann. Ein weiterer Wermutstropfen ist die mäßige Geschwindigkeit. Ich verwendete als Provisorium und in der Not, einen viel zu hoch untersetzten 16er-Minimotor der gerade greifbar war. So dauert ein einfaches Bewegungsspiel doch immerhin 30 Sekunden. Und wie Provisorien so sind, diese Funktion ist neben dem Schildankippen bis heute eine von zwei Bewegungen am Fahrzeug, die von der Vorbildgeschwindigkeit erheblich abweichen.

Die Stromversorgung des Motors übernehmen stromleitende Hydraulikschlauch-Attrappen, die wie beim Original mit Steckern vom Fahrzeugheck getrennt werden können.

Der Heckträger des RATRAC

Bei weitem einfacher ging es beim Heckträger des RATRACs zu. Da der Oldie den Nachlaufgeräten keine Lenkung zu bieten hat, gestaltet sich der ganze Aufbau viel unkomplizierter. Betrachten Sie aber die Originalkonstruktion, braucht es eine ordentliche Portion technisches Verständnis, um die Funktion der parallel wirksamen Hydraulikzylinder zu durchschauen. Da ich mich aber auch damals nicht mit Modellhydraulik auseinandersetzte, suchte ich mir eine konventionelle Lösung für die Aushubfunktion.

Die Anforderung der Schwimmstellung bestand früher genauso wie heute und so entwickelte ich einen „einseitig-flexiblen“ Kettenantrieb. Das heißt, dass der Kettenring vom Motor zur Trägerdrehachse auf einer Seite durch eine kleine, aber sehr starke Zugfeder unterbrochen ist. Dadurch wird es dem Trägergestänge möglich auf Kuppen und Mulden zu reagieren, ohne

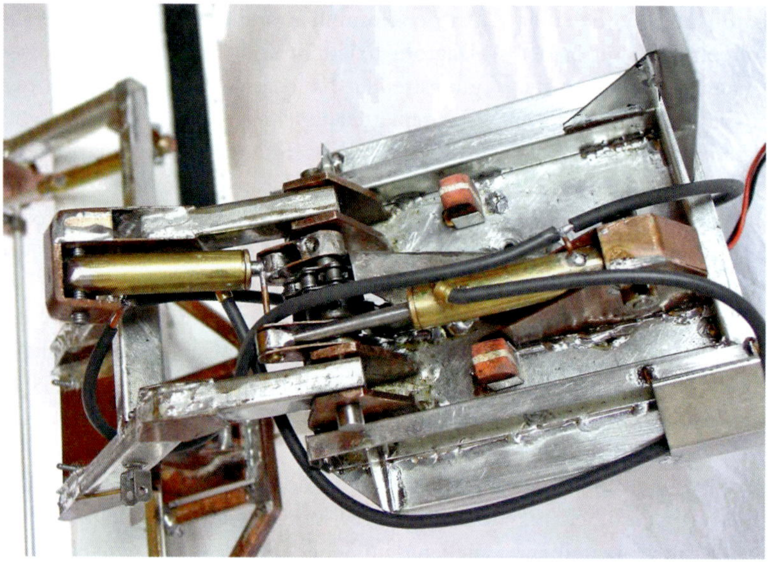

Der Heckträger des RATRACs entstand aus zahlreichen, stumpf verlöteten Weißblechprofilen

Gesamtüberblick auf das komplette RATRAC-Heckträgermodul, das nur mit einer einzigen M3-Mutter am Grundfahrzeug fixiert wird

Der mit einer Zugfeder unterbrochene Gliederkettenantrieb wird von einer weiteren starken Zugfeder unterstützt

Das ausgeklappte Brett in Aktion

Funktionsschema des Brettausschwenkens beim RATRAC

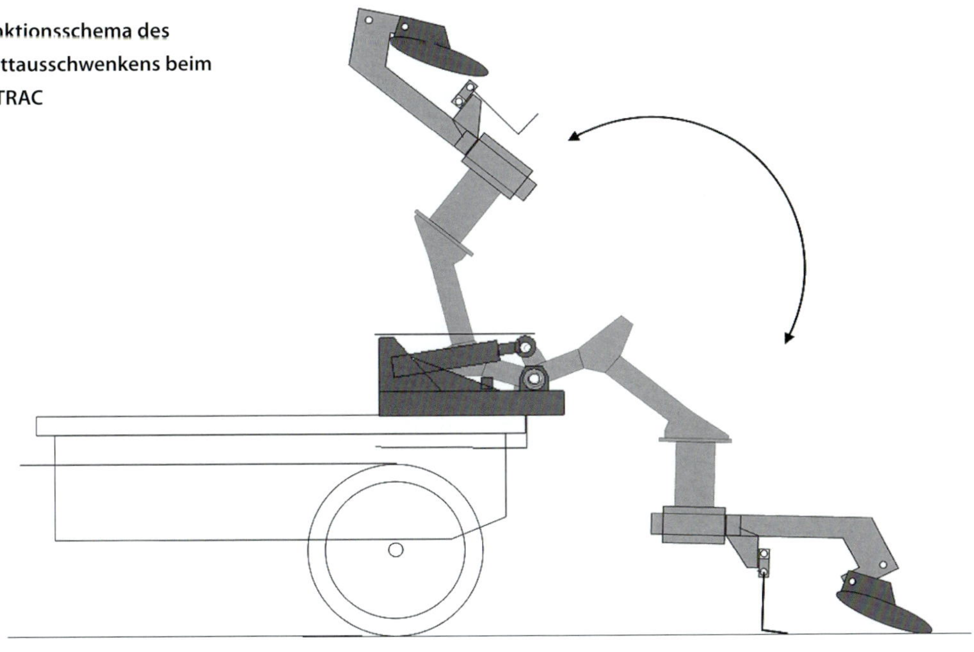

dass Schäden an der ganzen Konstruktion zu erwarten wären. Die Bauweise funktionierte ohne Geräte wunderbar, bis das Glättebrett irgendwann fertig war und ein ernstes Problem auftrat: Der Träger klappt für die Parkposition über einen toten Punkt in die negative Belastungsrichtung um. Zum Zurückholen aus dieser Stellung wird aber die kleine Zugfeder stark belastet und somit gedehnt. Dreht der Motor weiter, wird die Spannung auf die Feder schließlich immer größer und der Träger schießt irgendwann schlagartig über den toten Punkt in die Absenkstellung. Das schaut zum einen dumm aus und belastet zum anderen sämtliche Wellenverbindungen unnötig stark. Für Abhilfe sorgte hier eine weitere Zugfeder, die beim Absenken in die Parkstellung das Gerätegewicht kompensiert und dem Motor Antriebslast bis zur Endstellung bietet.

Die Maximalstellungen werden natürlich wieder von Endschaltern gesichert, die sich beidseitig des Aluminiumgehäuses befinden. Hierfür sind auf der Antriebswelle zwei Stellringe mit einer 8 mm langen M3-Schraube montiert. Zwei von einander unabhängige Stellringe haben den großen Vorteil, dass sie beide Positionen getrennt voneinander einjustieren können. Ansonsten wäre die Einstellarbeit nur mit den Sprungkontaktschaltern möglich und das wäre mühsam. Der weitere Aufbau war eine klassische Modellbauarbeit aus Weißblech, Kupfer und Messingrohren. Das rechteckige Trägerprofil entstand dabei aus zwei zusammengelöteten U-Profilen, die an den Verbindungen plattenartige Verstärkungen aus Kupfer erhielten. Die komplette Mechanik und alle optischen Anbauten sind auf ein tragendes Aluprofil aufgebaut. Dieses wird nur auf einer einzigen M3-Gewindestange in der Fahrzeugwanne befestigt. Die Seitenstabilität erhält das Modul durch die U-Profil-Attrappen, die in zwei Führungsschienen an der Grundwanne greifen. Ein so leicht lösbares Modul hat bei Wartungsarbeiten unschlagbare Vorteile. Sie brauchen nie etwas einstellen und nachjustieren. Sie müssen lediglich einen Stecker und eine Schraube lösen und schon haben Sie das ganze Glättebrett samt Träger plus Antrieb in der Hand.

Der Heckträger von AT-Modellbau in 1:12

Der Teilesatz orientiert sich dabei immer an handelsüblichen Alu-Standardprofilen, an denen nun nach beigelegten Zeichnungen munter gefeilt, gebohrt und Gewinde geschnitten werden. Je sorgfältiger man dabei arbeitet, desto perfekter stehen die Teile zum Schluss zueinander! Bemerkenswert ist dabei die simple, aber doch sehr wirkungsvolle Konstruktion der Hub- und Gerätependelfunktion. Dabei ist es ein Alublech-Frästeil, das sich durch zwei zusätzliche Aussparungen, ohne große Mühe zum passgenauen U-Profil biegen lässt und so als Kulissenführung dient. Somit ist garantiert, dass der angehobene Geräteträger immer senkrecht steht. Die Fräse selbst, kann beim Ausheben nach unten pendeln und steht nicht unschön senkrecht in den Himmel. Zur besseren Stabilität sollte die Wanneninnenseite aber unbedingt mit einem dünnen Alublech hinterlegt werden!

Das Aushubsystem...

...ist nicht im Bausatz enthalten! Wer bis dahin alles unter Kontrolle hatte, kommt bestimmt auch mit dem letzten Akt zurecht. Es braucht nämlich noch einen starken Hubmechanismus für die ganze Sache und hierbei trennt sich oft der Bastler vom Experten. Diese Aufgabe bietet sich bestens an, um einmal selbst ein kraftvolles, aber stromsparendes Eigenbauservo zu konstruieren. Die Firma CTI-Modellbau bietet hierfür ein preisgünstiges Elektronikkit an und der Rest stammt komplett aus dem Conrad-Sortiment. Zugegeben ist der Einbau des Potis und die Inbetriebnahme der ganzen Konstruktion ein bisschen knifflig. Ganz wichtig ist vor allem die richtige Motordrehrichtung, denn eine Falschpolung lässt die Sache eher zu Bruch gehen, als vernünftig funktionieren. Ist man aber irgendwann mit der Versuch- und Irrtummethode Herr der Dinge geworden und hat alles sauber einjustiert, steht eine gigantische Zugkraft bei einem minimalistischen Stromverbrauch zur Verfügung. Um der Fräse eine originalgetreue „Schwimmstellung“ zu ermöglichen, kommt keine fixe Zugstange, sondern selbstverständlich ein Zugseil zur Anwendung. Kevlarseil heißt hierfür das Zauberwort, dass

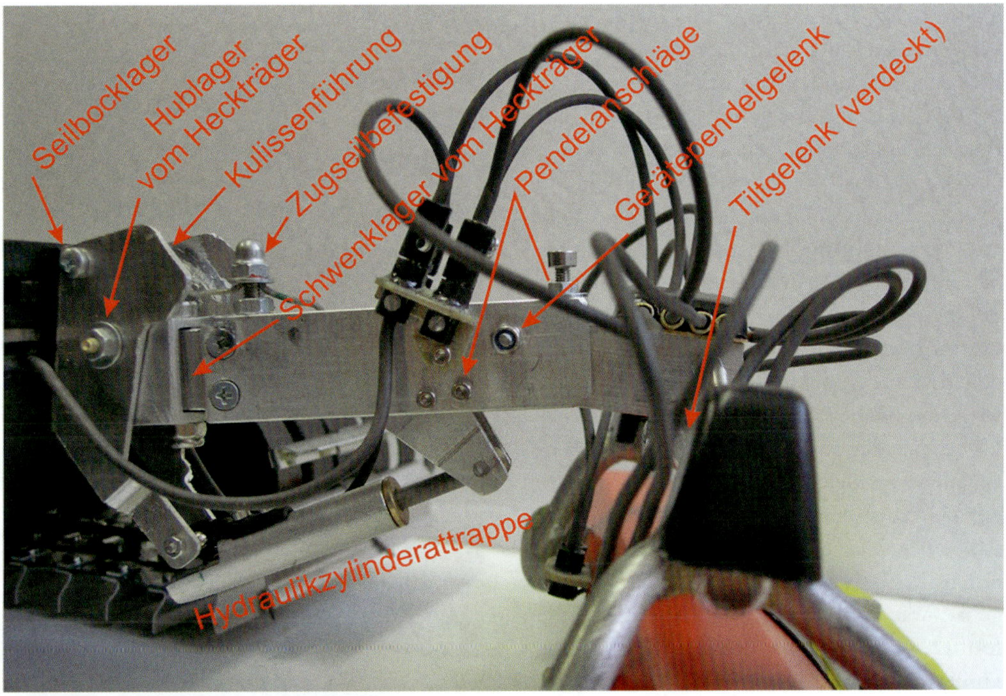

Detailbezeichnungen des Heckträgers von AT-Modellbau

Zentrische Seilbefestigung mittels Gewindestehbolzen und Hutmutterklemmung

nicht nur 1,5 KN Zugkraft standhält, sondern dessen Mantel auch sehr unempfindlich gegenüber scheuern und reiben ist. Jetzt braucht das Seil nur noch eine Justagemöglichkeit und dafür ist ein kleiner Stehbolzen auf dem Heckträger zuständig. Eine M4-Schraube erhält beidseitig zwei Abflachungen in deren Bereich eine sauber entgratete Bohrung liegt. Durch die wird das Seil gefädelt und zur Fixierung kommt oben drauf eine hübsche, aber gefühlvoll angezogene Hutmutter. So wird auf einfachste Weise eine dauerhafte Klemmwirkung erzielt und die Konstruktion bleibt jederzeit einstellbar.

Jetzt fehlt „nur noch" den Strom zum optionalen Fräswellenmotor zu bringen und diesen irgendwie ein- und auszuschalten. Da ist das Kabelverlegen eine Kunst und die verlangt ordentlich Geduld. Die andere große Preisfrage ist: Wie kompensiert man einen fehlenden fünften Kanal an der Fernsteuerung? Prinzipiell könnte man ein CTI-PS4-Schaltmodul parallel zum Schildheben verkabeln, denn die Tippsteuerung und die 4×4-A-Ausgänge ließen das prima zu. Ich bevorzuge aber lieber den „Automatikbetrieb", der über eine auf der Abtriebswelle sitzende Exzenterscheibe realisiert wird. Das schöne daran ist, dass die Scheibe an einen Stellring gelötet ist und damit kann man den Schaltpunkt hervorragend an die Absenkhöhe anpassen. Somit ist garantiert, dass die Fräswelle in der abgesenkten Position immer unter Strom steht und niemals ein Schneestau passieren kann

Der Heckträger des Möchtegern-Pistenbully

Variante 1

Die bewegliche Alukonstruktion möchte ich jetzt gar nicht weiter beschreiben. Eigentlich bilden nur Standardprofile aus dem Baumarkt die Zutaten. Diese Primitivlösung basiert auf einem ganz normalen 30-Ncm-Standardservo. Man muss sich nur trauen, das Ding einmal aufzuschrauben und kleine Sezierungen daran vor-

Seilzugsystem mit einem umgebauten Standardservo

Detailpunkt der Fahrzeugheck-Durchdringung mit dem Auflagebolzen für das Seil

zunehmen. Denn das Poti an der Abtriebswelle muss blind gelegt werden! Ohne dieses kleine Teilchen wird das Servo zur Windenmaschine, die sich ganz easy per Knüppel, endlos rechts und links steuern lässt. Als Zugseil für den Aushubträger verwendete ich früher gerne eine billige „1-mm-Maurerschnur" aus Polyester. Diese Kunststoffschnur bietet den genialen Vorteil, dass man die Endverbindungen total sicher und einfach per Lotkolben verschmelzen kann. Eine M2-Mutter bildet dabei die Seil-Endbegrenzung, hinter der die Schnur vorsichtig erhitzt wird. Wenn es für Einstellarbeiten sein muss, auch mehrmals. Die Endpositionen dieser Wickelkonstruktion sind jetzt zwar nicht begrenzt, braucht es aber auch nicht. Denn in der unteren Stellung läuft das Seil "ins Leere", die Fräse kann „schwimmen" und in der oberen Position stellt die schwache Maximalkraft des Servos das Ende dar. Also bitte kein 120-Ncm-Powerteil verwenden! 30 Ncm reichen vollkommen! Einzig allein die so genannte „Servodrift" ist ein kleiner Nachteil, den man aber im Sichtbereich, mit einem feinen Händchen an der Fernsteuerung ganz akzeptabel unter Kontrolle halten kann.

Variante 2

Da die Problematik mit der Servodrift bei größerer Hubkraft immer stärker ins Gewicht fällt, suchte ich hierfür nach Alternativen im Bereich der Gewindespindel. Ich brauchte diesmal aber eine sehr schlanke und trotzdem Endschalter-gesteuerte Bauart. Zurückblickend war der Antrieb ein lustiges Laborieren, denn so einen kompakten Linearseilzug hatte ich noch nirgends gesehen. Die Basis bildet wie so oft ein 10/10-mm-Messingrohrprofil, in das auf beiden Seiten eine 4-mm-Bronzebuchse eingelassen ist. Der eigentliche Kraftaufbau findet innerhalb von diesem Profil statt. Dazu rotiert ein M4-Gewindestab, der über eine Zahnraduntersetzung von einem 14-mm-Faulhaber-Motor angetrieben ist. Das Gegenstück, die M4-Mutter, wird diesmal am Drehen gehindert und wandert innerhalb des Rohrprofils hin und her. Jetzt fehlt nur noch der Zugdrahtbügel, der in der Mutter mit zwei Bohrungen und per Weichlot fixiert ist. Dieser Zugdraht ist gleichzeitig auch die Steuerstange für die beiden Mini-Endschalter, welche an einem zusätzlichen Halteblech passgenau angebracht sind.

Kombination aus automatischem Gewindespindelantrieb und Seilzug

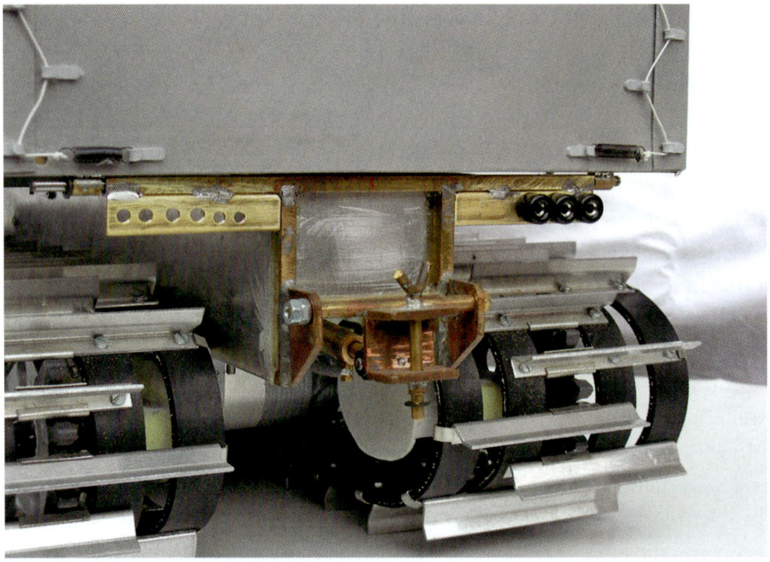

Der Heckträger des Snow Rabbits

Funktionstest mit einem PGM16-Motor, zuerst noch ohne Endschalter

Der Heckträger vom Snow Rabbit

Ein pures Gegenteil zum L-Hebel-Frontträgerantrieb wurde die Motorisierung des Heckträger. Hier war knapper Raum vorhanden, aber trotzdem ein starker Antrieb vonnöten. Beim Original ist der dazugehörige Kolbenstangenweg sehr kurz gehalten. Das Trägermaul wird nur um gut 80 Grad nach oben gedrückt und stemmt damit die Geräte aus dem Schnee. Da ein Seilzug schlecht drücken kann, war meine Lösung ein kleiner Spindelantrieb. Da ich die dazugehörige Zylinderattrappe aber ebenfalls in die Modelloptik miteinbeziehen wollte, war die Umsetzung der Endstellungen eine nette Her-

Auch unter dem Fahrzeug gibt es sehenswerte Details zu entdecken

Per Schnecken- und Stirnraduntersetzung werden die Endschalter sicher angesteuert

ausforderung. Eine lineare Endschalteransteuerung kam durch diese feine Tarnung nämlich nicht in Frage. Was blieb, war eine kombinierte Schaltung per Schneckenuntersetzung und Stirnradansteuerung. Der Aufbau wird durch die Bilder einigermaßen deutlich und überzeugt durch seine kompakte Bauweise.

Der Heckträger des Dickie Snow King

Für den Dickie wollte ich wieder einmal etwas ganz Spezielles ausprobieren. Die Grundidee war ein Seilzug, für dessen Antrieb man ohne weiteres auf ein normales Standardservo zurückgreifen könnte. Vielleicht war in dem Moment keines greifbar, denn mich reizte wieder

Seilzug-Gewindespindelantrieb im Dickie Snow King

Die Seilverbindung am Trägergestänge

einmal mehr ein kompakter Linearspindelantrieb. Dessen Basis bildet ein 10/10-mm-Messingvierkant, der seitlich zwei langlochartige Ausfräsungen erhielt. Das vordere Ende bleibt offen und gegenüber wird per Weichlot ein kleines Stück 18er-Cu-Rohr angelötet. Darin lässt sich ein 16er-Faulhaber mit zwei aufgelöteten Klemmschrauben prima fixieren. Auf dessen Motorwelle wird eine M6-Gewindestange direkt verklebt. Das kraftübertragende Innengewinde, das aus einem Stückchen 8/8-mm-Vollmaterial besteht, braucht jetzt nur noch zwei aufgelötete M2-Muttern, in die kurze Inbusschrauben gedreht werden. Damit wird das Innengewinde am Mitdrehen gehindert und läuft linear im Vierkantrohr innerhalb der Langlochfenster. Die Tauglichkeit als Zugsystem erhält die Konstruktion, indem zwei dünne Angelschnüre links und rechts an den Inbusschrauben angeknotet werden. Die Seile sind als Schlaufe ausgebildet und werden im Standardträger zentrisch eingehängt. Das macht den Träger samt Fräse auf einfachste Weise demontierbar und zudem bleibt im abgelassenen Zustand sogar die Lenkfähigkeit erhalten.

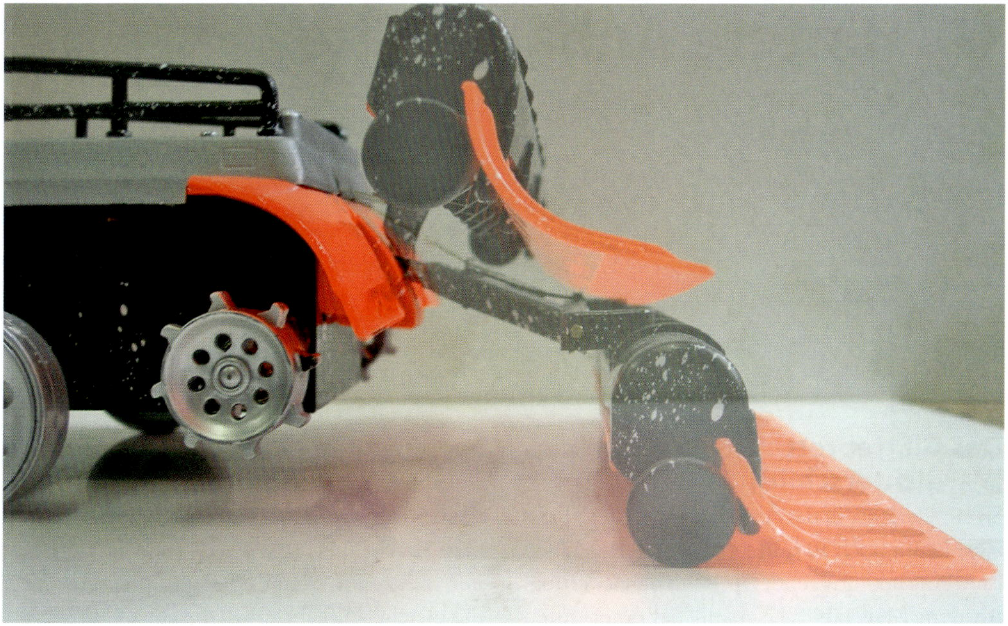

Tricktechnische Darstellung der Hubwege

10. Hintere Anbaugeräte

Das Glättebrett (Verdichterschild)

So ein Gerät ist in der zeitgemäßen Pistenpflege zwar kaum noch zu finden, aber für ein Modell ist es eine hervorragende optische Bereicherung. Ab dem Maßstab 1:12, kann bei einer guten Bauart sogar zusätzlich noch von wirklicher Funktion die Rede sein. Das Glättebrett steht hier deswegen an erster Stelle, da ich unbedingt bemerken muss, dass so etwas viel leichter und schneller in den Modellbetrieb umzusetzen ist als eine aktuelle Fräse! Mein Tipp: Fangen Sie bescheiden an und steigern Sie sich!

Aufbau

Das alte RATRAC-Brett und ein Verdichterschild von Kässbohrer sind in der Bauart ziemlich identisch. Obwohl von zwei grundverschiedenen Firmen gefertigt, unterscheiden sich beide Geräte nur unwesentlich. Vielleicht liegt es daran, dass sie fast zeitgleich gebaut worden sind. Zur modernen Pistenpräparation eignen sich beide nicht mehr, aber für uns Modellbauer sind sie eine willkommene Gelegenheit, die grob gewühlten Kettenspuren zu verwischen.

Wenn Sie das jeweilige Fahrzeug mit dem Glättebrett in der Parkposition stehen sehen, ist es erst einmal unheimlich schwer, die Funktion zu begreifen. Das Tragsystem beschreibt beim Aushub fast eine 180-Grad-Drehung, die ohne es beobachtet zu haben, schwer nachvollziehbar ist. Bei den alten Kässbohrer-Geräten gibt es in der Mitte noch eine schwere Walze, die den unverdichteten Zwischenraum der Ketten platt macht. Das RATRAC-Brett hat dafür einen schweren Metall/Hartgummilappen, der die gleiche Aufgabe erfüllen soll.

Umsetzung ins Modell

Da meine hinteren Geräteträger zugegeben nicht endlos belastbar sind, war bei allen Geräten immer ein gewisses Gewichtslimit mit im Spiel. Je mehr Masse von der Drehachse der Trägerlagerung entfernt ist, desto mehr wird der Antrieb und das ganze Trägerauslegersystem belastet. Was in der Realität nur recht und gut ist, stellt uns Modellbauer vor ernste Probleme.

Das RATRAC-Verdichterschild besteht aus fünf Lagen 2 mm starkem Polystyrol, die aber nicht alle durchgängig sind und somit in der Mitte einen kleinen Hohlraum bilden. Diese Sandwich-Konstruktion hat auch noch den beiläufigen Nebeneffekt, dass die Aufhängungen während der Verklebung in das Brett mit eingearbeitet sind. So stören keine Schraubverbindungen die Ansicht und das Ganze ist so ausreißstabil, dass es gern das Prädikat „unkaputtbar" verdient. Die fünf Platten werden nach dem Aushärten so lange mit Feile, Flex und Hobel bearbeitet, bis die gewünschte Form erreicht ist. Bei dieser Aufgabe sind die Aufhängungen natürlich fürchterlich im Weg, aber man

(Hintergrundbild: Albert Türtscher)

◀ Das RATRAC-Glättebrett besteht aus mehreren Lagen Polystyrol

Feines Detail der Exzenterverstellung für den Anpressdruck ▼

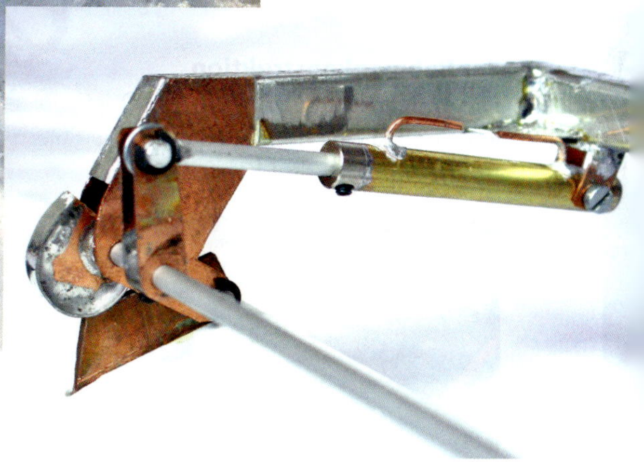

kann eben nicht alles haben! Nachdem das Ziel doch irgendwann erreicht war und das Brett die gewünschte Form hatte, griff ich zur Säge. Um Bodenunebenheiten besser auszugleichen, sollte das Brett nämlich unbedingt zweiteilig sein! Da es aber nur zwei Aufhängungen gibt, braucht es an diesem Stoß irgendeine elastische Verbindung. Dafür verwendete ich zwei kurze Teilstücke eines 4 mm dicken O-Rings aus Gummi. Somit wird aus den zwei Hälften wieder ein ganzes Brett, dass sich nun prima über jede Unebenheit schlängelt.

Mit diesem länglichen Klotz lässt es sich jetzt zwar schon wunderbar verdichten, eine schöne Spur erfordert aber noch eine zusätzliche Fleißaufgabe. Die Polystyrolbauweise bietet dafür den Vorteil, dass es ein Leichtes ist, am hinteren unteren Rand eine Zahnleiste einzuschnitzen. Die Piste perfekt machen aber erst die schweren Gummilappen, die so genannten „Finisher“. Beim großen Vorbild sind diese ungefähr 50 cm breiten Teilstücke zusätzlich mit einem Flach-

Möglichkeiten gibt es dafür viele, die meisten Gedanken kreisen dabei um die Positionierung des Antriebsmotors. Zur Problemlösung stehen vier Vorschläge bereit:

- Einen hochtourigen Kleinmotor - per Schneckengetriebe anflanschen
- Den Getriebemotor im Trägerfahrzeug verstauen und per biegsamer Flexwelle die Fräse antreiben
- Einen kleinen Getriebemotor irgendwie im rechten Winkel, oder axial-parallel mit der Fräswelle verbinden
- Oder einen kleinen Getriebemotor in die Fräswelle integrieren

Alle vorgestelten Bauarten halte ich für sinnvoll, bei mir kamen bislang nur die letzten zwei Varianten zum Einsatz. Es stellt sich weiterhin die Frage, ob das was im großen Maßstab funktioniert, im kleinen auch so sein muss? Während meine ersten Versuche in der 1:8-Materie stattfanden, ist heute der 1:12er-Bereich bei weitem gefragter. Hierfür suchte ich aber auch schon ab dem Winter 2008/2009 nach Lösungen, die sich in einer bislang einmaligen Eigenkonstruktion, der maßstäblich verkleinerten „2000er-Fräse" wiederspiegeln. Des Weiteren kommt der Teilesatz von AT-Modellbau zur Sprache und auch die winzig kleine Fräse des Snow Rabbits wird natürlich auch erwähnt werden.

Insgesamt gesehen ist so eine Modellfräse eine wunderschöne Bereicherung für ein Raupenmodell. Eines muss ich aber trotzdem noch erwähnen:

So scale, hübsch und funktionell Sie auch gebaut haben; wenn Ihr Trägerfahrzeug keinen frontlastigen Schwerpunkt hat, wird es Ihnen die Fahrzeugfahrleistungen im geneigten Gelände munter vermiesen. Die Fräse drückt einfach unnachgiebig auf das Heck und lässt dieses im Schnee versinken. Haben Sie aber in Sachen Gewichtsverteilung Ihre Hausaufgaben gemacht und der Schwerpunkt liegt mit allen Anbaugeräten zwischen dem zweiten und dritten Laufrad, dann ist der Spaßfaktor ihrer Pistenraupe jetzt kaum noch zu bremsen.

Am Beispiel des PB 240D in 1:8

Da auch mein Kässbohrer-Vorbild mit so einem Zauberwerkzeug der „2000er-Serie"ausgerüstet war, riskierte ich die Herausforderung, so ein Teil auch für das Modell nachzubauen. Eine große Motivation bestand auch darin, dass der RATRAC ja nur ein Glättebrett bekommen hatte und das wollte ich beim Kässbohrer-Modell ändern.

Natürlich ist diese Fräse bei weitem nicht mit dem zu vergleichen, was heutzutage für Hightech-Teile hinter einem 600er-Pistenbully hinterher laufen. Trotzdem war es schwierig genug, den komplexen Aufbau mit all seinen Verstellmöglichkeiten zu durchschauen und maßstäblich umzusetzen.

Wenn Sie ähnlichen Ehrgeiz entwickeln, sollten Sie sich aber darüber im Klaren sein, dass selbst so eine „primitive Bauart" unheimlich arbeitsintensiv ist. Wenn Sie sogar mit einer aktuellen Multi-, oder gar Alpinflexfräse liebäugeln, könnten Sie in der Zeit die Sie dafür investieren müssen, locker ein weiteres Fahrgestell bauen!

Meine Ziele waren im Einzelnen:

- Hohe Detailtreue am ganzen Tragrahmen
- Realistische Umsetzung aller beweglichen Funktionen und dem Schnellwechselsystem
- Vorbildgetreue, motorisierte Fräswellen
- Gesamtgewicht maximal 900 g (Trockengewicht), bei einer Arbeitsbreite von über 600 mm!

Das sollte in der Umsetzung ein harter Brocken werden, galt es doch mit jedem Gramm zu geizen. Nun aber hübsch der Reihe nach:

Modell, Original oder beides?

Die Anbauplatte mit dem Drehgelenk

Da auf die Anbauplatte von allen Seiten große Hebelkräfte einwirken, kam hier nur eine Metallbauweise in Frage. Da die Platte noch relativ nahe an der Trägerdrehachse liegt, kann das Gewicht toleriert werden. Für die verschachtelte Bauart bietet sich weichgelötetes Kupfer geradezu an. Ganz anders zu bewerten war das massive Drehgelenk, dass der Fräse die Horizontalbewegung ermöglicht. Beim Original ist dieses Gussteil ein wahres Funktionswunder. So bildet es den Kreuzungspunkt der zwei Hauptbelastungsachsen und nimmt zusätzlich noch den oberen Lagerpunkt eines Hydraulikzylinders auf. Dieser kleine Kolben ist für den Anpresswinkel zuständig und stellt beim Modell ein schönes Detail dar. Das Drehgelenk fertigte ich zuerst auch aus Kupfer an, machte mir aber sofort Sorgen um das Gewicht. So blieb nur ein Abguss mit GFK, um an dieser Stelle wieder Masse einzusparen.

Das zentrale Drehgelenk entstand aus GFK und erhielt anschließend Bronzebuchsen

Zentrales Tragrohr

Sie erinnern sich an das Problem beim Glättebrett, mit den sich vergrößernden Hebekräften? Genauso erging es mir bei der Fräse. Jede Masse vervielfältigt sich gnadenlos, je weiter sie vom Drehpunkt entfernt ist. Das massive Tragrohr mit einem Modelldurchmesser von immerhin 12 mm wäre aus Messing hervorragend anzufertigen. Vor allem ließen sich die Andruck- und die beiden Anschlagplatten leicht daran anlöten. Das Ganze würde auch hochstabil, wäre da nicht das erhebliche Gewicht. So bringt der immerhin 350 mm lange Zuschnitt stolze 140 g auf die Waage.

Das wäre viel zu viel für meine Maximalvorgabe. So wagte ich den Versuch ein Aluminiumrohr zu biegen. Dabei liegt die große Kunst darin, das Leichtmetall so optimal zu erhitzen, dass es nicht anschmilzt. Wenn Sie sich diesem Temperaturpunkt aber knapp genähert haben, ist es trotzdem noch nicht leicht dem Rohr die vorbildgetreue Form zu geben. Wer sich die Mühe macht das Rohr zusätzlich mit Quarzsand zu füllen, hat vielleicht bessere Chancen, dass das Rohr sich beim Biegen nicht einzieht. Ansonsten bleibt nur Geduld und Muße, um ein brauchbares Ergebnis zu erzielen. Die Gewichtsersparnis beträgt dafür satte 112 g gegenüber dem Buntmetallpedanten.

Für die Verbindung zur Andruckplatte bleibt allerdings doch nur ein Materialmix mit einem Messingrohr übrig. Selbstverständlich muss dieser Übergang vor dem Alurohrbiegen aufgeschoben werden. Das Fixieren der unterschiedlichen Werkstoffe kann jetzt durch Kleben oder Durchschrauben erfolgen.

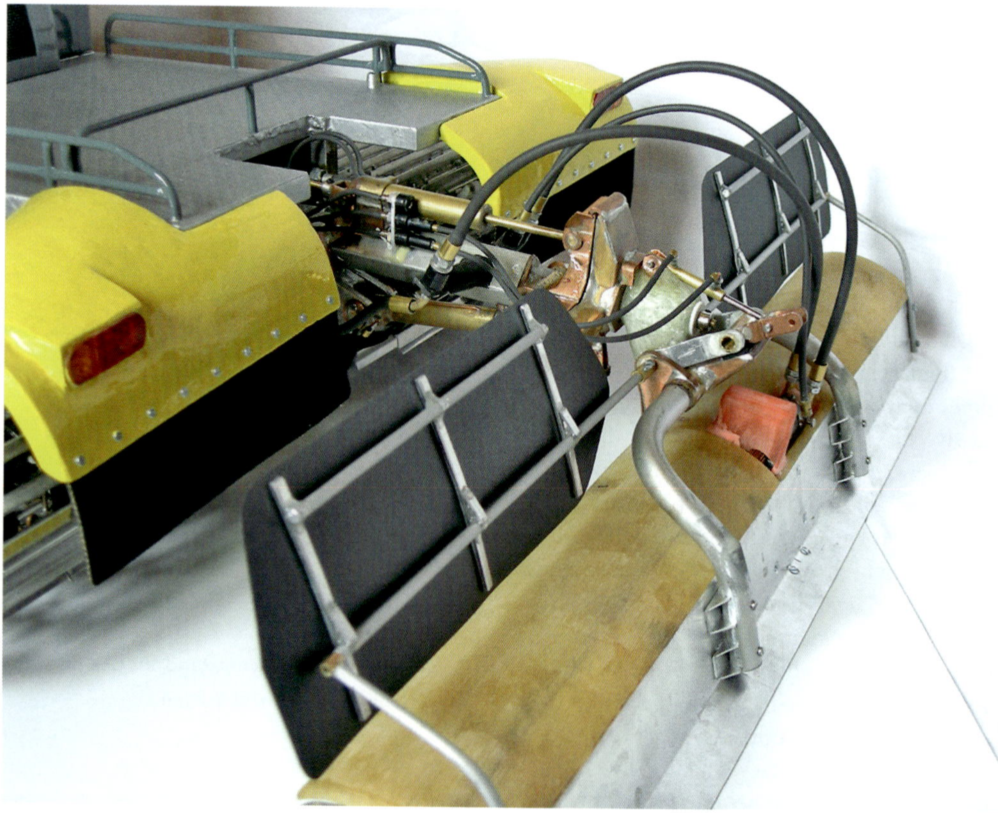

Viel Auluminum und Kunststoff halten die Gesamtmasse in Grenzen

Das Tragsystem entstand komplett aus Aluminium

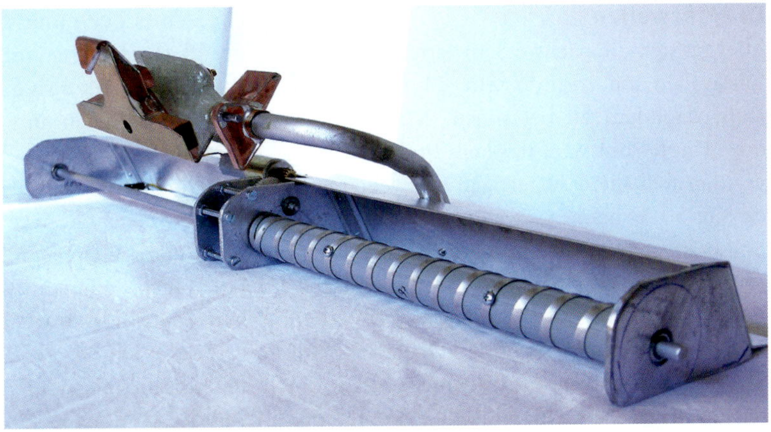

PVC-Folie mit Stahldrahtinlays macht eine schöne Piste

Das Fräswellen-Tragsystem

Wenn Sie leicht bewegliche Fräswellen planen, dann brauchen Sie einen einigermaßen verzugsfreien Rahmen dafür. Ansonsten entstehen in den Wellenlagern unnötige Spannungen, die schlimmstenfalls zum Blockieren der ganzen Fräswelle führen können.

So probierte ich ein simples 0,7 mm starkes Z-Profil aus Aluminium aus, dass zwar von der Originalbauweise etwas abweicht, dafür aber eine gute Statik bietet. Die beiden Seitenläufer und die Mittellager sind dagegen aus 3 mm dickem Aluminium gefertigt. Mir ging es hier einfach darum, mit den starken Blechen eine verzugsfreie Winkelverbindung zu erreichen. Die Kunst liegt allerdings darin, die vier Bleche so passgenau zu bohren, dass die Welle wie ein Laserstrahl durch die Löcher zu schieben ist. Um wieder an die maximalen 900 g Gesamtgewicht zu erinnern, ist diese nicht allzu stark belastete Welle in 6 mm starkem Aluminium-Vollmaterial gehalten.

Die Fräswellen

Hier tat sich die nächste Schwierigkeit auf, die Fräskrallen auf irgendeinem 20 mm dicken Rohr dauerhaft zu befestigen. Mit Messing- oder Kupferrohr wäre das kein Problem, dann würden aber allein die fertigen Fräswellen mindestens 50 % meines Gewichtslimits benötigen. So suchte ich nach Alternativen und wurde im Baumarkt mit einem passenden Kunststoffrohr fündig. Das Alfer-Produkt ist ein Thermoplast, bei dem ich zuerst versuchte kleine Weißblechabschnitte einzuschmelzen. Im optischen Ergebnis nicht schlecht, aber für den rauen Outdoorbetrieb völlig unbrauchbar. So griff ich wieder zur Kombibauweise aus Metall und Kunststoff. Dafür wickelte ich erst mal einen 1,2 m langen, aber nur 4 mm breiten Blechstreifen spiralförmig auf das zweigeteilte Rohr. Nur punktuell mit kleinen Schrauben befestigt, war somit ein solider Unterbau geschaffen, auf den ich nun mit Geduld und Muße die 75 Fräskrallen pro Seite spiralförmig auflöten konnte.

Bevor Sie hier aber zum Lötkolben greifen, sollten Sie die Krallen mit einer Rundfeile bearbeiten. Ich wählte den einfacheren Weg, bohrte ein kleines Loch und schnitt den Zwickel mit der Blechschere heraus. Die entstandene Form hat den Vorteil, dass Sie nicht zu viel Lötzinn verbraten müssen, um ein drehstabiles Ergebnis zu erhalten.

Die zentrische Wellenlagerung übernehmen zwei ganz leicht konische Polystyrolstopfen, die in die Rohrenden gepresst sind. Damit auch auf rauen Eispisten nichts verrutscht, sind die dünnen Tragbänder mit einer dünnen Lage GFK verpackt. Durch diese Prozedur kann ich auf die Schraubbefestigungen komplett verzichten, was der Optik einen zusätzlichen Gefallen tut.

Fräswellenantrieb

Nach einem positiven Briefwagencheck verfolgte ich weiterhin den irren Gedanken, die Fräsewellen auch noch zu motorisieren. Ausschlaggebend für diese vielleicht doch etwas größenwahnsinnige Entscheidung war das Sezieren eines alten Faxgerätes vom Wertstoffhof. Aus dem Markengerät, das mit „SIE“ anfängt und mit „MENS“ aufhört, kam neben wunderschönen Zahnrädern ein Freilauf zutage, der mir die Fräswellen vom Antrieb kuppelte. So-

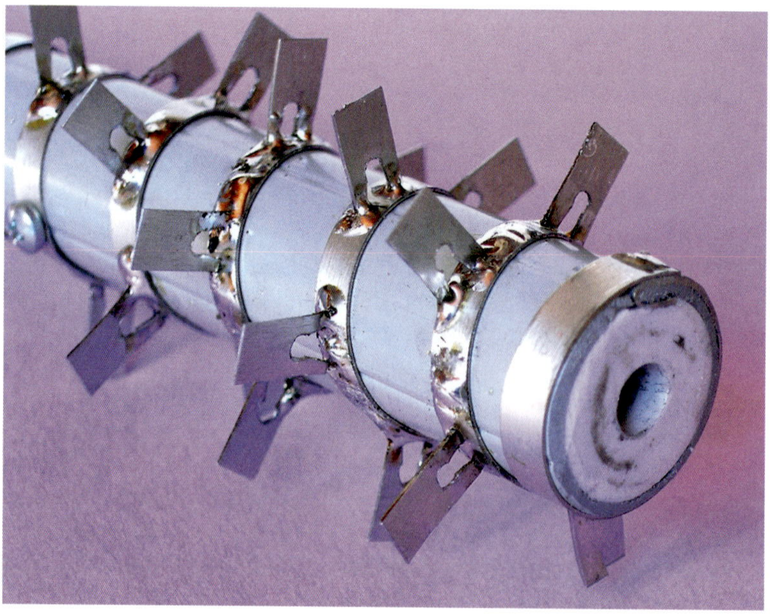

Das „Spiralstreifenverfahren“, hier noch mit Uginox-Streifen, hat sich voll bewährt

mit ist gewährleistet, dass sich die Wellen auch schneller drehen können, wenn das Getriebemotörchen mit seiner mäßigen Drehzahl überfordert wird. Die Antriebsfunktion ist wie die Trägerbocklenkung an einen Mikroschalter gekoppelt, der den Motor erst einschaltet, wenn die Fräse kurz über der Piste liegt. Ein zusätzlicher „Ganz-Aus"-Schalter" ermöglicht mir bei zweifelhaften Schneeverhältnissen, den Antrieb dauerhaft stromlos zu schalten.

Ein Praxistest auf einer harten, alten „Frühjahrspiste" übertraf alle Erwartungen an Funktionalität. Im Pulverschnee stellt sich diese Frage sowieso nicht und somit war der Beweis erbracht, dass sich das Gebastel durchaus gelohnt hatte. Da der Getriebemotor viel zu hoch untersetzt ist und eigentlich gar nicht für diese Aufgabe gedacht war, dreht sich die Welle leider nur mit 80 U/min.

Wer bei dieser Position aber in Faulhaber-Qualität investiert, kann mit kleinsten Antriebsdimensionen eine fast realistische Rotationsgeschwindigkeit der Fräswellen erreichen. Das wäre die Krönung für jedes Funktionsmodell, einen allzeit perfekt gefrästen Schneeteppich zu hinterlassen.

Ein preiswerter, aber hochtourig laufender Kleinmotor birgt leider das Risiko, dass sich die Welle in schwerem Schnee festfrisst und der Antrieb dadurch blockiert wird. Das Resultat wird hoffentlich nur eine durchgebrannte Sicherung sein und nicht gleich die Motorwicklung. Der zweite Negativeffekt von so einem Power-Maschinchen wäre der nicht zu verachtende Stromverbrauch. Für den Modellbetrieb betrachtet entsteht dadurch aber keinerlei Funktionsgewinn und schon gar überhaupt keine Vortriebsleistung. Eher drückt die Fräse auf die Bremse, so dass sich der verpuffte Stromverbrauch sogar doppelt negativ bemerkbar macht. 300 bis 500 U/min sind für eine Modellfräswelle eine imposante und ausreichende Drehzahl, die im Pulverschnee ein faszinierendes Ergebnis erzeugt.

Die Antriebssituation mit dem Freilauf auf der Fräswelle

Die Abdeckhauben

Bei der Vorbildauswahl gibt es für die Fräse je nach Baujahr verschiedene Abdeckhauben. Der Radius bleibt dabei zwar ziemlich der Gleiche, aber in Breite und Höhe liegen die Unterschiede der verschiedenen Typen. Um für diese Position kein Metall verbraten zu müssen, suchte ich wieder einmal nach einer passenden Vorlage für ein GFK-Laminat. Der daraus entstandene Kunststoff bietet auch den Vorteil, die Aussparung für den Hydromotor einigermaßen vorbildgetreu nachzubilden. Auch die seitlichen Abschlüsse mit den sanften Rundungen sind so leichter umzusetzen als mit einer Metallversion. Als Vorbildmatrize verwendete ich ein

Einlaminierte Befestigungen halten die Abdeckungen auf dem Tragrahmen

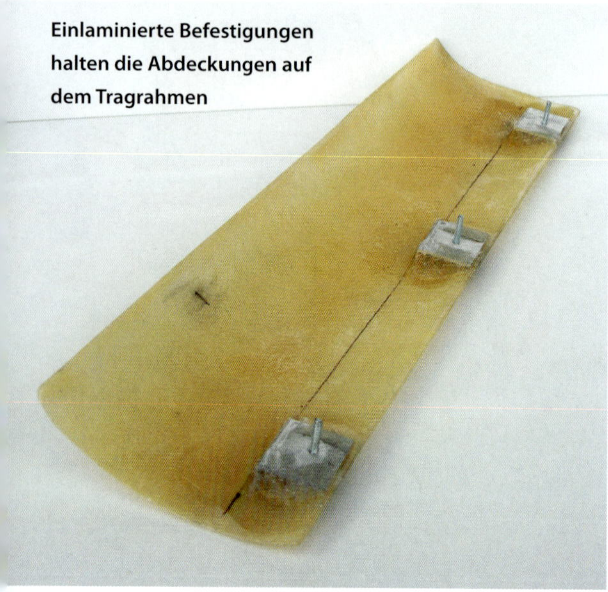

Segment aus dem gleichen PE-Rohr DN 125, das ich schon für die Schildfront herangezogen hatte. Das Auflaminieren auf die Rohroberseite hat den Vorteil, dass Sie alle Rundungen der Abdeckung in einem Arbeitsschritt ausbilden können. Die Wandstärke des PE-Rohrs reicht sogar locker aus, um die frontseitige, fast senkrechte Fläche maßstabsgetreu nachzubilden. Der Nachteil dieser rationellen Bauart ist die raue Glasfaserstruktur auf der Abdeckungsoberseite. Wenn Sie aber mindestens drei Glasfaserlagen einarbeiten, können Sie die Sichtseite nach dem Durchhärten problemlos mit dem Bandschleifer behandeln. Die Befestigung der zweigeteilten Abdeckung erfolgt von innen mit jeweils drei M2-Schrauben, die auf einem kleinen Bock verklebt sind. Das hat den Vorteil, dass die Verbindung unsichtbar, aber trotzdem leicht demontierbar ist. Die Finisher lassen sich relativ einfach aus gelbem „Ostfriesennerz" herstellen. Eine alte Regenjacke ist schnell gefunden und mit Sekundenkleber lässt sich das gedoppelte PVC-Material mit Federstahldrahtverstärkungen recht dauerhaft verkleben. Die bekannte Pistenstruktur erreichen Sie durch das unterseitige Aufkleben von entsprechenden Halbrundleisten aus Polystyrol.

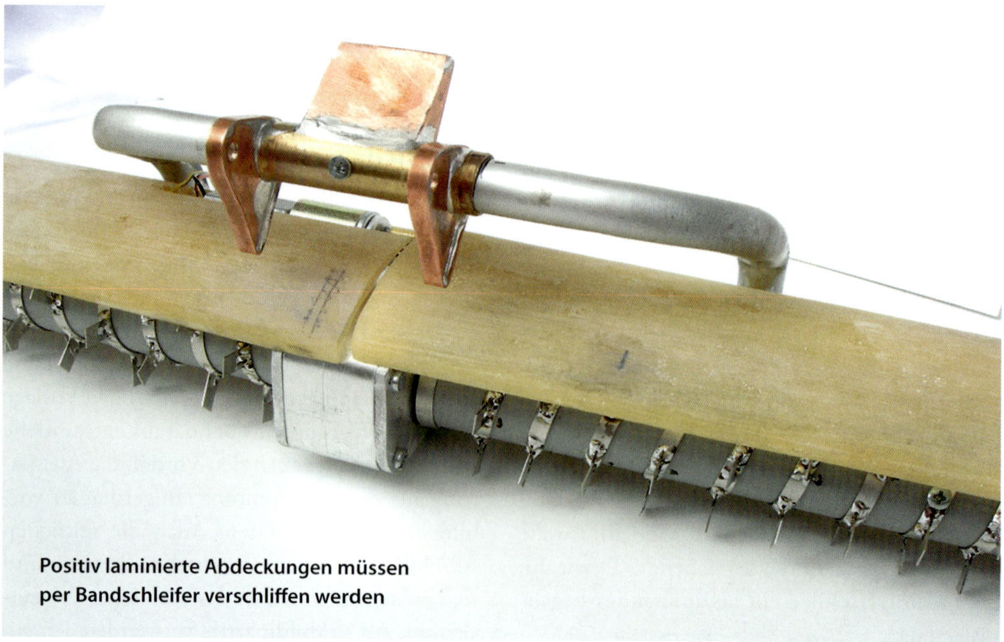

Positiv laminierte Abdeckungen müssen per Bandschleifer verschliffen werden

Klein aber fein: Die 1:12-Fräse für den Möchtegern-Pistenbully

Eine angetriebene Eigenbaufräse in 1:12

Im Winter 2008/09 hat es mir mein PB 200D, der bekannterweise gerne unter dem Arbeitstitel „Möchtegern-Pistenbully" läuft, besonders angetan. Das nette Fun-Räupchen, das äußerst robust, immer und überall funktioniert, hatte vor Jahren ebenfalls nur ein antikes Glättebrett verpasst bekommen. So etwas ist leicht anzufertigen und funktioniert im Schnee problemlos. Ein Modellbaukollege aus dem Pistenraupenforum und ganz sicher auch der Bausatz von AT-Modellbau inspirierten mich, für dieses irre Modell eine zeitgemäße Fräse zu bauen.

Das Ganze basierte natürlich auf den Erfahrungen der großen Lösung, die entscheidende Ergänzung sollte aber ein innenliegender Wellenantrieb werden. Der kniffligste Detailpunkt ist hierbei die Kombination aus dem Fräswellenrohr, der Motorlagerung und natürlich die Dimensionen des kleinen Power-Maschinchens selber. Am allerschwierigsten ist aber die Verbindung von Motor und Fräswellenrohr. Zudem sollte zwischen Motorträger und Fräswellenrohr unbedingt ein Luftspalt von beidseitig 1 mm eingeplant werden. Nur somit ist dem „Kellerbastler" garantiert, dass eventuelle minimale Unwuchten nicht für unschöne Geräusche sorgen. Und wenn das Wort „Unwucht" schon gefallen ist, ist es nicht ganz einfach diese berechtigte Sorge unter Kontrolle zu halten. Abhilfe schafft hierbei die Motorwelle niemals 100 % starr mit dem Wellenrohr zu verbinden! Stattdessen hat sich dafür ein Mitnehmersystem sehr bewährt. Hierbei entsteht zwar durch ein PS-Drehteil ein klein wenig Spiel in der Sache, aber dafür bleibt alles wunderbar leichtgängig. Die gegenüberliegende Lagerung übernimmt ein gedrehter Gewindebolzen, der im Seitenstopfen in einer Sinterbuchse läuft.

Die Fräswelle

Diesen Part musste ich zum Glück nicht neu erfinden, sondern griff auf mein bestens bewährtes „Spiralstreifenverfahren“ zurück. Dabei wird ein dünner, langer Messingblechstreifen spiralförmig über das Kunststoffrohr gewickelt. Wechselt man dabei in der Mitte die Drehrichtung, erscheint und arbeitet die ganze Konstruktion hinterher dermaßen realistisch, dass es eine Augenweide ist, der arbeitenden Fräse zuzusehen. Die Fräskrallen selber sind kleine Abschnitte mit gleicher Breite wie die Spiralunterkonstruktion, die per Weichlot und viel Geduld, Stück für Stück aufgelötet werden.

So richtig stabil wird die Bauart aber erst wieder durch einen Überzug mit dünnem Glasgewebe und Epoyxdharz. Das Verfahren verlangt noch einmal viel Muße, denn es ist schon ein widerliches Gefummel, die zerbrechlichen Glasfaserstreifen zwischen den Fräskrallen sauber einzulaminieren. Dabei sollte man keinesfalls vergessen, die Welle nach getaner Arbeit, mit niedriger Drehzahl solange laufen zu lassen, bis das Harz einigermaßen durchgehärtet ist. Vergisst man dieses wichtige Tun, ist eine Wellenunwucht durch ablaufendes Harz vorprogrammiert!

Der Fräsenkasten und die Aufhängung

Mein Vorbild war ganz einfach und rationell die vorhandene 1:8-Modellkonstruktion der alten „2000er“-Kässbohrerfräse aus den 80er-Jahren. Die Bilder sprechen an dieser Stelle für sich. Jeder kann dabei selber entscheiden, wie sehr er bei diesem Bauabschnitt ins Detail geht.

Wichtig sei hierbei der funktionelle Geländeausgleich, der immer für bestmöglichen Bodenkontakt der Fräse sorgt. Die Horizontalbewegung ist dabei die schwierigste Aufgabe, denn es zerrt das unsichtbare Motörchen immerhin mit gut 50 g, recht hebelintensiv an der zentra-

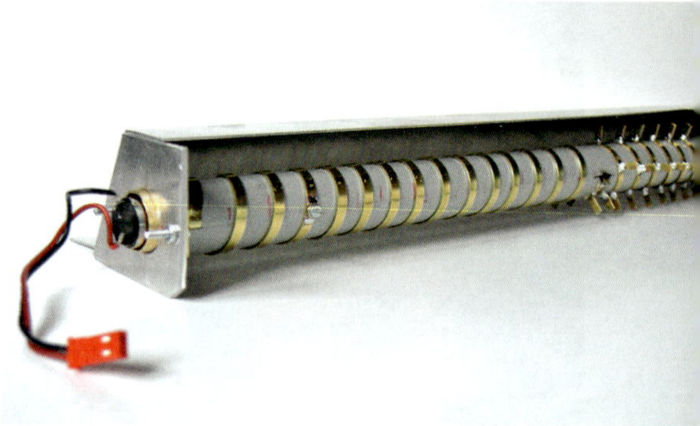

Die Konstruktion hält sich im Wesentlichen an die 1:8-Vorgaben...

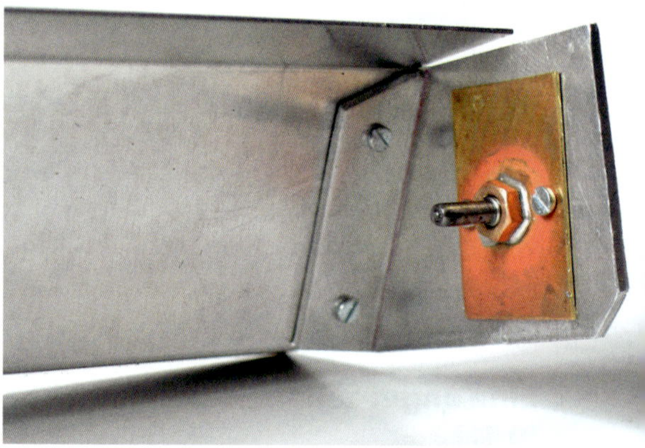

...verzichtet aber auf eine durchgängige Welle...

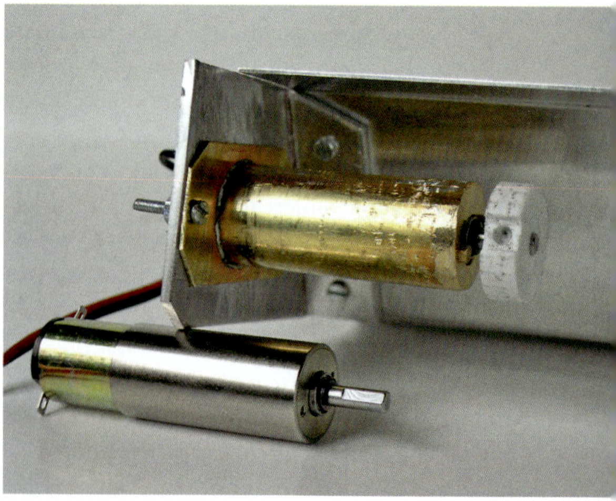

...und hat einen innenliegenden Antrieb

Tilt-, Pendelgelenk und Hydraulikschlauchattrappen komplettieren das Gesamtbild

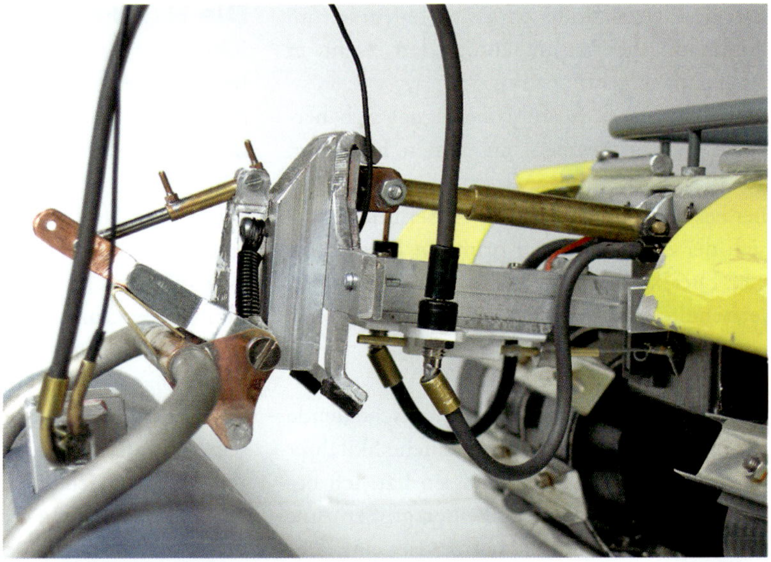

Über diesen Zylinder kann die Frästiefe manuell verändert werden

len Aufhängung. Unterschiedlich vorgespannte Spiralzugfedern sorgen aber leicht für Abhilfe, so dass der Fräsenkasten beim Aushub immer waagerecht hängt.

Zur Pendelbewegung der Aufhängung gehören natürlich passende Anschläge, die ebenfalls auf den Bildern gut ersichtlich sind. Die große Schlitzschraube stellt hierfür den zentralen Drehpunkt dar. Der kleine Hydraulikzylinder ganz oben, ist dabei nur eine Attrappe. Die Kolbenstangen-Aufnahme ist dagegen manuell verstellbar gestaltet. Das ermöglicht später im Betrieb unterschiedliche Frästiefen.

Auf den Fräsenkasten oben drauf, muss natürlich noch eine Abdeckung. Wer es hier ganz genau haben möchte, wird um ein GFK-Laminat, ein Tiefzieh-, oder ein Frästeil nicht herum kommen. Aber warum kompliziert, wenn es auch einfach geht?!

Für die 1:12-Ausführung eignet sich hervorragend ein Segment aus einem HT-Rohr, aus der Haustechnik. Mit einer Kreissäge, einer Feile und einem scharfen Cuttermesser, lässt sich der zähe Kunststoff prima in Form bringen. Drei passgenau versenkte Schrauben bilden letztendlich die Befestigung am Fräsenkasten.

Die Finisher

Diese „Dinger" sorgen für die entscheidende Pistenstruktur, die der morgendliche Skifahrer bestimmt schon einmal genossen hat. Ich betrieb für dieses Teil wieder keinen großen Aufwand, kann aber im Resultat trotzdem eine hübsche Ansicht vorstellen. Die Basis bietet dazu der gleiche „gelbe Ostfriesennerz" wie beim 1:8-Vorbild. Mit 1 mm starken Inlays aus Federstahldraht, speziellem PVC-Sekundenkleber und sorgsam angefertigten PS-Montage-Pressplatten, lässt sich mit diesen primitiven Werkstoffen, ein ansehnlicher Finisher erzielen.

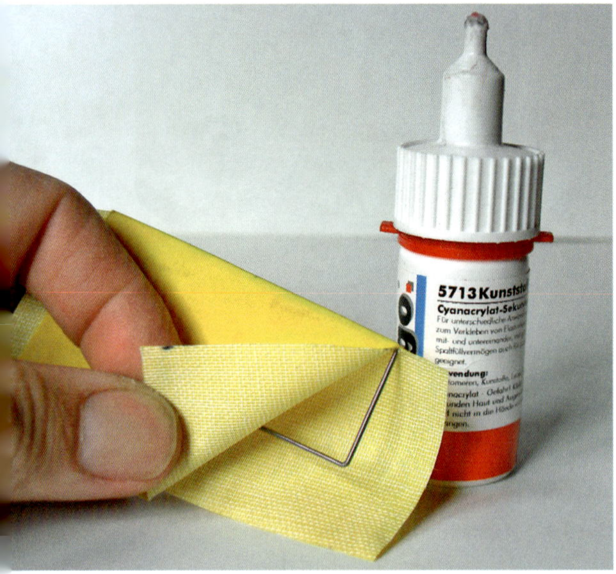

Die Federstahldraht-Inlays werden mit gutem Sekundenkleber in das PVC-Material eingearbeitet

Die 1:12-Fräse von AT-Modellbau

Käufliche Heckgeräte sind rar auf dem Modellbaumarkt, eine solide Basis stellt aber trotzdem der Materialsatz von AT-Modellbau dar. Siehe das Bild auf Seite 215. Dieser durchdacht konstruierte Teilesatz beinhaltet einen semiscalen 1:12-Nachbau der neuesten Generation einer Alpinflexfräse aus dem Hause Kässbohrer. Wer die Schachtel öffnet, wird über die sehr zahlreichen Einzelteile erstaunt sein. Und nach dem spannenden Sortieren, erwartet einen eine kurzweilige Beschäftigung. Dr. Albert Türtscher schreibt in der grundsoliden Bauanleitung auf seiner Homepage von einer Woche Abendbauzeit, die man sich auf jeden Fall auch nehmen sollte. Ich möchte in diesem Kapitel die öffentliche Anleitung gar nicht breittreten, sondern eher meine eigenen Ergänzungen beschreiben. Denn dieser Teilesatz bietet bislang noch keine serienmäßig angetriebene Fräswelle und das ist natürlich noch Luft nach oben in Richtung Scale-Modell.

Wer den nicht ganz einfachen Zusammenbau des Tragsystems hinter sich hat, darf sich Gedanken über die beeindruckende Fräswelle machen. Eine motorisierte Fräsewelle ist in der Branche immer noch als große Rarität zu werten. Ausgangsbasis bildet ein relativ preisgünstiges Standard-Getriebemotörchen mit 16 mm Außendurchmesser. Der 6-V-Typ hat ein 1:75 untersetztes Stirnradgetriebe und eignet sich hervorragend für einen Einbau in die Fräswelle. Wichtig ist dabei nur, dass man das Welleninnenleben schon vor dem Zusammenbau daraufhin vorbereitet. Vor allem braucht es im zentralen Tragvierkantrohr eine solide Verbindung für die Motorwelle. Hierfür feilt man sich ein kleines Stück Aluvollmaterial passend zurecht und presst es in das Tragrohr. Anschließend wird per Drehbank eine axiale Bohrung für die Motorwelle gesetzt und im rechten Winkel dazu ein M3-Gewinde für die Madenschraube geschnitten. Jetzt braucht es nur noch einen simplen Motorträger aus zwei stumpf verlöteten kleinen

Der Teilesatz für die 1:12-Alpinflexfräse von AT-Modellbau

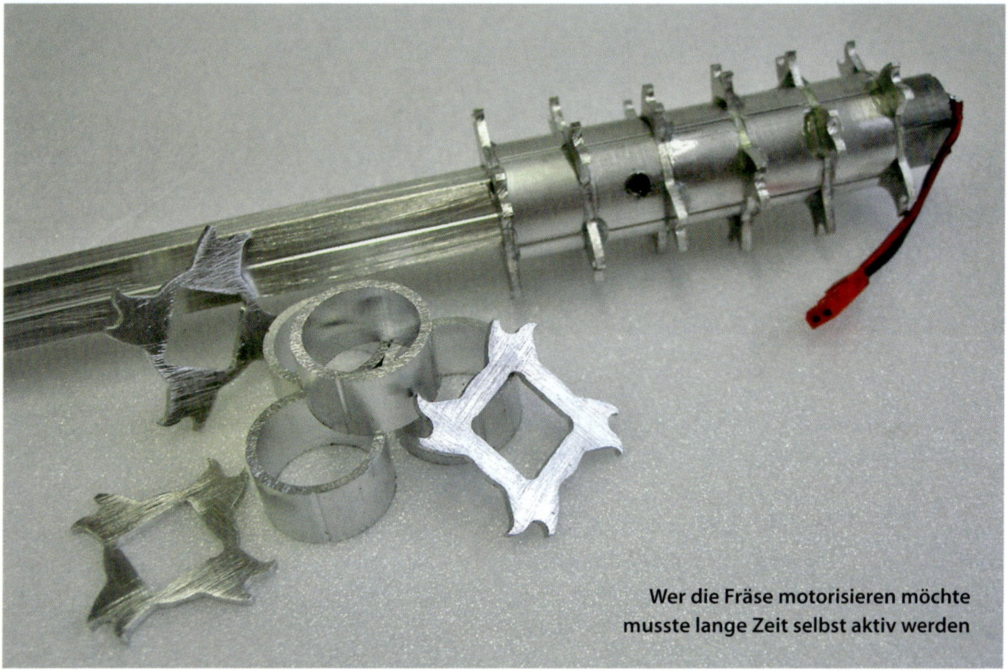

Wer die Fräse motorisieren möchte musste lange Zeit selbst aktiv werden

Das letzte Stück der Fräswelle ist zur Motoraufnahme hohl gehalten

Um das einseitige Motorgewicht zu kompensieren, muss unbedingt mit Zugfedern am Tilt-Gelenk gearbeitet werden

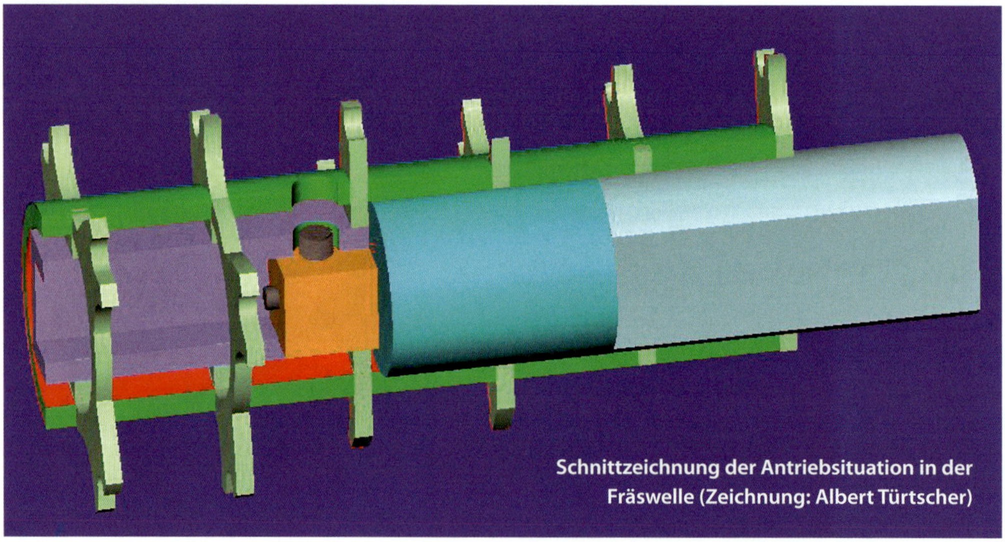

Schnittzeichnung der Antriebsituation in der Fräswelle (Zeichnung: Albert Türtscher)

Messingblechen, der an den abgeflachten Motorseiten winkeltreu verklebt wird. Nachdem die Tragwelle auf die Länge angepasst wurde, kann der erste Probelauf stattfinden. Läuft alles rund und zufriedenstellend, müssen nur noch drei von den 24 Zahnscheiben in der Mitte aufgefräst werden. Das anschließende Verkleben darf dann natürlich nicht dem Bau des „schiefen Turms von Pisa" gleichen, sondern sollte mit großer Sorgfalt durchgeführt werden, da nur ein geringer Luftspalt zur Verfügung steht. Dabei ist es unheimlich wichtig, dass man die Zahnscheiben auch richtig positioniert, um später die richtige „Bissoptik" zu erreichen. Verklebt wird mit UHU-Endfest-300, wobei es dabei weniger auf den Markennamen, als auf eine sorgfältige

Vorbereitung der Teile ankommt. Anschleifen, mit Nitro reinigen und die Klebestellen fettfrei halten, ist in puncto Kleben leider immer noch nicht in alle Ohren vorgedrungen. Und man kann es nicht oft genug wiederholen, dass dieses Tun für eine dauerhaft stabile Naht unerlässlich ist!

Wer sich zwei Minimotörchen leisten möchte, schlägt damit gleich zwei Fliegen mit einer Klappe. Zum einen steht an der Fräswelle das doppelte Drehmoment an und zum anderen hängt die ganze Konstruktion hinterher perfekt im Schwerpunkt. Denn wer die originale „Tilt-Bewegung“ der Fräse umsetzen möchte, muss ein einseitiges Motorgewicht unbedingt mit einer kleinen Zugfeder kompensieren.

Die Fräse des Snow Rabbits

Die Bauzeit des kleinen Modells erstreckte sich über zwei Jahre und erst kurz vor der zweiten Wintersaison entschied ich mich, doch noch eine Fräse anzufertigen. Anhand von lediglich drei mäßigen Bildern erstellte ich eine primitive Seitenansicht und begann die dazugehörigen Längenmaße abzuschätzen. Mit 175 mm Wellenbreite und nur 14,5 mm Wellenrohrdurchmesser zählt diese Fräse sicherlich zu den kleinsten ihrer Bauart. Selbstverständlich hat auch diese Miniaturversion einen richtigen Antrieb intus. Ein winziger 12-mm-Faulhaber übernimmt, hinter einem ebenso kleinen Getriebe, per Mitnehmerklaue die Rotation der 60 Wellenzähne. Diese sind im erprobten Spiralstreifenverfahren auf einem PVC-Rohr mit 13 mm Durchmesser befestigt. Dabei wird ein nur 3 mm breiter Messingstreifen spiralförmig auf das Rohr gewickelt. In der Mitte ändert er die Wickelrichtung, bevor er am anderen Ende an einem, von insgesamt drei dünnen Messingringen wieder verlötet wird. Danach werden die Zähne aufgelötet, ehe ein hauchdünner Glasfaserüberzug die ganze Konstruktion am seitlichen Verrutschen sichert und eine homogene Oberfläche bildet. Details wie die manuelle Frästiefenverstellung, das Anpressgewicht und die funktionsfähige Schwimmstellung dürfen natürlich nicht fehlen. In dieser Größe, lässt sich das alles hervorragend aus Messingblech und –Profilen weich zusammenlöten.

Mit dem Snow Rabbit auf einsamer Ausfahrt. Gute Schneeverhältnisse lassen beeindruckende Spuren zu

Fehlt nur noch der Finisher – dieses „Gummiding“, dass für die beliebt, bekannte morgendliche Pistenstruktur zuständig ist. Mein „alter Hase“ machte mir hier die Modellumsetzung recht einfach. Während die neuzeitlichen Designer-Raupen an dieser Position auf gelbes Material setzen, begnügt sich mein kleiner Oldie mit banal, schwarzem Hartgummi. So ein Werkstoff ist in 1-mm-Stärke schnell gefunden und zu 2 mm gedoppelt. Damit lässt es sich schon prima präparieren, aber erst die aufgeklebten Halbrundprofile aus Carbon machen den „schwarzen Lappen" mit minimalistischem Aufwand zum echten Modell-Finisher!

Das Mitnehmersystem innerhalb der winzigen Fräswelle ▶

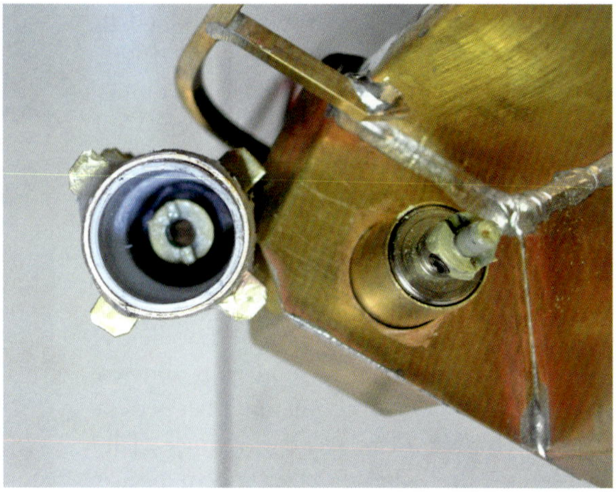

Auf Grund des kräftigen Aushubsystems konnte hier viel mit Messingblech gearbeitet werden

Wenn die Fräse abgelassen ist, läuft sie selbstständig in den Kurven hinterher

11. Geräte auf der Ladefläche

Die Kippmulde

Als aktuelles Update, des in die Jahre gekommenen Originalvorbilds, hatte ich mir vorgenommen, den PB 240D sogar für den Transporteinsatz tauglich zu machen. Den ersten Schritt dafür machte im Frühjahr 2008 der Gedanke an eine funktionsfähige Kippmulde. Diese Mulden werden primär für den Schneetransport auf halbaperen Pisten verwendet, in dem ein zweites Fahrzeug den Schnee per Schneeschleuder auf die Mulde fräst. Mit dieser selten gesehenen Methode lassen sich bei weitem größere Transportstrecken zurücklegen, als wenn der Schnee nur per Räumschild verschoben wird.

Experimentierphase

Am Anfang eines solchen Projekts, steht wie so oft die Lösung der Funktionsfrage im Raum. Als Anhänger von altdeutscher Modellbaumechanik, liebe ich es mit Zahn- und Kegelrädern, Gewindespindeln und Seilzügen zu experimentieren. Als die Kippmulde als simple Computer-Zeichnung in der Seitenansicht existierte, war meine erste Idee, für die Hubfunktion den Seilzug vom hinteren Geräteträger zu verwenden. Dieser wird von einem ultrastarken Eigenbaugetriebe in Bewegung versetzt und kann über knapp 50 mm Weg, echte 160 Ncm ziehen!

Am hinteren, unteren Muldenrand bräuchte es dann nur einen passenden Angriffshebel, der die Seilbewegung in die Hubfunktion umsetzt. Ein kurzer Ausflug zur Mathematik mit ihren Hebelgesetzen und die unschöne Ansicht der ganzen Zugmechanik, ließ mich aber schnell von dieser Möglichkeit abkommen. Daraufhin setzte ich wieder einmal mehr auf die fast unbändige Kraft der Gewindespindel, die bei meinen Pistenraupen in einigen Variationen, schon für viele Modellfunktionen treue Dienste tut.

Die Original-Kippmulde wird von zwei außenliegenden, ähnlich wie bei einem Absetzkipper angeordneten Hydraulikzylindern in die Höhe gestemmt. Die Zylinder sind relativ schlank und gehen einen langen Weg. Für einen direkten Mikromotoreinbau in die Zylinder, kommt diese Bauart unmöglich in Frage. Die angeflanschte Motorenanordnung ist in dieser Position optisch auch nicht unbedingt ein Gewinn, so dass ich einen Antrieb mit Kegelradumsetzung anvisierte.

Der dazugehörige Motor, der dem Ganzen die Bewegung einhauchen sollte, war anstelle des Heckseilzuges in den Tiefen der Fahrzeugwanne geplant. Ein konstruktives, nicht einfach umzusetzendes Abenteuer stand mir bevor! Den größten Knackpunkt bilden dabei die drei Kegelradgetriebe. Am allerschwierigsten sind die Abwinklungen zu den kraftaufbauenden Hydraulikattrappen zu realisieren. Bei meiner Bauart geht natürlich die originalgetreue Nachbildung des Zylinderfußpunkts ultimativ verloren. Denn eine Kegelradlagerung und eine Gabelstückverbolzung vertragen sich leider in der Modellumsetzung in keinster Weise.

Einfach aber effektiv

Mit diesem Kompromiss plante ich einen komplett starren Antriebsstrang, der die minimalen Winkelbewegungen der Hydraulikzylinder, inklusive des Antriebsmotors trotzdem kompensieren kann. Diese Konstruktion war auch nicht das große Problem, verschwindet doch ein erheblicher Teil des Getriebes unter der abgesenkten Mulde. Was bei weitem größere Bauchschmerzen verursachte, war die Auswahl von geeigneten Kegelrädchen an der Basis der beiden Spindeln.

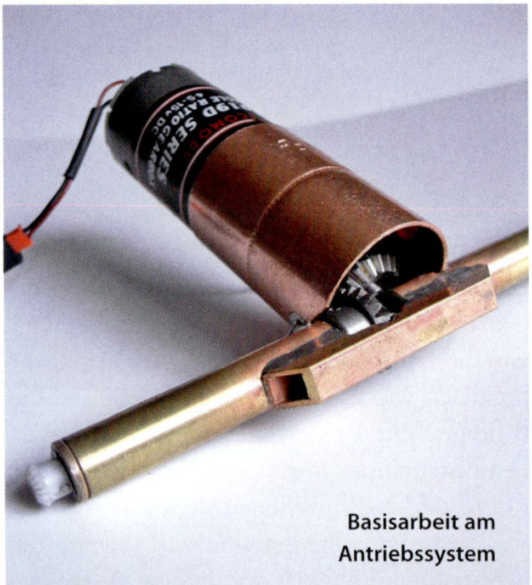

Basisarbeit am Antriebssystem

Die Kegelradumlenkung versteckt sich in 12-mm-Kupferfittings

Hochwertige Miniaturkegelräder kosten eine Stange Geld. Da ich bis dato auf keinerlei Erfahrungen für einen solchen Antrieb zurückgreifen konnte, bestellte ich mir zuerst einmal für wenige Euros zwei Kegelradpaare aus Kunststoff, mit 15 Zähnen in Modul 0,5. Mit dieser minimalistischen Experimentierausrüstung und einem vorhandenen MFA-Getriebe 11:1 vor einem 540er-Motor, machte ich die ersten Probeläufe. Als Achsgehäuse verwendete ich für die Hydraulikfußpunkte ganz gewöhnliche 12-mm-Cu-T-Stücke aus der Haustechnik, in denen die Zahnrädchen locker Platz hatten. Die eingesteckten An- und Abtriebsrohre fixierte ich in dieser Phase mit kleinen Spannzangen und konnte somit wunderbar die Antriebsgeschwindigkeit und das Hubspiel austesten. In den Attrappen arbeiten zwei M4-Messinggewindestangen, die auf ein Drucklager aufgestützt, die Reibung in sehr erträglichen Grenzen halten und gigantische Kräfte entfalten.

Diese Testphase funktionierte in Bezug auf die passende Hubgeschwindigkeit so wunderbar, dass der Konstrukteur übermütig wurde und die Prüfung auf die zu stemmende Last übertrug. Hierbei zeigte sich leider schnell, dass man von den Kunststoffkegelrädchen keine Wunder erwarten sollte. Den Rest erledigten die nur provisorisch und schlecht fixierten Rohre der Antriebsspindeln, so dass ein massiver Zahnausfall nicht lange auf sich warten ließ. Mit der Plastikversion der Kegelräder war aber das Minimalziel erreicht und vor allem der Beweis erbracht, dass die ganze Konstruktion machbar war und dazu auch prima funktionieren wird.

Das Innenleben
und der Fußpunkt
eines Spindelantriebs

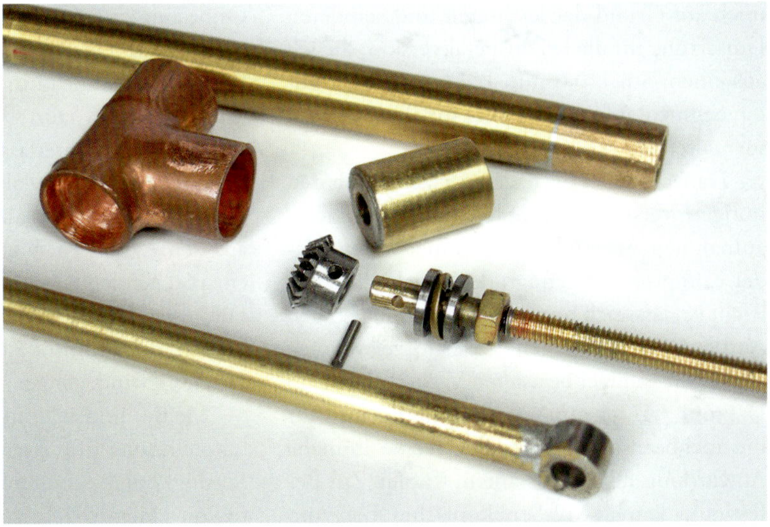

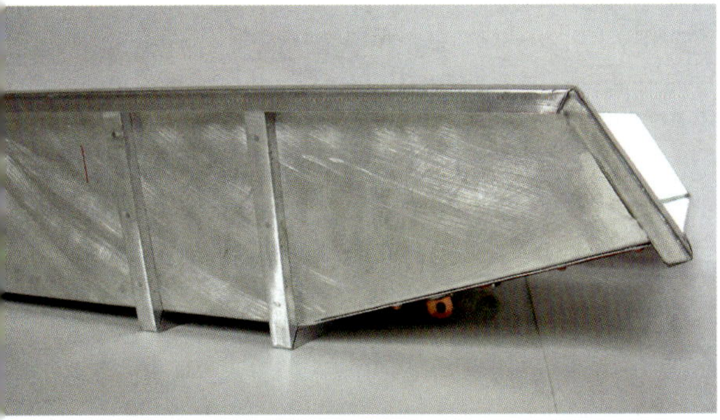

Der obere Rand ist aus einem Teil an die Mulde angebogen,...

...erhielt zahlreiche Versteifungen aus Aluminium-, Kupfer-,...

...und Messingprofilen

Faltwanne

Auf dieser gelungenen Basis organisierte ich nun die kostspielige Stahlvariante der Kegelräder und nutze die Versandzeit für die Anfertigung der richtigen Mulde. In der Experimentierphase verwendete ich dafür nur ein primitiv gekantetes Alu-Provisorium. Für die endgültige „Wanne" standen mir zwei Werkstoffe zur Auswahl: Polystyrol oder Aluminium. Ich entschied mich auf Grund der leichteren und stabileren Umsetzung für die Leichtmetallversion, die ich aus einem Stück 0,6-mm-Blech, auf einer guten Segmentabkantbank Bug für Bug „zusammenfaltete“.

Danach galt es die nackten Flächen mit den nötigen Versteifungsprofilen und den Lageraufnahmen zu versehen. Auch hier waren wieder Kompromisse gefragt, denn nicht alles was leicht ist, lässt sich mit stabilen und langlebigen Aufhängungen versehen. Deshalb verwendete ich für die weniger belasteten Versteifungen ein U-Profil 7,5/7,5 mm aus Aluminium und für die hochbeanspruchten Kollegen eine ähnliche Abwicklung aus 1 mm starkem Kupfer. Zur Befestigung kamen M2-Senkkopfschrauben zum Einsatz, die im Aluprofil ein entsprechendes Gewinde erhielten. Da mir dieses Verfahren bei den viel stärker geforderten Kupferträgern zu unsicher erschien, lötete ich in diese auf der Innenseite zuerst passende Ms-Muttern ein.

Narrensichere Konstruktion

Für diese stabile und verzugsfreie Mulde, die mittlerweile ihrem Vorbild schon täuschend ähnlich sah, musste ich mir jetzt nur noch narrensichere Endschalterfunktionen basteln. Ohne eine zuverlässige Endsicherung des Hubspiels, wäre ein schadloser Modellbetrieb im richtigen Gelände unmöglich. Was bei der Hydraulik einfach zum Blockieren der Kolbenstangen führt, hinterlässt bei der Gewindespindel entweder einen Zahnradschaden, oder am oberen Ende ein Auslaufen der Kolbenstangen aus den Zylindern. Von einem Freidrehen der entsprechenden Gewindegänge halte ich wenig. Führt dieses Verfahren doch sehr gerne zum Verkanten, oder zumindest zur Beschädigung der ersten Gewindegänge.

Meine Endsicherungen basieren deshalb schon immer auf zwei Dioden-überbrückten Sprungkontaktschaltern, die bei dieser Variante von einem federgespannten Steuerseil ausgelöst werden. Da der Motor nach der Schalterauslösung immer ein wenig nachläuft, verwendete ich für die Absenkbewegung, kurz vor dem erreichen der Nullstellung, eine zusätzliche Stromdrossel. Eine Diodenreihe reduziert den Strom soweit herunter, dass die Mulde sanft gebremst das untere Schalterchen für den Stillstand drückt. So kann ich mir am Tragrahmen eine unschöne Federzunge sparen und trotzdem fährt die „Wanne“ immer in die absolute Absenkposition. Dieses System schont auch alle Zahnräder. Denn bei einer so geringen Motordrehzahl führt selbst ein Versagen der letzten Endabschaltung und ein daraus resultierendes Blockieren der Gewindestangen, zu keinem Schaden im Antriebsstrang.

Die Ansteuerung der Endschalter geschieht über einen dünnen Seilzug,...

...der unter der Ladefläche die Elektrik ansteuert

Das fertige Komplettmodul vor der Lackierung

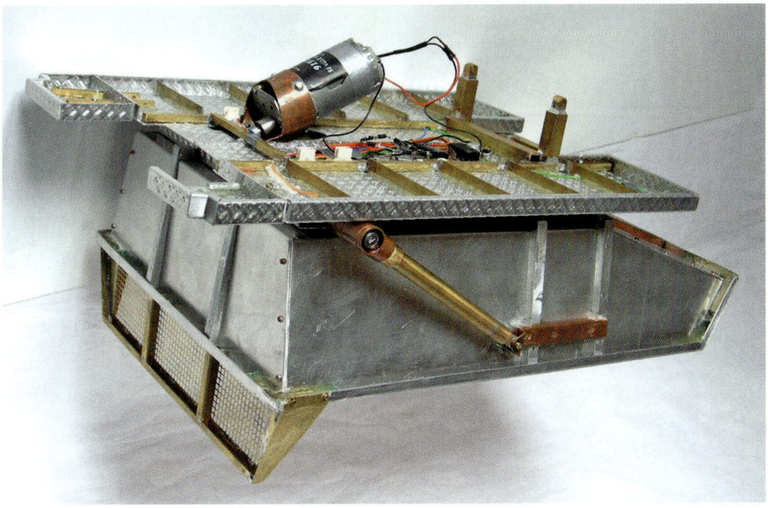

Komplettmodul

Mancher wird sich bestimmt schon gefragt haben, was mit dieser ganzen verspielten Mechanik geschieht, wenn die Mulde demontiert wird? Die Antwort ist ganz einfach. Mulde und Ladeflächenrahmen bilden eine völlig eigenständige, zweite Modelleinheit. Diese Bauart war zwar in der Anfangsphase sicherlich bei weitem mehr Arbeit, bietet sie doch im Endeffekt gewaltige Vorteile, wenn es zum Beispiel um die Einjustierung der Endschalterchen geht. Von der nackten Ladefläche zur aufgesattelten Mulde dauert es so keine zehn Minuten bis sie einsatzbereit ist. Des Weiteren bot eine separate, zweite Ladefläche auch die Möglichkeit von anderen Kettenschutzblechen. Während die großen, gelben „Flügel" der Grundversion am Rahmen fix montiert sind, kann die neue, schwarze „Einfachausführung“ sogar mit je drei Schrauben von der Ladefläche getrennt werden. Das bringt Vielfalt ins Modell und sorgt für optische Abwechselung.

Ebenfalls fix am Rahmen montiert sind die Dreikammerleuchten. Ein Eigenbau aus Polystyrol und ausgedienten Autorückleuchten bringt Licht an das trist-schwarze Fahrzeugheck. Die Stromverbindung zur Grundwanne stellen drei passgenau montierte, dreipolige Ministecker ganz von alleine her. Der einzige Stecker der per Hand verbunden werden muss, ist die Stromzufuhr zum Hubantrieb. Aber der wird nur einmal im Zuge des Ladeflächenaustauschs angekoppelt und bleibt danach in der Wanne unberührt.

Das „Salz in der Suppe“

Zum Schluss folgen wie immer die optischen Details. Hervorzuheben sei hier vor allem das Schutzgitter zur Fahrerhausrückwand. Das Original hat sich an dieser Stelle, wie es scheint, das gleiche Gitter wie beim alten Fronträumschild der 200er-Raupenserie genehmigt. Zum Glück ist mir beim besagten Schild ein Gitterzuschnitt von Knupfer-Modellbau übriggeblieben, so dass es ohne große Verzögerung mit der Farbgestaltung weitergehen konnte. Hierbei sei erwähnt, dass ich die Muldeninnenflächen mit Glanzlack anpinselte. Das weicht zwar vom Original erheblich ab, aber ich kann diese Abweichung gut tolerieren. Eine glänzend lackierte Fläche, bietet dem Schnee fast 0 % Haftung, so dass ein Ankleben der Ladung nahezu ausgeschlossen werden kann. Die Außenflächen sind dagegen mattweiß gesprüht und würden eine perfekte Werbefläche bieten.

Technische Daten:

Muldeninhalt: ungefähr 5 dm^3
Hubkraft:
mindestens 6 kg Ladegewicht
Hubgeschwindigkeit:
8 s aufwärts, 10 s abwärts
(bedingt durch die „Diodenbremse“)

Modell und Original!

Überkopfwinden

(Bild: Adrian Humbel)

Die angetriebene Plumet-Winde in 1:8

Richtig Sinn machen Winden erst, wenn sie das Fahrzeug mit echter Zugkraft unterstützen können

Während Anfang 1960, zu Beginn der maschinellen Präparation, es primär um das Verdichten und Planieren von „normal" steilen Neuschneeflächen ging, wuchsen in den 80er-Jahren langsam die Ansprüche an die Pistenpflege. Zudem boten sich mit fortschreitender Technik völlig neue Möglichkeiten. Die präparierten Abfahrten wurden immer steiler und noch weitaus wichtiger, der „Rücktransport" von talwärts abgefahrenen Schnee, wurde ab zirka 1990 wegen deutlich nachlassender Neuschneemengen immer bedeutender. Die PS-Leistungen der dazugehörigen Maschinen brauchten aber ein entscheidendes Knowhow, um ihre gewaltige Vortriebsleistung auch sicher auf den Schnee zu bringen. Die Windentechnik hielt Einzug in das weiße Element.

Anfänge

Dieses Buch wäre nicht die richtige Stelle für eine technische Windenchronologie. Aber es sei trotzdem am Rande erwähnt, dass zwischen dem vorgestellten Modelltyp und heutigen Originalstandards Welten liegen! Diese Tatsache mindert aber nicht die sehr anspruchsvolle Umsetzung dieses Oldies in den 1:8-Maßstab. Denn allein eine hübsche Designerschale macht noch lange keine echte Funktion. Nur die Kombination von einem sauber ausgeklügeltem Innenleben, plus einer scaligen Außenhülle kann mich überzeugen. So war mein alleroberstes Ziel eine Winde zu kreieren, die ihr Eigengewicht nicht nur kompensieren, sondern dem Trägerfahrzeug dazu auch so richtig Power verleihen sollte. Unter Power verstehe ich dann aber auch wirklich Zugkräfte von 100 N + X. Denn „Dummy"- und primitive „Federzug-Winden" hatte man bislang schon genug gesehen. Dieser Zustand hatte mich auch so lange von einem derartigen Projekt abgehalten, denn so etwas wollte ich keinesfalls haben. Beinahe wäre ich „Winden-resistent" geworden, aber der Reiz von unerforschter Modelltechnik gewann im Laufe der Jahre doch noch die Oberhand. Genug der Philosophie, nun zu den Stufen der Bauentwicklung:

Grundsätzliches

Um einer grundsätzlich leicht reproduzierbaren Bauart treu zu bleiben, entstand das Getriebe- und Trommelgehäuse aus einem Standard-Aluprofil 80/40/4 mm. Dieser Klotz bekam wie gehabt per Handarbeit seine Handvoll Achsbohrungen und stellt einen megasoliden Grundstock für alle weiteren Anbauten dar. Die Basis jeder Winde bildet allerdings die Seiltrommel. Und da stellt sich parallel dazu die Frage nach der aufzunehmenden Seilmenge. Da ich auch bei diesem Modell immer noch keine Drehbank zur Verfügung hatte, entstand der Grundkörper wieder einmal mehr aus einem Standardteil aus dem Cu-Lötfittingsortiment. Eine 35er-Muffe musste diesmal dafür herhalten. Deren Lagerung übernehmen zwei große Außenscheiben und für die Wellenzentrierung ist auf der einen Seite ein altes Zahnrad zuständig. Die andere Seitenscheibe ist mit einem großen Zahnrad mit 70 Zähnen in Modul 1 verschraubt. Diese 70 Zähne bilden auf zweierlei Weise den Antrieb der ganzen Seiltrommel. Meine Grundidee für einen optisch ansprechenden und trotzdem kraftvollen Überkopf-Windenbetrieb war folgender:

Ich benutze einen schwachen Motor, der immer mit der Seiltrommel in Verbindung steht. Dazu gibt es einen zweiten, starken Motor, der zuschaltbar auf den Seileinzug wirken kann. Der „Schwache" übernimmt dabei im „Automatikbetrieb" die bergab- und die Wendesequenzen und der „Starke" sorgt per manueller RC-Zuschaltung im Steilhang für echte Traktionsunterstützung. So weit zur simplen Theorie, nun die Umsetzung:

Antriebskonzept

Für den „Dauer-Automatikantrieb" kam also nur ein relativ „windiges" Motörchen in Frage. Denn einen nonstop strombeaufschlagten Gegenlaufbetrieb macht eine kraftvolle Maschine nur sehr ungern mit. Meine Wahl fiel deshalb auf einen ausgemusterten 400er-24-V-Typ aus einem alten Drucker. Dieser erzeugt mit ei-

allerdings schnell unterstellen, dass mit einer Exzenterscheibe niemals eine lineare Wechselbewegung realisiert werden kann. Und da will ich auch gar nicht widersprechen, denn an den Umkehrpunkten entsteht zwangsläufig immer eine Verlangsamung. Ich wählte folglich die Untersetzung so, dass die Wicklung an den Rändern prima passte und die Mittelstrecke etwas flotter zurückgelegt wird. Das ist natürlich nicht hundertprozentig perfekt, aber wenigstens entsteht durch dieses beeindruckende „Uhrwerk" ein anschauliches und vor allem ein praxistaugliches Ergebnis. Die Hohllagen in der Mitte sind kein Beinbruch und selbst ein ständiges „up and down" des Fahrzeugs von gerade mal 5 m abgerolltem Seil, macht keinerlei Probleme.

Massive Statik

Nachdem die Antriebs-, Seil- und Wickeltechnik geklärt war, ging es jetzt von der rotierenden Mechanik zur Statik. Der Windensockel war an der Reihe, in dem ein großes Dünnringlager für spielfreies Drehvergnügen sorgt. Da so ein Lager auch prima gegenüber axialen Kräften resistent ist, braucht es nur noch ein gewissenhaftes Verkleben desselben zwischen zwei aufgelöteten Messingringen und fertig ist der Drehsockel. Selbstverständlich sollten die zu verklebenden Kontaktflächen großzügig aufgeraut werden, sonst ist der leidige „Knack" schnell vorprogrammiert. Die Basis über dem Sockel bildet ein 1,5 mm dickes, verzinktes Stahlblech. Darauf ist der Alugetriebeblock und das Haltegestänge für den Windenarm montiert. Letzteres leitet die Zug- und Hebelkräfte perfekt in den Sockel ab und die Bauart ist gar nicht mal weitab von scale, aber trotzdem sehr funktionell.

Die fertigen Gabellager warteten nun sehnsüchtig auf ihren großen Windenarm. Ein statisch sehr anspruchsvolles Bauteil, dass die gewaltigen Zugkräfte auf den Grundkörper, beziehungsweise auf das Fahrzeug überträgt. Wäh-

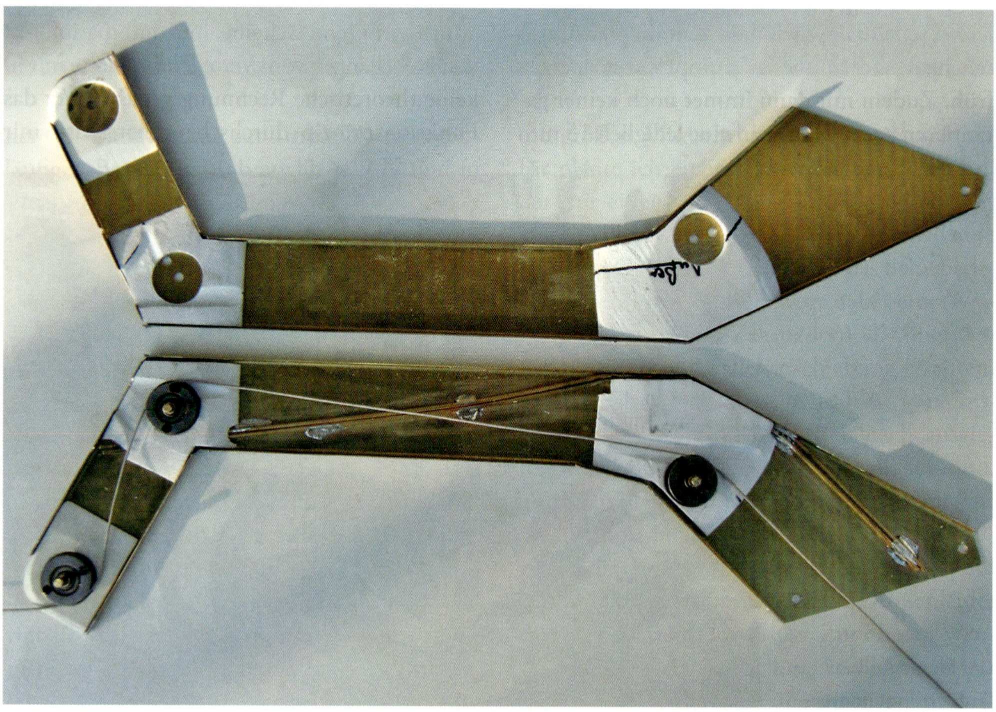

Der zweiteilige Windenarm vor der finalen Verbindung

rend neuzeitliche Überkopfwinden recht filigran-transparente Konstruktionen bieten, hatte mein Oldie noch eine geschlossene Bauart aus zwei mittig verschweißten Halbschalen. Und genau so wurde auch das Modell gebaut, ich denke die Bilder sprechen für sich. Erwähnen möchte ich nur, dass der Arm lediglich aus zwei sehr passgenauen Messingblechhälften in der Mitte stumpf und weich verlötet wurde. Nicht vergessend, dass der Arm von hinten bis vorne um 4 mm konisch zuläuft! Gut zu erkennen sind auch die Polystyroleinbauten zur Seilführung. In der Originalbauweise gibt es für das Seil an jeder der drei großen Seilscheiben zwei durchgängige Bolzen zur Ablaufsicherung. So was wäre zwar im Modell kein großes Problem in der Umsetzung, aber leider weitab von echter Praxistauglichkeit. Denn wer weiß, vielleicht heißt es einmal auf einer Messe, oder noch viel, viel schlimmer draußen im echten Gelände ein Seil einzuziehen. Und dann möchte ich denjenigen sehen, der bei minus 10 Grad mit M1,6-Schräubchen hantiert. Meine Lösung basiert auf dem Prinzip einer „ultimativen Seilführung". Die Kunststoffflächen sind nämlich so ausgearbeitet, dass das Seil zwangsläufig in die Rollen geführt wird.

Erster Extremtest im Zuge des Baufortschritts

Härtetest

Jetzt kam für die ganze Konstruktion die Stunde der Wahrheit, denn auch die Verbindung von Windensockel und Fahrzeug war endlich fertig und dieser Baufortschritt ließ erstmals einen richtigen Härtetest zu. Nun mussten alle Komponenten zeigen, ob sie den zu erwartenden Kräften standhielten. Dazu bastelte ich mir eine große, schräge Rampe, nahm vom Trägerfahrzeug die Ketten ab und ließ den Windenantrieb alleine die Arbeit verrichten. So simulierte ich bei knapp 45 Grad Neigung, ohne dabei den Motor zum Blockieren zu bringen, gemessene 80 N Zugkraft. Ich dachte mir, dass dieses verrückte Tun, auf den praktischen Betrieb projiziert, doch locker ausreichen sollte. Nebenbei bemerkt, wären bei einer maßstabsgetreuen Kraftumrechnung nur 68 N Zugkraft nötig. Somit bietet die Modellwinde mindestens 12 N Reserve, die es wahrscheinlich niemals braucht.

Drehdurchführung

Das war zugegeben noch lange kein echter Dauertest, aber wenigstens hatte ich ein gutes Gefühl für die ersten „echten Ausfahrten". Die Pflicht war somit erfüllt, nun stand die Kür auf dem Programm. Immerhin galt es auf mechanischer Seite noch die elektrische Drehdurchführung und die mittenzentrierte Bremsverriegelung umzusetzen. Zwei Dinge, die zwar nicht 100 % notwendig, aber trotzdem recht nützlich

Die elektrische Drehdurchführung von oben...

...gemeinsam mit der Mittenarretierung gesehen

Antriebssituation der Mittenzentrierung im Windensockel

sind. Während die Mittenzentrierung nicht lange aufhielt, knobelte ich an der Drehdurchführung doch eine ganze Weile. Man kann an dieser Position einen Haufen Geld ausgeben, oder auf viele Erfahrungsberichte von netten Baumaschinen-Kollegen zurückgreifen. Aber alle Bauarten waren aus meiner Sicht und mit meinen Werkzeugmitteln kaum vernünftig machbar. Da fiel mein Blick plötzlich auf zwei ausgemusterte 540er-E-Motoren mit einem Wicklungsschaden. Für den Rest der Sache lasse ich wieder die Bilder sprechen. Ich finde, „einfacher geht´s nimmer!" So war auch das letzte Problem gelöst und ich konnte erstmals so richtig huckepack und mit zentraler Stromversorgung im Stadel meine Runden drehen. Statt der breiten Aluketten, montiere ich für solche Zwecke die schmalen Vollgummipedanten und damit ließen sich prima das Zugkraft- und Synchronverhalten testen. Es wurden endlose Wenden und 360°-Kreise gefahren. Eben alles, was eine funktionelle Überkopfwinde ausmacht.

Messemotivation

Drei Wochen waren jetzt noch Zeit bis zur Messe in Friedrichshafen 2010. Sicher ein knapper

Spielraum für alles was sonst noch fehlte. Aber mit der Messemotivation im Hintergrund, bin ich für jede „Spätschicht“ zu haben. So ging es weiter mit den Verkleidungsblechen. Die Lüftungsschlitze erforderten hierbei ein ruhiges Händchen, denn sämtliche Durchbrüche wurden per Hand und mit dem „Dremel“ ausgearbeitet. Dann folgten die Seitenflächen, der Spiegelkasten, die transparente Heckklappe, der Motorlüfter und natürlich die zehn Gummiknebel. Von diesen schwarzen Verschlüssen sind immerhin sechs in echter Funktion, der Rest wird über Magnete und innenliegende Haken fixiert. Nebenbei entstand per Feile „aus dem Vollen“ der große Seilhaken und seine zwei filigranen Seilnüsse zur Seilfixierung. Von der Lackierung möchte ich gar nicht viel berichten, denn an der Stelle stehe ich bis heute zu meinem laienhaften Aktionismus. Ich sage nur so viel: „Ich pinsel nicht gerne, aber ich finde das Ergebnis trotzdem recht brauchbar“.

Die Verkleidungsbleche entstanden alle per Bohrschleifer mit der Hand

Für den Messeeinsatz lag zwar noch ein klein wenig Elektronik zum Einbau bereit. Ich hatte vor, die beiden Antriebsmotoren, per

Selbst der Ventilator ist in echter Funktion

nis wurden. Noch nie gab es in der kleinen Welt der Modellpistenraupen ein Fahrzeug, dass die Grenzen der Physik auf so eindrucksvolle Art verschob. Es ist allerdings nicht zu leugnen, dass allein das Zusatzgewicht von 2.300 g Windenkonstruktion, die Fahreigenschaften nicht immer positiv beeinflusst. Auch der zusätzliche Stromverbrauch fällt natürlich ins Gewicht, so dass ein Windenbetrieb wohl nicht zur Selbstverständlichkeit werden wird. Deshalb habe ich

◀ Der massive Messinghaken ist aus dem Vollen gearbeitet

Feine Details ergänzen den Windenarm an der Frontseite ▼

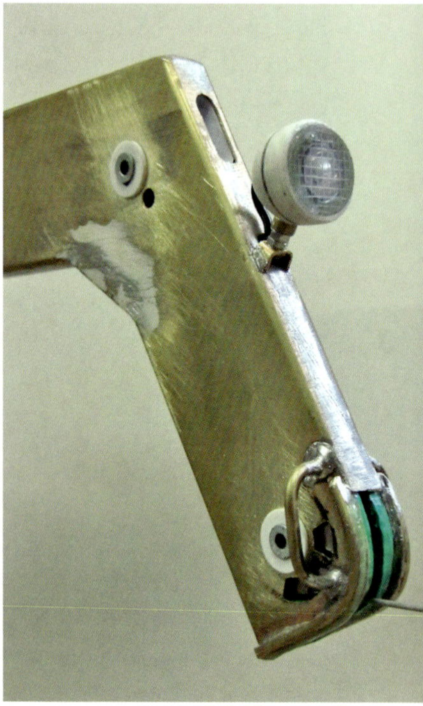

4-Kanal-CTI-Microschalter und zwei Relais anzusteuern. Aber deren Probebetrieb verschob ich dann doch lieber auf ruhigere Tage. Es reichten schon die Startschwierigkeiten, die der kleine Brushless-Regler verursachte. Eine falsch programmierte Lipo-Abschaltspannung und ein anfangs schwer durchschaubares Reglerverhalten waren genug Kinderkrankheiten, um die ganze Konstruktion komplett lahm zu legen. Kein Wort der Anleitung wies darauf hin, dass nach jedem Einschaltvorgang der Fernsteuerungsknüppel zuerst einmal voll ausgelenkt werden muss, um überhaupt eine feinfühlige Drehzahlregelung zu erhalten. Aber auch diesen Nonsens kapierte ich irgendwann, so dass die folgenden Praxisausritte zum wahren Erleb-

den Sockel so konstruiert, dass die ganze Konstruktion mit lediglich vier Schrauben und zwei gezogenen Steckern vom Trägerfahrzeug gelöst werden kann.

Unter dem Strich ist das neue Teil ein total verrücktes Spielzeug, dass so manchen Tiefschnee-Steilhang nun fahrbar macht. Die Winde verschiebt die Traktionsgrenzen deutlich und sorgt für einzigartige Outdoor-Erlebnisse mit dem Modell.

Angetriebene Winde für den Dickie Snow King in 1:16

Seitdem der Dickie eine aushebbare Fräse bekommen hat, muss ich zugeben, dass die verwendeten Antriebsmotoren ab und zu an ihre Leistungsgrenzen stoßen. In der Ebene macht sich das zwar selten bemerkbar, aber jedes Gramm Masse, das im Steilhang bergauf befördert werden muss, vervielfältigt den Leistungsbedarf enorm! So dachte ich mir, dass ich mit echter Windenunterstützung dieses Problem eventuell in den Griff bekommen könnte. Es sollte keinesfalls etwas Kompliziertes werden, sondern einfach nur pure Funktion liefern.

Die Antriebsfrage war eigentlich schnell geklärt, denn allzu viel Raum bietet das Innenleben einer 1:16-Konstruktion keinesfalls. So entschied ich mich für den kleinen Igarashi-Getriebemotor Typ 20G-50 aus dem Conrad-Sortiment. Trotz minimalem Längenmaß passt das kleine Energiebündel nicht quer zur Fahrzeugachse in den Windenkorpus. Diese Anordnung entspräche zwar dem Original, aber was so nicht reinpasst, muss eben anders platziert werden. Alex Berkmann griff die Idee, den Windenantrieb um 90 Grad zu verdrehen, schon vor Jahren auf und ähnlich plante ich das nun auch. Da es bei mir aber noch enger zuging, musste ich den Motor in die Seiltrommel packen. Sprich, der Getriebekopf ist an einer Halterung montiert und die Seiltrommel lagert und dreht sich um den Motor. Da ich immer gerne mit

Die kleine Dickie-Winde beim ersten Schneeeinsatz

▲ Bei der Stromzufuhr verzichtete ich bislang auf eine Drehdurchführung

◀ Der Antriebsmotor verbirgt sich hinter der Halterung in der Seiltrommel

Kritischer Detailpunkt, denn die Trommel rotiert um die elektrischen Litzen

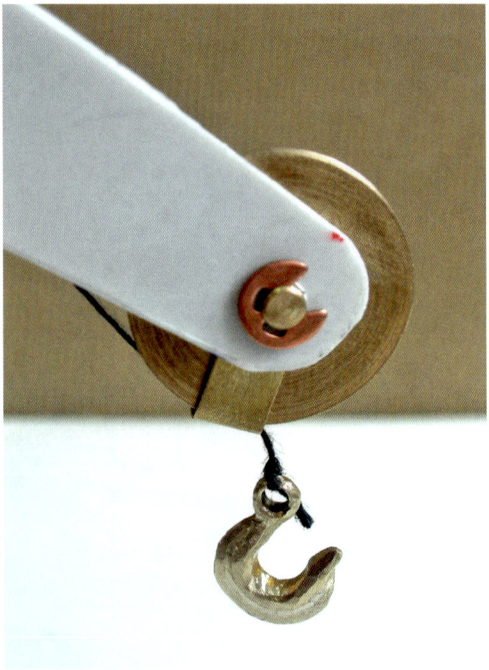

An dieser Stelle fehlt noch das Rollenfenster für den Seileinlauf

Standardteilen baue, geschieht das mit einem Abschnitt von einem 35er-Kupferrohr, in das perfekt die beiden Dünnringlager passen. Die Weiterleitung der Motorkraft geschieht über zwei Zahnradpaare, die beidseitig der Seiltrommel angeordnet sind. Um ein Ablaufen des Seils zu vermeiden, ist auf der Trommel eine zusätzliche Hülse mit zwei angedrehten Bordscheiben montiert. Perfektionisten könnten diese Hülse natürlich auch gleich als Kombination mit der Trommel plus Lagersitze aus einem Stück Kunststoff drehen.

Der Windensockel ist mit einem weiteren Dünnringlager ähnlich wie sein 1:8-Bruder gehalten. Natürlich ist hier alles ein bisschen kleiner dimensioniert und auf eine elektrische Drehdurchführung habe ich vorerst verzichtet. Der Windenarm ist ebenfalls bei weitem „windiger" gebaut. Nach ersten Kraftmessungen muss er maximal 9 N standhalten und dafür tut es eine Hohlkastenkonstruktion aus 1,5 mm starken Polystyrolplatten allemal. Weitaus professioneller sind dagegen die großen Seilscheiben gearbeitet. Seitdem ich eine Drehbank besitze, lassen sich solche Positionen sehr präzise herstellen.

Aktuell fehlen noch die beiden seitlichen Abdeckungen für das Trommelgehäuse. Da wird es wohl auf zwei GFK-Formen hinauslaufen. Für die Funktion wäre ein hübscher Seileinlauf bei weitem wichtiger. Bislang gibt es an der Einlaufrolle nur einen filigranen Bügel, der das Seil am Ablaufen hindert. Das schaut zum einen bescheiden aus und wenn der Windenarm einmal besonders schräg hängt, kann es sogar passieren, dass sich das Seil neben der Rolle verklemmt.

Die Steuerung der Sache ist sehr primitiv. Da sich die Zugkraft sehr in Grenzen hält, liegt der Windenantrieb auf einem separaten Kanal. Ein Schieberegler bestimmt über einen Thor15-Regler die Drehzahl des Antriebs, der bei Geradeausfahrt eigentlich immer auf Vollgas steht. Wird zurückgefahren, muss das Seil manuell auf Spannung gehalten werden, was natürlich immer ein Auge auf das Seil erfordert. Nicht ganz einfach ist eine Wende auf drei Zügen. Hier ist auf Grund der ineinander greifenden Bewegungen viel Feingefühl am Schieberegler erforderlich.

Unterm Strich ist die Steuerung noch nicht optimal und ehrlich gesagt ist die ganze Dickie-Winde mehr als Gimmick, als uneingeschränkt funktionell zu betrachten. Zudem entlastet die Winde die Fahrantriebe kaum und ihr Eigengewicht kann sie durch die aufgebaute Zugkraft so gerade eben kompensieren. Trotzdem ist sie ein nettes Zubehör, dass aus einem käuflichen Spielzeugmodell etwas ganz besonderes macht.

Der Windenbausatz von Pistenking

Die Metallteile werden von Pistenking entwickelt und gefertigt, die Abdeckungen von AT Modellbau. Die Winde wird zunächst als Attrappe (ohne Antrieb) angeboten werden. Diese kann entweder für den Eigeneinbau eines Antriebes für die Winde verwendet oder später mit dem noch in Entwicklung befindlichen Antrieb nachgerüstet werden:

- Gelaserte Metallteile für Windenarm (7 Teile), Windenrahmen (10 Teile) und Windenbock (3 Teile)
- Die Metallteile werden vorgebogen und abgekantet geliefert
- Drehlager (Industriekugellager)
- 2 Abdeckungen als Tiefziehteile (PVC)
- Aufklebersatz
- 2 Seilrollen, Karabinerhaken, Seil, Schraubensatz

Die 1:12-Winde von Pistenking (Bild: Adrian Humbel)

Aus dem Leben – Gemeinsam am Seil

Der Winter 2010/2011 war im Allgäu schneetechnisch betrachtet dermaßen schlecht, dass schon Ende Februar im Tal die grünen Wiesen dominierten. Dieser Zustand nervte manchmal schon gewaltig, denn selten fiel über der restlichen Republik so viel Schnee wie in der angesprochenen Zeit. Leider bekamen die nördlichen Kalkalpen inklusive des Allgäus, so gut wie nichts davon ab, was die schneegeplagten „Unterländer" aber kaum glauben konnten. Prinzipiell sind mir solche Zustände ziemlich egal, denn für ein paar Modellausfahrten findet sich immer ein Fleckchen Schnee. Aber in dieser Saison hatte ich mit der Überkopfwinde für den PB-240D ein total verrücktes Spielzeug geboren. Und da dieses technische Wunderwerk für mich absolutes Neuland war und anfangs leider unter ein paar Kinderkrankheiten litt, brauchte es für vernünftige Tests auch ebensolche Schneeverhältnisse. Richtige Härtetests und das Herantasten an die Grenzbereiche steht für mich immer noch an erster Stelle. Genauso stellte ich mir das auch mit der Winde vor, aber mit 20 Zentimeter frischem Pulverschnee auf grüner Wiese, lässt sich kein Steilhang vernünftig präparieren. Denn gerade dort sind die Wiesen oft sehr zerschrunden und kleine Absätze verlangen einfach nach einer soliden Altschneeschicht von mindestens einem halben Meter. So waren sämtliche Ausfahrten mehr schlecht als recht und so manch ungefrorener „Maushaufen" landete vor dem Schild. Aber immerhin reichte es, um dem Modell technisch gründlich auf den Zahn zu fühlen. Inzwischen war es Ende März und ich hatte das neue Gerät voll im Griff. Für den versprochenen Artikel in der TRUCKmodell hatte ich sogar schon recht brauchbare Bilder zusammengekriegt und eigentlich hätte ich es damit gut sein lassen können. Aber ich kann es mir selten verkneifen, wenn man es vielleicht noch besser machen könnte.

Es kam der 1. April und der Schnee hatte sich schon lange jenseits der 1.200-Meter-Marke zurückgezogen. Aber für diese Zwecke haben wir hier um Oberstdorf ja die Bergbahnen, oder den Riedbergpass. Da mir erstere Möglichkeit nicht besonders liegt, weil sie erhebliche Transport-Actionen und nervige Menschenaufläufe verursacht, ist eine PKW-Fahrt nach Grasgehren in 15 Minuten erledigt. Das knapp hinter der Passhöhe liegende kleine Skiparadies, bietet normalerweise bis weit in den Mai noch besten Schnee. Leider war in diesem Winter überhaupt nichts „normal" und die Süd- und Westhänge waren selbst hier oben schon fast aper. Nur noch ein paar ganz schmale Pistenbänder durchzogen die Hänge und es war allerhöchste Zeit für dieses Fotoshooting. Oben angekommen, sah ich am Hang mit den zwei Schleppliften gerade eine „große" Raupe im Einsatz. „Na, das trifft sich ja prima", dachte ich mir und machte mich auf die drei Minuten Fußmarsch zur Talstation, der gegenüber zum Parkplatz liegenden alten Schlepper. Als die große, rote Kässbohrermaschine im Anmarsch war, erkannte ich schon von weitem den Fahrer. Wir kannten uns schon von früher und besser hätte ich es an diesem Abend nicht treffen können, denn Herbert der Raupenfahrer, musste später noch genau da hin, wo ich meine Bilder geplant hatte. So wechselten wir nur knappe Worte und verabredeten uns 20 Minuten später hinter der Grasgehrenhütte. In der Zwischenzeit packte ich mein „kleines Räupchen" in eine große Transportkiste und sortierte den Rucksackinhalt. Jetzt nur nichts vergessen, denn mit Herbert ging es nachher ganz hinauf zum Bolgengrat und wenn da was fehlt, hieße das für diesen Abend „durch's Ofenrohr ins Gebirge geschaut"! Gerade als ich meinen Verhau fertig hatte, brauste er auch schon heran und wir überlegten uns, wo wir wohl am besten die Modellkiste auf dem Fahrzeug verstauen sollten? Der 300er-Kandahartyp war mit einer Winde ausgerüstet, so dass die Ladefläche eigentlich schon belegt war. Da blieb nichts anderes übrig, als meine große Metallkiste mit einem langen Strick und einem Spanngurt direkt hinter die Winde zu schnallen. Das war zugegeben schon verdammt frech, denn wenn da während der Fahrt etwas verrutschte, landete es direkt vor der abgelassenen Fräse auf „Nimmerwiedersehen"! Die Gelassenheit mit solchen Manövern ließ mich aber beruhigt auf dem Beifahrersitz Platz nehmen und wir rumpelten im abendlichen Sulzschnee langsam denn Berg hinauf. Die Matsche war durch die Sonne so tief und mußig, dass nicht viel gefehlt hätte und wir wären die Piste gar nicht erst hinaufgekommen. Nur mit viel Gefühl und diversen Tricks gelang es Herbert, die Raupe sicher über das steilste Stück zu bringen. An das, was sich dabei hinter der Winde in der schräg festgezurrten Kiste tat, durfte ich bei dem Gewühle und Geschepper gar nicht denken. Ich sage mir bei solchen Aktionen aber immer: „Ich baue solide Funktions-, und nicht nur fragile Anschauungsmodelle!" Bald wurde die Piste flacher und es ging hinaus ins freie Gelände unter dem langgezogenen Gipfel des Bolgen. Die Stelle nennt sich „am Steinhaufen" und dort hatte ich schon im vergangenen Winter ein zufälliges Abendrendezvous mit Herbert. Aber diesmal wollte ich die Aufnahmen ganz oben am Gipfel machen. So quälte sich der 10-Tonnenkoloss auch noch das letzte Stück zum höchsten Punkt, denn da musste er eh hinauf um oben sein Windenseil einzuklinken. Gemeinsam jonglierten wir die Modellkiste vom Windensockel über die schwankenden Fahrzeugketten und ein erster Blick ließ zum Glück keine Schäden erkennen. Leider passt der PB-240DW mit angebauten Geräten in keine handliche Transportkiste, so musste ich vor Ort zuerst noch das Schild und die Fräse montieren.

Das geht mit jahrelanger Übung und Routine in der Sache aber recht fix. Zudem waren die Temperaturen noch angenehm warm. Es war ja schon der 1. April und zu dieser Jahreszeit hat die Sonne schon ordentlich Kraft. Der fortgeschrittene Sonnenlauf hat auch den Vorteil, dass gegen Abend eine zauberhafte Beleuchtung der Oberstdorfer Berge entsteht. Denn die Sonne steht nun weit im Westen und kein lästiges Gegenlicht trübt den Blick nach Süden. Nachdem Her-

bert das Stahlseil seiner Maschine fixiert hatte, machte er sich an die Arbeit den langen Südhang zu präparieren. So schnurrte direkt fünf Meter vor mir das dünne Stahlseil, während ich parallel dazu mein Modell aufrüstete. Herbert gab mir zum Glück genügend Zeit, denn er hatte im unteren Teil des Hangs noch einige Schubarbeiten zu erledigen. Unter Raupenfahrern gesagt musste er „Löcher stopfen", denn die Piste war durch die hohen Temperaturen sehr in Mitleidenschaft gezogen. So konnte ich in aller Ruhe den kleinen Modellwindenanker aufbauen, der dem originalen Vorbild genau um acht Teile kleiner sieht. Knapp daneben surrte das Stahlseil und ich dachte respektvoll an die Hinweise von Herbert, ja die Finger davon zu lassen und genügend Abstand zu halten. Nun konnte auch ich das Modellseil endlich einklinken und drehte die ersten Runden im abendlichen Sulzschnee. Die Winde arbeitete prächtig und da der Schnee unheimlich durchfeuchtet-grobkörnig war, machte sich der echte Windenzug deutlich bemerkbar. Im Hintergrund vibrierte Herberts Seil und es konnte nicht mehr lange dauern, bis er die erste Spur zum Gipfel zog. Bis ich das Modell und die Kamera in die richtige Position brachte, war er dann auch schon da. Ich dirigierte ihn in die beste Stellung und knipste wahrscheinlich die spektakulärsten Bilder meiner Autorenkarriere.

Ein Modell - ein Original dahinter. Und das nicht irgendwo vor einer schnöden Werkshalle, oder gar einem albernen Fotobanner-Hintergrund. Nein, es bot sich an diesem Abend ein Bild, dass man sich selbst in den kühnsten Träumen nicht vorstellen vermag. Die Sonne stand genau richtig und schon so tief, dass beide Fahrer sie jetzt im Gesicht hatten. Dahinter breiteten sich im weiten Rund sämtliche Gipfel des Allgäuer Hauptkamms aus, die jetzt langsam immer stärker in ein orange-rotes Licht getaucht wurden. Am Himmel standen sogar noch ein paar Fetzen Restbewölkung und setzten der Szene die Krone auf. Zudem war die Luft unheimlich klar und die Berge wirkten seltsam plastisch. Das war einer der seltenen Tage, an denen einfach alles passte! Als Herbert noch zweimal rangiert hatte und ich auf's erste Zufrieden war, stieg er aus und wir fachsimpelten eine Weile über das Modell. Ich führte die Funktionen vor, verdeutlichte ihm die Technik und das In-

nenleben. Für Herbert war es so gesehen ein ganz normaler Arbeitsabend und erst mein Hinweis auf die Seltenheit der Stimmung und Beleuchtung, ließ ihn für die Länge einer halben Zigarette kurz in die Runde der Berggipfel blicken. Aber seine Arbeit rief und was jetzt kam, hinterlässt bei mir selbst Jahre später noch Gänsehaut-Feeling!

Herbert stieg wieder ein, erklärte mir durch das offene Seitenfenster noch schnell seine Arbeitsstrategie und die fesche Kässbohrermaschine setzte sich talwärts in Bewegung. Die erste Spur zum Windenanker würde ganz außen an der Piste verlaufen und davor konnte ich noch knapp mit dem Modell Platz finden. Dann würde er rechts daneben, rückwärts auf drei Zügen wenden und wieder vorwärts die zweite Spur talwärts legen. So weit zur Theorie und bis ich alles wieder „scharf" hatte, war er dann auch schon da. Zuerst hörte man nur das anschwellende Motordröhnen, aber kurz darauf tauchte das Fahrzeug hinter der ersten Kuppe auf und steuerte genau auf mein Modell zu. Ich wusste was Herbert tat und vertraute voll auf seine Fahrkünste. Kurz vor der Parallelfahrt kappte er noch spektakulär einen fetten Schneehaufen und zog danach nur wenige Zentimeter an dem 1:8-Modell vorbei zur Wende. Inzwischen hatte ich an der Fernsteuerung die Knüppelbefehle zur Fahrt gegeben und Modell und Original fuhren die letzten Meter zum Windenanker rund 15 Meter auf einer Höhe. Wohlgemerkt immer noch vor der majestätischen Kulisse wie bei den Standbildern! Dummerweise war ich wie immer alleine an der Kamera und Fernsteuerung, so dass ich die Wende mit beiden Gerätschaften ziemlich versaute. Zum einen schien mir die Sonne auf das Kameradisplay, sodass ich während der Wende so gut wie nichts erkennen konnte, wo sich die Fahrzeuge gerade befanden. Zum anderen klopfte mir das Herz dermaßen bis zum Hals, dass ich in dem Augenblick plötzlich nicht mehr wusste, wie ich Schild und Fräse zu bedienen hatte. Und zuletzt fehlte mir ganz ehrlich gesagt mindestens ein Auge, denn eines hätte auf Herberts Raupenmonster, eines auf das sonnenbeschienene Kameradisplay und eines auf das Modell gerichtet sein müssen. So kam es, dass ich den PB-240DW völlig bescheuert, viel zu schnell rückwärts um die Kurve riss. Aber zum Glück noch genau richtig, als Herbert im Hintergrund nach einer donnernden Rauchwolke aus dem Auspuff, wieder zur Talfahrt ansetzte. Seine gigantische, rote Winde knarzte laut knatternd gegen die Rutschkupplung und genau zum richtigen Zeitpunkt war ich auch mit dem Modell wieder auf gleicher Höhe zur Talfahrt. Die Szene dauerte nur 70 Sekunden, beinhaltete aber 100-mal mehr Action als mancher „10-Minuten-Langweiler". Während Herbert die zweite und dritte Spur fuhr, sortierte ich das Modell und vor allem meine Gedanken für die zweite Zusammenkunft. Da die große Raupe aber schon bei weitem weiter in Hangmitte ankam, verloren die Bilder stark an Dramatik im Vergleich zum ersten Mal an der Außenkante.

Ja, ich hatte an diesem Abend einen kapitalen Volltreffer gelandet. Und nachdem Herbert den Hang fertig hatte, dämmerte es bereits. Sein Feierabend rief und er machte sich schnell auf den direkten Weg ins Tal zur Tagesschau. Da ich zusätzlich zur Transportkiste auch noch den großen Blechschlitten dabei hatte, konnte ich das Modell locker selbst in 20 Minuten ins Tal bringen. So wartete ich genüsslich den Sonnenuntergang ab und schoss nebenbei noch so manch irres Bild im rosefarbenen Abendlicht.

12. Die elektrischen Einbauten

In den Anfängen meiner Modellbauerkarriere baute ich meine Fahrzeuge nie nach festen Plänen, oder endgültigen Vorstellungen. Jede Bauphase hatte seinen eigenen Reiz und seine individuelle Herausforderung. War diese überwunden, ging die Planung meistens mit der nächsten Konstruktion sofort weiter, ohne dass das Endziel letztendlich fixiert war.

Für einen Mechaniker ist solch ein Treiben prinzipiell kein Problem. So lange alles nur verschraubt und nicht verklebt ist, können Sie die Antriebe, Gestänge und Getriebe zehnmal aus- und umbauen, ohne dass daraus entscheidende Konsequenzen entstehen. Wenn es aber um eine komplexe Zentralelektrik geht, erleichtert Ihnen eine finale Modellvorstellung das Arbeiten ganz entscheidend. Sollten Sie zudem auch noch keinen Elektronik-Lötkolben in die Wiege gelegt bekommen haben, dann tun Sie sich bei diesem Kapitel zusätzlich noch schwerer. Deswegen lautet mein dringender Apel an alle „Elektronik-Nobodys“: Bauen Sie in Ihr Modell nicht alles ein, was möglich ist, sondern nur das, was nötig ist! Das spart zum einen viel graue Haare, zum anderen schont es Ihren Geldbeutel. Ein Kurzschluss wegen eines schlecht verlöteten Kabels, oder eine aufgescheuerte Litze kann Ihnen ruck, zuck eine Rauchwolke über einer mehr oder weniger kostspieligen Platine erzeugen. Wenn es sich dabei nur um einen Wechselblinkerbaustein handelt, haben Sie Glück gehabt und sollten spätestens jetzt Ihr Konzept noch einmal überdenken. Den zentralen Punkt bildet dabei sicherlich der RC-Empfänger. Bei einer Auslegung auf 9 + X-Anzahl Kanäle, in Kombination mit diversen Schaltbausteinen und womöglich einem Soundmodul, trifft sich hier ein Wust von unendlich vielen Steuerlitzen. Dieses Plätzchen sollte nicht zu klein ausfallen und eigentlich immer gut zugänglich sein!

Nicht viel besser geht es auf der Stromversorgungseite zu. Jeder Regler, Schaltbaustein, oder anderweitige Elektronik muss eingangsseitig mit Plus und Minus versorgt werden. Während ich für diese Position früher gerne weitverästelnde Kabelbäume lötete, setze ich heute auf selbst gebaute Klemmleisten aus 5/5 mm Messing-Vollmaterial. Diese werden sehr platzsparend an einer zentralen Stelle im Modell verbaut und haben nebenbei den Vorteil, dass alle Anschlüsse leicht lösbar bleiben.

Weitere Hilfe bietet spezielle Fachliteratur und auch die Anfertigung eines elektrischen Schaltplans. Der muss nach keiner DIN gezeichnet sein und braucht keine international definierten Symbole enthalten. Minimalstes Ziel ist dabei nur, dass Sie eine Übersicht über Ihren Kabelverhau bekommen! Zeichnen Sie deswegen so groß wie möglich und vermerken Sie darauf alles, was irgendwie Strom verbrauchen könnte. Sie werden feststellen, dass es jetzt um ein Vielfaches leichter ist, bestimmte

Verteilerklemmleisten aus Messingvierkant in klein…

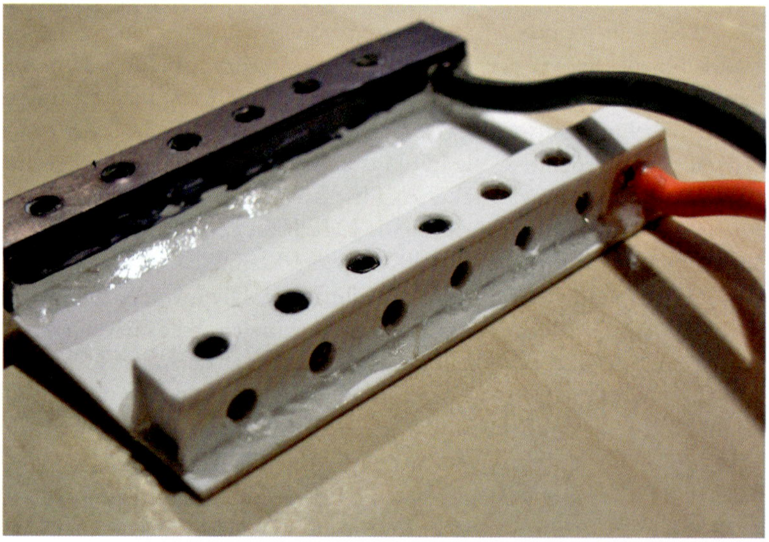

…und isoliert für sechs Verbraucher

Kabelabschnitte zu überblicken und zu bestücken. Denken Sie bei Ihren Leitertrassen auch daran, dass Sie manche elektromechanischen Bauteile warten müssen. Ein lösbarer Kabelanschluss ist dafür schnell eingebaut. Leider ist alles, was nicht fest verlötet wurde, eine potentielle Störungsquelle! Vibrationen, Feuchtigkeit und Oxidation verschlechtern im Laufe der Zeit die Funktionssicherheit, bis irgendwann die große Fehlersuche losgeht. Seien Sie deshalb bei der Anzahl der Steckverbindungen geizig und beschränken Sie sich dabei auf entscheidende Positionen, die unvermeidbare Demontagearbeiten wesentlich erleichtern. Wenn es also unbedingt nötig ist ein Kabel trennbar zu gestalten, dann aber unbedingt mit einer verpolungssicheren Steckverbindung! Bei einem Motor werden Sie es merken wenn er falsch herum läuft, aber ein elektronisches Bauteil wird sich meistens für immer verabschieden.

Stromversorgung

Ganz am Anfang auf der Seite 25 habe ich Ihnen die Akklimatisation von Ihrem Modell ans Herz gelegt. An dieser Stelle möchte ich nun die Wichtigkeit der richtigen Stromversorgung genauer betrachten. Sicher haben Sie schon davon gehört, dass viele Akkus nicht bei großer Kälte funktionieren. Das hat den ganz einfachen elektrochemischen Hintergrund, dass moderne Stromspeicherzellen mit einem Gel gefüllt sind. Während alte, konventionelle Bleiakkus viel flüssigeren Trägerstoff enthalten und damit noch gut mit strengen Minusgraden zurechtkommen, sind die neuzeitigen Energieträger für tiefe Temperaturen absolut nicht gebaut. Je hochgezüchteter die Zellen sind, desto eher versagen sie bei unserem winterlichen Modellbaueinsatz. Als Lösung bieten sich folgende Möglichkeiten an:

- Sie verwenden einen schweren, fest eingebauten Bleiakku, oder zumindest alte NiCd-Zellen und geben Ihrem Modell damit ordentlich Masse auf den Weg durch den Schnee. Wenn Sie bei dieser Bauart keinen Stromverbrauchszähler eingebaut haben, wird das Fahren im freien Gelände zum risikoreichen Eiertanz, bis Sie Ihren Ausgangspunkt wieder erreicht haben.
- Sie positionieren Ihren Lieblingsstromspeicher im Modell an einer leicht zugänglichen Stelle und legen ihn erst kurz vor dem Los-

Dieser Haufen sind noch lange nicht alle Akkus, die sich über die Jahre angesammelt haben

fahren ein. Der Stromverbrauch der Antriebe lässt die Chemie im Akku arbeiten und die Kälte hat keinen bedeutenden Einfluss mehr. Das hat den großen Vorteil, dass Sie auch unbegrenzt aus dem warmen Hosensack „nachladen“ können. Zudem garantiert diese Methode auch, dass Sie mit Ihrem Fahrzeug auf freier Strecke nicht mehr „verhungern“, sofern Sie immer einen unangetasteten Reserveakku mitführen.

- Die Punkte „Arbeiten der Chemie“ und der „warme Hosensack“ müssen aber trotzdem sehr kritisch betrachtet werden. Je weniger Maximalspannung vorhanden ist und je weniger Energie daraus abgerufen wird, desto dramatischer ist der Einbruch von LiPo-Zellen zu bewerten. Zudem sollten Reserve-LiPos unbedingt richtig warm gehalten werden und dafür muss zwingend mit einer Heizfolie gearbeitet werden. Wird ein Modell dagegen mit satten 4S-Zellenpacks betrieben, ist der Spannungseinbruch bei Kälte durchaus zu tolerieren. Wer hier nicht im Steilhang unterwegs ist, oder die Höchstgeschwindigkeit abrufen möchte, wird mit seinen vorhandenen „Flieger-LiPos“ auch im Winter einigermaßen zurechtkommen.
- Da ich aber weder im Sommer mit einem Hubschrauber, noch mit Flächenmodellen unterwegs bin, betreibe ich zwei 1:8-Modelle mit hochstromfähigen Standard-8er-Sticks mit 3.600-mAh-NiMH-Sub-C-Zellen. Diese Technik ist in der rauen Winterpraxis aber nur bis zu einer Spitzenbelastung von 15 A ausreichend stromstabil! Mit den Erfahrungen der großen Überkopfwinde für den PB 240DW, rüste ich seit 2010 nach und nach auf 3s-LiFe-Zellen um. In meinen Augen das Nonplusultra! Denn eine hervorragende Kältestabilität gepaart mit echter Hochstromfähigkeit bis 50 A machen diese Stromspeicher perfekt wintertauglich. Was dabei an Marken verwendet wird ist wie so oft Geschmacksache. Ich habe dreierlei im Einsatz:
  - Einen kleinen 3s-Graupner V-Maxx mit 2.100 mAh, der mich allerdings nicht hundertprozentig überzeugt, da er im letzten Entleerungsdrittel deutlich an Spannung verliert.
  - Drei Stück 3s-Hacker Topfuel mit 3.100 mAh, die jeden Euro Wert sind und absolut halten was sie versprechen.
  - Drei Stück superleichte 3s-A123-Zellen mit 2.400 mAh, die selbst konfektioniert sind und die ich zu meinen zukünftigen Favoriten zähle.

Jeder Hersteller hat für seine Akkupacks unterschiedliche Abmessungen. Diese Tatsache sollte unbedingt in der Fahrzeugplanung berücksichtigt werden. Es stellt sich auch die Frage, ob es sich wirklich lohnt einen sehr speicherstarken Akku im Modell zu verbauen? Sind hochgezüchtete „Maxi-Zellen“ immer robust und lange haltbar? Wer bei dieser Frage an alte 2.200er-NiCd-Zellen denkt, wird sicher ein müdes Lächeln auf die Lippen setzen.

Unter dem Strich möchte ich für die Stromspeicherfrage kein Patentrezept geben. Hier muss jeder selbst entscheiden, ob er lieber auf mehr Spannung, als auf eine hohe Stromstärke setzt. Jedes Modell ist anders zu bewerten! Winzige Außenläufer verbrauchen zwar nur knappen Raum, geben sich aber unmöglich mit acht Mignonzellen zufrieden. Das andere Extrem wäre ein 12-V-Bleiakku, der in einem 1:16-Dickie verbaut würde.

Ich finde es zudem durchaus in Ordnung, wenn ein Akku nach 20 Minuten gewechselt werden muss. Warum denn nicht? Wozu stundenlang den Strom mitschleppen? Das spart erheblich Raum und Gewicht im Modell! Deswegen möchte ich noch einmal auf das „Nachladen“ zurückkommen. Wer viel bei Nacht unterwegs ist, stellt schnell fest, dass es bei einem neumondlichen Akkuwechsel sehr, sehr finster werden kann. Nach dem Abtrennen der Steckverbindung geht schlagartig ein lustiges Tastspiel los, wenn Sie nicht vorgesorgt haben und sich eine kleine Taschenlampe unter die Mütze klemmten oder in den Mund stecken... – Bäh!

Um hier von solchen Prozeduren unabhängig zu sein, baue ich für diese stromlose Phase eine minimalistische, sekundäre Stromversorgung ein. Mit der Einführung der 1,2-Volt-LED-Treiberbausteine ist es möglich, lediglich eine winzige Mikrozelle (AAA) für diese Aufgabe heranzuziehen. Wenn diese Zelle dann auch noch eine hochwertige Lithium-Batterie ist, stehen Sie den ganzen Winter über bestimmt nicht mehr im Dunkeln. Absolut genial wird es, wenn diese Lichtquelle von einem passgenau befestigten Sprungkontaktschalter, beim Aufkippen der Fahrerkabine automatisch aktiviert wird.

Empfängerstromversorgung

Nach der BEC-Revolution vor einigen Jahren, ist dieses Kapitel aktuell schon wieder im Umbruch begriffen. Das Zauberwort heißt hierbei „Highvoltage", bei dem sich Empfänger und Servos gleich aus dem Zentralakku bedienen.

Lassen wir das aber mal außer acht und betrachten hier noch die beliebte BEC-Standard-Situation. Hierbei wird nämlich gerne der Servostromverbrauch gnadenlos unterschätzt. Was bei den Geräteträgerantrieben schon angesprochen wurde, möchte ich jetzt noch einmal vertiefen. Man muss sich dabei immer die Frage stellen, was ein Standardservo eigentlich an Strom verbraucht? Steht dieser Wert irgendwo auf der Verpackung? Allermeistens leider nein! Und das ist auch der Grund, warum sich so viel Elektronik in Rauch auflöst! Ich möchte mich von der Rauchwolkenerzeugung gar nicht ausnehmen, denn leider wird in der Funktionsmodellbausparte nur sehr ungenügend auf diese Problematik hingewiesen.

Jedes kraftvolle 100-Ncm + X-Servo kann schnell 1 A und mehr verbrauchen! Hat man zwei plus X dieser Verbraucher im Einsatz, sollten sofort die BEC-Daten des Fahrtreglers angeschaut werden. Liefert dieses nur standardmäßige 2 A, ist es nur noch eine Frage der Zeit, bis auch dieses Modell Rauchzeichen sendet. Gerade bei anstrengenden Haltepositionen findet eine fortschreitende Erwärmung der Endstufentransistoren statt und oft reicht eine weitere Maximalkraftanforderung zum finalen Ende. Allerspätestens jetzt sollte der wahre Stromverbrauch einmal per Amperemeter gemessen werden. Aber wer kann das? „Bastlerabhilfe" verschafft hier nur ein separater, kräftiger BEC-Baustein mit 3 A oder mehr.

Steckverbindungen

Für diese Aufgabe gibt es heute ein gigantisches Angebot an Steckern und Steckerchen. Eine Empfehlung bleibt immer subjektiv und eigene Vorlieben dominieren meistens diese Position. Mögliche Entscheidungskriterien könnten aber sein:

- Absolut verpolungssicher
- Kontakt- und stromstabil bis 30 A (mehr ist für unsere Zwecke nicht notwendig)
- Gut im Handling bei der Montage und im praktischen Einsatz
- Kostengünstig und auf Jahre nachkaufbar

Alle meine Akkus sind nach einem Wechsel von Tamiya, mit dem 6-poligen MPX-System konfektioniert. Die Tamiya-Verbindung ist auf Dauer nicht 100 % sicher und kommt ab 20 A stark an ihre Grenzen. Innerhalb vom Fahrzeug verwendete ich gerne die kostengünstigen, dreipoligen Stecker von Conrad, die aber seit 2011 aus dem Angebot verschwunden sind. So bleiben für komplette Antriebsmodule im Schwachstrombereich nur teuere BEC-Stecker. Für vielpolige Übergänge zum Fahrerhaus empfehlen sich fertig konfektionierte Balancersystem-Stecker Typ XH, oder EH.

Fernsteuerung

Da ich auf diesem Gebiet immer nur sehr geringen Aufwand betrieben habe, kann ich Ihnen sogar aufzeigen, dass Sie auch mit vier Kanälen ein komplexes Funktionsmodell anlenken könnten. Eine hochwertige Fernsteuerung bedeutet für Modellbaueinsteiger meistens eine deftige Investition. So ist aber gerade der Funktionsmodellbau von Höhen und Tiefen geprägt, die Ihnen das neue Hobby ganz schnell verleiden können. Des Weiteren landet eine 1.000 € teure Fernsteuerung irgendwann genauso ungewollt im Pulverschnee, wie eine günstige 70-€-Anlage!

Leider stellt sich gerade bei den Gebrauchtgeräten die entscheidende Frage nach dem Frequenzband? So kriegen Sie 40-MHz-Anlagen aktuell fast hinterhergeworfen und die dazugehörigen Empfänger sowieso. Für 200 € bekommt man im Prinzip eine spitzenmäßige Ausstattung, für die man sich 2010 noch die Finger abgeschleckt hätte. Das Funksignal arbeitet ausreichend stabil und ein langsames Bodenmodell verzeiht Ihnen dabei problemlos kleine Funkaussetzer. Das dürfte für eine Pistenraupe, die Sie ohnehin nur im Nah- und Sichtbereich steuern, locker ausreichen. Strenge Minustemperaturen belasten dabei deren Elektronik genauso wenig wie der Anschaffungspreis Ihr Bastelbudget. So bleibt mehr Geld für Kreativität und Mechanik übrig!

Wenn Sie allerdings einen kompletten Neuanfang planen, sollten Sie auf jeden Fall in die 2,4-GHz-Technik investieren. Durch das immer größer werdende Angebot, gibt es schon passable 7-Kanal-Geräte im 300-€-Bereich, die selbst für ein hochwertiges Raupenmodell vollkommend ausreichend sind. Die Kanalzahl ist natürlich nach oben völlig offen und wer ein Fan von jeglichem elektronischem Schnickschnack ist, wird selbst 16 Kanäle irgendwann verbraten. Ich frag mich dabei nur immer, „braucht´s des?“ Aktuell bin ich beim PB 240DW-Modell bei neun Kanälen angelangt, die seit 2012

Das Thema Fernsteuerung erlebte mit der 2,4-GHz-Revolution einen entscheidenden Umbruch

eine gebrauchte MC-22 mit einem Jeti-Duplex-Umbau ansteuern. Diese Anlage wird für mich in Zukunft das Ende der Fahnenstange sein. Mehr Elektronik brauche und will ich nicht in ein Modell einbauen. Denn selbst bei noch so penibel angelegten Kabeltrassen, entsteht an diversen Stellen ein grauenhafter Wust an Litzen und Leitungen!

Belegung der Funktionen, Anordnung der Bedienelemente

Wie steuere ich am besten ein Kettenfahrzeug an? Da stellt sich zuerst die Frage, ob Ihre Fernsteuerung einen eingebauten Mischer hat? Wenn „nein", dann resultiert daraus die Methode Kanal 1 und 3, mit jeweils einem separatem Regler für die Motoransteuerung zu verbinden. Das daraus gewonnene Steuerverhalten ist einigermaßen feinfühlig, lässt unterschiedliche Kurvenradien zu und ein Wenden auf der Stelle ist möglich. Mit ein wenig Übung lassen sich sogar mit der untersten (Regler)-Preisklasse schnurgerade Spuren in unberührte Schneeflächen ziehen.

Wenn „ja", dann müssen Sie ihren Modellempfänger auch so belegen, als ob es dem entsprechenden Flugmodellmodus entspricht. Ja, richtig gelesen. Fast alle Fernsteuerungen und deren Elektronik sind primär für die Fliegerei gedacht, können aber problemlos „zweckentfremdet" werden. Es ist von Fernsteuerung zu Fernsteuerung zwar unterschiedlich, aber meistens muss der einprogrammierte Kanalausgang für eine einwandfreie Funktion streng eingehalten werden. Bei Graupner MC-Anlagen stellt man für die Knüppelbelegung zum Beispiel Mod-2 ein und als Modelltyp eignet sich das Delta/Nurflügler-Programm. Daraus resultierend, müssen die orangenen Steuerlitzen der beiden Fahrtregler in die Ausgänge 2 und 4 am Empfänger gesteckt werden. Jetzt haben Sie die Fahrbewegung komplett auf dem linken Knüppel und können alle restlichen Bedienelemente vergeben.

Für alle Modelle mit Servonaut-Reglern habe ich folgende Steueranordnung im Mod-2 der Fernsteuerung. Modelltyp = Leitwerk „normal":

- Linker Knüppel = Kanal 1 und 4, = Fahrbewegung vor/zurück, links/rechts
- Rechter Knüppel, Auf/Ab-Bewegung = Kanal 3, = die Stromzufuhr für den Stufenschalter
- Rechter Knüppel, Links/Rechts-Bewegung = Kanal 2, = Tilt-Bewegung des Schilds
- Schieberegler, Mitte-rechts, = Kanal 5, = Drehzahlregelung der Schneeschleudern, oder Einkuppelvorgang beim Windenbetrieb
- Ein/Aus/Ein-Taster, links oben, = Kanal 6, = Modellwahlschalter und vier schaltbare Lichtfunktionen
- Kodierschalter, rechts oben, = Kanal 7, = Ansteuerung des 6-fach-Stufenschalters im Modell
- Knüppelschalter, rechte Seite, = Kanal 8, = Ansteuerung zum Ausheben der Fräse
- Schieberegler, Mitte-links, = Kanal 9, = manuelle Ansteuerung der Heckträgerlenkfunktion
- Schaltfunktionen
- Ein/Aus/Ein-Schalter, Mitte oben-rechts, = Umschalten auf manuelle Heckträgerlenkfunktion
- Ein/Aus-Schalter, Mitte oben-mitte, = Schalten der Expofunktion für die Tilt-Bewegung

Ansteuerung der Hauptantriebe

Zwei getrennte Regler für Standard-Bürsten-Motoren

Wenn Sie sich in Kapitel 5 für einen Antrieb mit zwei Elektromotoren egal welcher Bauart entschieden haben, brauchen Sie dafür auch zwei Fahrtenregler. Da das Zeitalter der mechanischen Drehzahlsteller zu 100 % vorbei ist, können Sie sich voll und ganz auf das elektronische Angebot konzentrieren. Für diese Bauteile gilt im Wesentlichen das Gleiche, wie für die Fernsteuerung. Die von mir eingesetzten 540er-E-Motoren vertragen sehr günstige Regler. Die Differenzen von Turns und Taktfrequenz spielen bei einem langsamen Kettenfahrzeug so gut wie keine Rolle. Sie müssen dabei lediglich auf die Betriebsspannung achten und sich dann aus dem gigantischen Angebot einen heraussuchen. Die geforderten 20 A Dauerbelastung schafft davon fast jedes Modell.

Für mittelschwere 1:12-Modelle bis 5 kg empfehle ich hierfür grundsätzlich den Thor-15HC von CTI-Modellbau. Ich habe aktuell 14 dieser Regler im Einsatz! Sie kombinieren super kleine Abmessungen, mit Robustheit und bieten ein ausreichend feinfühliges Steuerverhalten. Leider ohne Bremsfunktion, aber für ein erstes Pistenraupenmodell im Grunde die beste und einfachste Methode, schnell an ungetrübten Fahrspaß zu kommen!

Zwei getrennte Regler für Brushless-Motoren

Hierfür verwende ich aktuell zwei relativ preisgünstige robbe-Regler der 900er-Roxxy-Serie, die fernsteuerungsseitig auf einen Kreuzknüppel gemischt werden. Das funktioniert so weit bestens und wenn man die Kurzbeschreibung der Regler überfliegt, könnte man meinen eine echte „eierlegende Wollmilchsau" gekauft zu haben. Von vier unterschiedlichen Modellmodi, über diversen „Schnickschnack und Firlefanz", bis hin zu der Entscheidung ob Bremse ja, oder nein. Aber hier haben die Eletronikingeneure leider einen Lapsus eingebaut, denn die elektronische Bremse lässt sich dummerweise nur im Airmodus verwenden! Im Car- und Nautikmodus ist es zwar möglich die Motoren rückwärts laufen zu lassen, aber dann fehlt leider die definierte Bremse. Wohlgemerkt, wir sprechen hier von der sogenannten „Handbremsfunktion"! Das Ganze ist aber bei einer realtiv hohen Getriebeuntersetzung mit seiner automatischen Selbsthemmung immer noch gut verschmerzbar. Wer es nicht anders kennt, wird es wahrscheinlich nicht einmal bemerken.

Das pure Gegenteil zur definierten Verzögerung ist das seidenweiche Anlaufverhalten, dass man bislang nur von hochwertigen Bürstenmotorenreglern gewöhnt war. Beim sanften Beschleunigen aus dem Stand ist dabei nur ein ganz kurzer Pfeifton wahrnehmbar. Der für Brushless-Motoren gefürchtete „Anlauf-Cutoff" ist in Extremsituationen im Steilhang zwar vorhanden, geschieht aber noch bei so niedrigen Drehzahlen, dass er durch ein flinkes Knüppelreset nicht weiter zum Tragen kommt. Der restliche Teillastbereich verrichtet seine Arbeit dagegen absolut kraftvoll und vollkommen geräuschlos. Unter dem Strich ist die mangelnde Handbremse zwar ein Manko, aber in der Gesamt-Performance trotzdem nur als Schönheitsfehler zu werten. Zusätzlich bleibt noch die Hoffnung, dass sich die Brushless-Materie rasant weiter entwickeln wird und in absehbarer Zeit die dazugehörgen Regler hoffentlich das Gleiche tun.

Ein Regler

Bei einem gut gelungenen Modell kommt irgendwann der Wunsch nach Tuning und Verbesserung auf. So bietet sich für die Kettensteuerung ein edler Fahrtregler an, der die Fahr- und Lenkfunktion schon vorgegeben auf einem Knüppel vereint. Das Fahrverhalten wird dadurch spürbar verbessert und es bieten sich sogar noch zusätzliche Möglichkeiten von Sound- und Lichtsteuerung an.

Der von der Firma Servonaut angebotene M 220 Doppel-Fahrtregler eignet sich hervorragend für schwere Modellpistenpfleger und macht das Lenken Ihres Modells zum ultimativen Genuss. Der Geradeauslauf lässt sich prima einstellen und zum anderen wird bei Kurvenfahrt, die jeweils im Außenradius befindliche Kette spürbar beschleunigt. Ein weiterer großer Pluspunkt ist die verzögerte Beschleunigung beider Triebwerke, was sich vor allem beim Losfahren aus dem Stillstand sehr gut auf das Fahrtbild überträgt. Eine Lenkbewegung im Stand löst das Drehen zur gewünschten Seite „auf dem Teller" aus. Der deutlichste Unterschied zu „Einsteigerreglern" ist aber die eingebaute Bremse! Gerade auf sehr festem Untergrund macht sich das deutlich bemerkbar. Beide Ketten halten sogar bergab immer genau die vorgegebene Drehzahl, was einen beachtlichen Vorteil an Spurtreue beschert.

Der kompakte Baustein arbeitet mit einer Taktfrequenz von 16 kHz, die jegliches Motorpfeifen im Teillastbetrieb unterbindet. Die Motoren laufen dadurch seidenweich und erzeugen einen homogen schnurrenden Klang, der sich von Einstiegsreglern deutlich unterscheidet. Für den Regler werden zwei Proportionalkanäle benötigt und er ist im Hochstrombereich mit ausreichend langen, aber steckerlosen Silikonkabeln konfektioniert. Somit ist das auch nicht gerade billige High-End-Teil absolut kein Kinderspielzeug und verlangt als Minimalanforderung die Beherrschung der Lötkunst.

Ansteuerung der Nebenantriebe

Dieses Kapitel müsste genau genommen noch vor den Geräteträgern platziert sein, denn es entscheidet maßgeblich über die verwendete Antriebsart für die Funktionsausleger. Mit einer Vier-Kanalanlage haben Sie mit der Hauptantriebssteuerung bereits zwei Kanäle verbraten, die Sie fast unmöglich für zusätzliche Zwecke einsetzen können. Daraus resultierend bleiben nur noch zwei Proportionalkanäle für all die weiteren Fahrzeugfunktionen übrig!

Da Elektronik grundsätzlich nicht meine Lieblingsbeschäftigung ist, ziehe ich für diese Aufgabe eine mechanische Lösung vor. Ein wahrer Heinzelmann ist dafür der Stufenschalter in Kombination mit einem billigen Standardservo. Eine Bauart, die sich voll bewährt und zudem sehr kostengünstig ist.

Funktionsübersicht 6-fach Schalter

Ich verwende für diese Aufgabe immer einen 2×6-Schalter. Das heißt zwei Pole gliedern sich

Der Stufenschalter ist für kleine Nebenantriebe immer noch die einfachste Ansteuerung

Dabei wird die Servobewegung am besten per Zahnradübersetzung zum Schalter übertragen

auf sechs Möglichkeiten auf, wobei die Polarität in jeder Stellung gleich bleibt. Die Stromzufuhr und den Polaritätswechsel muss ein separater Fahrtregler übernehmen, egal welcher Bauart (z. B. Thor-15HC). Da bei allen Nebenantrieben nirgendwo große Schaltströme fließen, tut es als Schalter ein günstiges Modell in offener Bauweise (z.B: Conrad, Nummer 709271 Kontaktzahl 2×6, 0,5 A).

Jetzt kommt das Servo ins Spiel. Jedes einigermaßen vernünftige Mini-Modell mit mindestens 15 Ncm Stellkraft kommt dafür in Frage. Ganz wichtig ist dabei aber, dass man die Rastkugel des Schalters entfernt. Diese würde dem Servo nur unnötigen Widerstand bescheren und ist somit überflüssig.

Zuerst nur fünf Positionen!

Wer keine Computerfernsteuerung zur Verfügung hat und den Schalter in der Basisausführung lassen möchte, muss sich mit nur fünf Positionen zufrieden geben. Warum? Die Erklärung ist ganz einfach, weil links und rechts der Neutralstellung nur zwei Schaltstufen übrig bleiben. Die sechste Stufe bleibt unbenutzt. Wenn Sie jetzt mit dem Fahrtregler dem Stufenschalter Strom geben, haben Sie in der Servo-Neutralstellung sofort Power an Ihrem Verbraucher mit der höchsten Priorität. Mit dem Steuerknüppel haben Sie dann die Auswahlmöglichkeit, den Saft auf die weiteren vier verschiedenen Abnehmer zu verteilen.

Wer allerdings seinen Sender programmieren kann, und das sind aktuell 90 % aller Angebote, der kann auch die sechste Schalterposition nutzen. Dazu muss in die Servo-Neutralstellung und in dessen Laufwege eingegriffen werden. Diese Anpassung betrifft nicht die Verbindung von Servo und Schalter und hier wären wir dann auch schon beim letzten Teil der Methode angelangt. Es gibt dafür zwei Möglichkeiten:

Die Verbindung per Gabelstücken

Sie brauchen dafür vier Gabelstücke und einen selbst gebastelten Stellhebel. Die 6-mm-Abtriebswelle des Schalters eignet sich perfekt für einen Stellring, auf den Sie ein Stück Cu oder Ms auflöten können.

Die Verbindung per Zahnräder

Präziser und edler ist die Kraftübertragung per Zahnräder. Der entscheidende Vorteil liegt hier in der leichten Umsetzbarkeit einer 1,5:1-Übersetzung. Denn meistens reicht der Standardstellweg des Servos nicht für das komplette Auslenken des Stufenschalters aus. Wer nur knappen Raum zur Verfügung hat, kann nach dem elektronischem Anpassen sogar noch alle überflüssigen Zahnradsegmente abnehmen und erreicht mit einem Miniservo ein durchaus kompaktes Einbaumaß.

Der Kodierschalter in der Fernsteuerung

Lange Jahre hatte ich zur Ansteuerung des Stufenschalter-Servos die Links/Rechts-Rechtsbewegung eines Knüppels benutzt. Das ist auch völlig in Ordnung, aber es geht noch viel präziser! Dazu ließ ich mir für die Fernsteuerung das Double zum Stufenschalter im Modell anfertigen. Das ist ein sehr kompakter und hochwertiger Mikroschalter aus dem Hause Marquard. Das Bauteil wird auf einer kleinen Platine montiert und die Anschlussdrähte werden anschließend per SMD-Widerstände verdrahtet. Die Widerstände errechnen sich für alle Schaltstellungen aus dem Gesamtwiderstand des Standardpotis, das ansonsten in der Fernsteuerung verwendet wird. Bei Graupner sind das zum Beispiel 5 kΩ. Dieser Wert wird nun durch sechs geteilt und auf die einzelnen Widerstände, beziehungsweise Anschlussbeine des Schalters aufgeteilt. Somit wird der Schalter zum Kodierer, der dem angeschlossenem Servo immer eine fest definierte Auslenkung vorgibt.

Der Modellwahlschalter

Bevor Sie über den Schaltbaustein nachdenken, müssen Sie abklären, ob Ihre 2,4-GHz-Empfänger überhaupt einen Parallelbetrieb zulassen! Das ist nämlich nicht selbstverständlich und funktioniert nicht mit jeder Typenreihe.

Vielleicht gehören sie auch zu der glücklichen Spezies der Funktionsmodellbauer, die

▲ Mit dem Modellwahlschalter können mehrere Modelle gleichzeitig betrieben werden

Das Double für die Fernsteuerung ist nicht einmal so groß wie eine 10-Cent-Münze ▼

gleich zwei oder mehr einsatzbereite Fahrzeuge besitzen, die sie gleichzeitig auf einem Parcours bewegen könnten? Oft gesehen sind zum Beispiel Tieflader, die mit einer Baumaschine beladen sind. Oder überhaupt ein feiner Bagger, der gerade einen LKW-Kipper belädt. Wo man oft in notorische Unterkanalisierung gerät, sind komplexe Fahrzeuge mit Kranaufbauten. Auch hierfür ist dieses Produkt ein wahrer Segen. Da gäbe es noch mehr Beispiele, bei denen entweder eine zweite Fernsteuerung vonnöten ist, oder man begnügt sich eben mit einer Kommandorolle.

Für diesen Zweck brachte CTI-Modellbau im Jahr 2009 einen neuen Schaltbaustein auf den Markt: Den Modellwahlschalter. Vor einem Kauf eines Elektronikbausteins stellt sich für viele immer die Frage; „wo bringe ich das Teil unter?" In dieser Hinsicht ist der Modellwahlschalter sehr einbaufreundlich. Mit 33×15×5 mm passt die eingeschrumpfte Platine unter jeden Sitz, oder einfach ganz lässig unter die Fußmatte. Was weitaus mehr Schwierigkeiten erzeugt, ist der doch recht üppige Kabelsalat, der dadurch beim Einbau zwangsläufig entsteht. Der Schalter bietet nämlich satte neun Anschlüsse! Er wird zwischen Empfänger und den verwendeten Servos/Reglern „durchgeschleift". Das heißt, alle dreiadrigen Servolitzen vom Modellwahlschalter werden wie gewohnt in den Empfänger gesteckt und alle Verbraucher, also Servos und Motorregler, werden jetzt am Wahlschalter fixiert. Da die Steckverbindungen als 26 unbezeichnete Pins aus der Platine kommen, gehört hier ein klein wenig Beobachtungsgabe dazu, die Pins auch richtig zu belegen. Man braucht hierzu aber einfach nur die eingehenden Litzen verfolgen, dann ist das leicht hinzukriegen.

Jetzt höre ich einen Zwischenruf, der meint es müssen doch 3 × 9 = 27 Pins sein! Das ist wohl richtig gerechnet, aber das neunte Kabel, dass vom Modellwahlschalter zum Empfänger geht, hat am Schalter selbst nur zwei Pins! Das sind nämlich die Anschlüsse für eine kleine LED. Die ist zwar schon im Schalter selbst eingebaut, aber mit der entsprechenden Verlängerungsleitung kann sie gut an einer sinnvollen Stelle ohne Vorwiderstand im Modell platziert werden. Nun fehlt nur noch die Klärung der Bedienung von der Fernsteuerung aus. Dazu braucht es zum Glück keine große Beschreibung, ja man könnte sagen, dieses Produkt ist wirklich narrensicher! Das Einzige was Sie brauchen ist ein halber, freier Schaltkanal. Am besten in Form eines Tasters. Die Inbetriebnahme ist völlig problemlos:

- Modell wie gewohnt einschalten. Es steht jetzt „unter Strom", aber es passiert noch nichts.
- Erst durch das Tippen am zugeordneten Taster der Fernsteuerung wird das Modell aktiviert. Einmal tippen steht dabei für Fahrzeug-1, zweimal tippen für Fahrzeug-2, ...usw.
- Will man das andere Fahrzeug bewegen, muss dieses natürlich ebenfalls „unter Strom" stehen. Dann tippt man die entsprechende Anzahl am Taster und wie von Geisterhand übernimmt die Elektronik die Funktionsregie.

Das wirklich Bemerkenswerte ist dabei, dass keinerlei Einschaltruck, oder ein Servozittern festzustellen ist. Der Schaltvorgang geschieht so stabil und unscheinbar, dass man mit etwas Übung sogar nicht mal vom Gas zu gehen braucht. In diesem Moment bewegen sich dann beide Fahrzeuge für einen kurze Strecke gleichzeitig, was unheimlich stark aussieht. Zusätzlich hervorzuheben ist noch die Tatsache, dass nicht alle Ausgänge des Empfängers kollektiv lahm gelegt werden müssen. Man kann nämlich ohne Probleme diverse Licht- und Sound-Funktionen „unter Strom" lassen und parallel zu weiteren Fahrzeugen bedienen. Dazu steckt man die dazugehörigen Impulsleitungen nicht in den Modellwahlschalter, sondern wie gewohnt direkt in den Empfänger.

Lichtfunktionen mit dem PS4

Zum Schluss stellt sich noch die Frage, was tut man mit der zweiten, noch freien Kanalhälfte an der Fernsteuerung? Auch hierfür hat Helmut Marschall gleich eine Lösung aus dem Hut gezaubert. Das PS4o-Modul, das sich natürlich genauso an beeindruckende, Münzenkleine Abmessungen hält, wie seine Kollegen aus gleichem Hause.

Ebenfalls auf Tastbetrieb ausgelegt, schaltet das Modul vier Funktionen völlig unabhängig voneinander. Das heißt in der Praxis: Einmal tasten bedeutet einschalten, nach kurzer Pause nochmals einmal tasten, lässt die Funktion erlöschen. Synonym läuft das mit den restlichen Schaltmöglichkeiten natürlich genauso, nur die Tastanzahl verändert man dabei.

Alternativ gibt es auch noch das PS4u-Modul. Das ist der Zwilling zum PS4o-Baustein und macht aus einem einzigen Schaltkanal acht unabhängig ansteuerbare Ein/Aus-Funktionen.

Das einzig Leidige bei soviel Möglichkeiten an einem Empfängerausgang ist selbstverständlich die Tatsache, dass man ein Y-Kabel braucht. Oder man spleißt ganz professionell die Litzen auf und lötet seine Weiche selbst in das Kabel ein.

Beleuchtung

Um Ihr Modell dem großen Vorbild möglichst nahezubringen, sollten Sie der Beleuchtung großes Augenmerk schenken. Eine neumondliche Nachtfahrt macht nämlich erst so richtig Ver-

▲ Nachtfahrten sind mit dem Modell immer besonders beeindruckend wenn dabei auch so richtig gearbeitet wird ◀

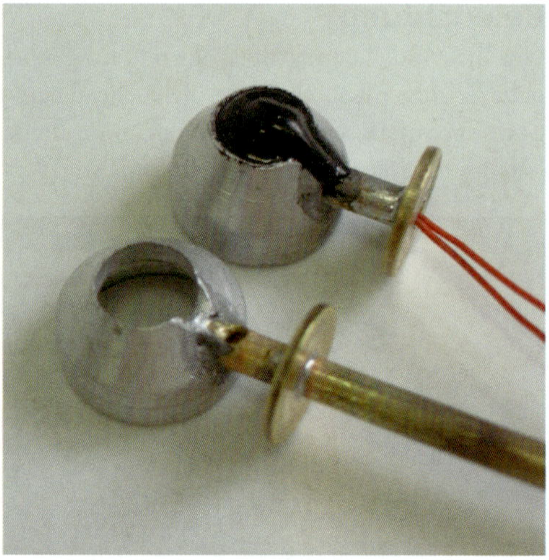

Scheinwerferherstellung mit Aluminium- und Messingdrehteilen...

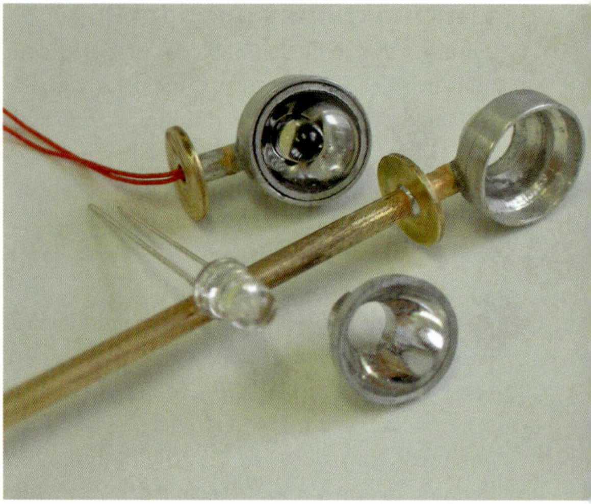

...die mit dem beliebten Osram-Reflektor bestückt werden

gnügen, wenn Sie dabei auch gut sehen können. Da geht es den Originalen nicht anders.

Gleich vorneweg: Viele Lichter = viel Arbeit! Ich habe beim 240er-Pistenbully im Fahrerhaus 19 LEDs, acht Miniglühlämpchen, einen Wechselblinker und einen Rundumlichtbaustein verbaut. Alle Lichtfunktionen sind getrennt, manuell schaltbar, wobei die komplette Verdrahtung für eine Ansteuerung per Fernsteuerung vorbereitet ist. Weiterhin sollten Sie natürlich nie den nötigen Vorwiderstand vergessen. Auch dann nicht, wenn es unmittelbar an der Lichtquelle eigentlich keinen Platz gibt.

Für meine Scheinwerfer verwende ich liebend gerne den günstigen Conrad-Reflektor von Osram, der in einem kleinen Polystyrol- oder Aludrehteil, mitsamt Halterung und Anschlussdrähten verklebt ist. Dabei schleife ich den Reflektor in der Tiefe soweit ab, dass die LED vorne bündig wird, oder sogar minimal übersteht. Die abgewinkelten Anschlussdrähte bilden dabei das ultimative Tiefenmaß. Ein eingedickter Tropfen schwarzer Epoxydklebstoff bewahrt dabei die offenliegende Rückseite vor einem Kurzschluss und unerwünschter Lichtabstrahlung.

Der passende Vorwiderstand

Wir erinnern uns an das Ohmsche Gesetz. *R = U/I*. Für Leuchtdioden betrachtet ergänzt sich diese Formel um die Durchlassspannung der verwendeten Lichtquelle. Die Formel lautet jetzt:

(Spannung und Strom, siehe Datenblatt der LED)

$$R_{(Vorwiderstand)} = \frac{U_{(Versorgungsspannung)} - U_{(Durchlassspannung)}}{I_{(Stromstärke\ der\ LED)}}$$

$$320\ \Omega = \frac{9{,}6\ V - (z.B.)\ 3{,}2\ V}{0{,}02\ A}$$

Bei einer Reihenschaltung gilt es natürlich die Summe der Durchlassspannungen von der Versorgungsspannung abzuziehen. Hierbei müssen Sie aber unbedingt darauf achten, dass bei nachlassender Akkuspannung immer noch ein Puffer von 1,5 V in Ihrer Rechnung übrig bleibt. Ein leerer Akku bedeutet sonst völlige Dunkelheit, anstatt lediglich nachlassender Lichtleistung!

Für den Modellbetrieb bedeutet das, dass Sie an 9,6 V nur zwei weiße LEDs mit je 3,2 V Durchlassspannung anschließen sollten (R = 160 Ω).

Rundum-Kennleuchte von Pistenking

Die Rundumkennleuchte besticht durch ihre einzigartige Rundumlichtoptik mit neuester LED-Technik und dem einfachen Anschluss mit nur zwei Kabeln! Durch den weiten Spannungsbereich von 4 bis 12 V und dem Verpolschutz ist die Montage einfach und selbst vom Laien in wenigen Minuten verbaut. Die Drehgeschwindigkeit und Blitzfolge kann individuell selbst verändert werden. Durch die unterschiedlichen Größen, Farben und die Montageauswahl zwischen Rohr- oder Schraubgewinde passt die Rundumkennleuchte auf jedes beliebige Modell – egal ob LKW, Traktor oder Auto.

KINGBUS

Das KINGBUS-Zweidraht-System bietet sowohl dem ambitionierten Modellbauer als auch dem Laien die Möglichkeit, eine vorbildgetreue Lichtanlage mit allen Funktionen aufzubauen. Modellspezifisch wird es fertig aufgebaute Platinen geben, die mit allen benötigten LEDs bestückt, nur noch eingebaut und verschraubt werden müssen. Grundgedanke war der, den Kabelverhau in den Modellen zu reduzieren und eine optimale Anpassung der LEDs (keine Vorwiderstände mehr nötig) an die unterschiedlichen Betriebsspannungen zu ermöglichen. Einzig eine Zentralsteuerung ist notwendig um die Lichtsignale, die über einen Decoder oder ein vorhandenes Lichtmodul eines anderen Herstellers eingespeist werden, auf den KINGBUS zu schicken und die jeweiligen Lichtfunktionen auszulösen. Entsprechende Adapter für die gängigsten Lichtmodule werden angeboten. Die Erweiterung um weitere KINGBUS-Lichtmodule ist simpel; einfach einstecken! Für Anhänger gibt es eine Infrarotschnittstelle, die keine weiteren Komponenten benötigt, außer einem Akku und den Rückleuchten. Es ist so einfach wie zu Hause die Stromverteilung mit einer Mehrfachsteckdose.

Unterstützte Modelle:

- Pistenking PistenBully 600
- Tamiya MAN TGX
- weitere Modelle folgen

Die Rundumkennleuchte von Pistenking

Endlagenschaltung

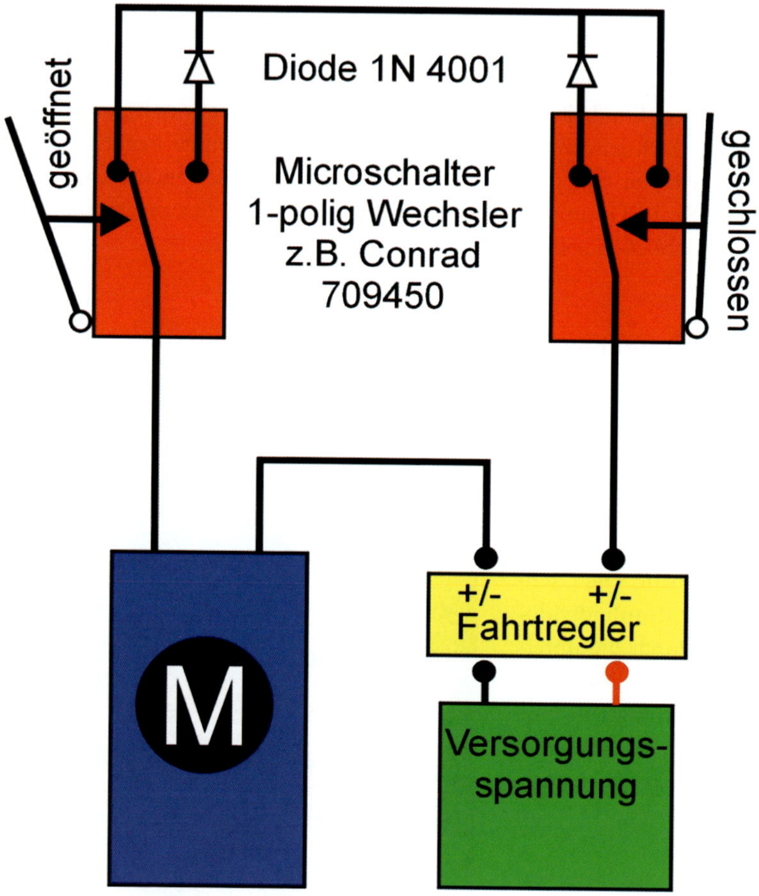

Schaltplan einer Endlagenschaltung

siehe dazu auch Bild Seite 189

Vereinfachter Schaltplan des PB 240D, Seite 272/273

Nach dem Hauptschalter ist der zentrale Elektronikbaustein der Doppelfahrtregler M 220 von Tematik. Er versorgt auch den per CTI-Modellwahlschalter angesteuerten 10-Kanal-Empfänger, mit einem leistungsfähigen BEC-System mit Strom. Schaltbar und gemischt zum Lenkkanal, liegt das Heckträger-Lenkservo, ein Bluebird BMS-660 MG-HS. Die Funktionen der Fahrerpuppe sind dagegen immer parallel zum Lenkkanal ausgeführt. Die Schwachstromausgänge des M 220 versorgen die Bremslichter und das Rückwärtsfahren löst drei Funktionen aus: Zum einen wird ein Piepser mit 2.800 Hz bedient, parallel dazu werden die Blinklichter am Heck angesteuert und außerdem zwei Heckarbeitsscheinwerfer am Kabinendach.

Der alte Fahrtregler Conrad-Pro-60C, bedient den 6-fach-Stufenschalter, der aus Platzgründen von einem Spezialservo BMS-706 angesteuert wird. Daneben gibt es zwei Thor-15Hc-Regler, die separat für die Tilt-Bewegung und den Heckgeräteträger zuständig sind. Alle Lichtleitungen vom Fahrerhaus und der Ladefläche sind im Übergang zum Fahrzeugchassis über, im Schaltplan nicht aufgeführte Steckverbindungen geführt. Ebenso sind alle Getriebemotoren am Schild und der Fräse mit getarnten Hydrauliksteckern leicht von den Trägern zu trennen.

Geräuscherzeuger?

Ich werde oft gefragt, was ich von Sound-Modulen halte? Die Antwort: Gar nichts! Was im Truckbereich inzwischen Standard und grundsätzlich eine feine Sache ist, konnte mich für eine Pistenraupe bislang nicht überzeugen. Die aktuell auf dem Markt befindlichen Angebote sind sicher tolle Geräte, aber in meinen Ohren sind sämtliche Raupengeräusche nur als „Krücke" zu bewerten. Von einem realistischen Klangbild kann hier noch lange nicht die Rede sein und deswegen verzichte ich lieber auf diese überflüssige Anschaffung.

Warum das mit dem Klangbild nicht hinhaut, ist schwer zu beurteilen. Vielleicht liegt es an der komplexen Kombination von mehreren überlappenden Betriebsgeräuschen, die noch niemand so richtig aus der rauen Praxis selektiert hat. Auch die Nähe zum Fahrzeug spielt sicher eine entscheidende Rolle. So dominiert aus zehn Meter Entfernung eindeutig das Pumpengeräusch, während man aus hundert Metern nur noch zu 90 % den kernigen Dieselsound wahrnimmt. Dazu kommt der Geräteeinsatz, die Temperatur, die Schneebeschaffenheit, ein eventueller Windenbetrieb... Und da man auf Messen eh kaum sein eigenes Wort versteht und ich in der freien Natur lieber auf den schnurrenden Klang der Stahlzahnräder lausche, werde ich meine Meinung zu der Sache bestimmt nicht so schnell ändern.

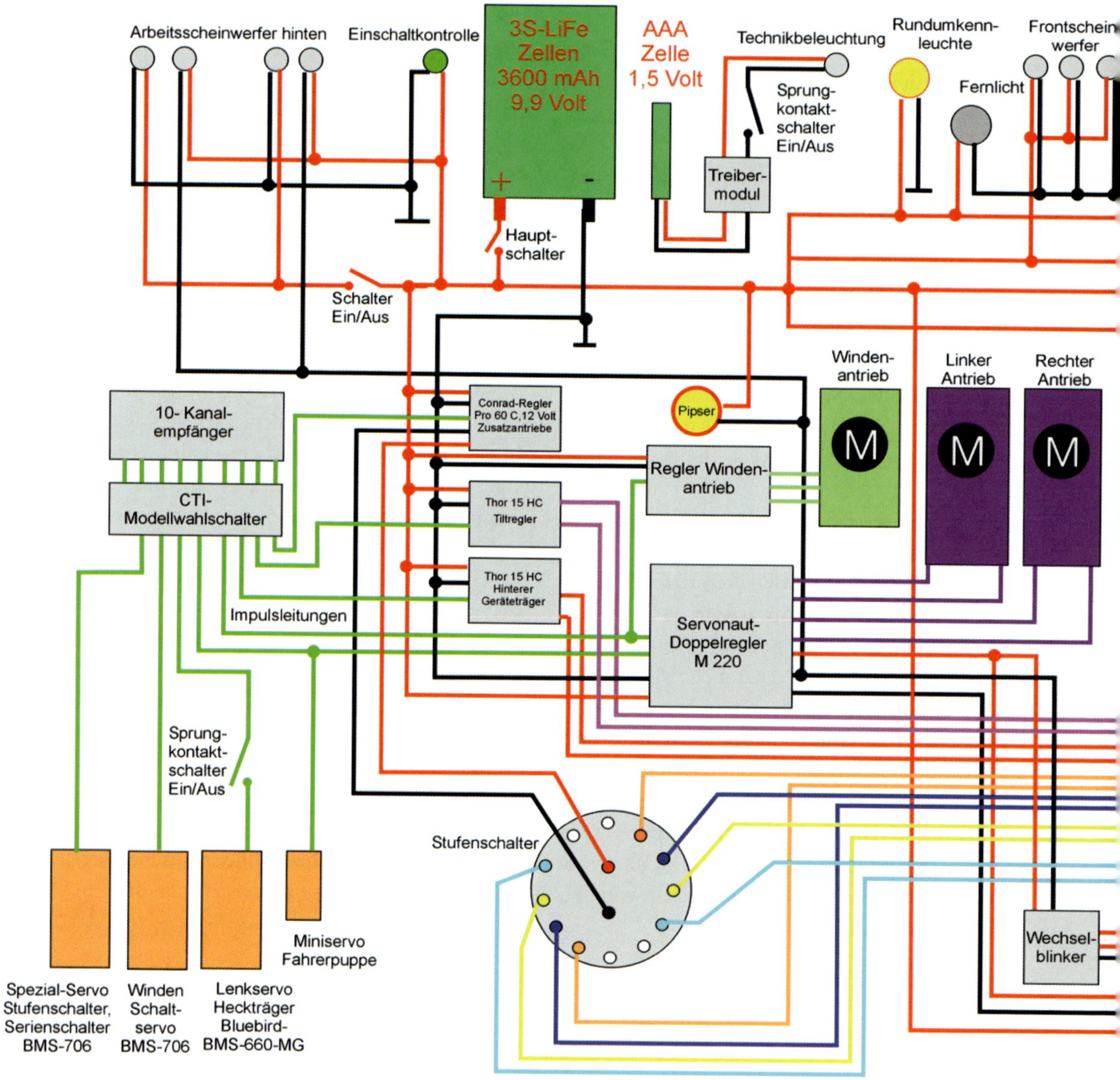

Einfacher Schaltplan des PB 240DW, Stand Sommer 2012

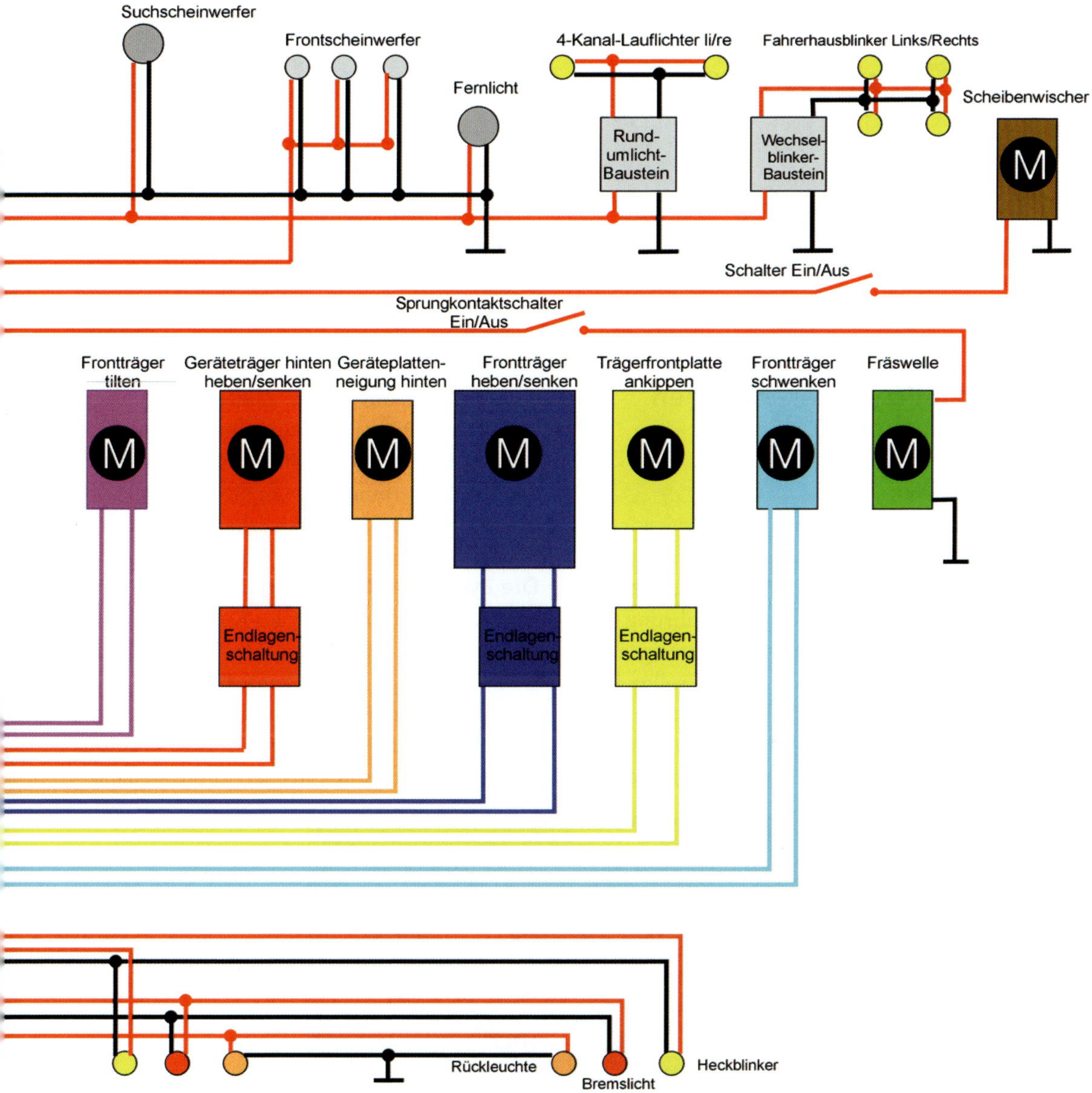
Suchscheinwerfer
Frontscheinwerfer
Fernlicht
4-Kanal-Lauflichter li/re
Rund-
umlicht-
Baustein
Fahrerhausblinker Links/Rechts
Wechsel-
blinker-
Baustein
Scheibenwischer
M
Schalter Ein/Aus
Sprungkontaktschalter
Ein/Aus
Frontträger
tilten
Geräteträger hinten
heben/senken
Geräteplatten-
neigung hinten
Frontträger
heben/senken
Trägerfrontplatte
ankippen
Frontträger
schwenken
Fräswelle
M
M
M
M
M
M
M
Endlagen-
schaltung
Endlagen-
schaltung
Endlagen-
schaltung
Rückleuchte
Bremslicht
Heckblinker

13. Ausstattungsdetails im Eigenbau

Hydraulikzylinderattrappen und Zubehör

Die Zylinder...

...lassen sich am leichtesten aus Messingrohr herstellen. Zur Kolbenstangenführung verwende ich gerne eine eingelötete Sinterbuchse, die der Silberstahlstange eine präzise Führung gibt. Wenn Sie eine Zylinderattrappe benötigen, die zusätzlich per Hand justierbar sein sollte, können Sie für diese Position einen Stellring verwenden. Damit haben Sie ein haltbares Innengewinde, dass mit einer kleinen Madenschraube bestückt, kaum auffällt. Zudem empfiehlt es sich, für die Drähte der Schlauchaufnahmen, in das Messingrohr kleine Löcher zu bohren. Eine stumpfe Lötverbindung reißt hier gerne ab und das ist nach dem Lackieren sehr ärgerlich.

Die Zylinderaufhängung...

...fertige ich ausnahmslos aus Kupfer an. Meistens verwende ich dafür 2-mm-Material. Das ist stabil genug und ich kann mir auf Grund der dicken Materialstärke zusätzliche Lager sparen. Der entscheidende Typ für diese Position ist die Kombination von Hart- und Weichlö-

Hydraulikattrappen bieten Potential für feineDetails

ten. Gerade bei der Aufnahme für das Gabelgelenk besteht die große Schwierigkeit, dass beim Zusammenlöten oft alles wieder auseinanderfällt. Wenn Sie aber zuerst den Zapfen mit der Aufnahmebohrung hart auf dem Zylinderverschlussboden verlöten, kann Ihnen so ein Malheur nicht mehr passieren. Jetzt können Sie das „T-Stück" erst einmal gemütlich bearbeiten und danach weich auf das Messingrohr löten.

Das Kolbenstangenauge...

...ist relativ leicht mit einem Stellring zu gestalten. Dazu muss dieser anstelle der Madenschraube auf Kolbenstangendicke aufgebohrt werden. Jetzt lässt sich die Verbindung wunderbar weichlöten. Mit diesem kostengünstigem Fertigkleinteil haben Sie eine optisch ansprechende und zugleich sehr funktionelle Verbindung geschaffen.

Die Gabelstücke...

...sind bei mir ebenso wie die Zylinderaufhängungen aus zwei 2 mm dickem Kupferblech angefertigt. Dabei liegt die Kunst hier zugegeben darin, die Gabelaufnahme nicht mehr wie mit 3 mm lichter Weite vernünftig zu kanten. Ebenso ist das winkeltreue Bohren von den fertigen Lagerstücken nicht einfach und bedarf entweder einer guten Bohrausrüstung oder eines geübten Händchens.

Die Schläuche

Bei dieser Position unterscheidet sich Ihr Wintermodell wieder einmal ganz erheblich von Baumaschinen und Lastwagen. Während für die letztgenannten, die leicht zu organisierenden Ummantelungen von Elektrokupferleitungen einzusetzen sind, gibt es damit bei Pistenraupen große Probleme. Sie erinnern sich, dass Ihr Fahrzeug auch bei minus 15 °C funktionieren sollte? Für solche Extremtemperaturen sind die Standardleitungen aber nicht gemacht. Sie werden unflexibel, spröde und brechen dann gnadenlos irgendwo ab. Schade um die Arbeit!

Viel besser sind für kälteresistente Schlauchattrappen schwarze Silikonlitzen geeignet. Hier zahlt sich ein wenig Zeit für Preisvergleiche

Besonders für die Schlauchanschlüsse sollte viel Aufmerksamkeit verwendet werden (Bild: Albert Türtscher) ▼

spürbar aus, denn das hochwertige Innenleben können Sie für diesen Zweck sowieso nicht brauchen. Mit dieser Strategie bekommen Sie den Meter Litze locker für zweistellige Cent-Beträge. Die Kabel sind bei Conrad-Elektronik unter dem Namen „SILFLEX SIF Einzelader Silikon" erhältlich. Es stehen Ihnen sieben verschiedene Außendurchmesser zur Verfügung: 2,1 mm, 2,4 mm, 2,5 mm. 2,8 mm, 3,4 mm, 4,2 mm und 5,2 mm. Da sollte Ihr Wunschmaß eigentlich dabei sein!

Das Ausweiden ist bei Kabeln ab 3 mm Durchmesser nicht ganz leicht und sollte 250 mm Schlauchlänge nicht unbedingt überschreiten. Alles was länger sein muss, ist ein gewagtes Gefummel und Gezerre, bis der Mantel dann doch irgendwann abreist. Bei weitem besser für überlange Schläuche ist die Methode, zwei kurze Stücke mit einem Tropfen Sekundenkleber völlig unauffällig, stumpf aneinander zu kleben.

Große Detailtreue bringt letztendlich die Überwurfmutter und die Metallverpressung am Schlauchende. Hierfür eignet sich eine M2- bis M4-Mutter und ein winziger Abschnitt Messingrohr mit minimalen Wandstärken. Natürlich müssen die Durchmesser von Aufsteckdraht, Schlauch und Überschubrohr sorgsam aufeinander abgestimmt sein, sonst bringen Sie unmöglich alles über- und ineinander. Freunde des Minimalismus können die Verpressung auch einfach nur farblich absetzen, oder ein Stückchen Alufolie um das Schlauchende wickeln.

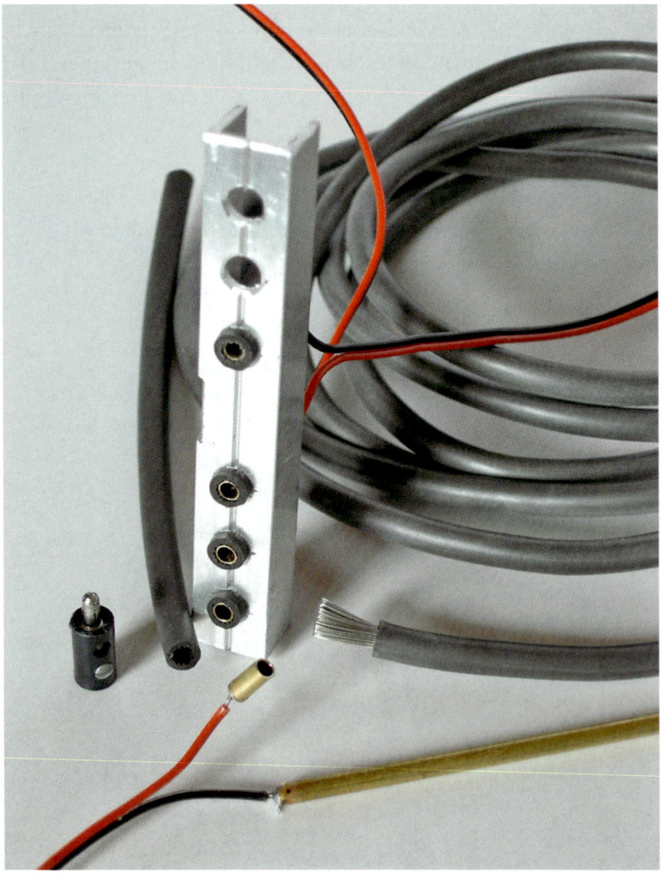

Die Steckverbindungen

Nichts macht eine Hydraulikattrappe perfekter als eine gute Steckverbindung. Sie müssen dabei aber unbedingt für Ihr Projekt zwei grundlegende Klassifizierungen treffen: Elektrisch leitende Verbindungen und pure Schlauchattrappen. Letztere Verbindungen müssen nur eine schöne Ansicht bieten und dazu sind alle Register erlaubt, um die Stecker so detailgetreu wie möglich zu gestalten. Die elektrisch leitenden Brüder brauchen Sie für getarnte Antriebe, deren Stromleitungen ja irgendwo

Die rationelle Methode vereint gleich sechs Anschlüsse in einem Bauteil

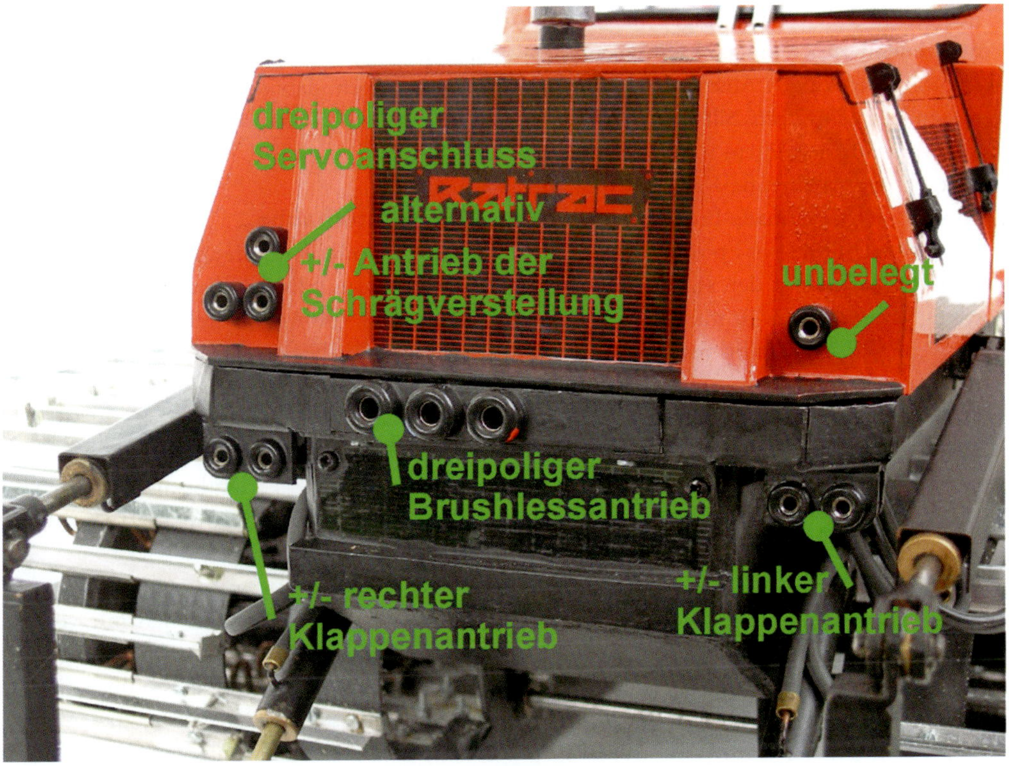

Die RATRAC-Front mit den zahlreichen Ansteckmöglichkeiten

hin müssen. Daraus resultierend müssen die Steckverbindungen der Schlauchattrappen auch stromführend aufgebaut sein und diese Tatsache kann manchmal ganz schön lästig sein.

Im Elektronikhandel gibt es für den universellen Zweck recht brauchbare 2,0; 2,6 und 4,0-mm-Ministecker und –Buchsen. In die Stecker müssen Sie zur Schlauchaufnahme einen passenden Draht einschrauben oder besser einlöten. Die Standard-Einschraubbuchsen sind zwar ebenfalls wunderschön, sie haben allerdings den großen Nachteil, dass die Verschraubung elektrisch leitend ist. Wenn Sie jetzt zwei oder mehr Buchsen in Ihrer Grundwanne verbauen, haben Sie einen wunderbaren Kurzschluss!

Als Abhilfe kann ich für solche Zwecke fünf Möglichkeiten empfehlen:

- Sie verwenden die teuren Kunststoff-Einschraubbuchsen.
- Sie können in die Metallfläche ein Stück Plastik flächenbündig einlassen und darin die Metallbuchsen verschrauben.
- Eine weitere recht gute Methode sind fertige Plastikwinkel aus alten Elektronikgeräten. Der gewonnene Kunststoff ist oft sehr zäh und eignet sich hervorragend für eine Buchsenhalterung. (Vergleichen Sie dazu auch das Bild auf Seite 205)
- Möglichkeit Nummer drei und mein Favorit, sind die preisgünstigen Standardkupplungen ohne Verschraubungsmutter. Als Befestigungsmöglichkeit bleibt dann natürlich nur die Klebeverbindung.
- Für die sechs gleich großen Steckverbindungen im Frontbereich des Kässbohrers habe ich

noch einen anderen Weg eingeschlagen. Hier experimentierte ich mit ganz normalem Messingrohr und kurzen Abschnitten von dazu passendem schwarzen Silikonschlauch. An das Miniröhrchen lötete ich auf der Rückseite das stromführende Kabel an und vergoss die sechs „Selfmade-Buchsen" in einem Stück Alu-U-Profil mit Epoxydharz. Die Stecker lassen sich mit den Rohren zwar sehr streng verbinden, das ist mir aber viel lieber, als wenn sie sich ständig von alleine verabschieden. So ist die gewonnene Steckerleiste in dieser Bauart sehr kompakt, voll funktionell, absolut kurzschlusssicher und preislich bei weitem günstiger als die verschraubten Kollegen. Zudem sind die Buchsen optisch sogar noch maßstäblicher als die käuflichen Produkte, die selbst im Maßstab 1:8, streng betrachtet, zu groß geraten sind.

GFK-Teile

Gleich vorneweg: Ich bin in dieser Materie absolut kein Profi und gebe mich mit relativ unperfekten Ergebnissen zufrieden. Wer nach Höherem strebt, oder sich dem Standard der Flugmodellbauer nähern möchte, sollte hier nach spezieller Literatur suchen. Ich möchte Ihnen aber aufzeigen, dass es gar nicht so schwer ist, ein einfaches Kunststoffteil in Eigenbau herzustellen.

Die Luftfilterhaube...

...war der Auslöser für die autodidaktische Weiterbildung aus Flüssigkunststoff ein Laminat herzustellen. Am Anfang steht immer der Positivrohling. Wie Sie diesen anfertigen, bleibt Ihren Material- und Bearbeitungsvorlieben überlassen. Gips, Ton, Holz oder Metall, alles ist möglich und erlaubt. Hauptsache Sie streichen das Ganze mit einer Lackfarbe mindestens zweimal deckend an, so dass Sie damit eine wirklich glatte Oberfläche erhalten.

Der zweite Schritt ist die Anfertigung einer Negativform. Dabei ließ ich mir von einem Zahntechniker ein Silikonmaterial geben, dass ähnlich wie eine Knetmasse über die Positivvorlage gestülpt wird. Das bei diesem Treiben kleine Luftlunker unvermeidbar sind, ist für mich kein Grund auf teure Vergussmassen zurückzugreifen. Die entstandene Form ist in

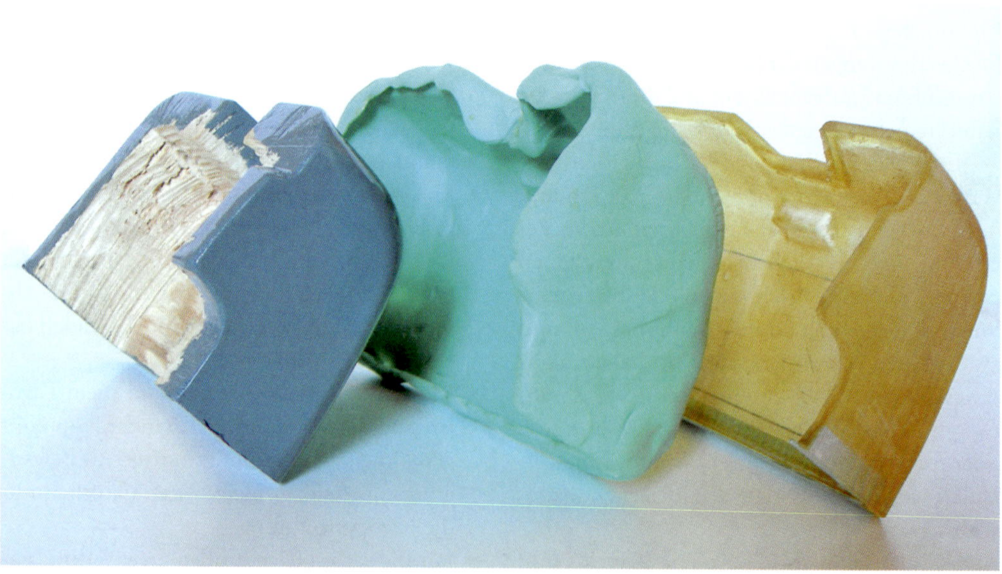

Die Luftfilterhaube des PB 240D war mein erstes GFK-Laminat

einer halben Stunde durchgehärtet und bleibt hinterher so flexibel, dass auch geringe Hinterschneidungen möglich sind.

Jetzt kommt der entscheidende Abschnitt des Laminateinstrichs. Als Bindemittel für das dünne Glasfasergewebe verwende ich sehr gerne Polyesterharz aus dem Karosseriebau. Die Vorzüge dieser Chemiesoße sind die leichte preisgünstige Verfügbarkeit und die schnelle Durchhärtung der entstandenen Teile.

Experten streichen in die Negativform zuerst ein besonderes Dickschichtharz. Das sorgt für eine porenfreie und perfekte Oberfläche, ist aber sehr teuer. Da ich eher der experimentelle Typ bin und in solchen Phasen prinzipiell auf kostenintensiven Firlefanz verzichte, habe ich das Polyester direkt in die Form gestrichen. Wichtig ist hierbei, dass das Glasgewebe nur ganz dünn getränkt wird, denn abgelaufenes Harz sorgt nur für unnötiges Gewicht und bringt keine zusätzliche Stabilität. Besser Sie verwenden drei Lagen Glasflies, als Becherweise Harz!

Je mehr Lunker Ihre Negativform hatte, desto mehr Beulen hat Ihr Fertigteil. Das ist aber kein großes Übel, denn die sind auf dem Bandschleifer ruck-zuck entfernt. Lästiger sind da eher die winzigen Luftlöcher, die es zu verspachteln gilt bevor die Decklackierung aufgetragen wird.

Die Kettenschutzbleche...

...hätte ich bei meinem Kässbohrer um ein Haar vergessen, denn mein Originalvorbild hatte aus mir unbekannten Gründen, diese optischen Leckerbissen abgelegt. Der Zufall wollte es, dass ich auf einen fast baugleichen Typ der alten 260er-Reihe gestoßen bin, der die „gelben Flügel" noch hatte. Im Gegensatz zu den neueren roten Bautypen bieten die dotterfarbenen Kunststoffteile sogar das besondere Schmankerl eines integrierten Dreikammerlichts. Das macht das Holzpositiv zugeben nicht einfach, bietet aber hinterher die Möglichkeit von zusätzlicher Funktionsbeleuchtung.

Mit dieser Motivation in der Hand, erkennen Sie spätestens jetzt das Allerschwierigste von diesen Teilen. Das ist nämlich die unabänderliche Tatsache, dass Sie ein rechtes und ein linkes Exemplar brauchen. Wohl bemerkt, dass auch

Die dottergelben Flügel der 240er-Serien, waren bei den Raupenmonteuren wegen der Bruchgefahr sehr unbeliebt

Die 300er-Serie baute hier bei weitem kürzer und glich die Differenz mit Gummi aus

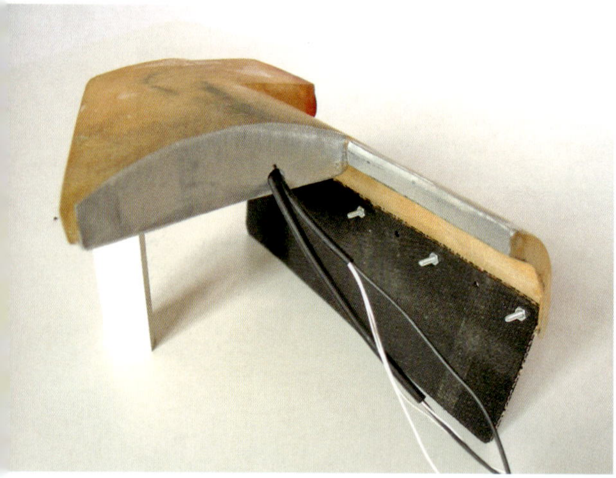

Die Modellumsetzung bekam einlaminierte Aluverstärkungen

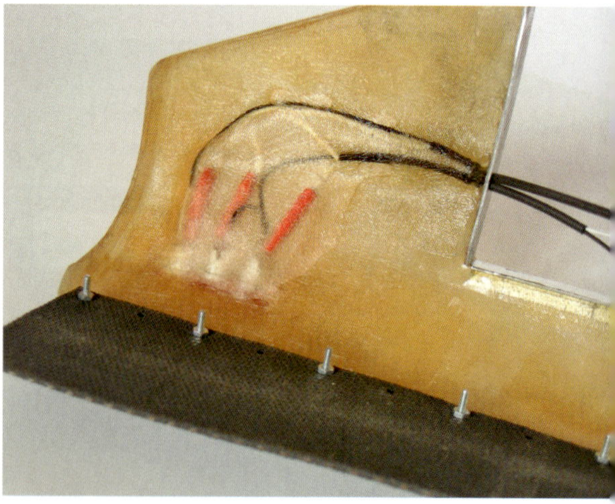

Die Unterseite ist über den Leuchtdioden komplett verschlossen

nach der Montage an der Laderfläche alles im Winkel und in der unteren Flucht bleibt! Um es ganz deutlich zu sagen, bei diesem Bauteil sind die neuzeitlichen Fahrzeuge bei weitem einfacher umzusetzen.

Wenn Ihnen das aber alles zu kompliziert erscheint, können Sie auch auf die mehrfach gekanteten schwarzen Kunststoffabdeckungen zurückgreifen, die bei den alten 200er-Typen gern verwendet werden.

Durch die zusätzliche Beleuchtung in den Abdeckungen entsteht natürlich das leidige Problem der Kabelführung zur Ladefläche. Immerhin sind pro Seite drei unabhängig voneinander ansteuerbare Lichter verbaut. Rücklicht, Bremslicht und ein Warnblinker bieten im Dunklen eine faszinierende Heckansicht. Wer jetzt auf die Idee kommt hier Mikrostecker zu verwenden, kennt noch keinen Praxisbetrieb einer Modellpistenraupe. Denn gerade unter den Kettenschutzblechen staut sich gerne der Schnee und jegliches offenliegende Kabelwirrwarr fördert dieses Ansatzverhalten zusätzlich! Deswegen biss ich in den sauren Apfel und fixierte die Kabel zusammen mit den Schutzblechen für immer und ewig an der Ladefläche.

Da ich in den Dreikammerlichtern nur Leuchtdioden eingesetzt habe, reduziert sich das Risiko eines Lampendefekt gegen Null. So habe ich nach der elektrischen Funktionsprüfung die gesamte Schutzblechunterseite mitsamt LED-Fassungen und Kabeln mit einer dünnen Lage Glasfaservlies überzogen. Die dadurch entstandene Oberfläche ist sehr geschlossen, absolut wasserdicht und bietet dem Schnee keinerlei Ansatzpunkte um sich festzusetzen.

Zum Schluss darf der schwere Gummilappen natürlich nicht fehlen. Ich verwendete dafür ein dünnes Stück von dem gleichen Förderband, dass im Thema Sommergeländeketten ab Seite 60 beschrieben ist.

Der Auspuff stellt immer ein optisches Highlight dar

Der Auspuff...

...stellt bei jedem Fahrzeug ein optisches Highlight dar und sollte deswegen mit großer Sorgfalt angefertigt werden. So markant die verchromten Pipes der neuen Typen sind, desto interessanter ist die Umsetzung von den rostbraunen Abgasableitern der Oldies. Sie können hier bis ins kleinste Detail arbeiten und wer die Korrosionsspuren nicht mit Farbe darstellen möchte, kann auch auf echtes schwarzes Stahlrohr zurückgreifen. Mit ein wenig Lötwasser rostet alles! Obwohl dieses Verfahren unheimlich realistisch aussieht, bin ich immer den

Weg mit unterschiedlich starken Messing- und Kupferrohren gegangen. Mit den Buntmetallen lassen sich die Durchmesserverjüngungen sehr leicht umsetzen. Vor allem möchte ich ungern auf das Weichlöten und Heißbiegen verzichten. Da ich auf die Schnelle kein passendes Lochblech für den Hitzeschutz auftreiben konnte, mir der Auspuff aber unter den Fingern brannte, bohrte ich mir das Blech mit einer 1 mm starken Polystyrolplatte ganz einfach selber. Das auf Distanz montierte Imitat ist mit den Selfmade-Löchern absolut maßstabsgetreu und schaut unverschämt gut aus. Wenn Sie einen Weg des geringeren Widerstands gehen wollen, sollten Sie versuchen das Lochblech bei „Modellbau Knupfer" aufzutreiben. Hier finden Sie bestimmt ein passendes Synonym für ähnliche Vorbilder. Ein wenig Kerzenruß an der Rohrmündung sorgt dann zum Schluss noch für das ultimative Tüpfelchen auf dem „i"!

Die Ladefläche

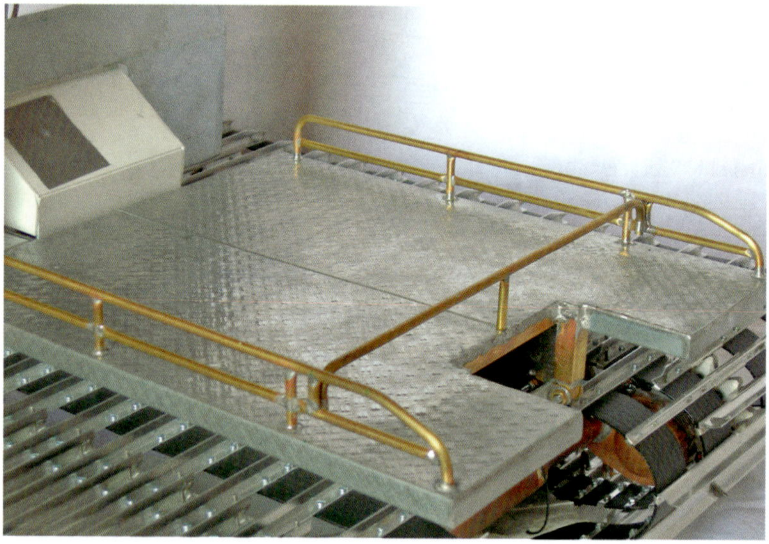

Ladefläche und Haltegestänge des PB 240D

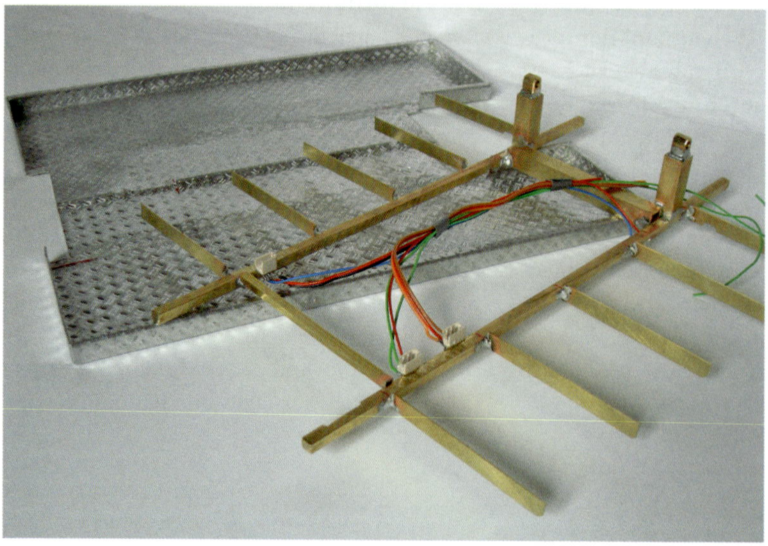

Der konstruktive Tragrahmen ist gar nicht weit von der Originalbauweise entfernt

Kässbohrer verwendet einschließlich der aktuellen Baureihe für die Ladefläche ein Aluminium-Riffelblech. Zur Begrenzung und für das Befestigen der Ladung sind an drei Seiten Gestänge aus unterschiedlich starken Rohren aus Stahl oder Alu aufgeschraubt. Der aktuelle 600er-Pistenbully bekam zur optischen Aufwertung an den Längsseiten einen geschwungenen, roten Kunststoffüberhang. Alle älteren Modelle begnügen sich mit einer bloßen Abkantung des Riffelbleches. Da für den Maßstab 1:8 die relativ kleinen Zuschnitte von Modellbauriffelblech nicht ausreichen, kam ich auf die außergewöhnliche Idee das Blech selbst herzustellen. Als Ausgangsmaterial kam wieder das vom Fahrerhaus bewährte Titanzinkblech zum Einsatz. Mit einem kleinen Flachschraubenzieher als Schlagwerkzeug und einer massiven Fichtenholz-Mehrschichtplatte als Unterlage, entstand in beharrlichen drei Stunden eine Riffelblechkopie in perfektem 1:8-Maßstab. Das Zinkblech hat im Gegensatz zur Aluminiumnachbildung aus der Presse zusätzlich den Vorteil, dass die Rohrgestänge aus Messing wunderbar stabil darauf verlötet werden können. Die Unterkonstruktion der Ladefläche besteht aus Messingvierkant und ist selbstverständlich kippbar mit der Grundwanne verbunden.

Eigene Riffelblechherstellung...

...mit einem Schraubenzieher und viel Geduld

Sichtbarer Kühler

Wer an einer großen Raupe alias PB 600 oder ähnliches baut, wird schnell merken, dass fast sämtliches Motorzubehör unter der Ka-

Der Ölkühler des Snow Rabbits: Feine Details sind meistens sehr kostengünstig, erfordern aber Einfallsreichtum und Geduld

Herstellung der Lamellen

bine und im „Koffer" hinter dem Fahrerhaus verschwindet. Den Fun-Modellbauer wird das nicht weiter stören, aber ein echter Scale-Fanatiker wird mit einer hübschen Motormimik kaum sichtbare Akzente setzen. Ganz anders sind in dieser Beziehung fast sämtliche Oldies und Kleinmaschinen gehalten. Damals wurde noch keinerlei Wert auf gediegene Optik gelegt und sämtliches technische Zubehör wurde dort platziert, wo es am besten zugänglich war. So ähnlich geschah das wohl auch beim Snow Rabbit 2, der zwischen Fahrerhaus und Ladefläche sein technisches Herz verbaut hat. Hier bieten in der Verkleidung groß dimensionierte Luftlöcher und ein erheblicher Luftspalt zur Kabine viel Einblick auf die Technik. Als Konsequenz kann man sich bei so einem Vorbild, für das Modell betrachtet, einmal richtig austoben. Der Ölkühler ist so gesehen kein Hexenwerk. Man muss nur „wollen" und mit ein paar Tricks ist innerhalb von zwei Stunden ein beeindruckendes Detail entstanden. Die Bilder sprechen hier für die angewandte Technik und es muss nichts weiter kommentiert werden.

„Kleinzeug"

Was kann man als Zubehörteile noch so alles brauchen? Auf der „to do"-Liste stand irgendwann ein Stück „Abschleppseil" mit zwei

Das Thema Drahtseil ist ein unerschöpfliches Betätigungsfeld

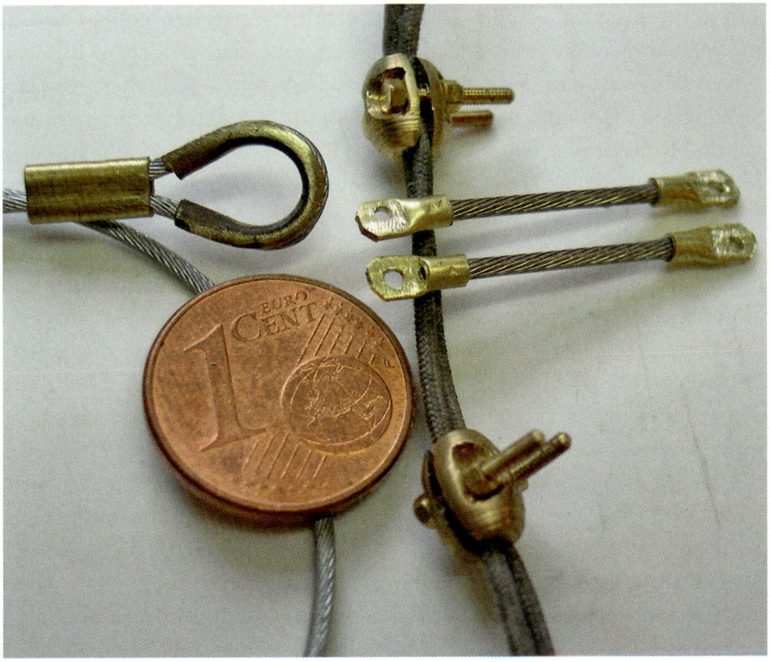

Endösen. Rein puristische Praktiker nehmen dafür ein Stückchen Paketschnur, machen vorne und hinten einen Knoten drauf und fertig ist das Teil. Dass es aber auch hübscher und trotzdem funktionell sein kann, möchte ich hier aufzeigen.

Ich bin bei solchen Zubehörartikeln immer bestrebt, dass keine großen Kosten entstehen. Deswegen arbeite ich gerne mit Materialien, die „eh schon da sind". Man stelle sich nur die Rechnung für ein eigens per Versand bestelltes Stückchen Drahtseil vor. Warum so aufwändig, wenn es einfach auch geht. Das Fahrradzubehör bietet für unsere Zwecke beste Werkstoffe. Brems- und Schaltungszüge, defekt, oder im Neukauf, bilden eine erschwingliche Materialquelle. Wer zudem den Familienfuhrpark betreut und nichts wegwerfen kann, ist hiermit in Sachen Drahtseil sicher auf Jahrzehnte versorgt. Während die Bremszüge aber eher was für 1:6er-Schwergewichte oder Grobmotoriker sind, eignen sich die 1,3 mm dünnen Schaltungszüge bestens. Wer von dem störrisch, biestigem Drahtseil lieber die Finger lassen möchte, dem sei ein Kunststoffseil aus Kevlar zu empfehlen. Die Gleitschirmsportler bieten hierfür ein gigantisches Potential an unterschiedlichen „Schnüren". Reißfestigkeiten bis 1,2 KN, bei lediglich 1,2 mm Seildurchmesser, lassen sogar noch Spielraum für „Heavy-Metall-Großmodelle".

Das Ablängen

Jetzt geht es an das Ablängen für den gewünschten Einsatzzweck. Wer schon einmal ein Drahtseil abgezwickt hat und dafür nur Standardwerkzeug zur Verfügung hatte, wird davon „ein lustiges Liedlein singen können". Ohne eine Spezialzange wird sich das Seilende nach dem Schnitt, immer mehr oder weniger aufspleißen. Das ist manchmal kein großes Drama, aber für unsere Zwecke meistens sehr lästig. Dieses Problem rechtfertigt aber in keinster Weise die Anschaffung einer zusätzlichen Zange, die kaum unter 20 € zu haben ist. Viel einfacher geht es auf folgende Weise:

Man braucht dazu lediglich ein Stückchen Messingrohr 2/1,4 mm, dass es allermeistens sogar als Meterware im Baumarkt gibt. In dieses Miniröhrchen schiebt man das abzulängende Ende des Drahtseils und nimmt den Dremel zur Hand. In diesen spannt man eine kleine Trennscheibe und schneidet gleichzeitig durch beide Materialien. Das Ergebnis wird einen verblüffen, denn alle Litzen bleiben mit dem kleinen Trick da wo sie sind und es entsteht ein wunderbar brauchbares Seilende. Dieses Verfahren bietet sich auch bestens für sehr kurze Seilstücke von 20 mm an.

Seilkauschen

Als nächstes geht es an die Herstellung von den so genannten Seilkauschen. Für ein Drahtseil und eine Hakenöse ein unverzichtbares Detail, dass sogar im Miniaturmaßstab noch echten Sinn macht. Die Kausche hat den Zweck, dass das Seil über dem engen Radius des Hakens nicht abknickt und dadurch aufspleist. Und dabei spielt es keine Rolle, ob das Seil 15 oder nur 1,3 mm hat. Deswegen braucht das Seil einen definierten Radius, eine haltbare Stütze sozusagen – und den bietet die Kausche. Ausgangsmaterial hierfür ist wiederum das dünne Messingrohr.

Jetzt wird es aber knifflig und die nächsten Schritte verlangen ein ruhiges Händchen und ein wenig Übung mit der Materie. Der erste Schritt ist, dem kleinen Röhrchen über ungefähr 30 mm eine Flanke zu nehmen. Das geschieht am besten per Feile, denn schnell ist per Minitrennscheibe zu viel Material entfernt. Ist der Blick auf das Rohrinnere frei müssen nur noch die Grate gebrochen werden. Das sollte sehr sorgsam geschehen, vor allem wenn als Stahlseilersatz ein Kunststoffseil verwendet wird. Durch diese einseitige Öffnung wird das Rohr zum U-Trog, in den nun prima das Drahtseil passt. Je sorgfältiger man dabei gearbeitet hat, desto höher sind dabei die Trogwände stehen geblieben. Ein mittiges Trennen des dünnen Röhrchens ist für die benötigte Form auf jeden Fall nicht anzuraten.

Erst jetzt wird dieses kleine Kunstwerk mit dem Bunsenbrenner ausgeglüht. Aber Vorsicht! Nach dem Glühen kommt der flüssige Zustand und das geht mit diesem Miniwerkstück sehr, sehr schnell. Bis sich das Teil abgekühlt hat sucht man sich ein Stückchen Kupferdraht von einem ganz normalen „3×1,5-Installationskabel“. Diesen Draht steckt man in das verbleibende Röhrchen und zieht das aufgeschnittene Ende per Hand ganz vorsichtig über einen 6 mm dicken Wellenstummel. Das Resultat ist genial und mit wenigen Nachbesserungen per Zange ist die perfekte Seilkausche entstanden. Jetzt muss man nur noch die ungewünschten Überlängen abtrennen und das Stahlseil einziehen. Aber Stopp!

Verrückte Ideen

Wie das Seil hinter der Kausche befestigen? Man kann ja schlecht einen Knopf in das Seil machen. Okay, hinter einer Hakenöse kann man das prinzipiell schon. Aber auch dafür gibt es bei weitem elegantere Möglichkeiten. Zurück zu der fast fertigen Seilschlaufe:

Die schnelle Lösung liegt im Verpressen des freien Seilendes. Dafür wird vor dem Einfädeln in die Kausche ein kleines, leicht oval gedrücktes Stück Messingrohr 3/2,5 mm auf das Seil geschoben.

Wer mit diesen Abmessungen ein Aluminiumrohr zur Hand hat, landet in dieser Richtung einen Volltreffer. Aluminium ist in der Oberfläche bei weitem strukturierter und bietet viel höhere Reibfestigkeiten für unseren Zweck. Ganz gewöhnliches Messing tut es aber auch, Hauptsache die Verpressung geschieht gewissenhaft. Es ist schon ein kleines Geduldspiel, bis die Kausche dort sitzt wo sie hingehört. Durch die Spannung im Seil kommt es nämlich schon mal vor, dass alles ratz-fatz wieder auseinanderflutscht und man von vorne anfangen kann. Ist man doch irgendwann Sieger der Materie geworden, heißt es schnell die Zange zu zücken und aus dem Röhrchen eine Flunder zu machen. Allein das genügt aber nicht, denn erst ein paar präzise, mittige Schläge per Flachschraubenzieher geben der Hülse die nötige Festigkeit. Vor allem denjenigen Seilschlaufen, die nicht nur zur Zierde am Fahrzeug hängen und irgendwann in ihrem Leben einmal „richtig gebraucht" werden. Wer nach der Verpressung noch die Muße für einen fein dosierten Tropfen Epoxydharz hat, erreicht mit der Bauart lässig Zugkräfte von 100 N + X.

„Seilnüsse"

Nun möchte ich noch kurz eine optisch anspruchsvolle Seilverbindung vorstellen. Bauartbedingt nennt man diese Dinger auch „Seilnüsse". Ausgangsmaterial ist ein Stückchen rundes Messingvollmaterial mit 6 mm Durchmesser. In meiner ehemaligen „Bohrmaschinendrehbank" ließ sich sowas prima per Feile herstellen. Nachdem die „Nuss" ihre grobe Form hat, bekommt der Rundling eine zentrische 1-mm-Bohrung. Danach geht es per Dremel, bzw. Fräse weiter. Hiermit werden die Aussparungen für die zwei winzigen Sechskant-Schräubchen ausgearbeitet. Zugegeben kein leichtes Spiel, denn auf der gegenüberliegenden Seite braucht es die gleichen Flächen. Passt dann irgendwann alles parallel, werden die zwei Flächen durch eine 1,2-mm-Bohrung miteinander verbunden. Und weil es des Gefummels noch nicht genug ist, wird jetzt die „Nuss" per Laubsäge in der Mitte getrennt. Danach heißt es „nur noch" entgraten, M1,2-Schrauben rein, Muttern drauf und fertig ist die Seilverbindung!

Nur soll jetzt bitte keiner glauben, dass er schon fertig ist. Denn jede originale Stahlseilverbindung dieser Art, besteht der Redundanz wegen aus mindestens zwei solcher Dinger! Aber wie heißt es so schön: „Nicht zur Strafe, nur zur Übung!"

Eine Werkzeugkiste

Wer ein Fahrzeug mit offener Ladefläche hat, braucht über kurz oder lang irgendein Ladegut darauf! Da liegt es nahe, sich bei den originalen Raupen umzuschauen, was die denn so spazieren fahren? Eine Werkzeugkiste ist da schnell entdeckt. Etwas schwieriger wird es, wenn man dem Funktionsmodellbau auch hier treu bleibt. Meine Kiste orientiert sich dabei 1:1 an einer klassischen, zweistöckigen Klappkonstruktion aus Metall. Mit den kleinen Parallelstreben ist garantiert, dass alle vier Ausstellfächer immer waagerecht bleiben. Genauso kann das auch im Modell gebaut werden, vorausgesetzt man übernimmt ebenfalls 1:1 alle beweglichen Drehpunkte. Während die Herstellung der fünf kleinen Kästchen gar nicht so das große Problem ist, gestaltet sich die Übernahme der Drehpunkte nicht einfach. Ein spitzer Lötkolben und ein feines Händchen sind hierfür unerlässlich. Trotzdem ist es nicht auszuschließen, dass eine Verbindung doch einmal auf die Kistenwandung überschlägt und damit ist der Öffnungsmechanismus sofort blockiert. Dann heißt es, die Stelle vorsichtig aufzuschleifen und einen neuen Versuch zu starten. Denn nichts schaut lässiger

Fünfteilige Blechwerkzeugkiste mit Inhalt

aus, als wenn die Kiste aufgeklappt auf der Ladefläche steht und dem Betrachter ein kleines Werkzeugsortiment ins Auge springt.

Eine Schaufel

Ähnlich schwierig ist eine hübsche Schaufel zu bewerten. Hier suchte ich mir wiederum ein 1:1-Double aus dem praktischen Einsatz, nahm die Maße ab und schnitt den groben Zuschnitt aus einem Stück 0,6er-Kupferblech. Mit viel Muße und Tricks aus dem Bereich der Dünnblechbearbeitung, näherte ich mich dabei Schlag um Schlag dem Vorbild. Da Kupferblech in dieser Beziehung sehr geduldig und prima verformbar ist, dauert die Prozedur gar nicht lange, bis die Schaufel dem Original in etwa gleich sieht. So richtig Schwung kriegt die Sache aber erst durch den noch nötigen Holzstiel. Und

Mit ausgeglühtem Kupferblech lassen sich sogar komplex-profilierte Formen herstellen

hierfür sollte man keinesfalls nur einen alten Schaschlikspieß benutzen, sondern unbedingt ein Maximum an Aufwand betreiben! Mein Stiel entstand aus einem astfreien Buchenholzzuschnitt von 5/15/170 mm. Denn erst dieses Flachprofilformat macht den Schwung im Stiel möglich, der durch Sägen, Feilen und Schleifen zustande kommt.

Selbst gebaute Kugelschnappbolzen

Wer kennt nicht das Problem, wenn er Zuhause auf der Werkbank, oder noch schlimmer, auf einem Messe-Parcours, ein Anbaugerät wechseln muss? Je nachdem wie das Befestigungssystem aufgebaut ist, gibt es immer irgendwo einen Bolzen, oder eine Schraube, für den/die letztendlich Werkzeug gebraucht wird. Von dem Ab/Auffummeln von schlecht zugänglichen Wellensicherungsringen möchte ich jetzt gar nicht reden.

Dafür gibt es aber Abhilfe! Mein Ziel war es, einen Befestigungsbolzen zu basteln, der ohne Werkzeug lösbar ist, aber trotzdem nicht von alleine rausfallen darf. Vorausgesetzt, der Bolzen ist keiner allzu großen Axialkraft ausgesetzt. Sollten größere Spannungen und Zugkräfte an der Befestigung auftreten, ist die vorgestellte Bauart natürlich nicht zu empfehlen.

Ich nenne die Konstruktion den „Kugelschnappbolzen". Von einer eigenen Entwicklung möchte ich niemals sprechen, denn es gibt diese Technik in der „großen Welt" schon unendlich lange. Man muss nur mit offenen Augen seine Umgebung betrachten! Teleskopschienen, Stative, Schaufelgriffe... und so weiter, da gibt es unzählige Beispiele für den „Kugelschnappverschluss". Die Bauart ist genial und man muss sie nur noch in den Miniaturbereich übertragen.

Ausgangsbasis sind eine knappe Handvoll ganz banaler Zutaten, die sich normalerweise in jeder kleinen Hobbywerkstatt finden sollten. Vorgestellt sei hier ein 4-mm-Bolzen, wer es kleiner haben möchte, muss selbst seine Halbzeuge darauf abstimmen.

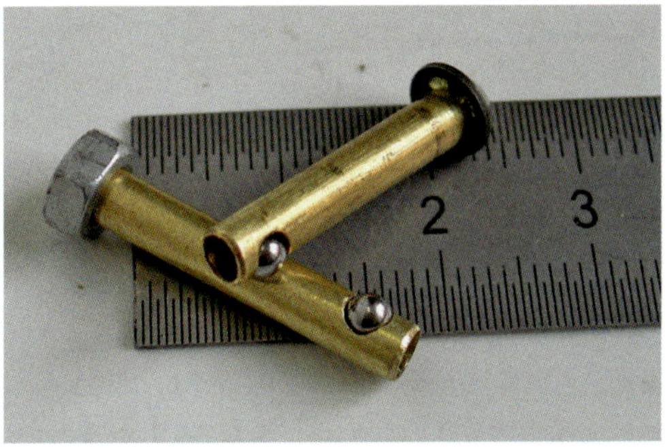

Selbst gebauter Kugelschnappbolzen

- Messingrohr 4 mm Außen-, 3,1 mm Innendurchmesser
- Eine Stahlkugel 2,5 mm Durchmesser
- Ein kleines Stück Messingblech 0,6 mm, halbhart
- Eine Mutter M4, oder ein Wellensicherungsring

Mehr braucht es gar nicht dazu und so kann es auch gleich in die Werkstatt gehen:

Zuerst wird in das Messingrohr per Minitrennscheibe eine kleine Kerbe geschliffen. Daraus entsteht dann ganz vorsichtig das Loch für die Kugelaufnahme. Und dieses Loch ist zugegeben nicht einfach anzufertigen. Die Kugel darf nämlich nur von innen(!) in diese Aussparung passen. Das heißt, das Loch darf maximal so groß sein, dass die Kugel so gerade eben nicht herausrutscht. Ich benutze dafür im Dremel einen ganz kleinen Kugelfräser und nähere mich dabei Zehntelmillimeter-weise dem Ziel. Aber je knapper man dieses Maximum ausreizt, desto strammer sitzt hinterher der Bolzen. Es lohnt sich also, hier in Geduld und Präzision zu investieren. Macht es beim Anpassen der Kugel plötzlich „plopp", bleibt leider nur ein Abschnitt der „Versuchskerbe".

Wenn man dieses schwierige Detail gemeistert hat, ist der Rest gar nicht mehr schlimm. Als nächstes kommt die Federzunge an die Reihe. Wer hierfür einen 0,3 mm starken Bronzeblechstreifen zur Hand hat, dem möchte ich dieses feine Material nicht ausreden. Ganz normales Messingblech tut es aber auch. Man muss sich nur des Tricks der Härtung bedienen. Dafür wird von dem 0,6 mm dicken Blech, ein 3 mm breiter Streifen abgeschnitten. Beliebig lang, aber mindestens 30 mm. Der wird mit einem guten Schlichthammer auf einer gehärteten Stahlfläche sauber geschlichtet, bis er nur noch halb so dick ist. Damit entstehen zwei Effekte: Erstens haben wir jetzt unsere 0,3er-Blechstärke und zweitens entsteht durch die Prozedur eine prima Materialhärtung. Ja, jetzt ist der Streifen „federhart"! Es folgt noch ein Besäumen des Streifens auf 2 mm, dann wird er leicht auf Spannung gebogen und in das vorbereitete Röhrchen eingeschoben. Es empfiehlt sich dabei den Streifen ausreichend lang zu lassen! Die Kugel muss beim Einbau natürlich auch noch zwischen Streifen und Loch, dann kann alles sauber ausgerichtet und auf der anderen Rohrseite unter Spannung des Messingstreifens verlötet werden. Hat man seine Arbeit gewissenhaft erledigt, steht die Kugel nun immer unter leichtem Druck am inneren Lochrand an. Schiebt man zum Test jetzt einen Stellring auf das Rohr, weicht die Kugel nach unten aus. Der Stellring gleitet locker drüber und hinterher macht es „schnapp", - der Stellring ist gefangen. Sollte dieser Versuch noch etwas herb gehen, wirkt ein Tropfen Öl auf die Kugel Wunder.

Was man auf der anderen Seite zur Sicherung gegen das Durchrutschen auf den Bolzen bastelt ist Geschmacksache. Ein Wellensicherungsring braucht einen Einstich, bei dem man sich bei Rohrmaterial natürlich herb tut. Ein paar Zehntel gehen aber immer und ein Tropfen Epoxydharz erledigt den Rest. Schöner ist natürlich eine flache, aufgebohrte Mutter. Eventuell sogar eine M3- oder eine Hutausführung. Hier mag ich aber der eigenen Kreativität gar keine weiteren Vorschläge mehr liefern.

Aus dem Leben – Einsame Ausfahrt über die Schönberger Alp

Da es im Winter 2008/2009 im Tal nur eine mittelmäßige Schneelage hatte, fasste ich an einem klaren, kalten Januarmorgen den Entschluss, doch wieder einmal zur Schönberger Alp zu fahren. Das weitläufige Alpgelände liegt auf gut 1.400 Meter Höhe und bildet die Wasserscheide zwischen Rhein und Donau. Die abgelegene Höhenlage wird durch den ganzjährig befahrbaren Riedbergpass erschlossen und ist somit fast immer problemlos erreichbar. Ich packte den RATRAC und ein großes Bündel Akkus ins Auto und reihte mich in die Karawane der Skifahrer, die sich am Morgen den Pass hochquälen. Mich interessierte aber an diesem wunderbaren Tag etwas ganz anderes. Oben angekommen wuchtete ich den RATRAC auf den Seitenwall, in den gut 1,5 Meter höherliegenden Schnee. Bei all meinen Touren ist immer ein großer Transportschlitten mit dabei. Denn oftmals liegt zwischen der mit dem PKW anfahrbaren Straße und dem wirklichen Fahrgelände des Modells, eine mehr oder weniger große Distanz. Gänzlich im Schnee angekommen packte ich die Raupe auf den Schlitten und zog die Fuhre den ersten Hang neben der Straße hinunter. Dieser kurze, relativ steile Südhang ist am morgen oft noch beinhart gefroren und man muss immer höllisch aufpassen, dass einen der Schlitten mitsamt Raupe nicht überholt. Nach knapp 100 Meter Bergabstrecke, ändern sich die Schneeverhältnisse allermeistens schlagartig und der Untergrund wird von bestem Pulverschnee dominiert. Hier oben am Pass sind das dann gut und gerne bis zu drei Meter Schneehöhe, die jegliche halbhohe Vegetation unter einer makellosen Oberfläche verschwinden lässt. Während es einer „großen“ Raupe in diesem gutmütigen Alpgelände ziemlich egal ist, ob und wie tief die letzte Schicht einbricht, liegt das für ein Modell betrachtet ganz anders. Mehr wie 50 Zentimeter frisch gefallener Neuschnee sollten es eigentlich nicht un-

bedingt sein, denn dadurch wäre die Fahrt doch sehr beschwerlich bis nahezu unmöglich. Heute war das aber voll perfekt, denn die vergangenen Schneefälle hatten sich prima gesetzt und selbst zu Fuß brach ich kaum mehr als 30 Zentimeter in den weißen Untergrund. Am Rande einer Baumgruppe, da wo der flache Südhang entgültig in faszinierend kupierte Geländeformen übergeht, fasste ich einen frechen Entschluss. Ich legte den ersten Akku ein, fuhr den RATRAC vom Schlitten und sortierte auf dem frei gewordenen Platz meinen Rucksackinhalt. Diesen Halt tat ich sonst eher selten, denn meistens war mein „Basislager" noch ein gutes Stück weiter auf einer kleinen Anhöhe. Von dort ziehe ich dann Akkuladung um Akkuladung meine Kreise und sollte am Modell irgend eine Kleinigkeit kaputt gehen, stellt der Transportschlitten immer die sichere Rettungsinsel dar. Denn nichts ist lästiger, als wenn man ein 14 Kilogramm schweres, unhandliches 1:8-Modell, mühsam über 30 Minuten durch den Tiefschnee schleppen muss. Aber heute stellte ich mir an der Baumgruppe die Frage: „Gab es denn die letzen 20 Ausfahrten überhaupt einen Defekt?" Nach ein paar anfänglichen Kinderkrankheiten ist der RATRAC ein super zuverlässiges Pferd im Stall, mit dem es sich auch mal so richtig Strecke machen lässt. Und plötzlich war ein genialer Gedanke geboren. Heute bleibt der Schlitten einfach mal stehen! Frei nach dem Motto: „no risk – no fun", ging es mit fünf randvollen Stromspeichern bei strahlend blauem Himmel auf große Tour. Das Gelände der Schönberger Alp ist weitläufig, aber genial für kleine Modellraupen geeignet. Hier gibt es alles was das Herz begehrt und fünf Akkus reichen bei diesen Schneeverhältnissen und Geländeformen für satte zwei Stunden Fahrspaß. So ging es gemächlichen Schrittes zuerst in Richtung eines kleinen Tals, in dem ein seichter Graben durchquert werden musste. Das Modell bleibt dabei immer in maximal 15 Meter Entfernung, aber allermeistens querab zu meiner Fußspur. Ich finde nämlich nichts lästiger, als wenn makellose Schneeflächen von Fußtrappsern durchfurcht werden und die Raupe über tiefe Löcher holpern muss. Mit der „Querabmethode" wird das Modell eins mit der Landschaft. Ja, es verschmilzt förmlich mit dem weißen Element und das sind die unvergleichlichen Momente, die dieses Hobby so einzigartig machen.

Der Graben wird vom RATRAC bei weitem leichter durchquert als von mir und es geht nun durch einen lichten Fichtenbewuchs auf meine bekannte Anhöhe. Der erste Akku macht langsam schlapp und es wird schnell aus der warmen Jackentasche nachgeladen. In den zahlreichen Sturmnächten verzaubern hier oben die Bäume den Triebschnee in faszinierende Ablagerungen und dort macht das Bewegen der kleinen Raupe natürlich am meisten Spaß. Hier wechseln sich Hügel, Mulden und kleine Kuppen zahlreich ab und es kommt bei der Fahrt auf das kleine Plateau niemals Langeweile auf. Mit noch einem weiteren Akku ist meine beliebte Aussichtsbühne endlich erreicht. Ein grandioses Fleckchen Erde, auf dem schon so manch einzigartiges Modellbild entstand. Gerade am Spätnachmittag stellt sich hier mit der tiefstehenden Abendsonne eine fast surreale Beleuchtung ein, die niemals von einer Fotomontage getoppt werden könnte. Heute war es aber erst 10.00 Uhr vormittags und die Sonne stand knapp über dem 1.556 Meter hohen Besler eher gegenlichtig. Der kleine Berg ist von dieser Seite eine schroffe Kalksteinmauer, der den allerletzten Ausläufer des im Süden liegenden Gottesackerplateaus darstellt. Für eine ausgedehnte Bilderserie hatte ich heute aber weder Lust noch Zeit, denn der Weg über die Alp war noch weit. Der RATRAC hielt sich bestens und wenn ab und zu eine kleine Verwehung im Weg war, durchschnitt er sie mit seinem Schild und planierte sich selbst den Weg durch die Schneedünen. Da war es zu Fuß oft bei weitem mühsamer, denn gerade im Bereich von geringfügig überdeckten Jungfichten, war ein überraschend tiefer Tritt eine fiese Angelegenheit. Besonders gemein ist so ein Absturz, wenn man die Hände nicht frei hat und die Fernsteuerung nicht übermäßig mit dem Pulverschnee in Kontakt bringen möchte. Ja, da

hatte es die Modellraupe schon einfacher und so langsam war es Zeit sich auf den direkten Rückweg zu machen. So eine Runde über diese einsame Hochfläche kann gerne auf bis zu drei Kilometer ausgedehnt werden und ich hoffte, dass ich mich mit meinen fünf Akkupacks nicht verkalkulierte. Ganz lästig wäre jetzt ein Motorschaden, oder eine verlorene Madenschraube. Denn es gibt diverse Stellen im Antriebstrang und am Fahrwerk, da ist es besser, man lässt die Verbindungen ohne Schraubensicherungslack. Ob das am Motorritzel so sinnvoll ist, frage ich mich bis heute. Denn allermeistens überlebt das Ritzel den Motor eh nur recht mitgenommen. Und auf die 3,45 € was das Ritzel kostet, kommt es im Austauschfall auch nicht mehr drauf an. Als ich dann kurz vor meinem Depot an der Baumgruppe noch einmal den kleinen Graben queren musste, passiert es dann auch schon. Ich stehe gut 30 Meter entfernt und suche mir gerade eine passende Stelle um den Graben zu überqueren, als der RATRAC plötzlich nur noch im Kreis fährt. Dummerweise auch noch genau in einem besonders schönen Schneegebilde, kurvt das Fahrzeug manövrierunfähig umher. Da hilft es nur den Schnee und die feinen Kettenspuren zu zertrampeln und ein kurzer Soundcheck verrät schnell die Diagnose: Madenschraubenverlust am rechten Motorritzel!

Für diese Fälle ist der RATRAC aber ein prima Modell. Die Kabine lässt sich ohne eine Schraube zu lösen abnehmen, auf einer Kette abstellen und sofort sind die beiden großen Getriebetürme mitsamt Motoren zugänglich. Im Rucksack führe ich immer ein Minimal-Werkzeugsortiment mit und ein altes Filmdöschen bietet mir eine gut sortierte Auswahl an Schrauben und sonstigem Kleinzeugs. Vom Stellring bis zur M4-Schraube hat in dieser „Mini-Rettungsbox“ alles Platz, was an meinen Fahrzeugen nicht verklebt und doppelt gesichert ist. So war natürlich auch an diesem Morgen eine M3-Madenschraube dabei und der „Schaden“ beschränkte sich auf zwei Quadratmeter unnütz zertrampelte Schneefläche.

14. Zubehör

Schilder, Stangen und Absperrungen...

...bieten ein unendliches Betätigungsfeld, dass niemals fertig wird. Als Vorlage eignet sich am einfachsten das frontale Abfotografieren im Skigebiet. Um den Bezug zum Maßstab aufrechtzuerhalten, sind Breiten- und Höhemaße willkommene Zusätze für die anschließende Modellumsetzung. Hierbei ist alles erlaubt, wobei der Laserdrucker bei weitem haltbarere Ergebnise verspricht, als ein Tintenstrahlausdruck! Wichtig ist bei beiden eine spezielle Selbstklebefolie, die der Fachhandel in Transparent und Weiß anbietet. Für Vielfalt auf dem Parcours sorgt wie so oft natürlich nur ein aufmerksames Auge, dass draußen im Gelände die vielen unterschiedlichen Schilder auch wahrnimmt. Ob man für die Stangen Holz-, oder Metallstäbe bevorzugt ist Geschmacksache. Zum Aufstellen haben sich im echten Schnee Spieße bei weitem besser bewährt, als eine Stabilisierung über eine kleine Stellfläche. Dieses Verfahren ist dagegen auf dünn belegten Messe-Parcours unerlässlich und kann mit 50/50 mm großen Depron-, oder Sperrholzabschnitten umgesetzt werden.

Eine funktionsfähige Schneekanone

Was lange ein Traum war, wurde durch die alternativen Spieluntergründe endlich Wirklichkeit. Während es nämlich bis heute nicht gelingt, im

Eine komplette Pistenausstattung macht die Modellillusion erst so richtig möglich

Die 1:10-Schneekanone bei ihrem ersten Einsatz 2012 im Karlsruher Messeschnee...

...und nur sechs Wochen später mit Sägemehl beim Stadelfest

Miniaturmaßstab echten, auf gefrorenem Wasser basierenden Schnee zu erzeugen, bieten sich Sägemehl, oder auch das weiße Kunststoffgranulat, hervorragend für den Modellbetrieb an. Selbstverständlich spreche ich bei beiden Verfahren vom so genannten „Silobetrieb"! Das heißt, die Kanone kann nur so lange „Schnee" erzeugen, wie im Silo Material bevorratet ist. Ein „Erzeugen" an Ort und Stelle überlasse ich weiterhin den Zauberern. Ein offener Silobetrieb hat den genialen Vorteil, dass bei einer durchdachten Behälteranordnung, dieser mit den Raupenmodellen sogar per Fernsteuerung befüllt werden kann. Es entsteht salopp betrachtet ein Endlosbetrieb, der auf den Messe-Parcouren, zum einen immer wieder für Staunen und zum anderen für eine vernünftige Beschäftigung der Fahrer sorgt. Aber wie funktioniert so etwas? Ich habe mich mit der Sache über Monate sehr intensiv beschäftigt und dabei so einiges ausprobiert. Den „Schnee" mit der Kanone auszublasen ist das aller einfachste. Mit einer banalen „380er-Silberbüchse" erreicht man per Impellerprinzip, mit rund 10 V Betriebsspannung, je nach verwendetem Material, Wurfweiten von maximal drei Metern. Das ist mehr als ausreichend, die Schwierigkeit liegt vielmehr in einem konstant, schönen Wurfbild!

Da wären wir beim zweiten Punkt, den Transport vom Silo zur Kanone selbst. Nach unendlichen Tests behaupte ich für diese Position, dass druckluftbetriebene Modellsysteme, ohne einen erheblichen Aufwand niemals störungsfrei funktionieren werden. Es mag kurzzeitig mal so aussehen als ob „es schneit", aber von konstantem „Schneefall" sind Luftsysteme weit entfernt. Das Hauptproblem liegt dabei vor allem im Verstopfungsrisiko und in der Problematik der Verfügbarkeit großer Druckluftvolumen. Es geht aber viel einfacher:

Ich verwende für Transportstrecken bis zu 2,5 m eine Förderschnecke alias 1/2"-Rohrreinigungsspirale. Diese Spirale wird mit einem material- und streckenabhängigen Luftspalt in einem Mantelrohr geführt. Da sich jedes Fördergut anders verhält, kann hier schlecht ein Patentrezept gegeben werden. Ein Spiralenende erhält ein Adaptionsstück für eine Bohrfutteraufnahme, denn als Antrieb kommt eine ganz banale Kleinbohrmaschine auf 220-V-Basis zum Einsatz. An dieser Stelle habe ich lange mit 12-V-Getriebemotoren laboriert, aber wozu? Die ganze Gerätschaft kommt eh nur auf Messen oder privaten Veranstaltungen zum Einsatz – und dort gibt es immer eine Steckdose. Nicht ganz einfach ist die Verbindung des Adapters mit der Spirale. Hochwertiger Federstahl lässt sich nur wiederwillig schweißen und wenn es doch gelingt, wird die Verbindung bei der kleinsten Überlast brechen. Eine definierte Sollbruchstelle ist im System zwar nie verkehrt, aber mit solchem Denken greift man besser zum Epoxydkleber. Das ist genauso haltbar und reagiert bei Überlast wenigstens nicht mit einem Spiralenbruch an der Schweißnaht.

Die letzte Position ist jetzt noch das Lagersilo. Hier heißt es zuerst überlegen, wie und wo die komplette Apparatur später installiert werden soll, denn daran bemisst sich die Silohöhe. Als rationellste Form empfiehlt sich ein Kegelstumpf, der im Bereich der Förderschnecken-Durchdringung zwei zusätzliche, steil-schräge Böden bekommt. Nun kann die Konstruktion zum ersten Mal so richtig getestet werden und je nach Fördergut treten jetzt an vielen Stellen mehr oder weniger Probleme auf. Das größte Übel ist dabei das schlechte Nachrutschverhalten des Kunststoffschnees. Da kann das Silo noch so hoch gefüllt sein, das Zeug rutscht nicht von alleine in die Förderschnecke. Selbst ein Vibrator bringt nur mäßigen Erfolg und ohne ein sorgsam abgestimmtes Rührwerk geht mit solchem Material letztendlich gar nichts. Da ist trockenes Sägemehl bei weitem einfacher zu verarbeiten!

Deswegen möchte ich es an dieser Stelle mit den Tipps auch belassen. Bis so ein „technischer Modellschnee-Erzeuger" 100 % störungsfrei und völlig gleichmäßig seinen Dienst tut, muss jedem Bastler klar sein, dass das ein weiter Weg ist. Läuft aber irgendwann alles perfekt, kann man mit so einem Modell immer wieder für staunende Zuschauer sorgen. Stündliche Literleistungen von 120 Liter und mehr, sind dabei durch aus möglich und ergeben in kurzer Zeit einen beeindruckenden „Schneehaufen".

Bäume

Viele Menschen verbinden eine tief verschneite Winterlandschaft meistens mit ebenso üppig überdeckten Fichtenwäldern. Und automatisch summst einem das bekannte Weihnachtslied ins Ohr... Das dabei von Tannenbäumen die Rede ist stört kaum jemanden, wenn er draußen im Wald zwischen den Fichtenmonokulturen unterwegs ist. Ob Fichte oder Tanne,- sei's drum. Beide eignen sich mit ihrem immergrünen Geäst hervorragend als Zubehör für den Modell-Parcours!

Als Ausgangsmaterial für einen hübschen Baum benötigt man „Luvi". Das sind künstlich hergestellte Kunststoffzweige, die ab Mitte Oktober die Kaufhausregale und Schaufenster verzieren. Es gibt dieses Zeug in unterschiedlichsten Formen und Anwendungen. Als Modellbauer braucht man im Grunde die Reduktion auf den „Grundzweig". Dieser wird dann mit Heißkleber spiralförmig in ein vorgebohrtes Rundholz geklebt und mit ungefähr 250 Zweigen ist ein 80 cm hoher Baum fertig. Das Ganze verlangt natürlich einen kreativen Draht in die künstlerisch-gestaltende Richtung. Aber selbst Anfängern sei geraten, dass draußen im Wald nicht jeder Baum dem anderen gleicht und es auch weniger geratene „Ruten" gibt.

Die perfekte Illusion gelingt mit selbstgebauten Bäumen aus „Luvi"

15. Wartungsarbeiten

„Nach der Ausfahrt ist vor der Ausfahrt!"

Je nach Modelltyp ist diese Phase mehr oder weniger aufwändig und zeitintensiv. Wenn Sie nach einer Tiefschneeausfahrt mit Ihrer Pistenraupe am PKW oder zu Hause ankommen, sollten Sie erst noch ein paar Meter über eine befestigte Schnee-, Eis- oder saubere Asphaltfläche fahren. Das Manöver löst meistens erheblich Schnee aus dem Laufwerk und den Ketten. So bewahren Sie den Kofferraum vor einem allzu großen Wintereinbruch und erleichtern im

Ein Defekt im Gelände ist immer eine unangenehme Sache

Großer Service auf der Werkbank: Eine Radschwinge hat sich gelöst

Nebeneffekt das Modellgewicht. Wenn Sie ein zuverlässiges Spielgerät gebaut haben und am nächsten Tag gleich wieder los möchten, können Sie das Fahrzeug gleich im Freien stehen lassen. Wenn Sie aber lieber sicher gehen wollen, dass alles in Ordnung ist, müssen Sie das Modell vor der Wartung wieder langsam akklimatisieren und vollständig(!) trocknen.

Da sich bei einer zu schnellen Erwärmung von minus 10 auf plus 20 °C nicht zu verachtende Kondenswassermengen bilden können, sollte diese Zeitspanne zu Gunsten von Elektronik und Mechanik zwei Stunden in Anspruch nehmen! Ein schwach temperierter Raum sorgt hierbei für eine materialschonende Temperaturangleichung. Ein saugstarker Textiluntergrund nimmt dabei restliches Tauwasser auf und bewahrt das nähere Umfeld vor größeren Überschwemmungen.

Eine Fahrzeugpanne im unbefestigten Tiefschnee ist mit einem 15 + X kg schweren Modell ein unangenehmes Erlebnis. Schlechte Transportmöglichkeiten und eingeschränktes Handling erschweren den Weg zurück zum Ausgangspunkt. Gerade bei einsamen Nachtfahrten bekommen Sie unmöglich alles mit, was draußen im Gelände passiert ist. Deswegen sollten Sie sich unbedingt die Zeit nehmen, das Modell am nächsten Tag sorgfältig durchzuchecken!

Antrieb

- Fuhr das Modell noch wie gewohnt gerade aus? Ein drastisch ungleicher Lauf deutet oft auf einen drohenden Motorschaden oder ein schwergängiges Getriebe hin.
- Wenn Sie an der Kette drehen und ein seltsames Rucken bemerken, hat sich irgendwo eine Wellenverbindung gelockert. Sind alle

Madenschrauben fest? Oder hat sich eine Stiftverbindung (fast) verabschiedet?
- Haben alle Zahnräder, Spindeln und Gleitlager noch genügend Fett? Gerade bei den MFA- und Pistenking-Antrieben machen sich trockene Getriebewellen durch ein hohes Pfeifen bemerkbar.

Ketten
- Kontrollieren Sie die Bandverbindungen und nehmen Sie die Kettenstege unter die Lupe.
- Sind alle Stege fest verbunden? Ist etwas verbogen oder gebrochen? Ein schief stehender, oder komplett fehlender Spurbügel ist kein Drama. Kritisch wird es erst dann, wenn abstehende Teile über längere Zeit am Fahrwerk scheuern.

Laufwerk
- Um das Laufwerk vernünftig warten zu können, muss natürlich die Kette runter. Hier bewährt sich ein unkompliziertes Verfahren. Jetzt können Sie die Schwingarme prüfen und wieder mit einem Tropfen Öl gegen Feuchtigkeit resistent machen.
- Ist die Leitradachse und die Kettenspannvorrichtung in Ordnung?

Anbaugeräte
- Ein rauer Einsatz fordert manchmal Tribut! Ist etwas verbogen oder schwergängig?
- Sind alle Endpositionen so wie sie sein sollen?

Elektrik
- Machte sich irgendwo unschöner Geruch bemerkbar?
- Sind alle Steck- und Schraubverbindungen funktionsfähig und fest?
- Funktionieren alle Beleuchtungselemente?

„Hilfe, mein Fahrzeug fährt nicht geradeaus!" ▶

„Hilfe, mein Modell fährt nicht gerade aus"

Diesen Hilferuf habe ich von vielen Kettenfahrzeuglenkern gehört und dementsprechend kuriose Mutmaßungen kursieren darüber in der Szene. Die wahre Antwort ist allerdings nicht immer ganz leicht zu finden, aber es gibt einige grundlegende Möglichkeiten, die dazu entscheidenden Einfluss beitragen:

- Einfachster Grund: Die Fernsteuerung wurde durch Unachtsamkeit vertrimmt.
- Zweiteinfachster Grund: In den Zwillingsgetrieben findet sich eine schwergängige Welle.
- Dritteinfachster Grund: In einem Motor stecken verdreckte-, oder verbrauchte Motorkohlen.
- Nicht auszuschließen: Die/der Regler sind/ist mit vertrimmter Fernsteuerung program-

miert worden. Oder es werden womöglich sogar noch mechanische Regler verwendet.

- Möglich: Beide Raupen stehen nicht parallel zueinander. Diese Variante müsste aber schon eine deutliche Fehlstellung aufweisen, damit sie das Fahrzeug vom Kurs bringen würde.
- Oft überschätzt: Die Kettenspannung ist unterschiedlich. Da beide Raupenketten eh nicht vorgespannt werden sollten, ist hier die Ursache selten zu finden.
- Totaler Unfug: Ein Leit-, Laufrad steht schief. Dadurch läuft lediglich die Kette eventuell ab. Einen Einfluss auf den Geradeauslauf hat diese Tatsache aber keinesfalls.
- Die echte Antwort: Bürstenmotoren haben eine vom Hersteller definierte Vorzugslaufrichtung! Selbst edle Faulhaber-Antriebe sind davon nicht immer ausgeschlossen. Baut man die Motoren und Getriebe parallel in das Fahrzeug, entsteht bei Geradeausfahrt an einer der Maschinen zwangsläufig die Notwendigkeit zur Umpolung. Ein Motor muss die Vorzugslaufrichtung verlassen und ist dann meistens minimal langsamer unterwegs. Je höher aber danach im Getriebe untersetzt wird, desto drastischer macht sich diese Tatsache bemerkbar. Endgültige Abhilfe würde hier nur ein konstruktiver Eingriff in die Antriebssituation bringen. In einem Getriebe müsste eine zusätzliche Pseudowelle, die mit einem gleich großen Zahnrad bestückt ist verbaut werden. Damit könnte die Vorzugslaufrichtung bei beiden Motoren beibehalten werden, was aber in meinen Augen den Aufwand niemals rechtfertigen würde. Eine weitere Lösungsmöglichkeit bietet ein beschnittener Fluxring über einem Motor. Ein kompletter Fluxring bremst den Motor mehr wie ein gekürzter. Das Verfahren hat aber auch Einfluss auf das Motordrehmoment und ist nicht immer 100 % erfolgreich.

Fazit: Der Großteil meiner Fahrzeuge fährt selten hundertprozentig geradeaus. Allermeistens ist dieses Problem aber total zu vernachlässigen, denn ein echtes Steilhangpräparieren im Tiefschnee oder in der Ebene verlangt sowieso ein ständiges Nachkorrigieren der Geradeausfahrt. Die Tatsache, dass dabei eine Kette in unverdichtetem Schnee läuft, verändert die Laufeigenschaften oft dramatisch. Deswegen mein Rat an dieser Stelle: Kontrollieren Sie lediglich die oben aufgeführten Punke und nehmen Sie die Sache ansonsten sehr gelassen.

16. Anhang

Detailbezeichnung von Bauteilen

PB 240D-Modell, Antriebsfunktionen

1. Hauptantriebe:
Graupner 3302 Speed 600 BB Turbo 12 V
Conrad, Best.-Nr.: 205597-XX
(XX = Katalognummer)
Zwillingsgetriebe mit Stahlzahnrädern in Modul 1 (siehe im Buch Seite 103)

2. Frontträger heben:
Getriebemotor MFA-540
mit 11:1-Stirnradgetriebe
Conrad, Best.-Nr. 222363-XX

3. Frontträger ankippen:
Universal Drehantrieb
mit 501:1-Stirnradgetriebe
LEMO SOLAR Best.-Nr. UMA 30

4. Frontträger tilten:
Faulhaber 1224 006S
mit Planetengetriebe 12/4-64
von LEMO SOLAR

5. Frontträger schwenken:
Gleich wie Antrieb von Position 4

6. Heckträger heben/senken:
Igarashi 33G mit 125:1-Stirnradgetriebe
Conrad, Best.-Nr. 244031-XX
(Getriebeaufbau siehe im Buch Seite 197)

7. Geräteplatte verstellen:
PGM P 16 Mikromotor
mit Planetengetriebe 62:1
(besser weniger Untersetzung) 16 mm Durchmesser
Ang. Huber, Elektronikhandel, Donauwörth

8. Fräswellenantrieb:
Gleich wie Antrieb von Position 7
(ebenfalls viel zu hoch untersetzt)

9. Scheibenwischerantrieb:
PGM 14 Mikromotor
mit Stirnradgetriebe 365:1
mit vier Dioden 1N4001 in Reihe gedrosselt,
16 mm Durchmesser, 50 mm Länge
Ang. Huber, Elektronikhandel, Donauwörth

Möchtegernpistenbully:
Antriebsmotoren:
Igarashi SR 540SH-4562-67
Fräswellenmotor: Faulhaber 1319T006-43:1

Snow Rabbit:
Antriebsmotoren: Igarashi N 2738-48GF
Geräteträgerantriebe:
Faulhaber 1319T006-43:1

Drehbankfreie Tipps für Gewindespindeln

Als ehemals drehbankloser Amateurmechaniker habe ich viel Erfahrung in der Materie gesammelt und gebe hier gerne die elementaren Tipps weiter:

- Die Verbindung von Getriebewelle und Gewindestab muss absolut präzise sein. Ich habe dazu in eine M6-Schraube von einem Schlosser eine präzise 3-mm-Bohrung eindrehen lassen. Alle händisch gebohrten Versuche können Sie vergessen!
- Anschließend verwende ich den entscheidenden Trick, den Gewindestab unter langsamer Rotation zu verkleben. Das zentriert die Sache nahezu perfekt und ist selbst im Hobbybereich leicht umzusetzen.
- Das M6-Gewinde hat den Vorteil, dass Sie die volle Gewindelänge nutzen können. Das schafft wertvollen Raum für eine kurze Zylinderattrappe.
- Wenn mit der Verbindung doch eine Wellenunwucht entstanden ist, können Sie diese eventuell mit einer etwas großzügig gebohrten Zylinder-/Kolbenstangen-Befestigung ausgleichen. Das erzeugt zwar ein bisschen Spiel im anzutreibenden Bauteil, aber das ist immer noch besser, als ein sehr schwergängiger Antrieb.
- Zur Tarnung der Gewindekolbenstange brauchen Sie entweder einen überlangen Zylinder, eine Teleskopmechanik, oder zwei unterschiedlich dicke Messingrohre. Meine Kolbenstange ist aus 8/6-mm-MS-Rohr, die Abdeckführung aus 10/8-mm-Material, der Zylinder aus 14/12-mm-Rohr.
- Das Gewinde in der Kolbenstange stellt eine handelsübliche M6-Messingmutter dar. Von einer passenden Schraube über die ganze Rohrlänge geführt, ist es möglich die Mutter fast perfekt zentrisch aufzulöten. Hinterher sauber verfeilt, haben Sie eine wunderbare Kolbenstange mit integriertem Innengewinde.
- Das Befestigen des Getriebes im Zylinder, die Elektrokabelführung und die Zylinderaufhängung müssen gut durchdacht sein! Wenn der Antrieb einmal im Messingrohr steckt, sollten Sie ausgiebige Lötarbeiten unbedingt vermeiden! Zur Befestigung haben die Faulhaber-Getriebe an der Stirnseite einen 3-mm-Messingflansch, der sich für diese Aufgabe hervorragend eignet.
- Wenn Sie Ihre Anschlagspunkte massiv genug ausgeführt haben, können Sie wegen der relativ schwachen Antriebskräfte auf eine aufwändige Endlagenschaltung verzichten. Vorausgesetzt das Gewinde läuft auf beiden Seiten nicht ins Leere. Sonst brauchen Sie irgendwo im bewegten System eine kleine Druckfeder, die den Gewindestab wieder in die Mutter zurückdrückt.

Einsatz von Modellhydraulik

Es wird sich mancher fragen, warum diesem Kapitel im vorderen Teil dieses Buches keine größere Bedeutung zugesprochen wurde? Zum einen bin ich kein Anhänger dieser Ölspritzen, zum anderen sind diese Systeme nicht uneingeschränkt für Wintermodelle geeignet.

Die Modellhydraulik ist prinzipiell eine feine Sache für Modellbauer, die schnell und funktionssicher zum gewünschten Ziel kommen wollen. Die voll ausgereiften Produkte sind sehr kräftig, relativ maßstabsgetreu und unproblematisch im Einbau. Die Zylinder erhalten Sie in vielen verschiedenen Abmessungen und wenn es noch genauer zugehen soll, gibt es natürlich Ihre Wunschlängen auch als Maßanfertigung. Die dazugehörigen Pumpen sind kleine Technikwunder und liefern dem Schlauchsystem flotten Ölfluss durch winzige Steuerventile. Da der Ferne Osten diesen Markt noch nicht erobert hat, steht der „Mikroölwelt" aber immer noch ein real, stolzer Preis gegenüber. Zudem werden die Steuerventile von kleinen Servos bewegt, die sich in zahlreicher Anzahl nicht mehr mit einer Einsteiger-4-Kanal-Fernsteuerung begnügen. So kann eine Neuinvestition in ein komplexes 1:12- bis 1:8-Hydraulik-Fahrzeug, mitsamt edlen Faulhaber-Antrieben und einer umfangreichen Geräteansteuerung, 5.000 € und mehr erreichen. Diese Summe ist problemlos ins Doppelte zu steigern, wenn Sie dazu noch eine hochwertige Computerfernsteuerung anschaffen müssen und ungern auf jeglichen elektronischen Schnickschnack verzichten. Alle meine hier vorgestellten Fahrzeuge kommen locker mit dreistelligen Eurobeträgen aus! Diesen Summen steht eine bedenkliche Problematik gegenüber, deren Austesten ich mir bis heute verkneifen konnte. Folgende Informationen habe ich unabhängig voneinander von den beiden führenden, deutschen Modellhydraulikanbietern erhalten:

Der Aufhänger ist noch einmal das entscheidende auf der Seite 25, bei dem es um die Akklimatisation des Fahrzeugs geht. Es war die Rede von einer ausgiebigen Temperaturanpassung auf Grund der Schneeanhaftung an warmen Metallteilen. Das Modell, mitsamt seinen Einbauten, muss dazu einige Stunden in der mehr oder weniger klirrenden Kälte verbringen. Während sämtliche Mechanik und sogar sensible Elektronik diese Prozedur problemlos erträgt, reagiert die Modellhydraulik auf solch frostige Maßnahmen recht unerfreut.

Das große Übel liegt im zähflüssigen Öl, dass in diesem Zustand recht widerwillig, oder sogar überhaupt nicht durch die kleinen Ventile zu zwängen ist. Eine Ausfahrt wird erst nach mindestens 20 Minuten Pumpenlaufzeit möglich, die das Öl auf brauchbare Temperaturen gebracht hat. Bei den großen Vorbildern ist dieser Zustand kaum anders, nur dass nach der gleichen Warmlaufzeit das Öl durch die zahlreichen Verbraucher ganz von allein auf der richtigen Temperatur gehalten wird, ja sogar massiv gekühlt werden muss.

Beim Modell sieht das aber meistens ganz anders aus. So werden bei einer eiskalten, nächtlichen Geländefahrt die Geräteträger nur ab und zu benötigt. Würde die Pumpe während der Arbeitspausen mit Dauerbetrieb durchlaufen, stünde den gelegentlichen Trägerfunktionen ein nicht zu verachtender Stromverbrauch gegenüber. Eine weitere Möglichkeit das Ölsystem am Laufen zu halten, wäre die elektrische Beheizung des Pumpen-/Ventilblocks, was aber nicht minder aufwändig und stromfressend ist. Wer so eine komplexe Modifizierung auf die Reihe bekommt, hat natürlich alle Türen offen, ein wahres Traummodell mit allen Schikanen aus dem Hut zu zaubern. Eine zeitgemäße Multiflexfräse und ein elegantes 12-Wege-Kugelkopf-Räumschild bieten dazu ausreichend Möglichkeiten jeden Zylinder zu übernehmen, den das Vorbild zu bieten hat.

Weitere Informationen zum Angebot an Zylindern, Schläuchen, Ventilen, Pumpen und Zubehör sollten Sie bei den Herstellern erfragen.

Unvollständiges Händlerverzeichnis

Pistenking
Der führende Hersteller zum Thema Modellpistenraupen

Pistenking Funktionsmodellbau
Reinhardtstrasse 43
72649 Wolfschlugen
www.pistenking.com
info@pistenking.de
Tel.: 07022/5028-37
Fax: 07022/5028-39

AT-Modellbau
Fahrerhausbausätze in Tiefziehtechnik, Teilesatz für eine Alpinflexfräse
Vertrieb über Pistenking

Conrad Elektronik
Gut gemischtes und reichhaltig bestücktes Elektronik- und Modellbausortiment
www.conrad.de
Tel.: 0180- 5312111

CTI-Modellbau
Anwenderfreundliche Miniaturelektronik für alle Bereiche

CTI-Modellbau
Sudetenstraße 19
71332 Waiblingen
www.cti-modellbau.de
shop@cti-modellbau.de
Tel.: 07151-2095745

Screws and more
Rostfreie Verbindungen für Modellbau, Industrie und Handwerk

SAM Screws and more GmbH
Virchowstr. 43
51375 Leverkusen
Tel.: 0214/3148120
Fax: 0214/3148826
www.screwsandmore.de
info@screwsandmore.de

Kettenkraxler
Optionaler Shop für Pistenraupenketten
www.kettenkraxler.de

Kyosho
Brauchbares Fertigmodell „Blizzard SR“

Kyosho Deutschland GmbH
Nikolaus-Otto-Straße 4
24568 Kaltenkirchen
www.kyosho.de
Tel.: 04191/932678
Fax: 04191/88407

„Planeundgut“
PVC-Planen auf Zuschnitt
planeundgut.de
Einsteinstraße 4
49835 Wietmarschen Lohne
www.planeundgut.de
info@planeundgut.de
Tel.: 05908/9386210
Fax: 05908/9386212

Servonaut/Tematik GmbH
Doppelfahrtregler, Soundmodule

tematik GmbH
Feldstrasse 143
22880 Wedel
www.servonaut.de
shopping@servonaut.de
Tel.: 04103/8089890
Fax: 04103/8089899

Veroma
Universalketten und Antriebsräder, Zahnräder und Getriebe

Veroma Modellbau GmbH
Von Cancrin Str.7
63877 Sailauf
www.veroma-modellbau.eu
service@veroma-modellbau.eu
Tel.: 06093/995346
Fax: 06093/995347

Ang. Huber
Elektronikzubehör, Mikrogetriebemotoren

Huber Elektronikbedarf GmbH
Wörnitzstr. 3
86609 Donauwörth
Tel.: 0906/5567
Fax: 0906/1721
www.elektronikbedarf.com oder anghuber.de
info@elektronikbedarf.com

Leimbach
Miniaturhydraulik

Leimbach Modellbau
Im Winkel 5
49191 Belm
www.leimbach-modellbau.de
Kontakt@Leimbach-Modellbau.de
Tel.: 05406/9510
Fax.: 05406/9628

Damitz
Miniaturhydraulik

Damitz Modelltechnik GbR
Großmannswiese 20
65594 Runkel
www.damitz-modelltechnik.de
info@damitz-modelltechnik.de
Tel.: 06431/973710
Fax: 06431/973711

Hartmann
Metalle und Profile in allen Ausführungen und Formen

Modell- und Maschinenbau Bruno Hartmann
Milchhöfer Str. 20
97456 Dittelbrunn-Pfändhausen
www.modellbau-hartmann.de
info@modellbau-hartmann.de
Tel.: 09720/597
Fax: 09720/950287

robbe
Brushless-Motoren und Regler

robbe Modellsport GmbH & Co. KG
Postfach 1108
36352 Grebenhain
www.robbe.de
Tel.: 06644/870
Fax: 06644/7412

Knupfer
Modellbauschrauben, Lochbleche, Türscharniere...

Knupfer Modell- & Feinwerktechnik
Ellenbergweg 3
73614 Schorndorf-Schornbach
www.knupfer.info
modell@knupfer.info
Tel.: & Fax: 07181/45460

Lemo-Solar
Antriebstechnik, Faulhabermotoren mit Planetengetriebe

Lemo-Solar Lehnert
Am Taubenloch 35
74906 Bad Rappenau
www.lemo-solar.de
vertrieb@lemo-solar.de
Tel.: 07264/4248
Fax: 07264/4560

MP Modellbau
Modellbau-Kleinserienhersteller

MP Modellbau
Zugäckerstrasse 59
72622 Nürtingen
www.mp-modellbau.de
mpmodellbau@gmx.de

Cutworks
Laserteile auf Bestellung

Cutworks GmbH
Bernbeurerstr. 12
87675 Rettenbach
www.cutworks.de
office@cutworks.de
Tel.: 0700/28896757
Fax: 0700/28896758

Stickhand.de
PVC-Kleinzuschnitte in allen Farben
www.stickhand.de
kontakt@stickhand.de
Zeppelinstr. 26
79241 Ihringen

bacuplast
Kunststoffe und Zubehör aller Art

bacuplast Faserverbundtechnik GmbH
Dreherstraße 4
(Industriegebiet Großhülsberg)
42899 Remscheid
www.bacuplast.de
service@bacuplast.de
Tel.: 02191/54742
Fax: 02191/590354

Dickie Spielzeug
Spielzeugraupe „Snow King"

Dickie Spielzeug GmbH & Co. KG
Werkstraße 1
90765 Fürth/Stadeln
www.dickietoys.com
info@dickietoys.com
Tel.: 0911/9765-02
Fax: 0911/9765-120

Wilms Metall
Metalle und Profile in allen Ausführungen und Formen

Wilms Metallmarkt Lochbleche GmbH & Co. KG
Widdersdorfer Str. 215
50825 Köln (Ehrenfeld)
www.wilmsmetall.de
mail@wilmsmetall.de
Tel.: 0221/546680
Fax: 0221/5466830

Schweizer Federn
Federn aller Art

Schweizer GmbH & Co. KG
Federntechnik
Keltenstr. 16-18
72766 Reutlingen (Mittelstadt)
www.schweizer-federn.de
federnshop@schweizer-federn.de
Tel.: 07127/95792-0
Fax: 07127/95792-115

Hacker Motor GmbH
Brushless-Motoren und Akkus

Hacker Motor GmbH
Schinderstraßl 32
84030 Ergolding
www.hacker-motor.com
info@hacker-motor.com
Tel.: 0871/953628-0
Fax: 0871/953628-29

BEIER-Electronic
Soundmodul

BEIER-Electronic
Winterbacher Straße 52/4
73614 Schorndorf - Weiler
www.beier-electronic.de
info@beier-electronic.de
Tel.: 07181/46232
Fax: 07181/45732

LE-Elektronik
Soundmodul

LE-Elektronik
Am Burgholz 6
82515 Wolfratshausen
www.le-elektronik.de
LE-Elektronik@LE-Elektronik.de
Tel.: 08171/409922
Fax: 08171/409923

Kässbohrer Geländefahrzeuge GmbH

Kässbohrer Geländefahrzeug AG
Kässbohrerstr. 11
88471 Laupheim
www.pistenbully.com
info@pistenbully.com
Tel.: 07392/900-0
Fax: 07392/900-100

PRINOTH AG Hauptsitz

PRINOTH AG
Brennerstr. 34
I-39049 Sterzing
www.prinoth.com
prinoth@prinoth.com
Tel.: 0039/(0)472/722622
Fax: 0039/(0)472/722 618

Danke für die Mithilfe!

Während ich mein erstes Buch „Ferngesteuerte Pistenraupen" zu 100 % alleine schrieb, hatte mich über die letzten Jahre und für dieses Werk so mancher Freund unterstützt. Ich beziehe die Mithilfe aber nicht nur auf dass hier Gedruckte, sondern möchte auch diejenigen erwähnen, die mir beim Planen und Bau der Modelle geholfen haben:

- Andreas Rieger, mit dem ich mich seit 2008 immer wieder zum Thema austausche und der mich schon auf manch irre Idee gebracht hat. „Andi" ist grundsätzlich das Bindeglied zwischen mir und der „Messe Sinsheim".
- Der Oldie im Team ist Dr. Albert Türtscher. Mit dem USA-Emigranten verbindet mich der Bezug zum Kleinen Walsertal und so manch wilde Ausfahrt in den heimischen Bergen. Albert ist mein technischer Berater, damit ich niemals Newton mit Kilogramm verwechsle. Außerdem hat er einige tolle Bilder für dieses Buch beigesteuert.
- Gleich danach kommt Jürgen Pellengahr. Der zwar fast 700 Kilometer von mir entfernt wohnt, aber dem bislang keine Mail zu lang und deren Inhalt zu unverständlich war. Jürgen betreut die Seite www.snow-groomer.com – eine einzigartige, weltweite Sammlung von Pistenraupen, auf die ich gerne zurückgreife.
- Heiko Muff ist mein Partner für alle gefrästen Präzisionsteile. Ohne ihn würde ich heute noch an diversen Kugellagersitzen feilen.
- Adrian Humbel ist mein junger „Schweizer Agent" für alles Besondere, was im Maßstab 1:12 an mir vorbeigegangen ist. Sehr erwähnenswert sind seine feinen Bilder und CAD-Zeichnungen.
- Nochmals ein Gruß in die Schweiz geht an Sebastian Frautschi. Wohl kaum ein anderer Modellbauer kennt die verschiedenen Bautypen von Schneefräsen besser als er.
- Ralf Staiger ist der Meister der traditionellen 3D-Schnitzkunst und beteiligte sich stark am Bau des Fahrerhaus vom PB 200DW.
- Henrik Volpert entführt mich gerne in das faszinierende Reich der Oldies und holte mich schon des Öftereren aus diversen Motivationstiefs.
- Helmut Urbansky versorgt mich regelmäßig mit ausgefallenen Vorbildfotos. Es gibt wohl keine Raupe im Voralberger Raum, die er noch nicht vor der Kamera hatte.
- Herbert Greif, Klaus Hauber und Manfred Haag ünterstützen mich immer, wenn ich eine „große Raupe" im Hintergrund brauche.
- Zum Schluss darf ich natürlich das www.pistenraupenforum.net nicht vergessen. Über das kleine Forum laufen alle wichtigen Termine der Szene. Zudem halte ich mich damit über die Sorgen und Nöte der Modellbaukollegen auf dem Laufenden. Mit den Problemen der anderen, holte ich mir dort schon viele Inspirationen, selbst etwas Neues auszuprobieren. Allein die Reduktion auf das pure „Darübernachdenken" stellt eigene Lösungen in ein anderes Licht und wirkt grundsätzlich Horizont erweiternd.

Vielen Dank an alle!

17. Ausblicke und Schlussbemerkung

Wer kennt nicht das Grübeln über seinen (fertigen) Modellfuhrpark? Immer wieder kommen Gedanken über Änderungen oder völlig neuen Konstruktionen auf. Alle meine Modelle sind im Lauf der Zeit „gewachsen", haben neue Funktionen bekommen, oder große und kleine Änderungen über sich ergehen lassen. Bislang gab es kein Fahrzeug, dass ich nicht irgendwie noch verbessern könnte. Und sei es bloß im Bereich der Beleuchtung und Elektrik. Vielleicht wird der neue PB 200DW ein echtes „Endprodukt", aber davon bin ich aktuell noch ein paar Monate entfernt. Wenn ich meine Pistenraupensammlung überdenke, fallen mir spontan folgende Verbesserungen und Ergänzungen ein:

- Was mich sehr reizen würde, wäre eine aktuelles 12-Wege-Kugelkopf-Räumschild. Die zahlreichen Hydraulikzylinder sind zum einen eine unübersehbare optische Bereicherung, zum anderen sind sie eine hochinteressante, mechanisch-technische Herausforderung für den Modellbau.
- Nach dem Bau der großen Plumet-Winde wäre mir die Automatisierung der Dickie-Winde ein Anliegen. Adrian Humbel hat hier im 1:12er-Maßstab beeindruckende Pionierarbeit geleistet und es wäre sicher nicht unmöglich dieses Knowhow auch eine Stufe kleiner anzuwenden.
- Ganz verrückt und auch nur sehr schwer möglich wäre eine weitere 1:8-Frässchneeschleuder, als Frontgerät über die komplette Fahrzeugbreite für den PB 200DW. Das Hauptproblem liegt hier weniger in der Machbarkeit des Gerätes, sondern eher im erheblichen Gewicht einer solchen Monstermaschine und dem gigantischen Druck auf das Laufwerk.
- Weniger aufwändig, aber bestimmt ein nicht minder optischer Gewinn, wäre eine 18-Personenkabine statt der blanken Ladefläche. So würde aus dem schlichten Arbeitsgerät ein echtes Snowtaxi.
- Beim Thema Ladefläche fällt mir natürlich auch ein feiner Klappladekran mit Greifer ein. Aktuell bin ich hierbei schon am Zeichnen und Planen.
- Für das Heck bleibt mir für meinen Oldie eigentlich nur noch die „Blaue Fräse" als Nachlaufgerät. Mit zweiteiligen, hochtourig angetriebenen Fräswellen und einem ausgeklügeltem Finisher-System, ließe sich bestimmt der zerwühlteste Schnee in einen makellosen Teppich verwandeln.
- Beim Thema Fräse fallen mir natürlich auch zwei hübsche Spurplatten zum Erstellen einer Langlaufloipe ein.
- Ganz nebenbei gäbe es für den engagierten Elektroniker unendlich viele Möglichkeiten,

sich an einer komplexen Pistenraupe ordentlich auszutoben! Wirklich guter Sound, Beleuchtungsdetails und deren Ansteuerung, Automatisierung der Gerätefunktionen und noch vieles mehr, wären genug Beispiele so manchen Mikrokontroller zu programmieren.

Sie merken schon, das ist ein Fass ohne Boden und die Arbeit wird nie ausgehen. So kann ich es mir selten verkneifen, bei einer Begegnung mit einer Pistenraupe den Fotoapparat in der Jacke zu lassen. Ob alt oder neu, Oldie oder Erlkönig, jedes Modell bietet unendliche Möglichkeiten etwas Neues und Unbekanntes auszuprobieren. Während man im Truck-Bereich schon mindestens einen Teleskop-Klappladekran bauen muss, um wirklich etwas Neues aus dem Hut zu zaubern, hat man bei den Pistenraupen noch „tausend" einfachere Möglichkeiten! Es gibt hier noch unendlich viel zu entdecken, auszuprobieren und umzusetzen. Denn was wäre ein Eigenbau ohne seine spannenden Versuchsphasen? Was wäre ein Projekt ohne Rückschläge? Vielleicht kennen Sie auch das unendliche Knobeln über einer mehr oder weniger großen Herausforderung? Sie werden merken, dass dieses Tun, perfekt oder improvisiert, Sie immer ein Stückchen weiter bringt, in der Fähigkeit mit den Problemen des Alltags oder in Ihrem Beruf besser umzugehen.

Klaus Bergdolt